des Instituts für elektrische Energieanlagen, den Herren Abdel-Asis, Althoff, Böhme, Dietrich, Dräger, Lemelson, Lindmayer, Magnusson, Schröder und Sudhölter, sei für die Mitarbeit an diesem Buch sowie Herrn Gottschalk und Fräulein Reber für die Anfertigung der Bilder gedankt.

Dem Springer-Verlag danken die Verfasser für die Herausgabe des Buches sowie für die gute Zusammenarbeit bei der Vorbereitung zum Druck.

Braunschweig, im Februar 1974   **A. Erk**   **M. Schmelzle**

Inhaltsverzeichnis

1. Einführung 1

2. Beanspruchungen und Einteilung der Schalter 4
   2.1. Allgemeines 4
   2.2. Schaltlichtbogen 9
   2.3. Einschaltprobleme 11
   2.4. Ausschaltprobleme 13
      2.4.1. Wechselstrom-Löschprinzip 14
      2.4.2. Gleichstrom-Löschprinzip 18
      2.4.3. Anwendung des Gleichstrom-Löschprinzips bei Wechselstromausschaltung 19
      2.4.4. Anwendung des Wechselstrom-Löschprinzips bei Gleichstromausschaltung 20
      2.4.5. Wechselstromausschaltung mit Halbleiterventilen 21
      2.4.6. Gleichstromausschaltung mit Halbleiterventilen 23
   2.5. Beanspruchung der Schaltstrecken 24
      2.5.1. Beanspruchung des erstlöschenden Pols eines Drehstromschalters 29
      2.5.2. Beanspruchungen der einzelnen Schalterpole eines dreipoligen Schalters beim Ausschalten von Kapazitäten 31
      2.5.3. Einpoliges Schalten von Drehstromnetzen 33
      2.5.4. Rückzündungen beim Ausschalten von leerlaufenden Leitungen oder Kondensatorbatterien 33
      2.5.5. Lichtbogenabriß beim Ausschalten kleiner induktiver Ströme 34
      2.5.6. Umschlagstörung 35
      2.5.7. Abstandskurzschluß 35
      2.5.8. Phasenopposition 36
   2.6. Schaltgerätearten und ihre Merkmale 36
      2.6.1. Einteilung der Niederspannungsschaltgeräte 36
      2.6.2. Einteilung der Niederspannungsschalter 37
      2.6.3. Einteilung der Wechselstromschaltgeräte für Spannungen über 1 kV 37
      2.6.4. Bestandteile und Zubehör von Schaltern 39
      2.6.5. Kontaktarten 40
   Schrifttum zu Kapitel 2 42

Inhaltsverzeichnis IX

3. Säule des Schaltlichtbogens ... 44
   3.1. Gleichungssystem für das quasineutrale Lichtbogenplasma ... 44
   3.2. Kanalmodell ... 46
   3.3. Lichtbogen in Gasen ... 48
   3.4. Lichtbogen in Isolierflüssigkeiten ... 53
   3.5. Lichtbogen im Hochvakuum ... 55

   Schrifttum zu Kapitel 3 ... 58

4. Die Fallgebiete des Schaltlichtbogens ... 60
   4.1. Leistungsbilanz an den Elektroden ... 60
   4.2. Kathodenmechanismus ... 61
      4.2.1. Auslösung von Elektronen aus der Kathode ... 61
      4.2.2. Kathodenfalltheorien ... 65
   4.3. Anodenmechanismus ... 67
   4.4. Plasmaströmung ... 69

   Schrifttum zu Kapitel 4 ... 71

5. Lichtbogenkennlinien ... 72
   5.1. Statische Kennlinien ... 72
   5.2. Stabilitätsbedingung für stationäre Gleichstrombögen ... 76
   5.3. Dynamische Kennlinien ... 78

   Schrifttum zu Kapitel 5 ... 85

6. Möglichkeiten zur Beeinflussung des Schaltlichtbogens ... 87
   6.1. Allgemeines ... 87
      6.1.1. Mindestlichtbogenlänge und Verharrungsdauer ... 88
   6.2. Ablenkung und Verlängerung des Lichtbogens ... 91
      6.2.1. Beeinflussung des Schaltlichtbogens unmittelbar nach der Kontakttrennung ... 92
      6.2.2. Beeinflussung des Lichtbogens durch Plasmastrahlen ... 93
      6.2.3. Wanderung frei brennender Lichtbögen zwischen parallel angeordneten stabförmigen Elektroden ... 95
      6.2.4. Aufweitung von Lichtbögen zwischen Abbrandhörnern ... 103
      6.2.5. Lichtbogenbewegung im magnetischen Eigenfeld auf Flächenelektroden ... 106
      6.2.6. Ablenkung von Lichtbogenabschnitten ... 108
   6.3. Maßnahmen zur Erhöhung der Lichtbogenfeldstärke ... 110
      6.3.1. Erhöhung der Lichtbogenfeldstärke durch den Druck ... 111
      6.3.2. Erhöhung der Lichtbogenfeldstärke durch Kühlung der Lichtbögen in engen Isolierstoffspalten ... 112
      6.3.3. Erhöhung der Lichtbogenfeldstärke durch rasche Ablenkung der Lichtbögen in Flüssigkeiten ... 116

Inhaltsverzeichnis

6.4. Erhöhung der Lichtbogenspannung durch Aufteilung eines Lichtbogens in kurze Teillichtbögen 117

Schrifttum zu Kapitel 6 118

7. Fremdschichtbildung auf Kontaktstücken 122

Schrifttum zu Kapitel 7 128

8. Geschlossene Kontaktstücke 129
  8.1. Definition und Allgemeines 129
  8.2. Größe der Kontaktflächen 131
    8.2.1. Ermittlung der scheinbaren Kontaktfläche 132
    8.2.2. Ermittlung der tragenden und wirksamen Kontaktflächen . . 134
  8.3. Kontaktwiderstand und Kontaktmodelle 136
    8.3.1. Eigenwiderstand R_b 137
    8.3.2. Engewiderstand R_e 138
    8.3.3. Fremdschichtwiderstand R_f 148
  8.4. $\varphi\vartheta$-Beziehung 149
  8.5. Fremdschichten und Frittung 154
  8.6. Kontaktverhalten bei Betriebsstrombelastung 156
  8.7. Kontaktverhalten bei hohen Überströmen und Kurzschlußströmen . 159
  8.8. Konstruktive Gestaltung stets geschlossener Kontaktstücke . . 164
  8.9. Bemessungsrichtlinien 180
  Schrifttum zu Kapitel 8 184

9. Schließende und öffnende Kontaktstücke 186
  9.1. Einschalten der Kontaktstücke 187
    9.1.1. Schließen im spannungslosen Zustand 187
    9.1.2. Schließen unter Spannung stehender Kontaktstücke 190
  9.2. Ausschalten der Kontaktstücke 194
    9.2.1. Kontakttrennung ohne Lichtbogen 196
    9.2.2. Kontakttrennung mit Lichtbogen 198
  9.3. Konstruktive Gestaltung der Schaltglieder 221
    9.3.1. Trennstellen der NH- und HH-Sicherungen 221
    9.3.2. Stecker und Steckerhülsen 223
    9.3.3. Hochstromstecker für ausfahrbare Geräte 225
    9.3.4. Schaltstellen der Trenner 228
    9.3.5. Schaltstellen der Last- und Leistungsschalter über 1000 V . . 232
    9.3.6. Schaltstellen der Niederspannungsschalter 238
  9.4. Bemessungsrichtlinien 242
    9.4.1. Bemessung auf Erwärmung 243
    9.4.2. Bemessung der Kontaktkräfte im Hinblick auf die Kurzschlußbelastung 246
  Schrifttum zu Kapitel 9 246

Inhaltsverzeichnis

10. Niederspannungs-Wechselstromschalter 248
    10.1. Löschung der Wechselstromlichtbögen ohne Löschkammer 249
    10.2. Löschung der Wechselstromlichtbögen in Isolierstoffkammern . . . 257
    10.3. Löschung der Wechselstromlichtbögen in Löschblechkammern . . . 261
    Schrifttum zu Kapitel 10 274

11. Strombegrenzende Gleich- und Wechselstromschalter 275
    11.1. Erfassung der Kurzschlußströme. 276
    11.2. Schnellauslöser 277
    11.3. Kraftspeicher und ihre Schlösser. 279
    11.4. Kontaktglieder 282
    11.5. Löschkammern 285
    11.6. I_S-Begrenzer 293
    Schrifttum zu Kapitel 11 294

12. Drehstromschalter für Spannungen über 1000 V 296
    12.1. Löschen des Wechselstromlichtbogens bei Mittel- und Hochspannungsschaltern 296
    12.2. Löschanordnungen mit Kühlung der Schaltlichtbögen durch aus Isolierstoffen austretende Gase 301
    12.3. Löschanordnungen mit Kühlung des Schaltlichtbogens durch strömendes Gas 304
        12.3.1. Löschgase 305
        12.3.2. Kontakt- und Löschdüsenformen 307
        12.3.3. Erzeugung der Gasströmung 312
        12.3.4. Druckgasschalter mit niederohmigem Parallelwiderstand . . 317
    12.4. Flüssigkeitsschalter 320
        12.4.1. Löschflüssigkeiten 320
        12.4.2. Löscheffekte 323
        12.4.3. Löschkammerbauarten. 325
    12.5. Vakuumschalter. 331
    Schrifttum zu Kapitel 12 334

13. Last- und Leistungstrenner über 1000 V 336
    13.1. Lasttrenner mit gesonderten Trenn- und Lastschaltgliedern 336
        13.1.1. Schaltsystem parallel zum Messertrenner 337
        13.1.2. Schaltsystem parallel zum Schubtrenner 341
    13.2. Lasttrenner mit beim Öffnen eine Trennstrecke erzeugenden Lastschaltgliedern. 349
    Schrifttum zu Kapitel 13 352

Sachverzeichnis 354

1. Einführung

Elektrische Schaltgeräte sind Geräte, die Strompfade elektrischer Anlagen und elektrischer Betriebsmittel verbinden, unterbrechen oder trennen sollen, wobei unter Trennen das Öffnen unter Herstellen einer zum Schutz von Personen ausreichenden Isolationsstrecke mit erhöhter elektrischer Festigkeit, der sogenannten Trennstrecke, im Zuge der Strombahn zu verstehen ist.

Schaltgeräte der Energietechnik sind Schalter mit ihrem unmittelbaren Zubehör, Steckvorrichtungen, Hilfsstromschalter, Anlaß-, Stell- und Widerstandsgeräte sowie Sicherungen und dgl. Unterschiedliche Schalterarten finden auch als Schaltkombinationen Verwendung.

Die wichtigsten Schaltgeräte sind die Schalter, die in elektrischen Energieanlagen als *Schutz*schalter, *Trenn*schalter, *Hilfsstrom*schalter, *Wahl*schalter oder *Um*schalter, *Steuer*schalter sowie als *Grenz*schalter (Wächter oder Begrenzer) benutzt werden. Dabei kann eine Schalterkonstruktion gleichzeitig als Schutz- und Trennschalter konzipiert werden.

Bei der konstruktiven Gestaltung der Schaltgeräte bestimmen die Reihenspannung die erforderliche Isolation, die Nennstromstärke und die Betriebsart die Querschnitte der Schaltglieder und das Schaltvermögen unter Berücksichtigung der Nennspannung den Aufwand für das Lichtbogenlöschsystem.

Von entscheidendem Einfluß auf die Konstruktion ist jedoch auch die Stückzahl, in der das Schaltgerät hergestellt wird. Bei Spezialgeräten, die in kleinen Stückzahlen gebaut werden, wird angestrebt, möglichst viele fabrikeigene Normteile und handelsübliche Bauelemente einzusetzen, vorhandene Lehren zu verwenden und neue Vorrichtungen nur dann anzuschaffen, wenn die Lohnkosten dadurch wesentlich erniedrigt werden können. Bei großen Stückzahlen je Fertigungsserie bzw. bei Massenfertigung sind andere Konstruktionsmerkmale zu berücksichtigen. Die einzelnen Bauelemente werden aus speziellen Form-, Preß- oder Stanzteilen aufgebaut, wobei zu beachten ist, daß der Materialverschnitt auf ein Minimum beschränkt bleibt. Bei der Fertigung verwendet man spezielle Vorrichtungen und Meßeinrichtungen. Durch Vereinfachungen, wie z. B. Stecken statt Schrauben sowie durch Fließbandanfertigung, müssen die Montagekosten kleingehalten werden. Bei Massenfertigung ist die Konstruktion so auszuführen, daß eine weitgehend automatische Fertigung, Montage und Abnahme der Geräte möglich ist.

Schaltgeräte der Energietechnik werden je nach Anwendungsgebiet für Nennströme von einigen Ampere bis zu mehreren Kiloampere und zum Ein- und Ausschalten von Kurzschlußströmen bis zu hundert und mehr Kiloampere bei Spannungen von einigen Volt bis zu über 1000 Kilovolt gebaut. Da der Verbrauch der elektrischen Energie hauptsächlich bei Spannungen unter 1000 V Wechselspannung und 3000 V Gleichspannung erfolgt, ist die Zahl der Schaltgeräte, die für diese Spannungsebene benötigt werden, außerordentlich groß. Sie müssen daher nach den Konstruktionsmerkmalen für größere Serien oder für Massenfertigung konzipiert werden. Mit wachsender Spannung nimmt die Zahl der Betriebsmittel und damit auch der Schalter in den Netzen der elektrischen Energieversorgung ab. Schaltgeräte für höhere Spannungen wird man daher in Kleinserien fertigen. Sie sind dementsprechend auch zu gestalten.

Die Anforderungen, die an die Schaltgeräte gestellt werden, können wie folgt zusammengefaßt werden:

a) ausreichendes Schaltvermögen, kurze Schaltzeiten,

b) hohe Betriebssicherheit,

c) Wartungsfreiheit und lange Lebensdauer,

d) einfache Wartungsmöglichkeiten,

e) kleine Abmessungen,

f) geringer Preis,

g) Einhaltung der Baubestimmungen,

h) Einhaltung der Prüfbestimmungen.

Die Bau- und Prüfbestimmungen für Niederspannungsschaltgeräte sind in VDE 0660, die Bestimmungen für Wechselstromschaltgeräte für Spannungen über 1 kV in VDE 0670 zusammengestellt.

Schaltgeräte, die mit zu den ältesten Betriebsmitteln der elektrischen Energietechnik gehören, werden aus den im Vorwort genannten Gründen laufend weiterentwickelt. Die Entwicklungstendenzen sind:

a) große Leistungsfähigkeit bei kleinen Abmessungen und hoher Zuverlässigkeit;

b) extrem kurze Schaltzeiten mit dem Ziel der Begrenzung der Kurzschlußströme und Verminderung der Lichtbogendauer zur Erzielung geringen Materialverschleißes;

c) lichtbogenarmes bzw. lichtbogenfreies Schalten durch Verwendung von Synchronschaltern bzw. Halbleitern, teilweise als Hybridschalter (mechanische Schalter und Halbleiter);

d) Entwicklung neuer Löschsysteme und Löschanordnungen.
e) steckbare Baukastensysteme;
f) Vollisolierung bzw. Kapselung der Betriebsmittel der Schaltanlagen.

Auf dem Gebiete der Schaltgerätetechnik ist eine große Zahl von Büchern, Dissertationen und Veröffentlichungen vorhanden; die wichtigsten Arbeiten sind am Schluß eines jeden Kapitels zusammengestellt.

2. Beanspruchungen und Einteilung der Schalter

2.1. Allgemeines

Schaltgeräte haben die Aufgabe, Strompfade in elektrischen Energieanlagen zu verbinden, zu unterbrechen oder zu trennen. Dabei können die beiden stationären Zustände „*Ausgeschaltet*" und „*Eingeschaltet*" sowie die beiden Übergangsvorgänge „*Einschaltvorgang*" und „*Ausschaltvorgang*" unterschieden werden.

Im *ausgeschalteten Zustand* müssen die Schaltgeräte die unterbrochenen Strompfade so gegeneinander isolieren, daß die Unterbrechungsstrecken der Betriebsspannung sowie inneren Überspannungen standhalten. Maßgebend für die Auslegung sind die Bestimmungen für die Bemessung der Kriech- und Luftstrecken elektrischer Betriebsmittel (VDE 0110) und für die Bemessung und Prüfung der Isolierung elektrischer Anlagen und Betriebsmittel über 1 kV (VDE 0111). Schaltgeräte, die in ihrem ausgeschalteten Zustand zum Schutz des Personals und der Anlage eine sogenannte „Trennstrecke" mit erhöhtem Isoliervermögen herstellen, müssen besonderen Bedingungen und Prüfvorschriften genügen.

Im *eingeschalteten Zustand* fließen über die Kontakt- oder Schaltglieder Gleich- bzw. Wechselströme, die bei Normalbetrieb die Größe des Nennbetriebsstromes des Gerätes nicht übersteigen dürfen. Einige Sekunden oder Minuten lang sind Überlastungen der Schaltglieder mit höheren Strömen (bis $10 \cdot I_N$) zulässig. Weiterhin müssen die Kontaktglieder auch in der Lage sein, kurzzeitig hohe Kurzschlußströme, wie sie bei Störungen in Anlagen auftreten, zu führen, ohne daß ihre Kontaktstücke verschweißen oder infolge magnetischer Kräfte abheben.

Entscheidend für die Bemessung der Kontaktglieder bezüglich der Strombelastbarkeit ist die maximal zulässige Temperatur im Schaltgerät, die im wesentlichen durch die Temperaturfestigkeit der verwendeten Isoliermaterialien begrenzt wird. Die Erwärmung entsteht hauptsächlich durch Verluste in den Leitern der Geräte (Schaltglieder, Kontaktstellen, Anschlußstellen, Wicklungen und dgl.). Dabei spielen die Betriebsarten, wie Dauerbetrieb (DB), Wochenbetrieb (WB), Achtstundenbetrieb (TB) oder Aussetzbetrieb (AB) eine wichtige Rolle. Bei Wechselstromgeräten dürfen die Wirbelstromverluste in allen Metallteilen, die Hystereseverluste in magnetischen Metallteilen und bei hohen Wechselspannungen auch die Hystereseverluste im Dielektrikum der unter Spannung stehenden Isolierteile als zusätzliche Wärmequellen nicht vernachlässigt werden. Die Wärmeabfuhr aus dem Gerät erfolgt durch Wärmestrahlung, Konvektion und Wärmeleitung; sie wird in starkem Maße durch den Montageort des Schaltgerätes und die Querschnitte der Anschlußleitungen beeinflußt.

Wichtig für das Kontaktwiderstandsverhalten eines Schaltgerätes, insbesondere dann, wenn es in einer chemisch verunreinigten Atmosphäre arbeitet, ist seine Schalthäufigkeit, d. h. ob es für die Dauerstromführung bestimmt ist bzw. für seltenes Schalten (täglich mindestens einmal) oder für häufiges Schalten. Wie im Kap. 8 näher erläutert wird, lassen sich konstante Kontaktwiderstände beim ununterbrochenen Dauerbetrieb mit Nennbelastung des Schalters bei sehr langer Betriebsdauer (> 5000 h) nur sehr schwer verwirklichen.

Beim *Einschalten* der Schaltgeräte werden ihre Schaltstücke entweder unmittelbar über die Antriebsglieder oder über mechanische Zwischenglieder von Hand bzw. von einem Kraftantrieb geschlossen. Die Betätigung kann entweder am Schaltgerät selbst oder aus beliebiger Entfernung (Fernbetätigung) erfolgen.

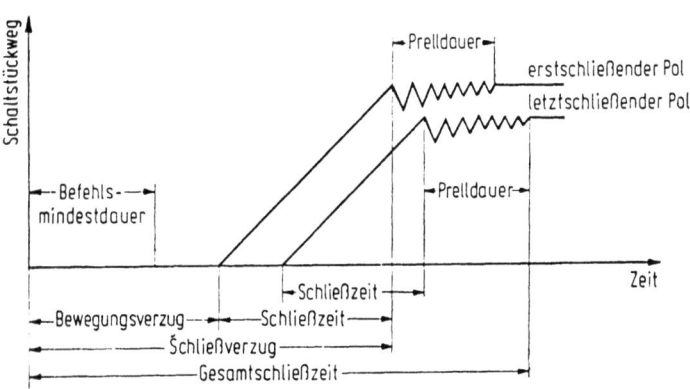

Bild 2.1. Zeitbegriffe für den Einschaltvorgang von Schaltern nach VDE 0660.

Für den Einschaltvorgang der Hauptstrombahnen von Schaltern, insbesondere von fernbetätigten Schaltern, werden nach VDE 0660, Teil 1, die im Bild 2.1 dargestellten Zeitbegriffe eingeführt.

Bild 2.2 zeigt die Zeitbegriffe nach VDE 0670, Teil 1, für Wechselstromschaltgeräte für Spannungen über 1 kV.

Vom Zeitpunkt der Befehlsgabe bis zur endgültigen Kontaktgabe ist demnach eine Gesamtschließzeit (Bild 2.1) bzw. Einschaltzeit (Bild 2.2) erforderlich, die sich aus dem Schaltverzug der Schließzeit und der Prelldauer zusammensetzt.

Von der Höhe der Spannung, die an den Kontaktstücken während des Einschaltvorganges liegt, hängt es ab, ob vor der ersten galvanischen Kontaktberührung ein Vordurchschlag auftritt und zu welchem Zeit-

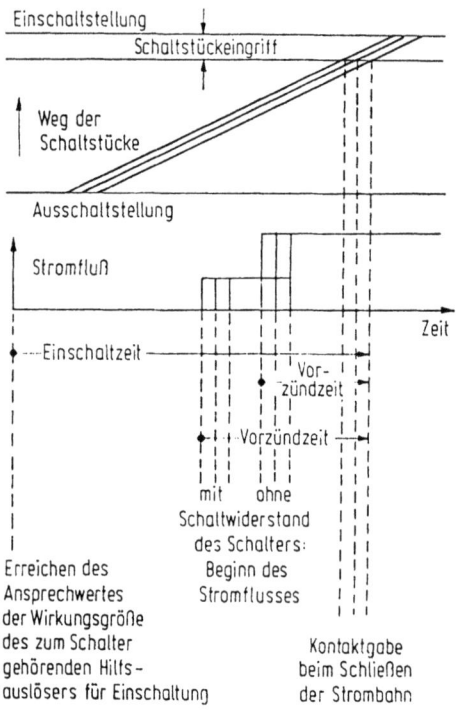

Bild 2.2. Zeitbegriffe für den Einschaltvorgang von Schaltern nach VDE 0670.

punkt. Maßgebend für das Einschaltvermögen eines Schalters ist der zeitliche Verlauf des Stromes während der Prelldauer der Kontaktglieder bzw. vom Beginn des Vordurchschlages an bis zum Abschluß des Prellvorganges. Als Folge zu großer Augenblickswerte der Einschaltströme während dieses Zeitintervalles können die Kontaktstücke verschweißen (vgl. Kap. 9.). Bei Hochspannungsschaltern mit flüssigen Löschmitteln treten durch stromstarke Vordurchschläge (sog. Einschaltlichtbögen) zusätzliche Schwierigkeiten durch die damit verbundenen Druckwellen auf (vgl. Kap. 9.).

2.1. Allgemeines

Das Einschaltvermögen wird gekennzeichnet durch den Wert des Stromes, den ein Schalter unter festgelegten Bedingungen einschalten kann. Bei Niederspannungsschaltern (VDE 0660) wird bei Wechselstrom der Effektivwert der symmetrischen Komponente angegeben. Bei Hochspannungsschaltern (VDE 0670) ist der größte Augenblickswert des Stromes kennzeichnend; in einem Mehrphasensystem ist dies der größte Strom aller Phasen. Angegeben wird jeweils die Größe des sogenannten unbeeinflußten (prospektiven) Stromes, der dann fließen würde, wenn der Schalter durch eine praktisch widerstandslose Überbrückung ersetzt wäre. Die Größe des maximal auftretenden Einschaltstromes ist abhängig von der Spannung, vom Beginn des Stromflusses sowie von den ohmschen, induktiven und kapazitiven Widerständen des einzuschaltenden Stromkreises.

Beim *Ausschalten* wird der Stromkreis durch Trennen der Schaltstücke unterbrochen. Für den Ausschaltvorgang wird, wie die Bilder 2.3 (VDE 0660, Teil 1) und 2.4 (VDE 0670, Teil 1) zeigen, eine Gesamt-

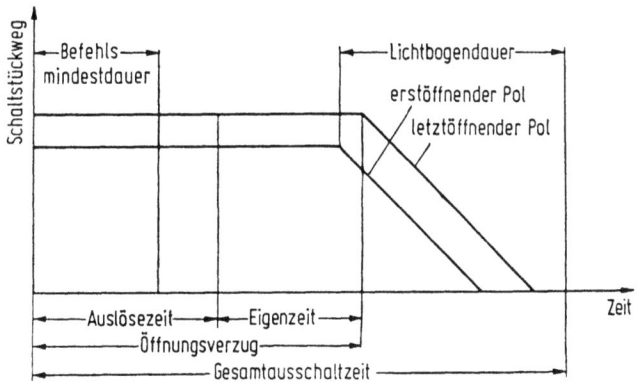

Bild 2.3. Zeitbegriffe für den Ausschaltvorgang von Schaltern nach VDE 0660.

ausschaltzeit benötigt, die sich aus der Auslösezeit, der Eigenzeit sowie einer Lichtbogendauer (Bild 2.3) bzw. der Ausschaltzeit und Löschzeit (Bild 2.4) zusammensetzt. Bei Gleichstromschnellschaltern wird zusätzlich noch der Begriff *Lichtbogenentwicklungszeit* zur Kennzeichnung des Zeitintervalls vom Beginn des Öffnens der Kontaktstücke bis zum Maximum des beeinflußten Kurzschlußstromes (Durchlaßstrom) benutzt. Sicherungen unterbrechen den Strompfad durch Aufschmelzen der Sicherungsleiter und anschließendes Löschen des entstehenden Lichtbogens. Ihre *Ausschaltzeit* setzt sich aus der *Schmelzzeit* (vom Beginn des Überstromes oder Kurzschlußstromes bis zum Beginn des Licht-

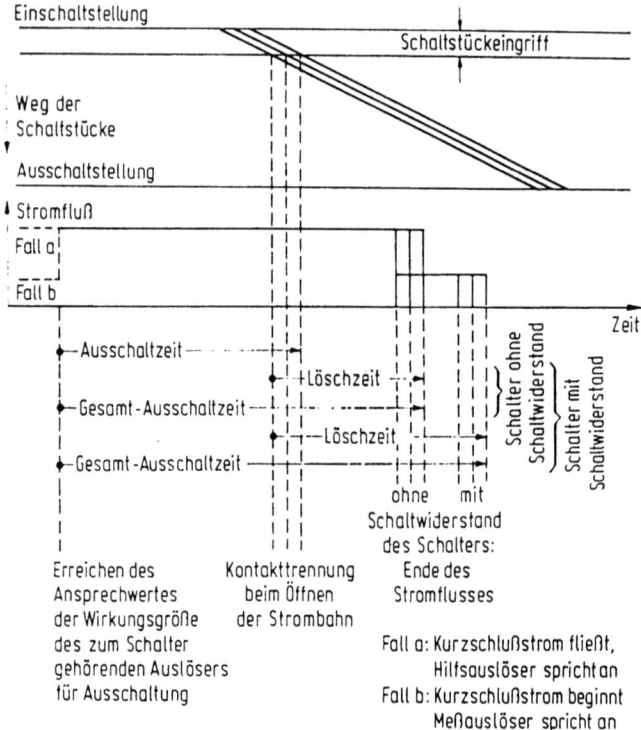

Bild 2.4. Zeitbegriffe für den Ausschaltvorgang von Schaltern nach VDE 0670.

bogens) und der *Löschzeit* (vom Beginn bis zum endgültigen Erlöschen des Lichtbogens) zusammen.

Maßgebend für das Ausschaltvermögen der Schaltgeräte ist ihre Nennausschaltleistung. Die Ausschaltleistung (S_a) eines n-poligen Schaltgerätes ist das Produkt aus dem arithmetischen Mittelwert der n unbeeinflußten symmetrischen Ausschaltströme und der wiederkehrenden Spannung, multipliziert mit der Verkettungszahl (für Drehstrom: $\sqrt{3}$). Der symmetrische Ausschaltstrom oder Ausschaltwechselstrom (I_a) ist dabei eine auf den Zeitpunkt der ersten Kontakttrennung bezogene Stromgröße. Die wiederkehrende Spannung ist die betriebsfrequente Spannung zwischen den Leitern auf der Seite der Einspeisung, die nach dem Unterbrechen des Stromes in allen Polen und nach dem Abklingen des Einschwingvorganges auftritt, vorausgesetzt, daß auf der abgeschalteten Seite keine Spannung mehr besteht. Die Spannung, die über einem Schaltgerätepol unmittelbar, nachdem der Strom in diesem unterbrochen ist, auftritt, wird mit Einschwingspannung bezeichnet (vgl. Abschnitt 2.4.).

Beim Ausschalten von Gleichstromkreisen spielt neben den Größen der Gleichspannung und des Ausschaltstromes die Zeitkonstante $T = L/R$ des Schaltkreises eine wesentliche Rolle. Große Zeitkonstanten bedeuten große Induktivitäten. Die in ihnen beim Stromdurchgang gespeicherte magnetische Energie muß in den Löschkammern der Gleichstromschalter vernichtet werden.

Mit wachsendem Ausschaltstrom, steigender wiederkehrender Spannung, größeren Phasenverschiebungen bzw. Zeitkonstanten wird das Ausschalten von Gleich- und Wechselstrompfaden infolge der Notwendigkeit, die auftretenden Schaltlichtbögen zu löschen, immer schwieriger. In den folgenden Kapiteln soll daher sehr kurz erläutert werden, was unter einem Schaltlichtbogen zu verstehen ist und welche Möglichkeiten zu seiner Löschung heute angewandt werden können.

2.2. Schaltlichtbogen

Selbständige, thermische Gasentladungen, wie sie beim Auftrennen von stromdurchflossenen Stromkreisen in Schaltern zwischen den sich öffnenden Kontaktstücken auftreten, bezeichnet man als Lichtbögen bzw. Schaltlichtbögen [5, 6, 7]. Der Schaltlichtbogen besteht aus der Plasmasäule und den beiden angrenzenden Fallgebieten (Kathodenfall und Anodenfall) mit ihren Übergangsgebieten. Bild 2.5 zeigt den Schalt-

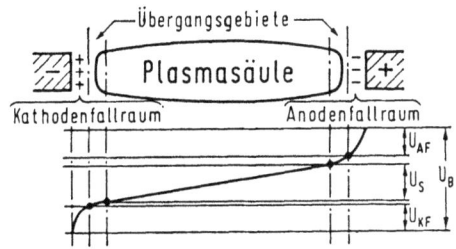

Bild 2.5. Teilgebiete des Lichtbogens in idealisierter Darstellung.

lichtbogen in einer stark idealisierten Form mit den Spannungsanteilen (U_{AF} = Anodenfall, U_{KF} = Kathodenfall, U_S = Säulenspannung), die an den einzelnen Lichtbogengebieten angenähert abfallen.

Die Lichtbogensäule ist bei Schaltern, in denen der Lichtbogen in einem Raum mit einem Gas- oder Dampfdruck von einer oder mehreren Atmosphären brennt, praktisch ein im thermischen Gleichgewicht befindliches Plasma; das bedeutet, daß die Elektronentemperatur, die

Ionentemperatur und die Temperatur der neutralen Gasteilchen in etwa gleich groß ist. Man nennt derartige Lichtbögen *thermische Lichtbögen* oder auch *Hochdrucklichtbögen*.

Als *nichtthermische* „Lichtbögen" werden dagegen solche bezeichnet, bei denen die Gasentladungen bei geringem Gas- bzw. Dampfdruck betrieben werden (Vakuumschalter, Quecksilberdampf-Ventile und dgl.). Bei diesen ist innerhalb der Bogensäule die Elektronentemperatur wesentlich höher als die der Ionen und der neutralen Gasteilchen.

Sowohl bei thermischen als auch bei nichtthermischen Lichtbögen wird infolge der weitaus größeren Beweglichkeit der Elektronen im Vergleich zu den Ionen der Stromfluß überwiegend ($>99\%$) von Elektronen getragen.

An der *Kathode* müssen die für den Stromfluß erforderlichen Elektronen erzeugt werden. Der für jeden Lichtbogen charakteristische geringe Kathodenfall bis 20 V (im Gegensatz z. B. zu Glimmentladungen von mehreren 100 V) setzt eine Kathode voraus, die entweder selbst infolge hoher Temperatur ihrer Oberfläche, infolge hoher elektrischer Feldstärken oder indirekt mittels einer ihr vorgelagerten Gas- oder Dampfschicht hoher Temperatur eine Elektronenemission (vgl. Abschnitt 4.2.) zu unterhalten vermag. Bei allen Schaltlichtbögen wird diese hohe Temperatur der Kathode bzw. der vorgelagerten Gas- oder Dampfschicht durch den Entladungsmechanismus selbst aufrechterhalten. Daher bezeichnet man die Schaltlichtbögen als *selbständige* Lichtbögen oder Gasentladungen. Bei *nichtselbständigen* Gasentladungen muß die Kathode künstlich geheizt werden, wie beispielsweise bei den Thyratrons (Glühkathodenemission).

Im *Anodenfallgebiet* werden die Ionen erzeugt, deren gerichtete Geschwindigkeit in der Säule umgewandelt wird in eine thermische Geschwindigkeitsverteilung. Außerdem nimmt das Anodenfallgebiet den Temperaturgradienten zwischen Säulen- und Anodentemperatur auf (vgl. Abschnitt 4.3.).

Die wirkliche Form eines Schaltlichtbogens wird sehr stark von der konstruktiven Form der Schaltglieder und dem Lichtbogenlöschsystem der Schalter bestimmt. Sie unterscheidet sich in der Regel sehr stark von der im Bild 2.5 idealisiert dargestellten Form.

Stationäre Lichtbögen können im Gegensatz zu *nichtstationären* grundsätzlich beliebig lange aufrechterhalten werden. In Schaltgeräten wird durch geeignete Maßnahmen angestrebt, die meist als stationäre Gasentladungen auftretenden Schaltlichtbögen möglichst rasch zu löschen.

2.3. Einschaltprobleme

Das Einschalten ungestörter ohmsch-induktiver Stromkreise, wie sie in elektrischen Energieanlagen meistens vorliegen, ist problemlos, weil der Strom in Form eines Ausgleichsvorganges auf seinen stationären Wert ansteigt. Im Bild 2.6a ist ein Einschaltvorgang ohne Vordurchschlag eines Gleichstromkreises, im Bild 2.6b eines Wechselstromkreises dargestellt.

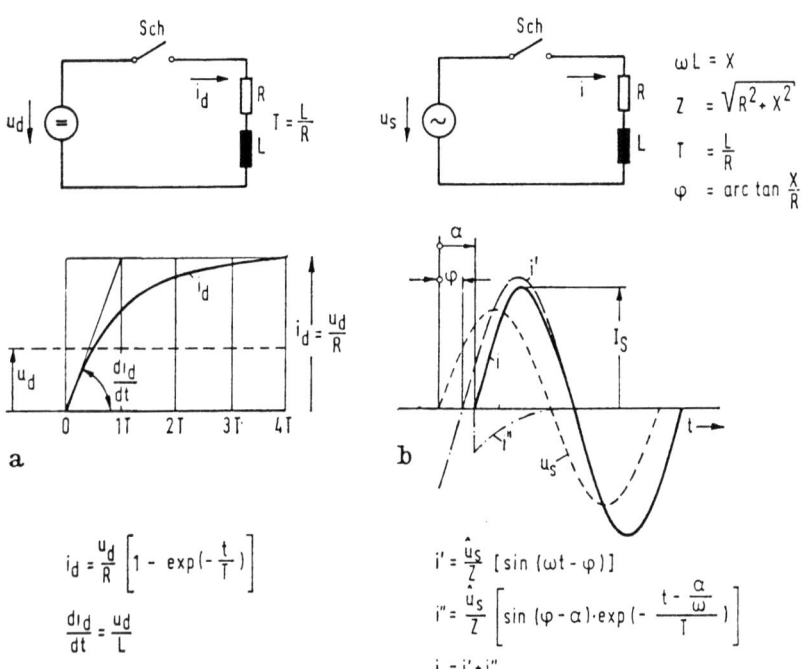

Bild 2.6. Einschaltvorgänge bei ohmsch-induktiven Gleich- und Wechselstromkreisen.

In induktiven Wechselstromkreisen ergibt sich der höchste Stromanstieg bei Einschaltzeitpunkten in der Nähe des Polaritätswechsels des stationären Stromes i'.

Beim Einschalten leerlaufender Transformatoren kann der sogenannte „rush-Effekt" auftreten, wenn die Einschaltung zur Zeit geringer Augenblickswerte der Spannung erfolgt. Die Magnetisierungsströme können dabei die mehrfache Größe der Transformatornennströme erreichen. Diese Ströme bereiten keine Schwierigkeiten, da die Schalter sehr viel höhere Ströme, wie sie z. B. bei Kurzschlüssen in Stromkreisen auftreten, ohne ihre Funktionsfähigkeit zu verlieren, einschalten müssen.

Durch Leitungskurzschlüsse wird in der Regel ein Teil der Verbraucher mit ihrem hohen ohmschen Widerstandsanteil überbrückt, so daß sich sehr viel höhere Scheitelwerte der einzuschaltenden Ströme ergeben. Während sich der erste Stromanstieg bei Gleichstromkreisen nur dann ändert, wenn durch den Kurzschluß auch die Induktivität des Kreises gegenüber dem ungestörten Kreis wesentlich vermindert wird, nimmt der Maximalwert des Stromanstieges in Wechselstromkreisen etwa proportional mit dem Kurzschlußstromscheitelwert zu. Die Phasenverschiebung zwischen dem stationären Strom und der treibenden Spannung wird größer. Bei einem Einschaltzeitpunkt im Scheitelwert des stationären Kurzschlußstromes ergibt sich zwar zu Beginn der flachste Stromverlauf, dafür nimmt der Scheitelwert des Kurzschlußwechselstromes I_S infolge der größten Unsymmetrie die höchsten Werte an. Die Schaltglieder müssen den dabei auftretenden dynamischen und thermischen Beanspruchungen genügen, wenn der Schalter infolge Verschweißens seiner Kontaktglieder nicht funktionsunfähig werden soll (vgl. auch Kap. 9.).

Hohe Anforderungen an das Einschaltvermögen der Schalter stellen auch stark kapazitive Stromkreise dar. Im Bild 2.7 sind die Strom- und Spannungsverläufe bei drei unterschiedlichen kapazitiven Wechselstromkreisen unter der Annahme dargestellt, daß die Kapazitäten vor dem Einschalten sich in ungeladenem Zustande befinden.

Bei rein kapazitiven Stromkreisen (Bild 2.7a) können sprunghafte Stromänderungen auftreten, deren Größe außer von der treibenden Spannung u_S und der Größe der Kapazität C sehr stark von dem Schaltaugenblick in bezug auf die Phasenlage der Spannung abhängt. Für den Einschaltzeitpunkt t_{E1} beim Spannungsaugenblickswert Null springt der Strom nur auf den Augenblickswert des stationären Stromes i'. Zu jedem anderen Zeitpunkt (z. B. zur Zeit t_{E2}) wird diesem Stromsprung auf den stationären Strom ein unendlich großer Stromimpuls geringer Dauer überlagert.

Durch ohmsche Widerstände wird dieser Stromimpuls, wie in Bild 2.7b dargestellt, begrenzt. Der Übergang in den stationären Zustand erfolgt in Form einer Exponential-Funktion.

Die sehr steilen Stromverläufe der Bilder 2.7a und b stellen an das Kontaktsystem der Schaltgeräte sehr hohe Anforderungen. Sie werden jedoch etwas gemildert durch die Tatsache, daß jeder Stromkreis Induktivitäten enthält, die eine sprunghafte Stromänderung nicht zulassen. Da die im Stromkreis befindlichen Induktivitäten (Energiequelle, Leitungen, Transformatoren und dgl.) mit der Kapazität einen Schwingkreis bilden, steigt der Strom nach dem Einschalten, wie in Bild 2.7c dargestellt, in Form einer gedämpften Schwingung auf den stationären Augenblickswert an. Der Stromanstieg hängt, außer von dem Augenblickswert der Spannung im Einschaltzeitpunkt, von der Frequenz und Dämpfung der Stromschwingung ab, d. h. also von der Größe der einzelnen Kreiskonstanten R, L und C. Zur Berechnung dieser Stromverläufe sei auf die einschlägige Literatur verwiesen [8—11].

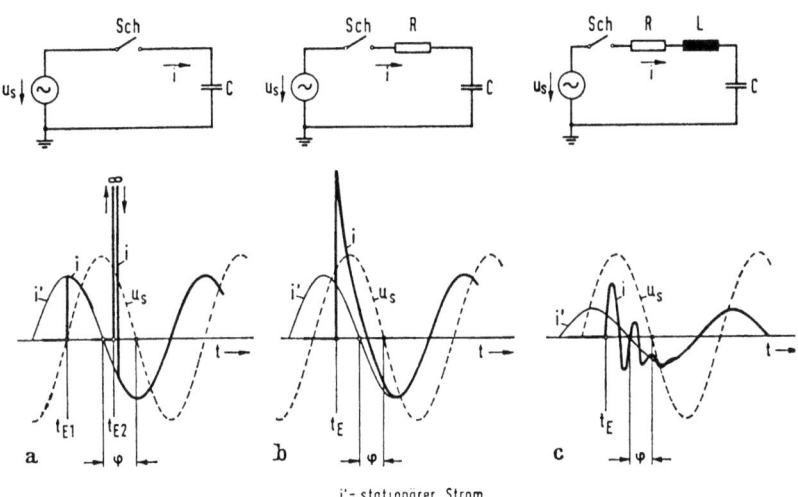

Bild 2.7. Einschaltvorgänge bei Wechselstromkreisen mit Kapazitäten.

2.4. Ausschaltprobleme

Beim Ausschalten stromdurchflossener Leitungen fließt der Strom über den zwischen den sich trennenden Schaltstücken entstehenden stationären Lichtbogen weiter. Die Löschung dieser Schaltlichtbögen erfolgt in den Lichtbogenlöscheinrichtungen (Lichtbogenkammern) der Schalter. Man unterscheidet dabei zwischen dem Wechselstromlöschprinzip und dem Gleichstromlöschprinzip. Beim Wechselstromlöschprinzip werden sogenannte Nullpunktslöscheinrichtungen verwendet. Der Ausschaltstrom wird hierbei durch die Lichtbogenspannung praktisch nicht beeinflußt (unbeeinflußter oder prospektiver Strom). Die Ausschaltung erfolgt dadurch, daß nach dem natürlichen Stromnullwerden eine erneute Zündung des Bogens verhindert wird. Beim Gleichstromlöschprinzip werden strombeeinflussende Löscheinrichtungen eingesetzt. Die Lichtbogenspannung wird durch sie so stark erhöht, daß der Strom zu Null erzwungen und dadurch die Ausschaltung erreicht wird. Bei

Schaltern mit sehr kurzem Schaltverzug und kurzer Lichtbogenentwicklungsdauer kann dadurch im Störungsfall das Erreichen des Maximalwertes des unbeeinflußten Kurzschlußstromes verhindert werden. Man bezeichnet derartige Geräte als strombegrenzende Schalter.

Die beiden Löschprinzipien sind für die jeweilige Stromart typisch und am häufigsten eingesetzt. Das Gleichstromprinzip ist jedoch auch bei Wechselstrom und umgekehrt das Wechselstromprinzip bei Gleichstrom anwendbar. Wechselstromschalter müssen jedoch sehr rasch arbeiten, wenn eine Begrenzung des Stromes erreicht werden soll. Die Löschprinzipien sollen im folgenden näher behandelt werden.

2.4.1. Wechselstrom-Löschprinzip

Wechselströme werden nach jeder Halbwelle periodisch Null und wechseln ihre Polarität. Beim Stromfluß über einen Schaltlichtbogen folgt die Plasmatemperatur in der Bogensäule zeitlich mit einer nacheilenden Phasenverschiebung den Augenblickswerten des Stromes. Ohne besondere Löschmaßnahmen bleibt bei großen Wechselströmen die Leitfähigkeit des Plasmas auch im zeitlichen Bereich des Stromnullwerdens noch so groß, daß der Strom unmittelbar nach seinem Richtungswechsel stetig wieder ansteigen kann. Bei kleineren Strömen beginnt Stromfluß häufig erst nach einer kurzen stromschwachen Pause, nach der die an den Kontaktstücken wiederkehrende Spannung auf einen Wert angestiegen ist, der ausreicht, um durch einen „Nachstrom" das Plasma wieder auf die erforderliche Leitfähigkeit aufzuheizen.

Bei Wechselstromgeräten genügt es demnach, beispielsweise durch intensive, kurz vor dem Nullwerden des Stromes einsetzende Kühlung eine so starke Abnahme der Leitfähigkeit des Plasmas zu erwirken, daß der Strom nach seinem Polaritätswechsel nicht weiterfließen kann, d. h. daß die Lichtbogenstrecke unter dem Einfluß der wiederkehrenden Spannung nicht wiederzündet. Bei wiederkehrenden Spannungen bis ca. 220 V pro Schaltstrecke und Strömen bis zu einigen hundert Ampere können auch physikalische Vorgänge im Kathodenfallgebiet dazu ausgenutzt werden, um eine Wiederzündung des Lichtbogens nach dem Polaritätswechsel des Stromes zu vermeiden (Abschnitt 11.2.1.).

Im Bild 2.8 ist ein Schaltbild mit einem Transformator T, einem dreipoligen Verbraucher V_1, seinem dreipoligen Schalter Sch_1 und einem einpoligen Verbraucher V_2 mit seinem einpoligen Schalter Sch_2 dargestellt. Darunter sind die zeitlichen Verläufe des Schalterstromes i und der Schalterspannung u_B bei Kontakttrennung von Sch_2 zur Zeit t_1 aufgezeichnet. Unmittelbar nach der Kontakttrennung springt die Spannung auf einen hauptsächlich durch Kathoden- und Anodenfall bestimmten Wert. Obwohl die Lichtbogenlänge durch die Kontaktöffnung größer wird, verbleibt die Lichtbogenspannung infolge starker Aufheizung der Plasmasäule auf relativ geringen Augenblickswerten. Erst gegen Ende der Halbwelle steigt die Lichtbogenspannung infolge Abnahme der Plasmaleitfähigkeit an. Beim Stromnullwerden entsteht eine sogenannte Lichtbogen-Löschspitze. Anschließend steigt die Spannung am Schalter in Form einer gedämpften Schwingung auf den Augenblickswert der wiederkehrenden Spannung an. Je größer der Stromabfall di/dt vor dem Stromnullwerden ist, um so höher ist die Plasmatemperatur beim darauffolgenden Spannungsanstieg du/dt der Einschwingspannung. Mit wachsendem Spannungsanstieg du/dt nimmt die Gefahr der Wiederzündung des Lichtbogens zu.

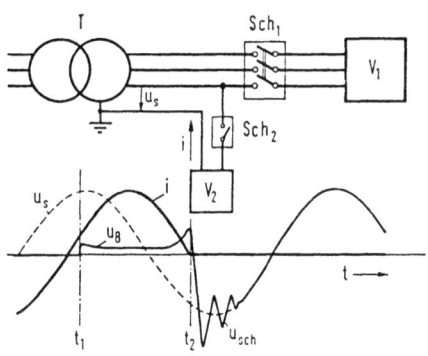

Bild 2.8. Ausschaltung eines ohmsch-induktiven Verbrauchers nach dem Wechselstromprinzip.

Maßgebend für den zeitlichen Verlauf der Einschwingspannung sind neben der Höhe der Betriebsspannung die Größen der im Kreis vorhandenen Konstanten R, L und C und ihre Anordnung in bezug zum Schalter. Bei ungünstiger Anordnung kann die Einschwingspannung aus mehreren überlagerten Einschwingvorgängen gebildet werden, die ihre Anfangssteilheit sehr stark erhöhen (vgl. Abstandskurzschluß Abschnitt 2.5.6.).

Im Bild 2.8 ist der Ausschaltvorgang eines vorwiegend induktiven Verbrauchers dargestellt, bei dem die Spannung am Schalter nach dem Verlöschen des Lichtbogens praktisch auf den Scheitelwert der wiederkehrenden Spannung aufschwingen muß.

Bild 2.9 zeigt anschaulich die unterschiedlichen Spannungsbeanspruchungen bei Ausschaltung rein induktiver, ohmscher bzw. kapazitiver Stromkreise in vereinfachter Darstellung, wobei die zwischen den Schaltgliedern wiederkehrende Spannung u_{sch} durch Schraffur gekennzeichnet ist.

Bei induktiver Belastung (Bild 2.9a) springt die Schalterspannung u_{sch} auf den Scheitelwert der Wiederkehrspannung. Eine Löschung des Lichtbogens wäre nicht möglich, wenn die Spannung tatsächlich springen könnte, weil dann das Plasma gar keine Zeit hätte, seine Leitfähigkeit voll zu verlieren. Die in Stromkreisen stets vorhandenen Leitungs- und Betriebsmittelkapazitäten bewirken ein Einschwingen nach Bild 2.8. Die Lichtbogensäule in der Schaltstrecke muß sich rascher elektrisch verfestigen als die Einschwingspannung ansteigt, damit keine Wiederzündungen auftreten.

Bei ohmscher Belastung (Bild 2.9b) steigt die am Schalter wiederkehrende Spannung von Null an sinusförmig an. Die Schaltstrecke hat genügend Zeit, sich elektrisch zu verfestigen.

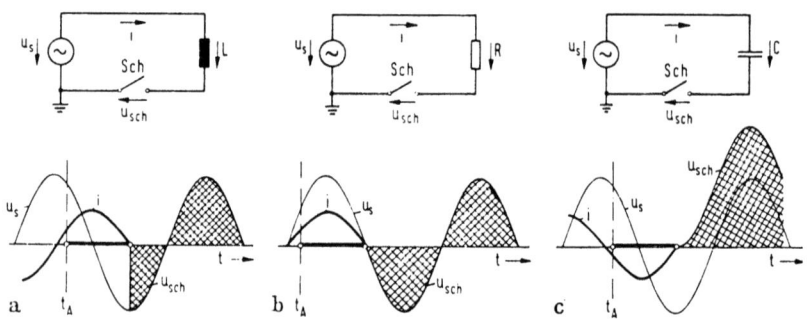

Bild 2.9. Unterschiedlicher Verlauf der wiederkehrenden Spannung nach Abschalten rein induktiver, ohmscher und kapazitiver Verbraucher.

Bei kapazitiver Belastung (Bild 2.9c) ist die Anfangssteilheit der von Null aus anwachsenden wiederkehrenden Spannung sehr gering, jedoch steigt sie auf den doppelten Scheitelwert an.

Bei einer Neuzündung des Lichtbogens nach dem Stromnullwerden unterscheidet man zwischen Wiederzündung und Rückzündung. Wiederzündungen liegen vor, wenn der Lichtbogen nach einer stromlosen Pause von höchstens einer Viertelperiode der Betriebsfrequenz (5 ms bei 50 Hz) neuzündet. Sie entstehen vorwiegend in stark induktiven Kreisen (Bild 2.9a). Neuzündungen nach einer stromlosen Pause von mehr als einer Viertelperiode werden als Rückzündungen bezeichnet und ergeben sich im wesentlichen beim Schalten kapazitiver Kreise (Bild 2.9c).

Um die Erosion von Kontakt- und Isolierstoffen der Löscheinrichtungen durch den Lichtbogen auf ein Minimum zu begrenzen, wird bei modernen Schaltgeräten eine Lichtbogendauer von etwa einer Stromhalbwelle angestrebt. Zur Erfüllung dieser Forderung muß das bewegliche Schaltglied so rasch beschleunigt werden, daß die Kontaktstücke beim

Nullwerden des Lichtbogenstromes bereits den Abstand haben, der notwendig ist, um die wiederkehrende Spannung zu halten. Bild 2.10a zeigt den Kontaktabstand δ in Abhängigkeit der Zeit t. Bei Trennung der Kontaktstücke zur Zeit t_0 wird beim Stromverlauf nach Bild 2.10b nach dem ersten Stromnullwerden zur Zeit t_2 eine Kontaktentfernung δ_2 erreicht, die die auf den Augenblickswert der wiederkehrenden Span-

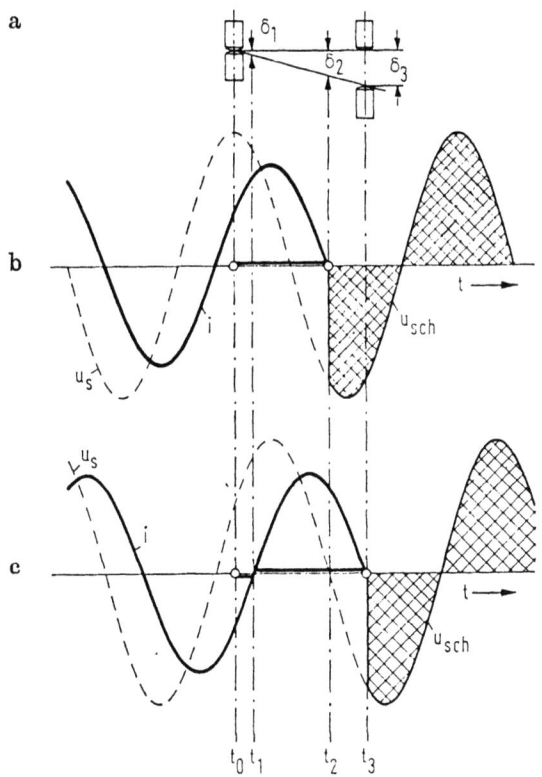

Bild 2.10. Einfluß des Kontaktstückabstandes auf die Lichtbogenlöschung.

nung ansteigende Einschwingspannung sperren möge. Beim Stromverlauf nach Bild 2.10c reicht die Kontaktdistanz δ_1 beim ersten Stromnullwerden zur Zeit t_1 dazu nicht aus, so daß der Lichtbogen wiederzündet und bis zu seinem zweiten Polaritätswechsel zur Zeit t_3 erhalten bleibt.

Mit wachsender Netzspannung muß daher die Trenngeschwindigkeit zunehmen. Während man bei Mittelspannungsschaltern heute Trenngeschwindigkeiten von 1 bis 2 m/s verwendet, sind bei Hochspannungsschaltern Trenngeschwindigkeiten über 10 m/s üblich.

2.4.2. Gleichstrom-Löschprinzip

Zur Löschung von Gleichströmen werden spezielle Gleichstromschalter benötigt, deren Löschkammern während des Ausschaltvorganges eine hohe Lichtbogenspannung erzeugen. Die Höhe der Lichtbogenspannung soll möglichst während der ganzen Lichtbogendauer über dem Wert der den abzuschaltenden Gleichstrom treibenden Gleichspannung liegen, jedoch nicht so hoch werden, daß die Isolation der Anlagen gefährdet wird. In Bild 2.11a ist die Ausschaltung eines Gleichstromkreises bei Betriebsstrom i_d, in Bild 2.11b eines Kurzschlußstromes i_k mit

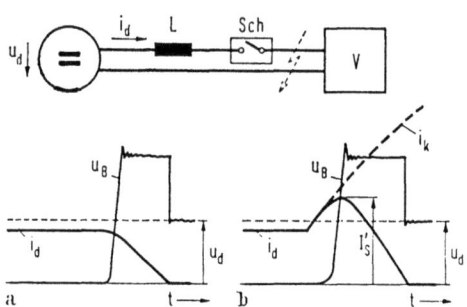

Bild 2.11. Ausschalten eines ohmsch-induktiven Gleichstromkreises im ungestörten und gestörten Fall.

einem Gleichstrom-Schnellschalter dargestellt. Schnellschalter besitzen einen Ausschaltverzug, der den Wert von 1 ms nicht wesentlich überschreiten darf, und einen möglichst raschen Anstieg der Lichtbogenspannung u_B über den Wert der Betriebsgleichspannung u_d. Die Spannungsüberhöhung $u_B > u_d$ wird durch eine starke Aufweitung des Lichtbogens und intensive Kühlung der Lichtbogensäule bewirkt. Durch die Stromänderung an den Induktivitäten L wird an diesen eine Spannung induziert, die den Stromfluß aufrechterhalten will. Es gilt unter Berücksichtigung der ohmschen Widerstände R:

$$u_d - L\frac{di}{dt} - i \cdot R = u_B. \tag{2.1}$$

Bei Abschaltung von Kurzschlußströmen, die in Form einer Exponentialfunktion auf ihren Endwert ansteigen, begrenzen Gleichstrom-Schnellschalter den Kurzschlußstrom. Der Kurzschlußstrom erreicht seinen begrenzten Scheitelwert, den sogenannten Durchlaßstrom $\left(L\frac{di}{dt} = 0\right)$, wenn $u_B = u_d - i \cdot R$ wird. Das Verhältnis des Durchlaßstromes zum höchsten Augenblickswert des unbeeinflußten Kurzschlußstromes wird als Strombegrenzungsfaktor bezeichnet.

Der im Bild 2.11 dargestellte etwa rechteckförmige Verlauf der Lichtbogenspannung u_B wird bei allen Gleichstromschaltern angestrebt. Der sich dabei während des Ausschaltvorganges ergebende Verlauf der Gleichstromes zeigt Bild 2.12a. Er läßt sich aus der Beziehung

$$i_d = \frac{u_d}{R} - \frac{u_B}{R}\left[1 - \exp\left(-\frac{t-t_1}{T}\right)\right] \qquad (2.2)$$

mit der Zeitkonstanten des Gleichstromkreises $T = L/R$ leicht berechnen.

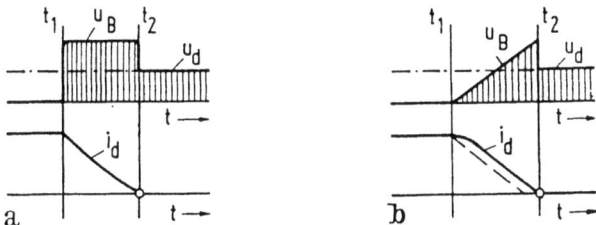

Bild 2.12. Gleichstromausschaltung bei unterschiedlichem Verlauf der Lichtbogenspannung.

Bei etwa geradlinigem Spannungsanstieg $v_B = \mathrm{d}u/\mathrm{d}t$ der Lichtbogenspannung nach Bild 2.12b, wie er bei älteren Gleichstromschaltern häufig vorkommt, berechnet sich der dargestellte Stromverlauf aus

$$i_d = \frac{u_d}{R} - \left[T\frac{v_B}{R}\left(\exp\left(-\frac{t-t_1}{T}\right)-1\right) + \frac{v_B}{R}(t-t_1)\right]. \qquad (2.3)$$

Mit wachsender Gleichspannung, größerem Strom und vor allem mit zunehmender Zeitkonstanten des Stromkreises steigen die Anforderungen an das Ausschaltvermögen der Gleichstromschalter. Eine konstante Lichtbogenspannung u_B über längere Zeit zu halten, erfordert einen nicht unerheblichen konstruktiven Aufwand.

2.4.3. Anwendung des Gleichstrom-Löschprinzips bei Wechselstromausschaltung

Wendet man sehr rasch wirkende Gleichstrom-Schnellschalter, deren Ausschaltverzug und Lichtbogenentwicklungszeit zusammen weniger als 5 ms betragen, zur Ausschaltung von Wechselstromkreisen (50 Hz) an, so lassen sich mit diesen nicht nur Wechselstromlichtbögen vor dem natürlichen Nullwerden des Wechselstromes löschen, sondern auch die Scheitelwerte der Kurzschlußwechselströme I_S auf einen kleineren Wert I_S' begrenzen. Bild 2.13 zeigt die zeitlichen Verläufe des Kurzschlußstromes i_k und der Lichtbogenspannung u_B während des Ausschaltvorganges. Zur Zeit t_1 beginnt der Kurzschluß. Der Kurzschlußstrom würde ohne Beeinflussung durch den Schalter den prospektiven Wert I_S erreichen. Zur Zeit t_2 möge die Auslösung und zur Zeit t_3 die Kontaktöffnung erfolgen. Das Zeitintervall $t_3 - t_4$ entspricht der Lichtbogenentwicklungszeit. Der Ausschaltvorgang ist zur Zeit t_5 beendet.

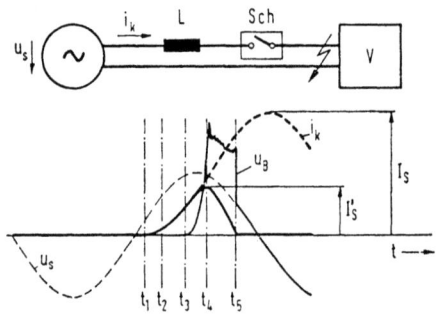

Bild 2.13. Ausschaltung eines gestörten Wechselstromkreises nach dem Gleichstrom-Löschprinzip.

Die Strombegrenzung ist um so wirkungsvoller, je rascher der Kurzschluß erkannt und der Ausschaltvorgang ausgelöst wird. Hierzu müssen elektronische Relais in Verbindung mit Schnellauslösern verwendet werden. Zur Erzielung besonders kurzer Ausschaltverzüge werden mit Vorteil Sprengmittel verwendet. Die Beanspruchungen an die Löschkammern werden um so geringer, je früher der Kurzschlußstrom begrenzt werden kann.

2.4.4. Anwendung des Wechselstrom-Löschprinzips bei Gleichstromausschaltung

Der zum Löschen von Schaltlichtbögen mit Nullpunktlöscheinrichtungen erforderliche Polaritätswechsel des Lichtbogenstromes bei Gleichstrom kann durch einen zur Schaltstrecke parallelangeordneten kapazitiven Energiespeicher C erzwungen werden [13, 14]. Bild 2.14 zeigt den Übersichtsschaltplan eines derartigen Gerätes. Vor Beginn des Ausschaltvorganges ist der Schalter Sch_1 geschlossen, der Schalter Sch_2 geöffnet und der Kondensator C durch das Ladegerät LG auf eine Gleichspannung entsprechend der eingezeichneten Polarität aufgeladen.

Öffnen die Kontaktstücke des Schalters Sch$_1$, so tritt an dem Gleichstromlichtbogen bei Nullpunktlöschern nur eine geringe Lichtbogenspannung auf. Nachdem sich die Schaltstücke von Sch$_1$ genügend weit entfernt haben, wird der Schalter Sch$_2$ geschlossen. Der Kondensator würde sich über den Kreis C—Sch$_2$—Sch$_1$—L in Form einer gedämpften Schwingung entladen, wenn der Schalter Sch$_1$ nicht den Lichtbogen beim ersten Nullwerden seines Stromes, der sich aus der Überlagerung des Gleichstromes und des Schwingstromes ergibt, löschen würde. Der Lichtbogenstrom wird jedoch nur dann Null, wenn der Scheitelwert der ersten Halbwelle des Schwingstromes größer ist als der Augenblicks-

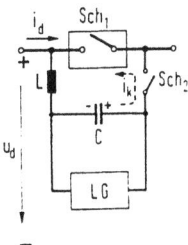

Bild 2.14. Ausschaltung eines Gleichstromkreises nach dem Wechselstrom-Löschprinzip.

wert des Gleichstromes zu diesem Zeitpunkt. Die Strom- und Spannungsverläufe sind — außer von L und C (Bild 2.14) — in starkem Maße vom Aufbau des Gleichstromnetzes abhängig [13].

Bei Verwendung handelsüblicher Nullpunktlöscher darf die Eigenfrequenz des Schwingstromes nicht zu groß sein. Bei zu hohen di/dt- und du_C/dt-Werten hat die Schaltstrecke nicht genügend Zeit, sich elektrisch ausreichend zu verfestigen. Niedrige Frequenzen des Schwingkreises oder aber zusätzliche Transduktoren als Löschhilfe für den Nullpunktlöscher Sch$_1$ erhöhen den Aufwand an Betriebsmitteln und sind daher nur in speziellen Fällen wirtschaftlich tragbar.

2.4.5. Wechselstromausschaltung mit Halbleiterventilen

Zum Ausschalten von Wechselstromkreisen können auch Dioden in Verbindung mit synchron arbeitenden mechanischen Schalteinrichtungen (Hybridschalter) nach Bild 2.15a oder völlig kontaktlose Schaltungen mit zwei antiparallelgeschalteten Thyristoren nach Bild 2.15b bzw. einem Triac (Bild 2.15c) verwendet werden [15, 16]. Thyristoren und Triacs erfordern allerdings Steuereinrichtungen.

Während des Betriebes fließt beispielsweise bei der Hybridschaltung (Bild 2.15a) der Wechselstrom über die geschlossenen Kontaktglieder

der Synchronschalter Sch_1 und Sch_2. Die Diode D ist kurzgeschlossen. Beim Ausschaltvorgang wird zunächst der Synchronschalter Sch_1 betätigt und zwar so, daß seine Kontaktstücke unmittelbar vor dem Polaritätswechsel des Stromes vom positiven zum negativen Augenblickswert öffnen (t_1). Der Strom kommutiert von Sch_1 zur Diode D, die ihn bis zu seinem Nullwerden (t_2) führt und nach dem Nullwerden sperrt. Zum Zeitpunkt (t_3) öffnen die Kontaktstücke des Synchronschalters Sch_2. Dadurch wird die Diode spannungsmäßig entlastet. Derartige Schal-

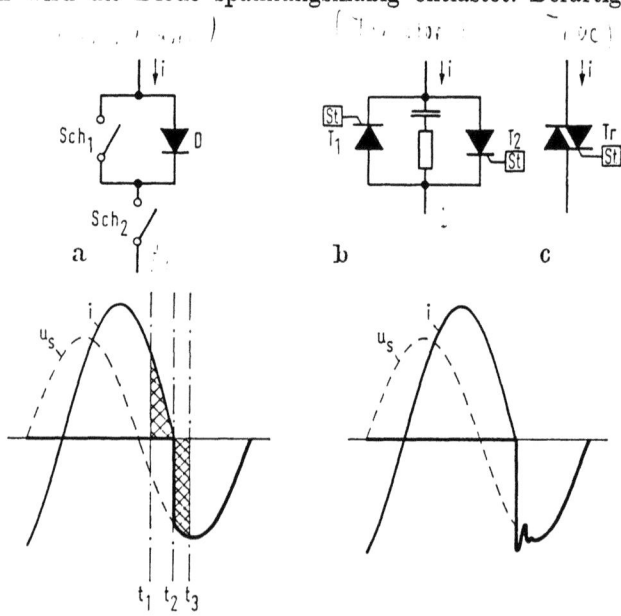

Bild 2.15. Wechselstromausschaltung mit Halbleiterventilen.
a) Mit einer Diode; b) mit zwei Thyristoren; c) mit einem Triac.

tungen erfordern nur einfache Dioden, die nur kurzzeitig mit Strom (t_1 bis t_2) und Spannung (t_2 bis t_3) belastet werden. Die Schaltgeräte Sch_1 und Sch_2 schalten praktisch lichtbogenfrei, so daß ihr Kontaktverschleiß gering ist. Die Forderung nach ihrem synchronen Schaltverhalten erfordert einen nicht unerheblichen konstruktiven Aufwand, so daß der wirtschaftliche Vorteil der einfachen Dioden und Wegfall der Steuereinrichtungen gegenüber den völlig kontaktlosen Schalteinrichtungen mit Thyristoren oder Triacs nach Bild 2.15b und c weitgehend aufgehoben wird. Bei Thyristoren und Triacs müssen durch die Steuerungen (St) die Ventile in jeder Halbwelle abwechselnd gezündet werden, damit ein Wechselstromdurchlaß ermöglicht wird. Diese Geräte sind Nullpunktlöscher, die durch die Antiparallelschaltung den Strom bei jedem

Polaritätswechsel sperren, sofern die Steuerimpulse rechtzeitig abgeschaltet werden. Man verwendet sie als reine Ein- und Ausschalter oder aber gleichzeitig auch als Spannungssteller durch die sogenannten Phasenanschnittssteuerungen (z. B. zur kontinuierlichen Helligkeitssteuerung von Beleuchtungsanlagen).

Kontaktlose Schalter arbeiten mit kurzen Schaltzeiten und verschleißfrei. Sie sind jedoch infolge der hohen Kosten der benötigten Betriebsmittel wie Ventile, Steuerungen, Beschaltungsmittel, gegenüber elektromagnetischen Schaltern noch so teuer, daß sie nur dort wirtschaftlich eingesetzt werden, wo es auf sehr hohe Schalthäufigkeiten bei geringem Verschleiß ankommt und höhere Kosten tragbar sind.

2.4.6. Gleichstromausschaltung mit Halbleiterventilen

Gleichstromkreise können gleichfalls mit kontaktlosen Betriebsmitteln unterbrochen werden. Dazu werden Schaltungen, wie sie in der Stromrichtertechnik bei Gleichstromstellern üblich sind, verwendet [17]. Bild 2.16 zeigt den Thyristor T_1 im Gleichstromkreis, dem die Aufgabe

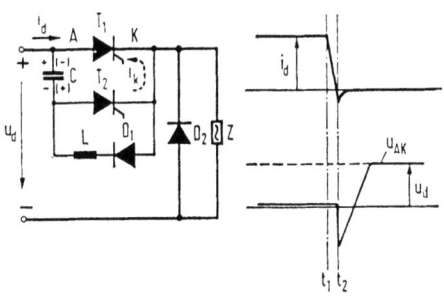

Bild 2.16. Gleichstromausschaltung mit Halbleiterventilen.

des Schalters zufällt. Der Thyristor T_2, die Diode D_1, der Kondensator C und die Drossel L dienen zum Löschen des Hauptthyristors T_1. Die erforderlichen Steuergeräte für T_1 und T_2 sind im Bild 2.16 nicht dargestellt.

In der Sperrphase des Thyristors T_1 (geöffneter Gleichstromkreis) wird der Kondensator C über den leitenden Thyristor T_2 und den Verbraucher Z auf den Wert der treibenden Gleichspannung u_d aufgeladen. Wird nun bei gesperrtem Thyristor T_2 der Hauptthyristor T_1 leitfähig (Einschalten des Gleichstromkreises), dann erfolgt eine Umladung des Kondensators C über den Schwingkreis $C-T_1-D_1-L$. Durch die Ventilwirkung von D_1 kann nur die erste positive Stromhalbwelle des

Schwingstromes fließen. Beim Verlöschen von D_1 ist der Kondensator C auf die in Bild 2.16 in Klammern angegebene Polarität umgeladen. Zum Löschen des Hauptstromthyristors T_1 (Ausschalten des Gleichstromkreises) muß nun der Thyristor T_2 gezündet werden. Der danach auftretende Entladestrom des Kondensators C erzwingt zunächst einen Nulldurchgang des Gleichstromes im Thyristor T_1. Die erzwungene Kommutierung ist beendet, sobald der Augenblickswert des Entladestromes i_k den Wert des Gleichstromes i_d erreicht ($i_k = i_d$). Nach dem Verlöschen von T_1 erfolgt die anfangs geschilderte Umladung des Kondensators C über den noch leitenden Thyristor T_2 und den Verbraucher auf die Ausgangspolarität. Dabei liegt an dem Thyristor T_1 für eine gewisse Zeitspanne, die größer sein muß als die Freiwerdezeit, eine negative Sperrspannung an, ehe die Kondensatorspannung wieder auf positive Werte ansteigt. Ein Überschwingen über den Wert der Gleichspannung hinaus wird durch die Freilaufdiode D_2 verhindert.

Kontaktlose Schalteinrichtungen zum Schalten von Gleichstromkreisen werden in der Stromrichtertechnik praktisch bei allen selbstgeführten Stromrichterarten in großem Umfang verwendet, weil sie im Takte der vorliegenden Frequenz der Wechselspannung die Stromkreise schalten müssen. Die Schalthäufigkeit in den Kreisen der elektrischen Energieversorgungsanlagen ist dagegen sehr viel geringer, so daß die Anwendung des kontaktlosen Gleichstromschaltprinzips nur in einigen Sonderfällen wirtschaftlich tragbar ist.

2.5. Beanspruchung der Schaltstrecken

Abhängig vom Verwendungszweck werden an Schalter unterschiedliche Anforderungen im Hinblick auf ihre *mechanische Zuverlässigkeit*, ihre *Funktion*, ihre *Stromtragfähigkeit* sowie an ihr *Isolier-* und *Schaltvermögen* gestellt. Zum Nachweis dieser Schaltereigenschaften sind vom VDE in den Bestimmungen 0660 und 0670 Richtlinien zur Durchführung der Typen- und Stückprüfungen vorgesehen.

Die *Typenprüfung* dient zum Nachweis der kennzeichnenden Eigenschaften eines Gerätetypes; sie soll zeigen, daß die festgelegten Anforderungen eingehalten sind. Die *Stückprüfung* dient dazu, die Funktionsfähigkeit eines Gerätes nachzuweisen und etwa vorhandene Werkstoff- und Ausführungsfehler festzustellen; sie muß an jedem Schaltgerät ausgeführt werden.

Die Prüfung der mechanischen Zuverlässigkeit und Funktionsfähigkeit dient dem Nachweis, daß die in den Bauanforderungen vorgesehenen Betätigungs- und Ansprechbedingungen sowie die Gerätelebensdauer eingehalten sind. Beispielsweise müssen Mittel- und Hochspannungsschalter mit ihren Antrieben und Auslösern 1000 stromlose Schaltspiele aushalten, ohne daß ihre Funktionsfähigkeit nachläßt. Bei Niederspannungsschaltern ist die erforderliche Lebensdauer entsprechend dem Anwendungszweck in fünf Gerätehauptklassen A_1 bis E_1 mit stromlosen Schaltspielen von 10^3 bis 10^7 eingeteilt (s. Bild 2.17). Bei Schaltern, die häufig Last- oder Motorströme zu schalten haben, wird außerdem eine Mindestschaltstücklebensdauer bei Strombelastung gefordert.

Geräteklassen, mechanische Nenn-Lebensdauer

1	2	3
Geräteklasse	Lebensdauer in Schaltspielen	Beispiele für die Einordnung der Schaltgeräte
A1	10^3	Trenner, Hebelschalter, große Motor- und
A3	$3 \cdot 10^3$	Leistungsschalter, Stationsschutzschalter, Schnellschalter
B1	10^4	Mittlere und kleine Motor- und Leistungs-
B3	$3 \cdot 10^4$	schalter, Leistungsschalter für Bahnfahrzeuge, Schnellschalter
C1	10^5	Handbetätigte Motorschalter, große Schütze, Ölschütze, Druckwächter, Walzenschalter
C3	$3 \cdot 10^5$	Handbetätigte Motorschalter, Luftschütze, Ölschütze, Nockenschalter, Walzenschalter, Steuerschalter, Schaltgeräte für Bahnfahrzeuge
D1	10^6	Luftschütze, Ölschütze, Schaltgeräte für
D3	$3 \cdot 10^6$	Nahverkehrsmittel, Steuerschalter für aussetzenden Betrieb
E1	10^7	Luftschütze für aussetzenden Betrieb bei Walzwerkhilfsantrieben und Sondermaschinen

Bild 2.17. Mechanische Lebensdauer von Niederspannungsschaltern nach VDE 0660.

Zum Nachweis der *Stromtragfähigkeit* sind die Spannungsabfälle längs der Schalterstrombahnen vor der Belastung mit Nennstrom sowie die Erwärmung aller Bauteile bei Belastung mit Nennstrom zu ermitteln. Durch die Erwärmungsprüfung soll festgestellt werden, daß die Grenztemperaturen bei den in den VDE-Vorschriften festgelegten Bedingungen nicht überschritten werden. Weiterhin soll durch Versuche mit Nenn-

Gebrauchskategorien

I Strom I_e Nennbetriebsstrom L Induktivität des Prüfstromkreises

1	2	3		4	5	6
				\multicolumn{3}{c}{Normale}
Stromart	Gebrauchskategorie	Beispiele für die Anwendung		\multicolumn{3}{c}{Einschalten}
				$\dfrac{I}{I_e}$	$\dfrac{U}{U_e}$	$\cos\varphi$ bzw. L/R ms
Wechselstrom	AC1	Nicht induktive oder schwach induktive Belastungen, Widerstandsöfen		1	1	0,95
	AC2	Anlassen von Schleifringläufermotoren	ohne Gegenstrombremsen	2,5	1	0,65
	AC2′		mit Gegenstrombremsen			
	AC3	Anlassen von Käfigläufermotoren, Ausschalten von Motoren während des Laufes	$I_e \leqq 16$ A	6	1	0,65
			$I_e > 16$ A bis 100 A			
			$I_e > 100$ A			0,35
	AC4	Anlassen von Käfigläufermotoren, Tippen¹, Gegenstrombremsen, Reversieren²	$I_e \leqq 16$ A	6	1	0,65
			$I_e > 16$ A bis 100 A			
			$I_e > 100$ A			0,35
Gleichstrom	DC1	Nicht induktive oder schwach induktive Belastungen, Widerstandsöfen		1	1	1 ms
	DC2	Nebenschlußmotoren	Anlassen, Ausschalten während des Laufes	2,5	1	2 ms
	DC3		Anlassen, Tippen¹, Gegenstrombremsen, Reversieren			
	DC4	Reihenschlußmotoren	Anlassen, Ausschalten während des Laufes	2,5	1	7,5 ms
	DC5		Anlassen, Tippen¹, Gegenstrombremsen, Reversieren			

[1] Unter Tippen versteht man die einmalige oder wiederholte kurzzeitige Speisung eines Motors, um kleine Bewegungen zu erreichen.

[2] Unter Reversieren versteht man das rasche Umkehren der Laufrichtung des Motors durch Wechseln der Primäranschlüsse während des Laufes.

Bild 2.18. Gebrauchskategorien für Last- und Motorschalter nach VDE 0660.

für Last-[3] *und Motorschalter*

U Spannung U_e Nennspannung R Ohmscher Widerstand des Prüfstromkreises

7	8	9	10	11	12	13	14	15
Beanspruchung			Gelegentliche Beanspruchung[5]					
Ausschalten			Einschalten			Ausschalten		
$\dfrac{I}{I_e}$	$\dfrac{U}{U_e}$	$\cos\varphi$ bzw. L/R ms	$\dfrac{I}{I_e}$	$\dfrac{U}{U_e}$	$\cos\varphi$ bzw. L/R ms	$\dfrac{I}{I_e}$	$\dfrac{U}{U_e}$	$\cos\varphi$ bzw. L/R ms
1	1	0,95	1,5	1,1	0,95	1,5	1,1	0,95
1 / 2,5	0,4 / 1	0,65	4	1,1	0,65	4	1,1	0,65
1	0,17	0,65 / 0,35	10[4] / 8[4] mind. 1000 A	1,1	0,65 / 0,35	8 / 6 mind. 800 A	1,1	0,65 / 0,35
6	1	0,65 / 0,35	12[4] / 10[4] mind. 1200 A	1,1	0,65 / 0,35	10 / 8 mind. 1000 A	1,1	0,65 / 0,35
1	1	1 ms	1,5	1,1	1 ms	1,5	1,1	1 ms
1 / 2,5	0,1 / 1	7,5 ms / 2 ms	4	1,1	2,5 ms	4	1,1	2,5 ms
1 / 2,5	0,3 / 1	10 ms / 7,5 ms	4	1,1	15 ms	4	1,1	15 ms

[3] Nur für Lastschalter der Gebrauchskategorie AC1 und DC1.

[4] Die Werte entsprechen den Anlaufströmen der Mehrzahl der Motoren. In Sonderfällen können bis zu 30% höhere Ströme auftreten.

[5] Für die Prüfung gelten die Werte der Tabelle 26 VDE 0660 Teil 1.

stoß- und Nennkurzzeitstrom nachgewiesen werden, daß der Schalter die erforderliche Kurzschluß- und Überlastfestigkeit besitzt.

Der *Isolationsprüfung* kommt die Aufgabe zu, festzustellen, ob die Isolation der Schalter ausreichend ist. Bei Niederspannungsschaltern genügt eine Spannungsprüfung mit sinusförmiger Wechselspannung 50 Hz. Mittel- und Hochspannungsschalter müssen zusätzlich mit Stoßspannungen (1/50 µs Vollwelle) geprüft werden. Die Höhe der Spannung, der die Isolation eines Schalters standhalten muß, richtet sich nach seiner Reihenspannung, danach, ob das Schaltgerät in Netzen mit starrer oder ohne starre Sternpunkterdung eingesetzt wird und nach der Art der Isolation. Die Isolation gegen Erde und die Isolation zwischen den Schalterpolen werden mit geringeren Spannungen geprüft als die Isolation der Trennstrecken.

Die Prüfung des *Schaltvermögens* soll den Nachweis erbringen, daß die Schalter das in VDE 0660 bzw. 0670 geforderte Nenneinschalt- und Nennausschaltvermögen besitzen.

Je nachdem, welche Aufgaben ein Schalter im Netz einer elektrischen Energieanlage zu erfüllen hat, sind die Anforderungen an das Schaltvermögen unterschiedlich. Sie lassen sich in vier Gruppen einteilen:

a) Leerschalter

sind Schalter zum annähernd stromlosen Ein- und Ausschalten oder Schalter zum Ein- und Ausschalten von Strömen, wenn zwischen den geöffneten Schaltstücken jedes Poles nur eine geringe Spannung im Augenblick des Schaltens auftritt.

b) Lastschalter

sind Schalter zum Ein- und Ausschalten von Betriebsmitteln (nicht Motoren) und Anlageteilen im ungestörten Zustand mit einem Schaltvermögen vorwiegend in der Größenordnung des Nennstromes.

c) Motorschalter

sind Schalter zum Schalten von Motoren mit einem den Anlaufströmen von Motoren entsprechenden Schaltvermögen.

d) Leistungsschalter

sind Schalter mit einem Schaltvermögen, das den beim Ein- und Ausschalten von Betriebsmitteln und Anlageteilen in ungestörtem und in gestörtem Zustand, insbesondere unter Kurzschlußbedingungen auftretenden Beanspruchungen genügt.

Niederspannungslast- und -motorschalter werden für Wechselstrom in vier, für Gleichstrom in fünf Gebrauchs-Kategorien eingeteilt. Das Schaltvermögen, das diese bei normaler und gelegentlicher Beanspruchung beherrschen müssen, geht aus Bild 2.18 hervor. Bei der Prüfung des

Schaltvermögens sind Lastschalter 20mal ein- und auszuschalten mit Pausen von 5 bis 10 s zwischen den einzelnen Schaltungen. Bei Motorschaltern sind 2×25 Schaltspiele vorgesehen, wobei nach den ersten 25 Schaltspielen eine Pause von 10 bis 20 Minuten einzulegen ist.

Gemäß VDE 0670 gibt es bei Wechselstromschaltgeräten über 1 kV keine Motorschalter. Lastschalter werden entweder als *Mehrzweckschalter* für verschiedene Anwendungsgebiete oder als *Einzweckschalter* für einen bestimmten Anwendungszweck (z. B. Schalten von unbelasteten Transformatoren, unbelasteten Leitungen oder Ringleitungen) hergestellt. Entsprechend unterscheiden sich auch die Anforderungen an das Schaltvermögen (vgl. VDE 0670, Teil 3). Sind Lastschalter für Ströme und Schaltzahlen bestimmt, die von den normalen Prüfbedingungen der Mehr- oder Einzweckschalter abweichen, dann bezeichnet man diese als *Sonderlastschalter*.

Lastschalter sollen Lastströme bei einem Leistungsfaktor von 0,65 bis 0,75 ausschalten und auf Kurzschluß einschalten können.

Es ist weiterhin zu prüfen, welche kapazitiven und induktiven Ströme sowie Ringströme die Lastschalter in der Schaltfolge „Ein—Pause—Aus" zwanzigmal hintereinander bewältigen, ohne ihre Funktionsfähigkeit zu verlieren. Die Höhe dieser Ströme ist nicht vorgeschrieben.

Die höchsten Anforderungen im Hinblick auf das Schaltvermögen werden an die Leistungsschalter gestellt, weil sie neben den für die Leer- und Lastschalter geltenden Bestimmungen hauptsächlich das Ausschalten von Kurzschlußströmen bei einem Leistungsfaktor $\leq 0{,}15$ (induktiv) und das Einschalten auf Kurzschluß übernehmen.

Leistungsschalter *ohne* eine selbständige Aus(O)—Ein(C)—Schaltung (sogenannte Kurzunterbrechung) werden bei der Prüfung mit Teillasten nur dreimal ausgeschaltet (O—t—O—t—O). Die Pausen (t) betragen jeweils drei Minuten. Bei Prüfung mit voller Ausschaltleistung ist die Prüfschaltfolge, wie bei allen Schaltern *mit* Kurzunterbrechung: eine Ausschaltung mit nachfolgenden zwei Ein—Ausschaltungen (O—t—CO—CO).

Die wesentlichsten Probleme, die beim Schalten von Gleich- und Wechselstromkreisen auftreten, wurden in den Abschnitten 2.3. und 2.4. behandelt. Hier sollen nur noch einige zusätzliche Erläuterungen, die hauptsächlich mit der Prüfung von Drehstromschaltern über 1 kV in Zusammenhang stehen, gegeben werden.

2.5.1. Beanspruchung des erstlöschenden Pols eines Drehstromschalters

Beim Ausschalten von induktiven Drehstromkreisen mit einem dreipoligen Schalter öffnen die Kontaktstücke der drei Pole etwa zur gleichen Zeit. Da die drei Leitungsströme gegeneinander zeitlich um

120° el. phasenverschoben sind, wird der Strom in dem einen Pol (im Bild 2.19 in der Phase R) zur Zeit t_1 als erster Null werden. Falls dieser Pol des Schalters zu diesem Zeitpunkt bereits in der Lage ist, den Lichtbogen zu löschen, wird die Phase R von t_1 an stromlos. Die Leitungs-

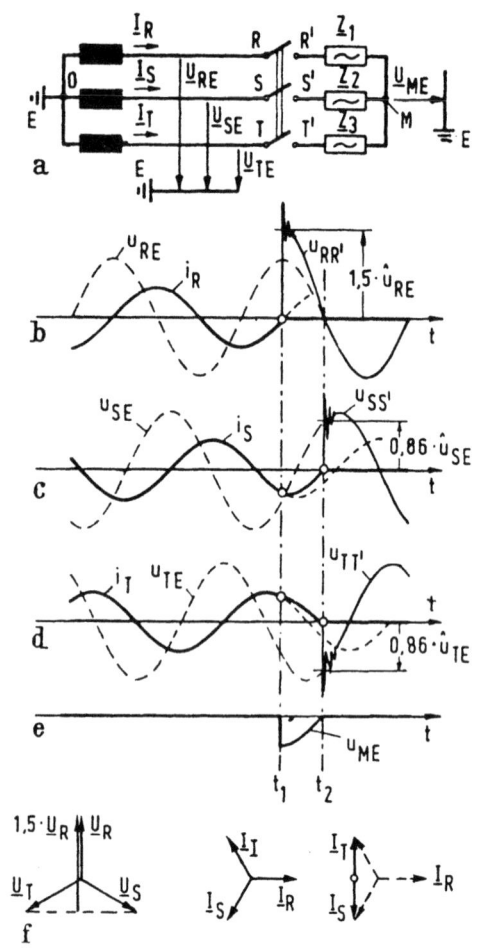

Bild 2.19. Drehstromausschaltung bei weitgehend induktiver Belastung.

ströme in den beiden anderen Phasen i_S und i_T fließen weiter. Zum Zeitpunkt t_1 hatten sie die gleiche Größe und umgekehrte Polarität. Ohne Sternpunktverbindung behalten sie nunmehr die gleiche Größe und umgekehrte Polarität bei, bis sie gleichzeitig Null werden (t_2). Da das Potential des Punktes M gegen Erde E sich in dieser Zeit bei symmetrischer Belastung ($\underline{Z}_1 = \underline{Z}_2 = \underline{Z}$) auf das Mittelpotential der Strangspannungen $\underline{U}_S$ und $\underline{U}_T$ einstellt, schwingt die wiederkehrende Spannung am erstlöschenden Pol (R) des dreiphasigen Schalters auf einen Augenblickswert auf, der um den Faktor 1,5 höher ist als der Augenblickswert der Strangspannung. Die Ausschaltleistung eines einpoligen Schalters in einem Wechselstromkreis berechnet sich aus $S_a = U_s \cdot I_a$. Der erstlöschende Pol eines dreipoligen Schalters muß dagegen die Schaltleistung $S_{a1.pol} = 1{,}5\, U_s \cdot I_a$ ausschalten können. Das entspricht der halben Ausschaltleistung des dreipoligen Schalters $S_{a3.pol}$

$$S_{a1.pol} = \frac{1}{2} S_{a3.pol} = \frac{1}{2} \sqrt{3}\, U_1 \cdot I_a = 1{,}5\, U_s \cdot I_a. \tag{2.4}$$

Dies ist bei der einpoligen Prüfung von Schaltern zu beachten.

Im Fall einer galvanischen Verbindung zwischen den beiden Sternpunkten sind die Vorgänge in den drei Strängen unabhängig voneinander. Die wiederkehrenden Spannungen entsprechen der Strangspannung. Der Ausschaltvorgang für den erstlöschenden Pol wird damit erleichtert.

Stark induktive Drehstromkreise liegen in der elektrischen Energietechnik beim Ausschalten leerlaufender Transformatoren und beim Ausschalten von Kurzschlußströmen vor.

2.5.2. Beanspruchungen der einzelnen Schalterpole eines dreipoligen Schalters beim Ausschalten von Kapazitäten

Unter der vereinfachten Annahme, daß die Kapazitäten nach ihrer Abschaltung vom Netz ihre Ladung beibehalten, d. h. ihre Entladewiderstände unendlich groß sind, sind in Bild 2.20 die Strom- und Spannungsverläufe bei der dreipoligen Ausschaltung eines kapazitiven Kreises dargestellt. Die erstlöschende Phase sei R; zum Zeitpunkt t_1 sei ihre Kapazität C_1 auf $\hat{u}_{RE}$ aufgeladen. Die Kapazitäten C_2 und C_3 besitzen zur gleichen Zeit den Wert $-0{,}5\,\hat{u}_{SE}$ bzw. $-0{,}5\,\hat{u}_{TE}$. Das Potential des Kondensatorsternpunktes M gegen Erde E war bis t_1 (Annahme: $C_1 = C_2 = C_3$) auf Erdpotential ($u_{ME} = 0$).

Nach Verlöschen des Stromes i_R in der erstlöschenden Phase fließt in den beiden noch stromführenden Phasen ein Strom gleicher Größe, aber entgegengerichteter Polarität ($i_S = -i_T$). Dieser Strom lädt die Kapazität C_2 in Phase S um (von $-0{,}5\,\hat{u}_{SE}$ auf $+u_{SM}$); die Kapazität C_3 in Phase T wird dagegen weiter in negativer Richtung aufgeladen (von $-0{,}5\,\hat{u}_{TE}$ auf $-u_{TM}$). Infolge der entstehenden unterschiedlichen Spannungsverteilung an den Kapazitäten C_2 und C_3 wird der Mittelpunkt M gegen Erde entsprechend der Kurve in Bild 2.20e angehoben.

Zur Zeit t_2 hat u_{ME} gerade den Wert $0,5\,\hat{u}_{RE}$ erreicht und behält ihn nach der Ausschaltung der beiden zuletztlöschenden Phasen bei.

Damit erhält der Punkt R′ ein Potential $1,5\,\hat{u}_{RE}$ gegen Erde ($u_{R'E}$ im Bild 2.20). Hierdurch tritt 10 ms (bei 50 Hz) nach Löschung der erstlöschenden Phase als maximale Beanspruchung der Schaltstrecke der 2,5-Wert der Sternspannung auf ($2,5\,\hat{u}_{RE}$). In den beiden letztlöschenden Phasen beträgt das Maximum der wiederkehrenden Spannung $1,86\,\hat{u}_{SE}$ bzw. $1,86\,\hat{u}_{TE}$.

Die gleichen Strom- und Spannungsverläufe, allerdings mit anderen Absolutwerten der Ströme, treten auch bei dreipoligem Ausschalten unbelasteter Kabel auf.

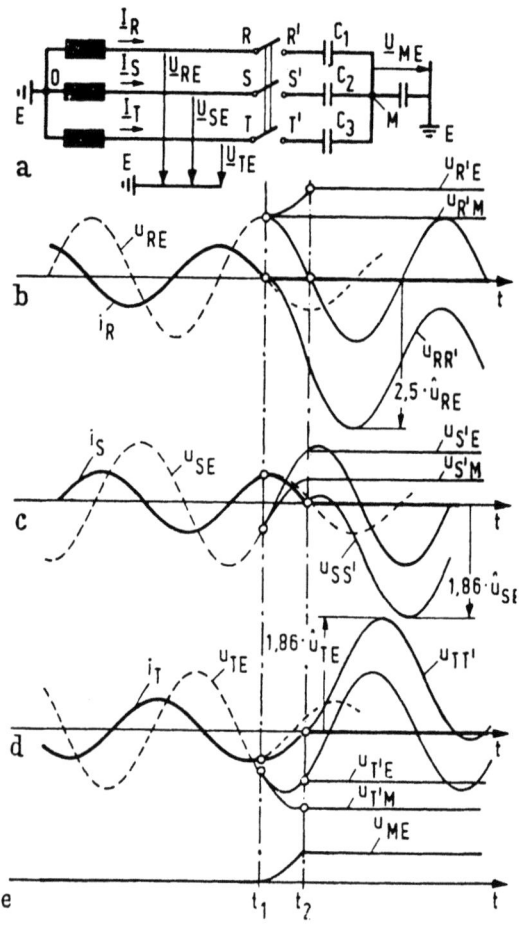

Bild 2.20. Drehstromausschaltung bei kapazitiver Belastung.

2.5.3. Einpoliges Schalten von Drehstromnetzen

Die Vorgänge beim einpoligen Schalten von Lastströmen in Drehstromnetzen, wie sie teilweise bei handbetätigten vollisolierten Mittelspannungsschaltanlagen üblich sind, unterscheiden sich von denen beim dreipoligen Schalten. An die Schaltgeräte werden dabei höhere Anforderungen gestellt.

Beim Schalten von Lastströmen tritt die höchste Beanspruchung in der zweiten Schalteinheit auf; sie muß gegen die verkettete Spannung ausschalten. Das gleiche gilt für das Ausschalten eines unbelasteten Transformators.

Bei der Ausschaltung unbelasteter Kabel tritt in der erstlöschenden Phase nach der Löschung maximal die dreifache, in der zweitlöschenden Phase sogar die 3,5fache Sternspannung über der Schaltstrecke auf. Nähere Einzelheiten hierüber sind in [12] enthalten.

2.5.4. Rückzündungen beim Ausschalten von leerlaufenden Leitungen oder Kondensatorbatterien

Beim Abschalten vorwiegend induktiver Drehstromkreise wird der Schalterpol der erstlöschenden Phase unmittelbar nach dem Nullwerden des Stromes spannungsmäßig am höchsten beansprucht; falls die Schaltstrecke nicht rasch genug elektrisch verfestigt wird, treten dabei Neuzündungen als Wiederzündungen auf. Dagegen wirken sich Neuzündungen beim Abschalten vorwiegend kapazitiver Drehstromkreise in der Regel als Rückzündungen aus. Für dieses Anwendungsgebiet müssen deshalb sogenannte rückzündsichere Schalter verwendet werden, da sonst die Gefahr besteht, daß durch mehrmaliges Rückzünden der Schalter hohe Überspannungen erzeugt werden. Die Strom- und Spannungsverläufe bei einer Rückzündung sind im Bild 2.21 dargestellt, wobei zur Vereinfachung ein einpoliger Stromkreis mit R, L und C, der Spannung u und dem Leistungsschalter Sch gewählt wurde.

Bei den Stromverläufen (Bild 2.21 b und c) wurde angenommen, daß die Rückzündung zum Zeitpunkt t_1 erfolgt, in dem die Spannung am Schalter etwa den Wert $2 \cdot \sqrt{2} u_S$ erreicht. Durch die Rückzündung entsteht zwischen den Kontaktstücken erneut ein Lichtbogen, wodurch sich die Kapazität C in Form einer gedämpften Schwingung entladen kann. Bild 2.21 b zeigt die Strom- und Spannungsverläufe unter der Annahme, daß der Schwingstrom über den Lichtbogen bis zum Abklingen des Schwingungsvorganges fließen kann, d. h. daß er bei den Stromnulldurchgängen nicht gelöscht wird. In diesem Falle sind keine größeren Überspannungen zu erwarten. Anders liegen die Verhältnisse, wenn der Schalter durch intensive Kühlung seiner Schaltstrecke den Schwingstrom bei seinem ersten Nulldurchgang wieder unterbricht. In diesem Falle liegt an der Schaltstrecke etwa eine halbe Periode später eine noch höhere Spannung; tritt dabei wieder eine Rückzündung auf, so ergibt sich eine weitere Spannungserhöhung. Auf diese Weise kann es zu einer Aufschaukelung der Spannung kommen, wie es in idealisierter Form in Bild 2.21c dargestellt ist.

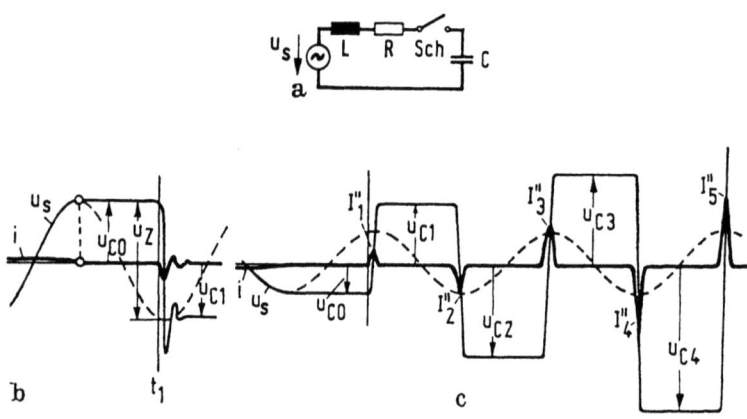

Bild 2.21. Rückzündungen beim Ausschalten von Kapazitäten.

2.5.5. Lichtbogenabriß beim Ausschalten kleiner induktiver Ströme

Erhebliche Überspannungen können sich auch beim Ausschalten kleiner induktiver Lastströme (< 100 A, z. B. leerlaufende Transformatoren, Drosselspulen) ergeben, wenn der Strom über die Lichtbogenstrecke infolge sehr rascher Widerstandserhöhung nahezu sprunghaft unterbunden wird. Dieser Vorgang wird als Lichtbogenabriß (Chopping) bezeichnet. Der Strom in der Induktivität fließt nunmehr über die parallel liegende Kapazität und klingt in Form einer gedämpften Schwingung ab. Die Höhe der damit verbundenen maximalen Überspannung ist abhängig von den Kenngrößen des Schwingkreises und dem Augenblickswert des Stromes, bei dem der Bogenabriß erfolgt. Um Überspannungen, die für die Isolation der Anlagen gefährlich sein können, zu vermeiden, werden in kritischen Fällen spannungsabhängige Widerstände parallel zur Lichtbogenstrecke angeordnet, die den Einschwingvorgang dämpfen (s. Kap. 12.).

2.5.6. Umschlagstörung

Beim Ausschalten von Betriebsströmen, insbesondere beim Abreißen kleiner induktiver Ströme, können Überspannungen entstehen, die Kurzschlüsse zur Folge haben können. Der Strom im Schalter steigt dann von zunächst kleinen Werten während des Ausschaltvorganges auf die hohen Werte des Kurzschlusses an. Diesen Vorgang bezeichnet man als Umschlagstörung [18]. Nicht alle Lichtbogenlöschanordnungen sind in der Lage, bei derartigen Störungen sicher auszuschalten.

2.5.7. Abstandskurzschluß

Liegt der abzuschaltende Kurzschluß nicht unmittelbar hinter dem Leistungsschalter, sondern in einem größeren Abstand von ihm, so spricht man von einem Abstandskurzschluß. Zwischen den Schaltstücken des Leistungsschalters entsteht nach dem Löschen des Lichtbogens eine Einschwingspannung, die sich aus zwei Anteilen u_1 und u_2 zusammensetzt (s. Bild 2.22); u_1 entspricht der Einschwingspannung des speisenden Netzes bis zum Leistungsschalter und u_2 der Einschwingspannung der abgeschalteten Leitung vom Leistungsschalter bis zur Kurzschlußstelle, die im allgemeinen einen nahezu dreieckförmigen Verlauf besitzt. Bild 2.22a zeigt die Spannungsverteilung längs der Leitung beim Kurzschluß an der durch Pfeil gekennzeichneten Stelle, Bild 2.22b den Ersatzschaltplan und Bild 2.22c stellt die zeitlichen Verläufe der Einschwingspannungen dar.

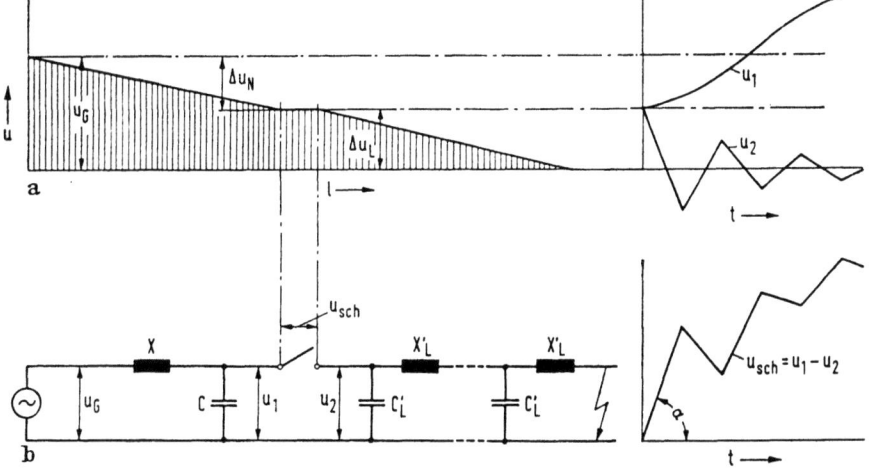

Bild 2.22. Einschwingspannung beim Abstandskurzschluß.

Die Anfangssteilheit S der Einschwingspannung ist beim Abstandskurzschluß größer als beim Abschaltvorgang eines Kurzschlusses in der Nähe des Schalters, während der Kurzschlußstrom bei Abständen von nur einigen Kilometern noch nicht wesentlich kleiner ist. Es gibt für jeden Schalter, abhängig von seinem Löschprinzip, eine kritische Kurzschlußentfernung, bei der die strom- und spannungsmäßige Beanspruchung des Schalters am höchsten ist [angenähert in einer Entfernung vom Schalter, bei der der Kurzschlußstrom durch die Impedanzen der Zusatzleitung (Schalter-Kurzschlußstelle) auf etwa 2/3 I_k begrenzt wird (I_k = Kurzschlußstrom beim Kurzschluß unmittelbar hinter dem Schalter)].

2.5.8. Phasenopposition

Beim Ausschalten von Kurzschlußströmen erreicht die betriebsfrequente wiederkehrende Spannung maximal den Wert der 1,5fachen Phasenspannung (s. Abschnitt 2.5.1., erstlöschender Pol); nach erfolgter Ausschaltung schließlich werden alle Pole gleichmäßig mit der Phasenspannung beansprucht. Eine Beanspruchung mit erhöhter betriebsfrequenter Spannung nach erfolgter Unterbrechung ergibt sich beim Außertrittfallen zweier gekuppelter Netzteile infolge Überlastungen, Kurzschlüssen oder Fehlschaltungen. Der ungünstigste Fall liegt vor, wenn die Spannungszeiger beider Netze um 180° gedreht sind (Phasenopposition). Je nach den Erdungsverhältnissen treten wiederkehrende Spannungen zwischen dem 2 bis 3fachen Wert der netzfrequenten Phasenspannung auf; hinzu kommen dann noch die durch Einschwingvorgänge bedingten Überspannungen [18].

2.6. Schaltgerätearten und ihre Merkmale

Definitionen der in elektrischen Energieanlagen heute verwendeten verschiedenartigen Schaltgeräte sind in den VDE-Bestimmungen enthalten. Die Einteilung erfolgt nach unterschiedlichen Gesichtspunkten, wobei zwischen Niederspannungsschaltgeräten (VDE 0660) und Wechselstromschaltgeräten für Spannungen über 1 kV (VDE 0670) unterschieden wird. In diesem Abschnitt werden nur diejenigen Einteilungen und Definitionen aus den VDE-Bestimmungen entnommen und beschrieben, die für das Verständnis der folgenden Kapitel erforderlich sind.

2.6.1. Einteilung der Niederspannungsschaltgeräte

Bild 2.23 zeigt die Einteilung der Schaltgeräte nach VDE 0660. In den im Teil 1 der Richtlinien VDE 0660 behandelten Geräten werden Schalter für Nennspannungen bis 1 000 V Wechselspannung und bis

3000 V Gleichspannung sowie Steuerschalter und Schütze bis 10000 V Wechselspannung gezählt. Die Behandlung der Kontakt- und Löschkammerbauteile beschränkt sich bei den folgenden Ausführungen auf diese Niederspannungs-Schaltgeräteart.

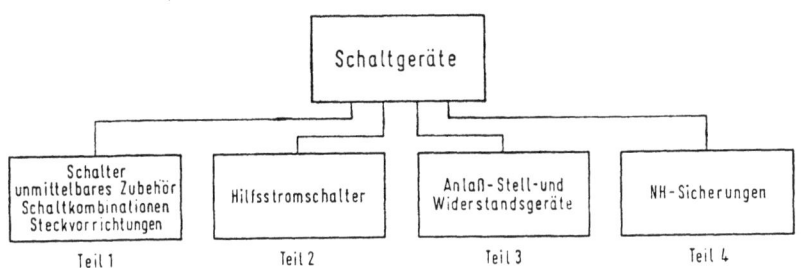

Bild 2.23. Einteilung der Niederspannungs-Schaltgeräte nach VDE 0660.

2.6.2. Einteilung der Niederspannungsschalter

Niederspannungsschalter werden, wie Bild 2.24 zeigt, nach sechs Gesichtspunkten eingeteilt. Nach ihrem mechanischen Verhalten in den Schaltstellungen unterscheidet man demnach:

a) *Rastschalter* sind Schalter ohne Rückstellkraft und ohne Sperre, die ohne Wirkung einer äußeren Kraft in der jeweiligen Schaltstellung verbleiben (z. B. Hebelschalter, Nockenschalter).

b) *Tastschalter* sind Schalter mit Rückstellkraft ohne Sperre, die bei Wegfall der Betätigungskraft aus der Wirkstellung in die Ausgangsstellung zurückkehren (z. B. Grenztaster, Schütze).

c) *Schloßschalter* sind Schalter mit Rückstellkraft und mechanischer Sperre, deren Schaltglieder bei Freigabe der Sperre in ihre Ausgangsstellung zurückkehren.

Auf eine Erläuterung der unterschiedlichen Betätigungsarten, der Verwendungszwecke und der Einbau- und Anschlußarten kann hier verzichtet werden, da sie aus den Bezeichnungen bereits verständlich sind. Die Unterschiede bezüglich des Schaltvermögens wurden bereits in Abschnitt 2.4. definiert; die verschiedenen Arten der Lichtbogenlöschung werden in den Kapiteln 10 bis 12 ausführlich besprochen.

2.6.3. Einteilung der Wechselstromschaltgeräte für Spannungen über 1 kV

Bild 2.25 zeigt die Einteilung dieser Schaltgerätegruppe. Die mit dem Schaltvermögen zusammenhängenden Begriffe, wie Leistungs- oder Lastschalter, sind bereits im Abschnitt 2.4. näher erläutert. Trenn- und

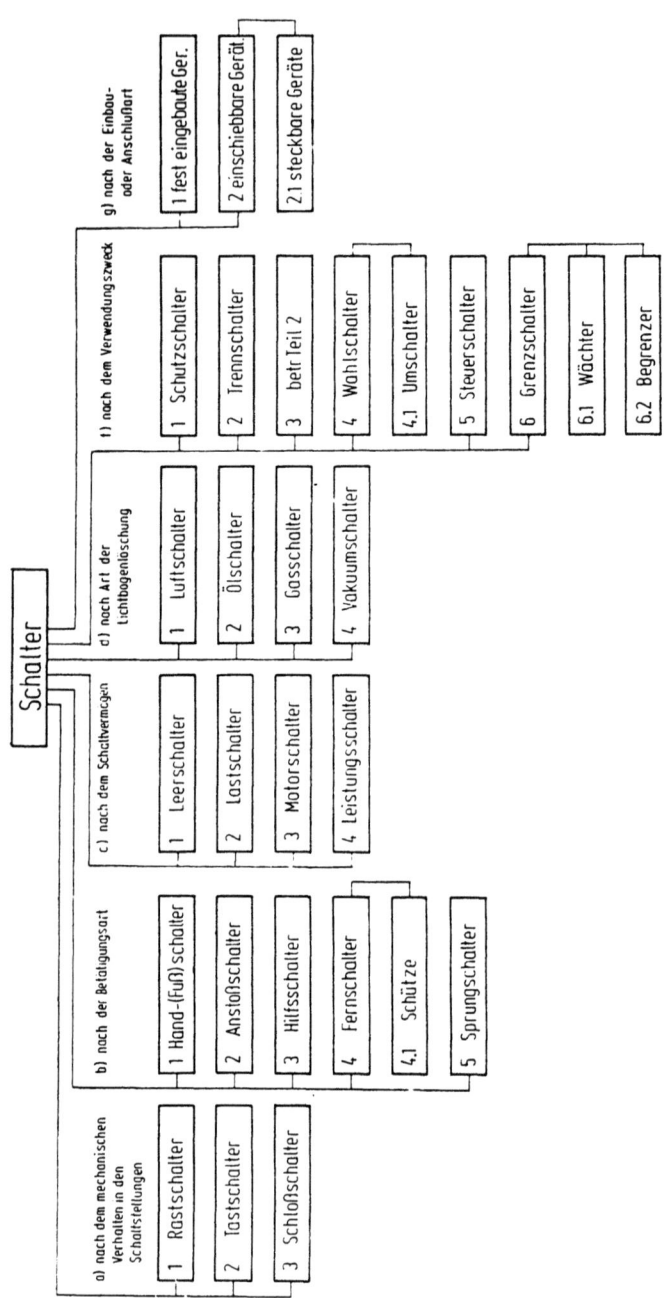

Bild 2.24. Einteilung der Schalter nach VDE 0660.

Erdungsschalter haben das Schaltvermögen der Leerschalter. Neben den reinen Trennschaltern werden in Drehstromanlagen über 1 kV auch Leistungstrenner und Lasttrenner verwendet. Leistungstrennschalter (Leistungstrenner) sind Leistungsschalter, die beim Ausschalten eine Trennstrecke herstellen und Lasttrennschalter (Lasttrenner) sind Lastschalter, die beim Ausschalten eine Trennstrecke herstellen.

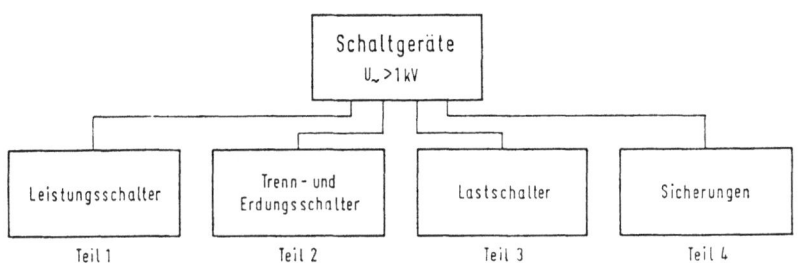

Bild 2.25. Einteilung der Wechselstrom-Schaltgeräte nach VDE 0670.

Trennstrecken sind dabei Strecken bestimmten Isoliervermögens in Gasen oder Flüssigkeiten im Zuge der geöffneten Strombahnen von Schaltern, die zum Schutz des Personals und der Anlagen besondere Bedingungen erfüllen müssen und deren Vorhandensein bei ausgeschaltetem Schalter zuverlässig erkennbar sein muß.

2.6.4. Bestandteile und Zubehör von Schaltern

Jeder Schalter besitzt unabhängig von seinem Schaltvermögen *Strombahnen* mit den *Anschlüssen* und den *Schalt- oder Kontaktstücken*, einen *Antrieb* zum Betätigen der Schaltstücke in die Schaltstellungen und einen *Körper*, der als *Sockel*, *Grundplatte* oder *Grundrahmen* ausgebildet sein kann und auf dem die einzelnen Teile des Schaltgerätes aufgebaut sind.

Bei Schaltern, bei denen beim Ausschalten ein Lichtbogen entsteht, sind zu seiner Begrenzung bzw. Löschung zusätzlich *Lichtbogenlöschkammern* erforderlich.

Schloßschalter benötigen zu ihrer Auslösung messende oder nichtmessende *Auslöser*, die die Verriegelung des Schlosses mittels eines mechanischen Gliedes öffnen. Tastschalter mit elektromagnetischem Antrieb, wie beispielsweise Schütze, erfordern dagegen messende oder nichtmessende *Relais*, deren Kontaktstücke den Erregerstromkreis der Magnete schalten.

Bei Niederspannungsschaltern kleinerer Nennleistung kommt als Bestandteil eine *Geräteumhüllung* hinzu. Bei Schaltern großer Leistung übernimmt in der Regel die Schaltanlage die Aufgabe der Umhüllung. Die *Schalterantriebe* werden unterschieden nach Energiequellen und Wirkungsweise. Übliche Energiequellen sind: *Hand-(Fuß)-Antriebe*, die durch menschliche Kraft wirken und *Antriebe mit Hilfsenergie* (Kraftantriebe), wie Motor-, Magnet-, Druckluft- oder Drucköllantriebe. Bei Schaltgeräten mit Kraftantrieben werden häufig zusätzliche Hand- oder Fußantriebe, sogenannte *Behelfs-* oder *Notantriebe* vorgesehen, um beim Versagen der Kraftantriebe die Schalter betätigen zu können.

Bei der Wirkungsweise unterscheidet man zwischen *unmittelbarem* und *mittelbarem* Wirken des Antriebes auf die anzutreibenden Schaltstücke.

Bei unmittelbaren Antrieben werden die Schaltstücke ohne Zwischenschaltung eines eigenen Energiespeichers betätigt. Mittelbare Antriebe besitzen einen eigenen Energiespeicher. Mittelbare Antriebe wirken als *Sprungantriebe zügig*, wenn sich an das Aufladen des Energiespeichers die Schaltstellungsänderung zwangsläufig anschließt; sie wirken als *Speicherantriebe absatzweise*, wenn sich die Schaltstellungsänderung nicht zwangsläufig an das Aufladen des Energiespeichers anschließt.

Zu dem Zubehör der Schalter gehören weiterhin *Hilfsschalter*, deren Schaltstücke als Öffner, Schließer, Wechsler bzw. Wischer ausgeführt werden können, *Schaltstellungsanzeigeeinrichtungen* sowie *Steckvorrichtungen* bei einschiebbaren oder steckbaren Schaltgeräten.

2.6.5. Kontaktarten

In der Strombahn eines Schalters zwischen seinen Anschlüssen sowie in den Verbindungsleitungen zwischen den einzelnen Betriebsmitteln (Sammelschienen-Schalter-Wandler-Kabelendverschluß) liegen große Zahlen von Kontaktstellen. Dies zeigt am Beispiel von zwei Schaltgeräteanordnungen in Schaltfeldern Bild 2.26.

Entsprechend ihrer Aufgabe im Betrieb lassen sich diese Kontaktstellen folgendermaßen einteilen

a   im Betrieb *stets* geschlossen,

a 1   fest (Verbinder und Anschlüsse),

a 2   beweglich (Verbinder mit relativer Dreh- oder Längsbewegungsmöglichkeit des Kontaktpartners,

b   im Betrieb *lösbar*,

b 1   stromlos (Trennstellen),

b 2   unter Strom (Schaltstellen).

Ganz allgemein können zwei Stromleiter *stoffschlüssig* (durch Löten oder Schweißen), *formschlüssig* (durch Nieten, Bördeln, Kerben und dgl.; durch plastische Verformung) oder *kraftschlüssig* (durch Feder-, Schraub-, Keilwirkung und dgl.) miteinander verbunden werden.

Im Betrieb *stets* geschlossene feste Kontaktstellen werden soweit möglich stoffschlüssig verbunden, weil sich dabei die größte Kontaktsicherheit ergibt. Bei einigen Kabel- und Leitungsverbindungen mit

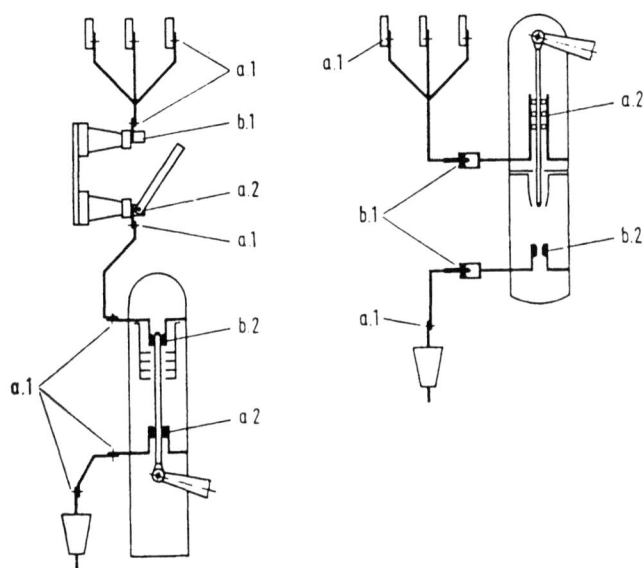

Bild 2.26. Unterschiedliche Kontaktarten am Beispiel eines Mittelspannungsschaltfeldes.

Endstücken (Kabelschuhen) werden auch formschlüssige Kontaktstellen angewandt. Wenn die leitenden Bauteile jedoch häufig gelöst werden müssen, sowie bei allen Kontaktstellen der Gruppen a2, b1 und b2 sind kraftschlüssige Kontaktverbindungen erforderlich.

Bei kraftschlüssigen Verbindungen werden die beiden Kontaktpartner in geschlossenem Zustand mit einer Kraft F_k zusammengepreßt. Während des Betriebes können die Kontaktstücke sich im geschlossenen Zustand in Ruhe befinden (Bild 2.27a), aufeinander schleifen (Bild 2.27b) oder aufeinander abrollen (Bild 2.27c).

Nach der Art der Kontaktberührung beim Schaltvorgang unterscheidet man zwischen Abhebekontakten fest (Bild 2.27d) oder flüssig (Bild 2.27e), Schiebekontakten (Bild 2.27f) und Wälzkontakten (Bild 2.27g).

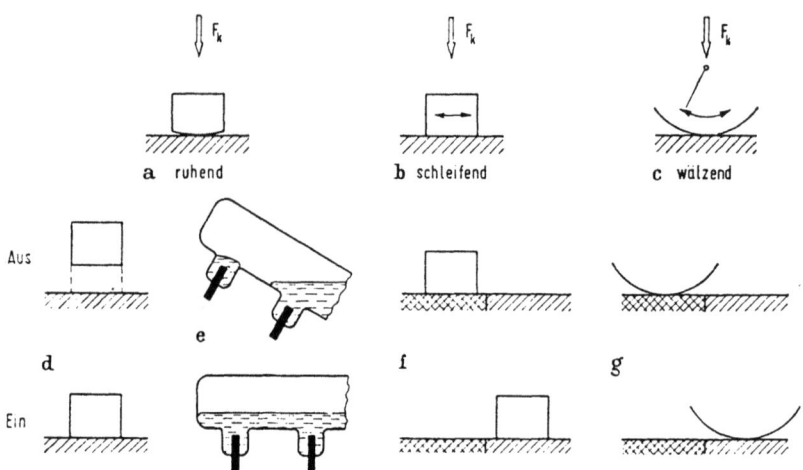

Bild 2.27. Prinzipielle Darstellung der Kontaktarten.

Nach ihrer Form bezeichnet man die einzelnen Kontaktstücke oder Schaltstücke als Kontaktbürste, Kontakthülse, Schaltstift, Schaltmesser, Kontaktrolle, Kontaktklotz, Kontaktbrücke usw.

Schalt- oder Kontaktstücke einiger Schalter der Gruppe b 2 besitzen Haupt- und Abbrandstücke. Die *Hauptschaltstücke* sind zur Führung des Betriebsstromes bestimmt. Sie sind in der Regel keinem Schaltlichtbogen ausgesetzt. Die *Abbrandstücke* sind dagegen betriebsmäßig der Abnutzung durch den Schaltlichtbogen unterworfen, sie sollen die Hauptschaltstücke vom Verschleiß durch den Lichtbogen entlasten.

Da die Schaltstücklebensdauer bei Last-, Motor- und Leistungsschaltern in der Regel geringer ist als ihre mechanische Lebensdauer, werden in diesen Geräten *auswechselbare Schaltstücke*, die leicht lösbar befestigt sind, verwendet.

Alle zur unmittelbaren Kontaktgabe gehörenden Teile der Strombahn eines Schalters, wie feste und bewegliche Kontaktstücke mit ihren Stromführungs-, Federungs-, Befestigungs- und Lagerteilen werden auch als *Kontakt-* oder *Schaltglieder* bezeichnet.

Ein Schaltglied ist *selbstgefedert*, wenn die stromführenden Teile zugleich auch zur Federung dienen, *fremdgefedert*, wenn besondere im wesentlichen nicht stromführende Federn vorhanden sind.

Schrifttum

1. VDE 0110/5.65, Bestimmungen für die Bemessung der Kriech- und Luftstrecken elektrischer Betriebsmittel.
2. VDE 0111/12.66, Bestimmungen für die Bemessung und Prüfung der Isolierung elektrischer Anlagen und Betriebsmittel für Wechselspannungen über 1 kV.

3. VDE 0660, Teil 1—5, Bestimmungen für Niederspannungsschaltgeräte.
4. VDE 0670, Teil 1—5, Bestimmungen für Wechselstromschaltgeräte über 1 kV.
5. Rieder, W.: Plasma und Lichtbogen. Braunschweig: Vieweg 1967.
6. Finkelnburg, W., Maecker, H.: Elektrische Bögen und thermisches Plasma, Handbuch der Physik, Bd. XXII. Berlin—Göttingen—Heidelberg: Springer 1956, S. 254—444.
7. Schulz, P.: Elektrische Vorgänge in Gasen und Festkörpern, Karlsruhe: Braun 1968.
8. Rziha, E. v.: Starkstromtechnik, Bd. II, Berlin: Ernst & Sohn 1960.
9. Philippow, E.: Taschenbuch Elektrotechnik, Bd. 2, Berlin: VEB Verlag Technik 1966.
10. Slamecka, E.: Prüfung von Hochspannungsleistungsschaltern, Berlin—Heidelberg—New York: Springer 1966.
11. Rüdenberg, R.: Elektrische Schaltvorgänge in geschlossenen Kreisen von Starkstromanlagen, Berlin—Göttingen—Heidelberg: Springer 1953.
12. Schütte, H. G.: Einpoliges Schalten von Last- und Leerströmen in Hochspannungs-Verteilungsanlagen. ETZ-A 85 (1964) 490—495.
13. Baudisch, K.: Energieübertragung mit Gleichspannung hoher Spannung, Berlin—Göttingen—Heidelberg: Springer 1950.
14. Kukekov, G. A., Sorokin, P. G., Shipulina, N. A.: Switchgear for HVDC Lines. Direct Current Bd. 4 (1959) 123—126.
15. Heumann, K., Koppelmann, F.: Lichtbogenfreies Schalten von Wechselstrom mit mechanischen Schaltern in Verbindung mit Paralleldioden im Niederspannungsbereich. ETZ-A 86 (1965) 496—500.
16. Heumann, K., Koppelmann, F.: Kontaktloses Schalten mit steuerbaren Halbleiterelementen im Niederspannungsbereich. ETZ-A 86 (1965) 552—557.
17. Heumann, K., Stumpe, C.: Thyristoren, Stuttgart: Teubner 1969.
18. Joss, P.: Schaltoperationen und Schaltvorgänge in elektrischen Energieversorgungsnetzen. Bull. Oerlikon 1966 (367) 10—16.

3. Säule des Schaltlichtbogens

Die Lichtbogensäule kann, wie bereits im Abschnitt 2.2. erwähnt, als ein im thermischen Gleichgewicht befindliches Plasma betrachtet werden. Kennzeichnend ist ferner die Quasineutralität, d. h. die Tatsache, daß im Gegensatz zu den Fallgebieten in der Säule keine Raumladungen vorliegen. Im folgenden wird sehr kurz auf die Möglichkeiten der Beschreibung der Säuleneigenschaften durch physikalische Grundgesetze eingegangen; nähere Einzelheiten sind der Fachliteratur [1—6] zu entnehmen. Weiterhin werden besondere Eigenschaften von Lichtbögen in Gasen, Flüssigkeiten und im Vakuum beschrieben, soweit sie für die Schaltertechnik von Interesse sind.

3.1. Gleichungssystem für das quasineutrale Lichtbogenplasma

Zur Beschreibung eines Lichtbogenplasmas interessieren im allgemeinen folgende Größen, und zwar in Abhängigkeit vom Ort und bei nichtstationären Verhältnissen zusätzlich von der Zeit:

φ elektrisches Potential,
E elektrische Feldstärke,
N_e Anzahl der Elektronen je Volumeneinheit,
N_i Anzahl der Ionen je Volumeneinheit,
J_e Elektronenstromdichte,
J_i Ionenstromdichte,
T Kelvin-Temperatur des Plasmas.

Unter Berücksichtigung der Quasineutralität ($N_e = N_i = N$) können diese Größen nach Weizel und Rompe [1] grundsätzlich durch ein System von 6 Gleichungen bestimmt werden.

a) Zusammenhang zwischen Feldstärke und Potential:

$$E = -\operatorname{grad} \varphi. \tag{3.1}$$

b) Kontinuitätsgleichung:

$$\operatorname{div}(J_i + J_e) = 0. \tag{3.2}$$

3.1. Gleichungssystem für das quasineutrale Lichtbogenplasma

c) Elektronenstromdichte:
$$\boldsymbol{J}_e = eNb_e\boldsymbol{E} + eD_e \operatorname{grad} N. \tag{3.3}$$

d) Ionenstromdichte:
$$\boldsymbol{J}_i = eNb_i\boldsymbol{E} - eD_i \operatorname{grad} N. \tag{3.4}$$

e Elementarladung,
b_e, b_i Elektronen- bzw. Ionenbeweglichkeit,
D_e, D_i Diffusionskoeffizienten der Elektronen bzw. Ionen.

Der erste Ausdruck der rechten Seite der Gl. (3.3) sowie (3.4) ist der ohmsche Anteil, der zweite Ausdruck der Anteil der Diffusion an der Stromdichte.

e) Leistungsbilanz (je Volumeneinheit):

$$\underbrace{(\boldsymbol{J}_e + \boldsymbol{J}_i)\boldsymbol{E}}_{P_1} = \underbrace{eU_i \frac{\partial N}{\partial t}}_{P_2} + \underbrace{S}_{P_3} - \underbrace{\operatorname{div} U_i \boldsymbol{J}_e}_{P_4} - \underbrace{\operatorname{div} \lambda \operatorname{grad} T}_{P_5} + \underbrace{c \frac{\partial T}{\partial t}}_{P_6}. \tag{3.5}$$

U_i Ionisierungsspannung,
λ Wärmeleitfähigkeit,
c Wärmekapazität,
P_1 durch Stromfluß zugeführte Leistung,
P_2 Leistung zur Neubildung von Ladungsträgern,
P_3 Leistungsverlust durch Strahlung,
P_4 Leistungsverlust durch abfließende Ladungsträger,
P_5 Leistungsverlust durch Wärmeleitung,
P_6 Leistung zur Erwärmung des Plasmas.

Für einen stationären Bogen entfallen die Glieder mit $\partial N/\partial t$ und $\partial T/\partial t$; Gl. (3.5) lautet dann

$$(\boldsymbol{J}_e + \boldsymbol{J}_i)\boldsymbol{E} = S - \operatorname{div}(U_i \boldsymbol{J}_e + \lambda \operatorname{grad} T). \tag{3.5a}$$

f) Zusammenhang zwischen Ladungsträgerdichte und Temperatur:

$$N = \frac{2p^{1/2}(kT)^{1/4}(2\pi m_e)^{3/4}}{h^{3/2}} \exp\left(-\frac{eU_i}{2kT}\right). \tag{3.6}$$

p Druck,
k Boltzmann-Konstante,
m_e Elektronenmasse,
h Plancksches Wirkungsquantum.

Gl. (3.6) ergibt sich unter vereinfachten Annahmen [1, S. 10] aus der allgemein gültigen Saha-Gleichung

$$\frac{p x_i^2}{1 - x_i^2} = \frac{4(kT)^{5/2}(2\pi m_e)^{3/2}}{h^3} \exp\left(-\frac{eU_i}{2kT}\right) \tag{3.7}$$

mit

$$x_\mathrm{i} = \frac{N_\mathrm{e}}{N_\mathrm{a}} = \frac{N_\mathrm{i}}{N_\mathrm{a}}. \tag{3.8}$$

x_i Ionisierungsgrad,
N_a Gesamtzahl der Atome (nichtionisiert und ionisiert) je Volumen.

Die theoretisch abgeleitete Saha-Gleichung beschreibt die Abhängigkeit des Ionisierungsgrades von Druck, Temperatur und Ionisierungsspannung bzw. Ionisierungsarbeit ($e\,U_\mathrm{i}$). Der prinzipielle Verlauf von x_i ist in Bild 3.1 für zwei unterschiedliche Werte der Ionisierungsarbeit dargestellt. Metalldämpfe liegen in der Größenordnung von 7,5 eV, Gase dagegen bei etwa 15 eV. Die Saha-Gleichung berücksichtigt nicht die Verhältnisse bei Mehrfachionisation, wo $x_\mathrm{i} > 1$ werden kann.

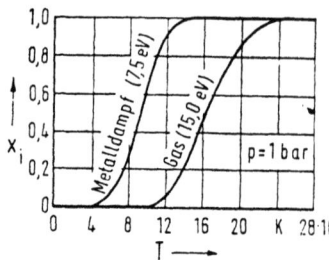

Bild 3.1. Grafische Darstellung der Saha-Gleichung für unterschiedliche Ionisierungsarbeiten.

Aus den genannten Zusammenhängen Gl. (3.1) bis Gl. (3.6) könnten bei Kenntnis der Randbedingungen und einer Anzahl von Koeffizienten die physikalischen Daten von Lichtbogensäulen exakt berechnet werden. Da die Randbedingungen und Koeffizienten, die meist wiederum von Druck und Temperatur und teilweise von der Feldstärke abhängen, häufig nicht oder nur ungenau bekannt sind, ist eine Lösung des Gleichungssystems in der angegebenen Form zumindest unter den in Schaltgeräten vorliegenden Verhältnissen derzeit noch nicht möglich. Die Gleichungen geben jedoch Aufschluß über die physikalischen Vorgänge, die innerhalb der Bogensäule ablaufen.

3.2. Kanalmodell

Zur Beurteilung des Verhaltens von Lichtbögen führen häufig stark vereinfachte Modelle zum Ziel. Hier soll kurz auf eines dieser Modelle, das Kanalmodell [1, 4], eingegangen werden; ihm liegen folgende starke Vereinfachungen zugrunde (s. Bild 3.2):

a) Der Lichtbogen wird als zylindrisches, homogenes Leitfähigkeitsgebiet mit der Temperatur T_1, der elektrischen Leitfähigkeit $\sigma(T_1) = \text{const}$ und dem Radius r_1 betrachtet. Die Wärmeleitfähigkeit dieses Gebietes wird als unendlich groß angenommen.

b) Die Lichtbogensäule ist von einem elektrisch nicht leitenden Wärmeleitungsgebiet konstanter Wärmeleitfähigkeit λ umgeben, dessen äußere Grenze, eine Zylinderwand mit dem Radius r_2, sich auf konstanter Temperatur T_2 befindet (z. B. wassergekühltes Rohr aus nichtleitendem Werkstoff).

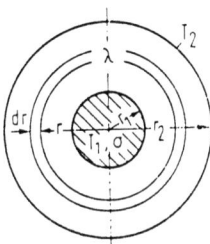

Bild 3.2. Kanalmodell des Lichtbogens.

Die im Gebiet elektrischer Leitfähigkeit erzeugte Bogenleistung je Längeneinheit

$$P_B = J \cdot E \cdot \pi \cdot r_1^2 = \sigma \cdot E^2 \cdot \pi \cdot r_1^2, \tag{3.9}$$

wird ausschließlich durch Wärmeleitung abtransportiert. Die durch die Zylinderfläche $2\pi r$ je Längeneinheit gehende Wärmeleistung ist

$$P_{WL} = -2\pi r \lambda \frac{dT}{dr}. \tag{3.10}$$

Wegen $P_B = P_{WL}$ folgt

$$\pi r_1^2 \sigma E^2 \frac{dr}{r} = -2\pi \lambda \, dT \tag{3.11}$$

und nach Integration zwischen den Grenzen 1 und 2 ergibt sich die Gleichung

$$\pi r_1^2 E^2 \sigma = I \cdot E = -\frac{2\pi \lambda (T_2 - T_1)}{\ln \dfrac{r_2}{r_1}}. \tag{3.12}$$

Bei bekannter Abhängigkeit der elektrischen Leitfähigkeit σ von der Säulentemperatur T_1 beschreibt diese Gleichung den Zusammenhang zwischen den Kenngrößen der Lichtbogensäule r_1, T_1 und E. Zusammen mit zwei weiteren, aus dem Minimumprinzip folgenden Gleichungen

$$\frac{dE}{dr_1} = 0 \quad \text{und} \quad \frac{dE}{dT_1} = 0 \qquad (3.13)$$
$$(3.14)$$

kann bei gegebenen Werten von I, r_2, T_2, λ und $\sigma(T_1)$ die Bogensäule des Kanalmodells vollständig bestimmt werden.

Das Minimumprinzip oder Prinzip der minimalen Brennspannung (Steenbeck) besagt, daß sich die Kenngrößen einer Bogenentladung, d. h. im Falle des Kanalmodells r_1 und T_1 so einstellen, daß die Brennspannung bzw. Feldstärke ein Minimum wird. Mathematisch führt dies zu den obigen Gleichungen für die Ableitungen der Feldstärke nach r_1 und T_1.

3.3. Lichtbogen in Gasen

Die beim vorstehend erläuterten Kanalmodell getroffenen Vereinfachungen (konstante Temperatur und elektrische Leitfähigkeit sowie unendliche Wärmeleitfähigkeit im inneren, eigentlichen Säulenbereich; keine elektrische Leitfähigkeit, aber konstante Wärmeleitfähigkeit in der Umgebung) geben die Verhältnisse nur grob angenähert wieder. In Wirklichkeit sinkt die Temperatur stetig von der Maximaltemperatur in der Bogenachse nach außen hin ab. Mit ihr ändern sich die elektrische Leitfähigkeit und die Wärmeleitfähigkeit. Insbesondere bei Molekülgasen ist die Wärmeleitfähigkeit teilweise stark von der Temperatur abhängig und bestimmt damit entscheidend den Zustand der Bogensäule.

Diese Abhängigkeit wird durch folgende Faktoren bestimmt:

a) Die klassische Wärmeleitung durch Atome oder Moleküle in einem Gas kommt dadurch zustande, daß beim Vorhandensein einer Temperaturdifferenz die Teilchen ihre kinetische Energie nach den Gesetzmäßigkeiten der Diffusion von Gebieten höherer Temperatur in Gebiete geringerer Temperatur transportieren. Nach der kinetischen Gastheorie läßt sich eine Abhängigkeit der klassischen Wärmeleitfähigkeit von der Wurzel der absoluten Temperatur ableiten:

$$\lambda = K \cdot T^{1/2}, \qquad (3.15)$$

wobei der Faktor K u. a. von der Anzahl der Atome in einem Molekül abhängt. Bei mehratomigen Molekülen wird neben der Translationsenergie auch Rotationsenergie transportiert [5].

b) Bei höheren Temperaturen, bei denen eine Dissoziation der Moleküle stattfindet, addiert sich hierzu die Dissoziationswärmeleitfähigkeit, so daß die Gesamtwärmeleitfähigkeit bereichsweise weit über dem klassischen Wert liegen kann. Bild 3.3 veranschaulicht dies am Beispiel des Stickstoffs (N_2). Die entsprechend dem Dissoziationsgrad x_d (Anteil der dissoziierten Moleküle) durch Dissoziation entstandenen Molekülbruchstücke (Atome oder kleinere Moleküle) diffundieren entgegen dem Temperaturgradienten und transportieren dabei ihre Dissoziationsenergie in Bereiche kälterer Temperatur, wo sie durch Rekombination wieder frei wird. Infolgedessen steigt die Wärmeleitfähigkeit

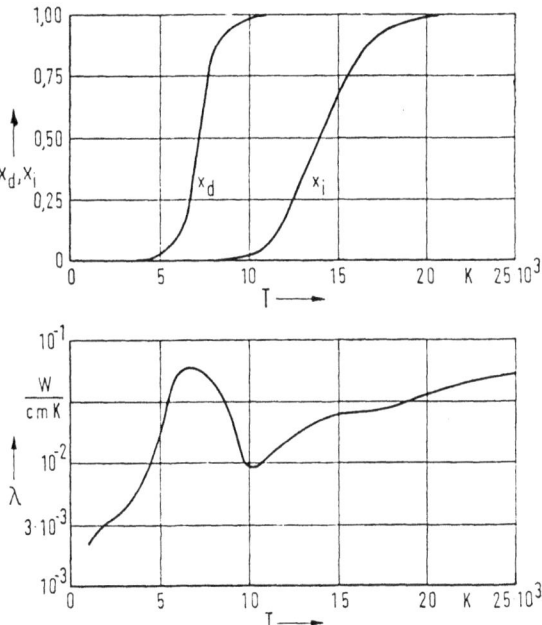

Bild 3.3. Dissoziationsgrad x_d, Ionisierungsgrad x_i und Wärmeleitfähigkeit λ von Stickstoff in Abhängigkeit von der Temperatur T.

mit zunehmender Temperatur auf ein Maximum im Bereich des steilsten Anstieges von x_d, um bei vollständiger Dissoziation wieder auf den klassischen Wert abzufallen. Existieren mehrere Stufen der Dissoziation, dann können mehrere Maxima auftreten.

c) Auch der Transport von Ionisationsenergie im Bereich zunehmender Ionisation (x_i Ionisierungsgrad) kann eine entsprechende Erhöhung bewirken.

Bild 3.4 zeigt die Abhängigkeit der Wärmeleitfähigkeit von der Temperatur für N_2 [1] (der Verlauf bei Luft ist ähnlich), H_2 [28] und SF_6 [29]. Die klassische Wärmeleitfähigkeit ist dabei um so höher, je

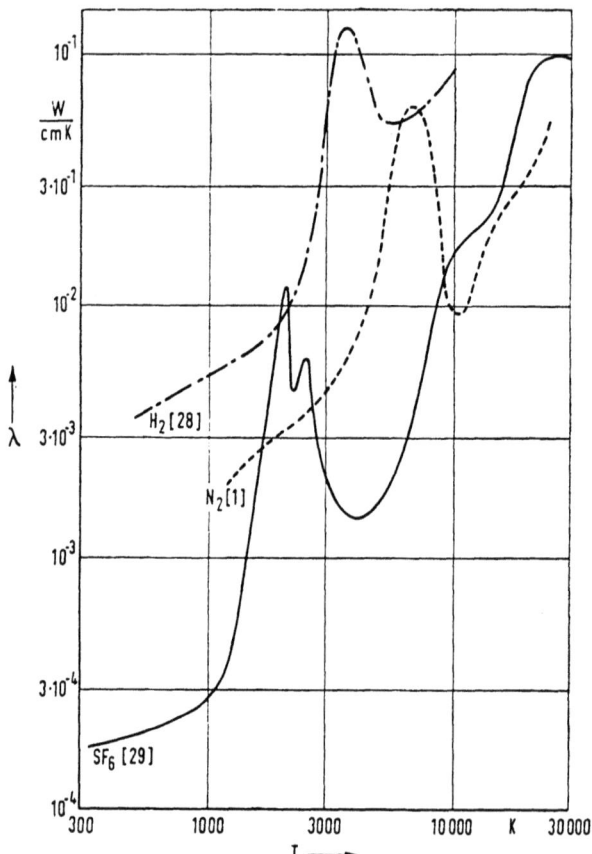

Bild 3.4. Temperaturabhängigkeit der Wärmeleitfähigkeit λ verschiedener Gase.

leichter die Gasmoleküle sind, d. h. sie steigt in der Reihenfolge SF_6, N_2, H_2. Das Maximum der Dissoziationswärmeleitfähigkeit liegt für N_2 bei etwa 7000 K, für H_2 bei 3500 K und für SF_6 bei nur 2000 K.

Wie aus dem Diagramm der Teilchendichten N von SF_6 in Bild 3.5 [29] hervorgeht, erfolgt bereits um 2000 K eine Dissoziation von SF_6 zunächst zu SF_4 und F_2. Bei Temperaturen oberhalb des Ortes des Wärmeleitfähigkeitsmaximums liegt elementarer Schwefel (S) vor, der leicht ionisierbar ist und deshalb eine gute elektrische Leitfähigkeit bei diesen Temperaturen bewirkt [27].

Hat bei kleinen Stromstärken ein Bogen eine Achsentemperatur unterhalb des Maximums der Wärmeleitfähigkeit, so steigt seine Wärmeleitfähigkeit λ vom Rande zur Achse hin stark an. Da dT/dr annähernd proportional $1/\lambda$ ist, bildet sich ein flacher, breiter Temperaturberg [30], der für das Profil des Niederstrombogens typisch ist. Die Grenze für diese Erscheinungsform liegt bei einem in Luft zwischen Kohleelektroden frei brennenden Bogen bei 50 bis 100 A. Mit zunehmender Stromstärke übersteigt die Achsentemperatur die Temperatur des Maximums der Dissoziationswärmeleitfähigkeit. Wegen der geringen Wärmeleitfähigkeit im Bereich des anschließenden Minimums bildet sich ein heißer, enger Bogenkern, dessen Temperatur wegen $dT/dr \sim 1/\lambda$ steil abfällt.

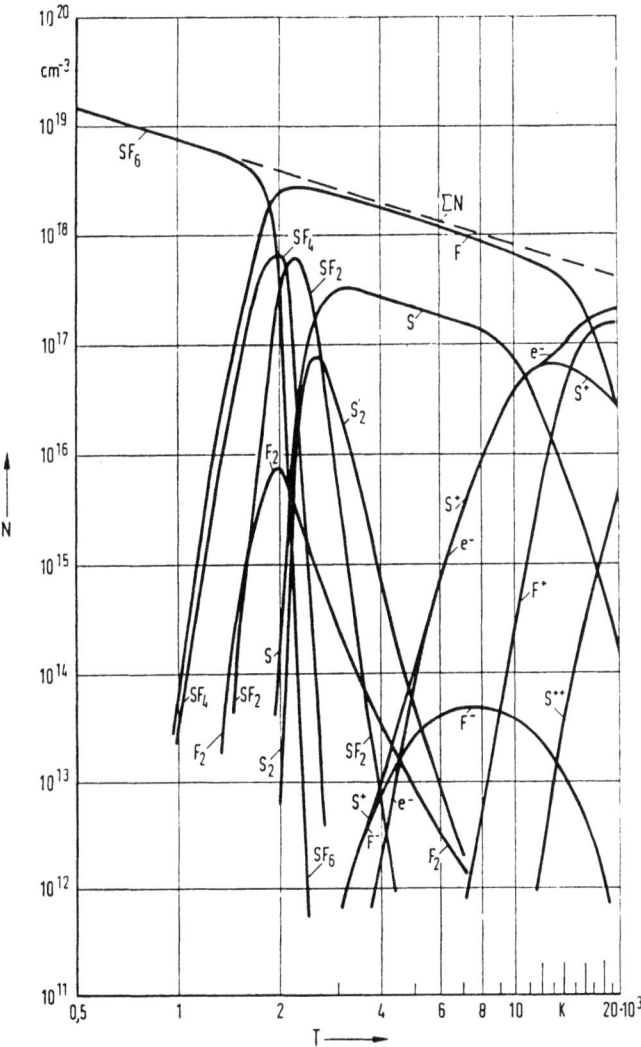

Bild 3.5. Dissoziation und Ionisation von SF_6 in Abhängigkeit von der Temperatur T.

Es entsteht das charakteristische Erscheinungsbild der Hochstrombögen, wie es im Bild 3.6 für N_2 und SF_6 schematisch dargestellt ist. Der heiße Bogenkern wächst aus dem relativ breiten Temperaturberg heraus, dessen Temperatur etwa der Dissoziationstemperatur des Gases entspricht. Wird der Hochstrombogen stromlos, so kühlt sich zunächst infolge des geringen Volumens und des hohen Temperaturgradienten der Kern sehr rasch bis auf die Temperatur des Berges ab.

Bei einem guten Löschgas liegt die Temperatur des Berges nach Abklingen des Kernes so tief, daß die thermische Ionisierung und damit die Restleitfähigkeit der Säule nicht mehr ausreicht, eine Wiederaufheizung des Kanals unter Einfluß der an der Schaltstrecke wiederkehrenden Spannung herbeizuführen.

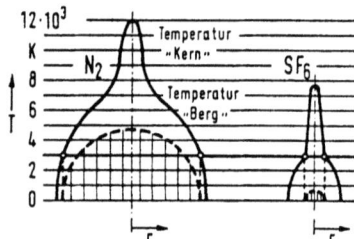

Bild 3.6. Schematische Darstellung der radialen Temperaturverteilung in Lichtbögen in verschiedenen Gasen.

Im Bild 3.6 ist die — hier als von der Gasart unabhängig angenommene — Grenztemperatur eingezeichnet, oberhalb der das Gas als „leitfähig" zu betrachten ist. Die senkrecht schraffierten Flächen stellen die „leitfähigen" Querschnitte dar. SF_6 erfüllt die genannten Forderungen in nahezu idealer Weise, da unterhalb des Wärmeleitfähigkeitsmaximums von 2000 K die Ionisation und damit die elektrische Leitfähigkeit praktisch Null ist.

Im Bereich höherer Ströme, bei Kerntemperaturen oberhalb des Wärmeleitfähigkeitsmaximums, wird der Säulengradient im wesentlichen durch die elektrische Leitfähigkeit der Säule und den Energieentzug aus ihr bestimmt, wobei höhere Ionisation und geringere Wärmeleitfähigkeit einen geringeren Säulengradienten ergeben [27].

Wie aus den im Bild 3.7 dargestellten Meßwerten der Bogenspannungsgradienten stabilisierter Lichtbögen [31] hervorgeht, besitzt SF_6 den geringsten, H_2 den höchsten Gradienten. Die niedrigen Werte bei SF_6 werden durch die leichte Ionisierbarkeit des Schwefels und die relativ geringe klassische Wärmeleitfähigkeit hervorgerufen, während die hohen Feldstärken bei H_2 auf der guten gaskinetischen Wärmeleitfähigkeit dieses Gases beruhen.

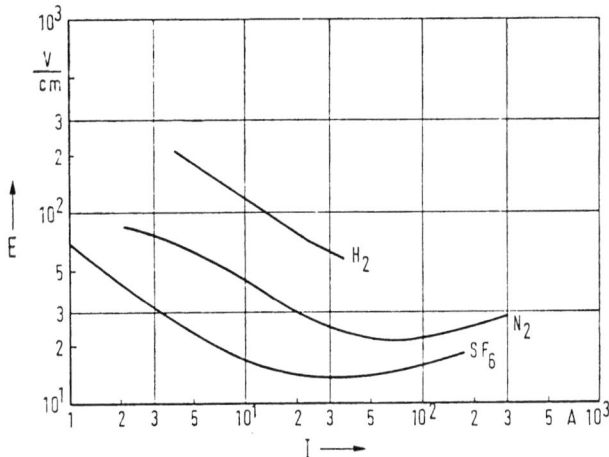

Bild 3.7. Stromabhängigkeit der Lichtbogenfeldstärke E in unterschiedlichen Gasen.

SF_6 ist auch aus diesem Grunde ein für Wechselstromschaltgeräte gut geeignetes Löschmittel, da der Energieumsatz während der Hochstromphase vergleichsweise gering ist.

Ein weiterer Vorteil von SF_6 liegt darin, daß die gute elektrische Leitfähigkeit bis herab zu geringen Temperaturen erhalten bleibt. Erst etwa bei 2000 K erfolgt beim Rückgang des Anteils an freiem Schwefel eine sehr rasche Abnahme der elektrischen Leitfähigkeit [27]. Ein Abreißen des Stromes bei kleinen Werten tritt deshalb bei SF_6 praktisch nicht auf (s. Abschnitt 2.5.5).

Von den bislang bekannten Gasen erfüllt Schwefelhexafluorid die an ein Lichtbogenlöschmittel zu stellenden Anforderungen am besten. Dies hat dazu geführt, daß SF_6 bei Hochspannungsschaltern in immer stärkerem Maße als Löschmittel zum Einsatz kommt (s. Kap. 12).

3.4. Lichtbogen in Isolierflüssigkeiten

In Schaltgeräten werden als Schaltflüssigkeiten hauptsächlich Isolieröl, in Sonderfällen synthetische Flüssigkeiten, wie Dioctylsebacat [DOS: $C_{26}H_{50}O_4$], Dibutylsebacat [DBS: $C_{18}H_{34}O_4$], Tetraisooctylsilikat [Schaltester T: $Si(OC_8H_{15})_4$], Di-Tetraisooctylsilikat [Schaltester T2: $[O_{1/2}Si(OC_8H_{15})_3]_2$] und inerte Fluorchemikalien [FC-75: $C_8F_{16}O$] benutzt. Die synthetischen Flüssigkeiten besitzen gegenüber Mineralölen einige Vorteile, die im Abschnitt 12.4. erläutert werden. Die Verwendung der unter der Bezeichnung „Expansin" bekannt gewordenen, nicht brennbaren Schalterflüssigkeit, die vorwiegend aus Wasser besteht, geht in der letzten Zeit stark zurück.

Beim Auftrennen stromdurchflossener Kontaktstücke unter den oben genannten Flüssigkeiten setzt unter dem Einfluß der hohen Temperatur des Schaltlichtbogens eine plötzliche Verdampfung und Vergasung der benachbarten Flüssigkeit ein. Es entsteht eine Dampf-Gasblase, in der man entsprechend der Temperaturverteilung mehr oder weniger scharf abgegrenzte Zonen unterscheiden kann (s. Bild 3.8).

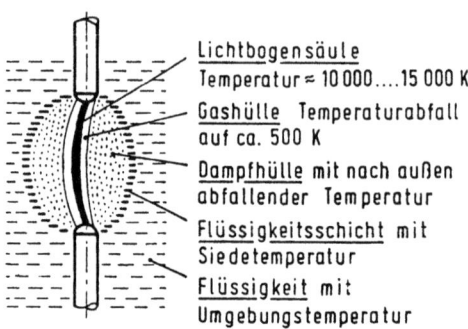

Bild 3.8. Lichtbogen unter Isolierflüssigkeit.

Nach Bauer [6] und Engel [7] kann angenommen werden, daß sich die Schaltergase in Ölschaltern durchschnittlich zu 70—75% aus Wasserstoff und 20—25% aus Acetylen zusammensetzen. Der restliche Anteil besteht hauptsächlich aus Methan mit einer geringen Menge Äthylen sowie niederer Kohlenwasserstoffe. Weitere Bestandteile werden bei hohen Lichtbogenströmen durch Verdampfung bzw. Vergasung der metallischen Elektroden und von Isolierstoffteilen der Löschkammern auftreten.

Die bessere Kühlwirkung der Lichtbögen unter Flüssigkeiten gegenüber Lichtbögen in Luft wird bedingt durch eine um den Faktor 8 höhere Wärmeleitfähigkeit λ (H_2: 0,186 W/m · K, N_2: 0,026 W/m · K) und eine um den Faktor 14 höhere spezifische Wärme c_P (bei 0 °C H_2: 14,3 kJ/kg · K, N_2: 1,05 kJ/kg · K) des Wasserstoffes gegenüber dem Stickstoff.

Die Lichtbogenenergie eines unter Isolierflüssigkeit brennenden Lichtbogens kann grundsätzlich wie folgt aufgeteilt werden:

a) Energie, die an die Kontaktstücke abgegeben wird. Ein Anteil davon wird benutzt, um den Kontaktwerkstoff aufzuschmelzen und zu verdampfen; der Rest dient zum Aufheizen der Kontaktstücke;

b) Energie, die von der Bogensäule durch Wärmeleitung oder Wärmestrahlung an die die Gas- Dampfblase umgebende Flüssigkeit abgeführt wird;

c) Energie, die zur Erwärmung und Verdampfung der umgebenden Isolierflüssigkeit benötigt wird;

d) Energie, die zur Zersetzung der umgebenden Isolierflüssigkeit verbraucht wird;

e) Energie, die zur Ausdehnung und Erwärmung abgespaltener gasförmiger Reaktionsprodukte von der Reaktionstemperatur auf die Lichtbogentemperatur benötigt wird;

f) Energie, die zur Dissoziation des Wasserstoffes in der Gasblase erforderlich ist.

Bruce [8] untersuchte die Aufteilung der beim Abschaltvorgang unter Isolieröl freiwerdenden Energie. Bild 3.9 zeigt die von ihm ermittelte Energieaufteilung in einer offenen (I) und einer geschlossenen (II) Schalternachbildung mit Kontaktstücken aus Kupfer.

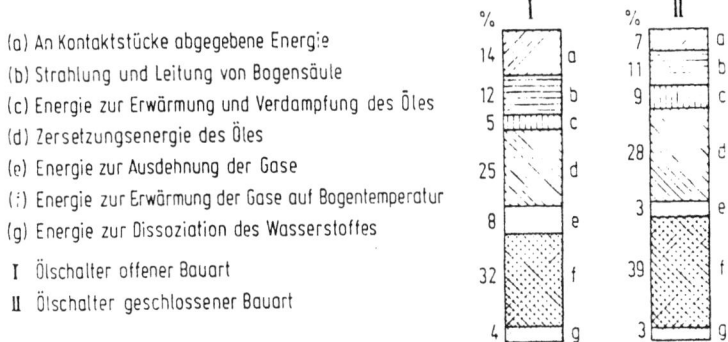

Bild 3.9. Aufteilung der unter Isolieröl freiwerdenden Lichtbogenenergie.

Beträchtlich ist dabei die Größe der Zersetzungsenergie des Schalteröles (25% bzw. 28%), die zur Bildung von Gasen und Kohlenwasserstoffen benötigt wird. Insgesamt werden 86% bzw. 93% der im Lichtbogen erzeugten Energie in verschiedener Form an das flüssige Medium abgegeben. Druckänderungen, Beströmung des Lichtbogens mit frischer Flüssigkeit sowie Änderungen der Kontaktwerkstoffe können die Energiebilanz ganz wesentlich verändern.

3.5. Lichtbogen im Hochvakuum

Das Hochvakuum hat mit seiner großen elektrischen Festigkeit und wegen der sehr schnellen und relativ hohen Wiederverfestigung der Entladungsstrecke bei außerordentlich kurzen Elektrodenabständen die Eigenschaften eines nahezu idealen Schaltmediums für Wechselstrom.

In den bisher ausgeführten Schaltern liegt ein Vakuum von teilweise weniger als 10^{-3} Pa ($\approx 10^{-5}$ Torr), meist aber von 10^{-5} bis 10^{-6} Pa ($\approx 10^{-7}$ bis 10^{-8} Torr), vor: bei einem derartigen Druck wird häufig von Ultrahochvakuum gesprochen. Der in Frage kommende Druckbereich ist gekennzeichnet durch die folgenden Eigenschaften:

a) Gaskinetik: Die freie Weglänge aller Partikel ist sehr viel größer als die Gefäßabmessungen, d. h. die Zahl der Wandstöße beträgt ein Vielfaches der Teilchentreffer. (Bei einem Druck von 10^{-3} Pa beträgt die freie Weglänge etwa 5 m.)

b) Elektrische Festigkeit: Der Druckbereich liegt weit unterhalb der Gültigkeit des Paschenschen Gesetzes.

c) Entladungsphysik:

c1) Eine selbständige Glimmentladung ist nur bei Anwesenheit hoher, die effektive freie Weglänge reduzierender Magnetfelder möglich.

c2) Die Stoß- und Ionisierungswahrscheinlichkeit ist auch in der Strecke der Hochstromentladung so gering, daß es ein thermisches Plasma oder eine Bogensäule im klassischen Sinne nicht gibt.

Die Angabe dieser Eigenschaften dient zur Charakterisierung des Schaltervakuums zu Anfang und möglichst auch am Ende einer Schaltung. Damit soll jedoch keinesfalls ausgeschlossen werden, daß u. U. bei großen Strömen in bestimmten Gebieten der Entladung (z. B. Kathodenfleck) zeitweise wesentlich höhere Drücke herrschen können.

Der Einfachheit halber und da es sich auch im Schrifttum so eingebürgert hat, wird im Verlauf dieses Kapitels die Hochstrom-Vakuumentladung trotz ihrer dem bekannten Hochdruckbogen nur sehr wenig ähnelnden Form als Vakuum-,,Lichtbogen" oder kurz ,,Bogen" und das Ultrahochvakuum stets als Vakuum bezeichnet.

Die grundlegenden Beschreibungen des Lichtbogens im Vakuum und Deutungen seiner möglichen Mechanismen findet man bei Tanberg [9, 10], Koller [11] und vor allem bei Reece [12, 13] sowie in den umfangreichen Untersuchungen und Berechnungen zum Kathodenmechanismus und zur Bogenstabilität von Lee, Greenwood und Mitarbeitern [14—17]. Spezielle Angaben zum Kathodenfall, zur Bogenspannungscharakteristik und zum Säulengradienten findet man daneben bei Kesaev [18], Paul [19], Voshall [20] und Kimblin [21].

Der Stromtransport erfolgt überwiegend durch Elektronen, die, da zunächst keinerlei ionisierbare Atmosphäre vorhanden ist, teils durch Thermo-Feldemission (s. Abschnitt 4.21.), teils durch Ionisation von Metalldampf im Entladungskegel unmittelbar vor der Kathode erzeugt werden. Im Kathodenfleck herrschen eine sehr große Stromdichte (10^5 bis 10^6 A/cm^2), hohe Temperatur und infolge des Pincheffekts ein wesentlich höherer Druck als in der Umgebung und in der Strecke. (Nach

Berechnungen von Lee und Greenwood [14] können beispielsweise bei einer Brennfleckstromstärke von 100 A je nach Stromdichte (s. o.) Drücke von 10^4 bis 10^5 Pa (75 bis 750 Torr) erwartet werden.) Übersteigt der Bogenstrom etwa 150 bis 200 A, so teilt sich der Kathodenfleck. Mit wachsender Stromstärke entstehen zunehmend mehr Brennflecken, die alle mit hoher Geschwindigkeit durcheinanderlaufen.

Die Elektronen fliegen mit ihrer thermisch und elektrisch erzeugten Geschwindigkeit ohne weitere Treffer durch die Entladungsstrecke und werden von der Anode aufgefangen, wodurch diese aufgeheizt wird. Die wenigen an der Anode oder in der Strecke und die hauptsächlich unmittelbar vor der Kathode erzeugten und vom Dampfstrahl mitgerissenen positiven Ionen, die in der Strecke relativ zur Elektronenbewegung quasi stehen, reichen aus, um den gesamten Entladungsraum zu neutralisieren. Alle von den beiden Elektroden stammenden nicht ionisierten Metalldampf- und Gasmoleküle bewegen sich mit ihrer Entstehungsgeschwindigkeit geradlinig in den umgebenden Raum und zu den in Schaltern um den Entladungsraum rohrförmig angeordneten metallischen Schirmen, wo der Metalldampf kondensiert und die Gasmoleküle möglichst durch Einschluß oder Getterung festgehalten werden sollen.

Die Bogenspannung wird bei kleinen und mittleren Strömen (≈ 3 bis 4 kA) von einer unmeßbar dünnen Zone unmittelbar vor der Kathode aufgenommen. Ein Spannungsabfall in der „Säule" wurde in diesem Strombereich nicht festgestellt [13]. Anodenfall- und Anodenfleckbildung bei schon relativ kleinen Strömen (400 bis 2100 A), unter bestimmten Bedingungen, wurden nur von Kimblin [21] beobachtet.

Bei gesteigerten Bogenströmen fokussiert sich die zunächst diffuse Entladung auf dem Weg zur Anode durch ihr Eigenmagnetfeld (s. Berechnungen von Bennet [22, 23] und L. Tonks [24, 25]). Mit größer werdendem Strom wachsen die Dampf- und Ladungsträgerdichte sowie der eigenmagnetische Druck. Es kommt zu einem wachsenden Spannungsabfall in der Strecke, und die Entladung geht — beginnend an der Anode — mehr und mehr in einen Hochdruck-Metalldampfbogen mit Anodenfall und thermischer Säule über. Bei Strömen von 8 bis 12 kA, je nach Anordnung und Dauer der Belastung, zieht sich schließlich abrupt auch die Kathode zu einem konzentrierten Fußpunkt zusammen. Bei thermisch nicht überlasteten Elektroden und Kondensschirmen und genügend gasfreiem Kontaktwerkstoff ist dieser Mechanismus bei wieder kleiner werdendem Strom reversibel; es entsteht erneut der „eigentliche" Vakuumbogen. Mit weiter sinkendem Strom verschwinden die in diesem Bereich wieder zahlreichen Kathodenflecke nach und nach. Der letzte Fleck brennt je nach Fußpunktbedingungen und vorangegangenem Bogenstrom bis zum natürlichen Strom-Nullwerden oder nach sehr kleinem Bogenstrommaximum (bis einige 100 A) bis kurz davor. Bei unausgeglichener Energiebilanz im Fußpunkt und zu geringem Metalldampfdruck wird die Entladung durch den magnetischen Druck abgeschnürt; sie wird instabil (Chopping, Näheres s. [14, 15, 26]), was zu unangenehmen Überspannungen an im Schaltkreis vorhandenen Induktivitäten führen kann.

Schrifttum

1. Weizel, W., Rompe, R.: Theorie elektrischer Lichtbögen und Funken, Leipzig: Barth 1949.
2. Finkelnburg, W., Maecker, H.: Elektrische Bögen und thermisches Plasma, in Handbuch der Physik (hrsg. von S. Flügge), Bd. 22. Berlin—Göttingen—Heidelberg: Springer 1956.
3. Hertz, G., Rompe, R.: Einführung in die Plasmaphysik und ihre technische Anwendung, Berlin: Akademie-Verlag 1965.
4. Rieder, W.: Plasma und Lichtbogen, Braunschweig: Vieweg 1967.
5. Schulz, P.: Elektronische Vorgänge in Gasen und Festkörpern, Karlsruhe: Braun 1968.
6. Bauer, B.: Die Untersuchungen an Ölschaltern. Bull. Schweiz. elektrotechn. Ver. 8 (1917) 226—239.
7. Engel, A. v.: Elektrische und gasanalytische Untersuchungen von Lichtbögen in Öl. Wiss. Veröff. aus dem Siemens-Konzern Bd. 9 (1930).
8. Bruce, C. E. R.: The distribution of energy liberated in an oil circuitbreaker, with a contribution to the study of the arc temperatur. Journ. IEE Bd. 67 (1931) 557—580.
9. Tanberg, R.: On the cathode of an arc drawn in vacuum. Phys. Rev. Bd. 35 (1930) 1080—1089.
10. Tanberg, R., Berkey, W. E.: On the temperature of cathode in vacuum arcs. Phys. Rev. Bd. 38 (1931) 296—304.
11. Koller, R.: Fundamental properties of the vacuum switch. Trans. AIEE. Power App. & Syst. Bd. 65 (1946) 597—604.
12. Reece, M. P.: The vacuum switch and its applications for power switching. Journ. IEE Bd. 53 (1959) 275—279.
13. Reece, M. P.: The vacuum switch, Part I + II. Proc. IEE Bd. 110 (1963) 793—811.
14. Greenwood, A. N., Lee, T. H.: Theory for the cathode mechanismen in metal vapor arcs. J. appl. Phys. Bd. 32 (1961) 916—923.
15. Lee, T. H., Greenwood, A. N., Polinko, G.: Design of vacuum interrupters to eliminate abnormal over-voltages. Trans. AIEE. Power App. & Syst. Bd. 81 (1962/63) 376—384.
16. Lee, T. H., Greenwood, A. N., Crouch, D. W., Titus, C. H.: Power vacuum interrupter development. Trans. AIEE. Power App. & Syst. Bd. 81 (1962/63) 629—639.
17. Lee, T. H., Kurtz, D. R., Porter, J. W.: Vacuum arcs and vacuum circuit interrupters. CIGRE-Ber. 1969, Nr. 121.
18. Kesaev, J. G.: Laws governing the cathode drop and the threshold currents in an arc discharge on pure metals. Zhurn. Tekhn. Fiz. 34 (1964) 1482—1493. Sov. Phys.-Tech. Phys. 9 (1965) 1146—1154.
19. Paul, M. O.: Vacuum arc voltage. Nature 215 (1967) 1474—1475.

20. Voshall, R. E.: Investigations of the positive column of high-current metal vapor arcs. Trans. AIEE. Power App. & Syst. Bd. 88 (1969) 120—126.
21. Kimblin, C. W.: Anode voltage drop and anode spot formation in dc vacuum arcs. J. appl. Phys. 40 (1969) 1744—1752.
22. Bennet, W. H.: Magnetically self-focussing streams. Phys. Rev. Bd. 45 (1934) 890—897.
23. Bennet, W. H.: Self-focussing streams. Phys. Rev. Bd. 98 (1953) 1584—1594.
24. Tonks, L.: Theory of magnetic effects in the plasma of an arc. Phys. Rev. Bd. 56 (1939) 360—373.
25. Tonks, L.: Particle transport, electric currents and pressure balance in a magnetically immobilized plasma. Phys. Rev. Bd. 97 (1955) 1443—1445.
26. Farral, G. A., Lafferty, J. M., Cobine, J. D.: Electrode materials and their stability characteristics in the vacuum arc. Trans. AIEE. Control Eng. Bd. 66 (1963) 253—258.
27. Rieder, W.: Schwefelhexaflourid als Schaltmedium. Elektrotechn. u. Masch.-Bau Bd. 87 (1970) 31—36.
28. Edels, H.: Properties and theory of the electric arc. The Institution of Electrical Engineers, Paper No. 3498 (1961) 55—69.
29. Frie, W.: Berechnung der Gaszusammensetzung und der Materialfunktionen von SF_6. Z. Phys. Bd. 201 (1967) 269—294.
30. Frind, G.: Über das Abklingen von Lichtbögen. Z. angew. Phys. Bd. 12 (1960) 231—237 u. 515—521.
31. Motschmann, H.: Über die experimentelle Bestimmung der Wärmeleitfähigkeit und der elektrischen Leitfähigkeit von Wasserstoff und Schwefelhexafluorid im elektrischen Lichtbogen. Z. Phys. Bd. 191 (1966) 10—23.

4. Die Fallgebiete des Schaltlichtbogens

Der Strom in der Lichtbogensäule wird zum überwiegenden Teil — größenordnungsmäßig 99 bis 99,9% — von den Elektronen getragen. Dies ergibt sich aus der Gleichung für die Stromdichte im Plasma (Gl. 3.3, 3.4; Diffusionsstromdichte vernachlässigt)

$$J = J_i + J_e = e(N_i b_i E + N_e b_e E) \qquad (4.1)$$

wenn berücksichtigt wird, daß bei gleicher Ladungsträgerdichte ($N_e = N_i$) die Beweglichkeit der Elektronen sehr viel größer ist als die Beweglichkeit der Ionen ($b_e \gg b_i$). Dabei wandern die Elektronen aus der Säule zur Anode und die Ionen zur Kathode. (Die Wirkung negativer Ionen kann, wie in den Vorkapiteln bereits stillschweigend geschehen, meist wegen ihrer geringen Zahl vernachlässigt werden.) Die Aufgabe der den Elektroden vorgelagerten Fallgebiete ist es, den elektrischen Anschluß der Säule an den äußeren Stromkreis herzustellen. Hierzu müssen sie die zur Stromleitung durch die Säule erforderlichen Ladungsträger zur Verfügung stellen.

4.1. Leistungsbilanz an den Elektroden

Die Leistungsbilanz [1] an den Elektroden ist in Bild 4.1 veranschaulicht.

Die an der *Kathode* umgesetzte Leistung setzt sich folgendermaßen zusammen: Die im Kathodenfall beschleunigten positiven Ionen verlieren beim Aufprall auf die Kathode einen Teil ihrer kinetischen Energie,

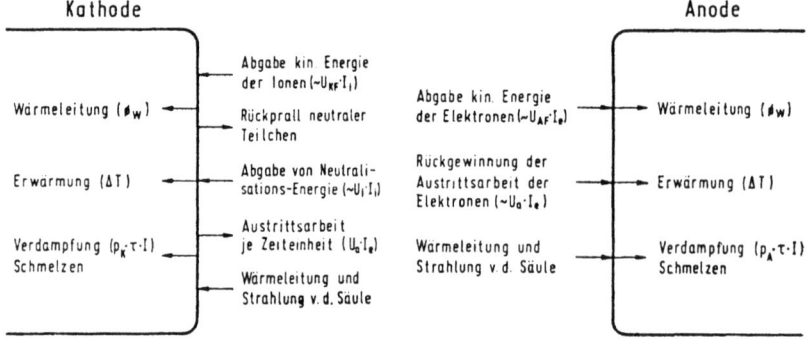

Bild 4.1. Leistungsbilanz in den anodischen und kathodischen Lichtbogen-Fußpunktgebieten.

was unter der Annahme, daß keine Zusammenstöße mit anderen Teilchen erfolgen, der Leistung $U_{KF} \cdot I_i$ (U_{KF} = Spannung des Kathodenfalls) entspricht. Sie werden durch Elektronen neutralisiert und kehren als Neutralteilchen mit einer als Rückprallenergie bezeichneten kinetischen Energie zurück, so daß für die an die Kathode abgeführte kinetische Energie die Differenz aus Kathodenfall- und Rückprallenergie verbleibt. Bei der Neutralisation wird die für die Ionisierung je Zeiteinheit aufgewandte Ionisierungsenergie $U_i \cdot I_i$ (U_i Ionisierungsspannung) als Neutralisationsenergie frei. Demgegenüber steht als Verlust die für den Austritt der Elektronen, die zum Teil die Ionen neutralisieren, zum überwiegenden Teil jedoch zur Säule abwandern, aufzubringende Austrittsarbeit entsprechend der Leistung $U_a \cdot I_e$ (U_a Austrittspotential). Austritts- und Ionisierungsarbeit können als potentielle Energien bezeichnet werden. Ein weiterer Anteil, der jedoch meist als vernachlässigbar angenommen werden kann, ist die durch Wärmeleitung und Strahlung von der Säule übertragene Leistung.

Die Vorgänge an der *Anode* sind ähnlich. Beim Eintritt der Elektronen in das Metall wird ihre je Zeiteinheit im Anodenfall gewonnene kinetische Energie, entsprechend der Leistung $U_{AF} \cdot I_e$, und potentielle Energie, entsprechend $U_a \cdot I_e$, frei. Hinzu kommt ein Wärmeleitungs- und Strahlungsanteil.

Bei *beiden Elektroden* wird die vom Lichtbogen übertragene Leistung teilweise durch Wärmeleitung Φ_W abgeführt, zum anderen Teil bewirkt sie eine Erwärmung der Elektroden ΔT und führt zu Materialabbrand infolge Verdampfung oder Verlust von schmelzflüssigem Material. Bei reiner Verdampfung ist die hierzu aufgewandte Leistung $p \cdot \tau \cdot I$ (p spezifischer Materialverlust, z. B. in g/As, τ spezifische Verdampfungswärme).

4.2. Kathodenmechanismus

4.2.1. Auslösung von Elektronen aus der Kathode

Für die Elektronenemission an der Kathode können verschiedene Mechanismen verantwortlich sein, wobei beim Lichtbogen teilweise mehrere Mechanismen gleichzeitig bestehen können [3—9]:

a) thermische Elektronenemission aus der Kathode (Glühemission, Thermoemission);

b) Emission infolge elektrischer Felder (Feldemission);

c) Emission unter gleichzeitigem Einfluß von Temperatur und elektrischem Feld (Thermo-Feld-Emission, abgekürzt TF-Emission).

d) Weitere Mechanismen der Elektronenauslösung aus der Kathode, durch auftreffende Strahlungsquanten (Photoemission) oder positive Ionen (Sekundärelektronenemission), sind in Schaltlichtbögen von untergeordneter Bedeutung.

a) Thermoemission

Die Energiezustände der im Kristallverband der Metalle frei beweglichen Elektronen („Elektronengas") entsprechen angenähert einer Fermi-Verteilung. Beim absoluten Nullpunkt liegen die Energien alle unterhalb eines Wertes μ, der als Fermi-Niveau bezeichnet wird. Um ein auf Fermi-Niveau befindliches Elektron um die Strecke r von der Metalloberfläche zu entfernen, ist eine Energie der Elektronen erforderlich, die durch den hyperbelförmigen Kurvenzug in Bild 4.2 dargestellt ist. (Die Energien $e \cdot U$ sind in den Bildern 4.2 bis 4.5 als Potentiale U aufgetragen.) Für ein völliges Loslösen ($r \to \infty$) ist die Austrittsarbeit $e \cdot U_a$ bzw. das Austrittspotential U_a erforderlich. Elektronen können

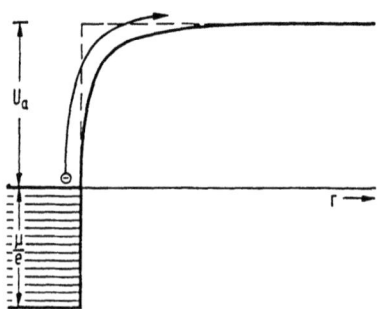

Bild 4.2. Thermoemission von Elektronen.

das Metall nur verlassen, wenn ihre Energie den Rand des in Bild 4.2 dargestellten „Potentialnapfes" mindestens erreicht. Bei zunehmender Temperatur erhöht sich nach der Fermi-Statistik die Zahl der Elektronen, die diesen Wert erreichen und somit der Emissionsstrom. Bei Zugrundelegung des genannten Modells ergibt sich für die Thermoemissionsstromdichte die Richardson-Gleichung

$$J_T = A \cdot T^2 \cdot \exp(-eU_a/kT) \qquad (4.2)$$

mit

$$A = \frac{4\pi e m_e k^2}{h^3}, \qquad (4.3)$$

m_e Elektronenmasse,
k Boltzmann-Konstante,
h Plancksches Wirkungsquantum.

Experimentelle Werte von A liegen mit $A \approx 60\ \text{A/cm}^2\ \text{K}^2$ etwa bei der Hälfte des theoretischen Wertes. U_a liegt bei vielen Metallen zwischen 4 und 5 V.

Beispielsweise liegt bei einer auf 2500 K erhitzten W-Kathode J_T in der Größenordnung $0{,}1 \cdot \text{A/cm}^2$.

b) Feldemission

Bereits bei $T = 0$ kann bei hohen Feldstärken vor der Kathode eine Elektronenemission erfolgen. Eine anschauliche Erklärung läßt sich anhand des Napfmodelles (Bild 4.3) unter Zugrundelegung wellenmechanischer Vorstellungen geben. Durch ein außen angelegtes Feld wird der Potentialverlauf außerhalb des Metalls verändert. Der obere Napfrand wird praktisch nach unten gebogen. Gelangt die Breite s des Potentialberges in die Größenordnung der Wellenlänge, die der Elektronenenergie entspricht, so kann ein Elektronenaustritt ohne Überschreiten des Potentialwalls erfolgen (Tunneleffekt).

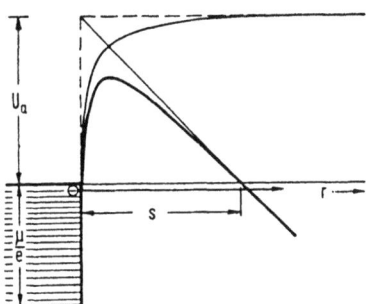

Bild 4.3. Feldemission von Elektronen.

Von Fowler und Nordheim wurde unter den obigen Annahmen die Feldemissions-Gleichung abgeleitet. Die hier wiedergegebene Gleichung [11] enthält bereits einige Vereinfachungen; sie lautet mit $eU_a = W_a$:

$$J_F = \frac{4\sqrt{\mu W_a}}{\mu + W_a} \cdot \frac{e^3 E^2}{8\pi h W_a} \cdot \exp\left[-\frac{8\pi \sqrt{2m_e} W_a^{3/2}}{3heE}\right]. \quad (4.4)$$

Unter der vereinfachenden Annahme $\mu \approx W_a$ ergibt sich

$$\frac{J_F}{A/m^2} = 3{,}1 \cdot 10^{-6} \left(\frac{E}{V/m}\right)^2 \cdot \frac{V}{U_a} \exp\left[-6{,}8 \cdot 10^9 \left(\frac{U_a}{V}\right)^{1{,}5} \left(\frac{V/m}{E}\right)\right]. \quad (4.5)$$

Sie gilt ableitungsgemäß für $T = 0$, beschreibt jedoch auch für nicht zu hohe Temperaturen, z. B. Zimmertemperatur, die Feldemission hinreichend genau. Für E ist die wirksame (effektive) Feldstärke einzusetzen, die aufgrund von Oberflächenrauhigkeiten ein Vielfaches der makroskopischen betragen kann. In der Literatur sind angenommene Grobfeinfaktoren (Verhältnis von wirksamer zu makroskopischer Feldstärke) zwischen 1 und 100 angegeben. J_F tritt erst bei Feldstärken $>10^7$ V/cm quantitativ in Erscheinung [5].

c) Emission unter gleichzeitigem Einfluß von Temperatur und elektrischem Feld

c1) **Die Schottkysche $\sqrt{E}$-Korrektur der Richardson-Gleichung**
Durch die Verformung des Potentialverlaufes infolge eines angelegten Feldes wird die Höhe des Potentialwalls verringert, so daß — unter Zugrundelegung der gleichen Voraussetzungen wie für die Thermoemission — nur eine um $e \cdot \Delta U_a$ erniedrigte Austrittsarbeit erforderlich ist (Bild 4.4). Die Stromdichte J'_{TF} ergibt sich dann zu:

$$J'_{TF} = A \cdot T^2 \cdot \exp\left[-e(U_a - \Delta U_a)/kT\right] \tag{4.6}$$

mit

$$\Delta U_a = \sqrt{\frac{e \cdot E}{4\pi\varepsilon_0}}. \tag{4.7}$$

Gl. (4.6) wird quantitativ bedeutsam bei erhöhter Temperatur und Feldern zwischen 10^6 und 10^7 V/cm [5]. Bei tiefen Temperaturen und höheren Feldstärken verlieren die Voraussetzungen für ihre Ableitung die Gültigkeit.

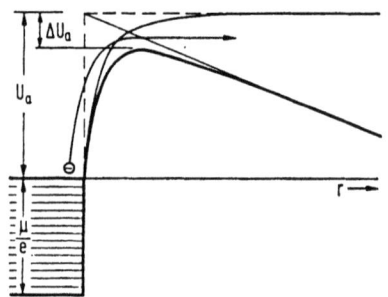
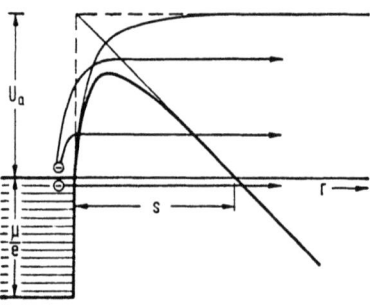

Bild 4.4. Thermoemission von Elektronen unter Einfluß eines elektrischen Feldes (Schottky-Emission).

Bild 4.5. Thermo-Feldemission von Elektronen.

c2) Thermo-Feld-Emission

Die bisher behandelten Emissionstheorien beschreiben die Vorgänge aufgrund der zugrundegelegten Vereinfachungen nur in beschränkten Bereichen hinreichend genau. Eine bessere Annäherung ergibt sich zwar durch Addition der Fowler-Nordheim-Gleichung (Gl. (4.4)) und der Richardson-Schottky-Gleichung (Gl. (4.6)), es bleibt jedoch die Tatsache unberücksichtigt, daß auch Elektronen mit Energiewerten über der Fermikante den Potentialnapf durchtunneln können.

Elektronen können im allgemeinen den Metallverband auf die in Bild 4.5 dargestellte Weise verlassen. Eine allgemeine Theorie der

4.2. Kathodenmechanismus

Thermo-Feld-Emission, die diese Möglichkeiten berücksichtigt, wurde von Murphy und Good [7] aufgestellt; sie führt zu einer Gleichung, die in geschlossener Form nicht mehr integrierbar ist. Bild 4.6 zeigt als Beispiel die numerisch ermittelte Temperatur- und Feldabhängigkeit der Thermo-Feld-Emissionsdichte J_{TF} bei einer Austrittsspannung $U_a = 4,5$ V [8].

Die Theorie von Murphy und Good enthält als Grenzfälle die Beziehungen nach Fowler-Nordheim und Richardson-Schottky.

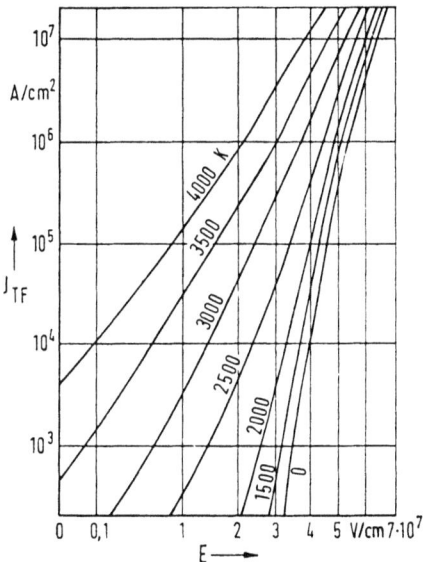

Bild 4.6. Thermo-Feldemissions-Stromdichte J_{TF} in Abhängigkeit von der Feldstärke E bei unterschiedlichen Temperaturen.

4.2.2. Kathodenfalltheorien

Um die an Lichtbogenkathoden auftretenden hohen Stromdichten (bis 10^7 A/cm²) zu erklären, reicht die reine Thermoemission nicht aus. Lediglich bei Kathoden aus sehr hoch schmelzendem und siedendem Material (Wolfram, Kohle) kann eine überwiegend thermische Emission mit Stromdichten zwischen 10^2 und 10^4 A/cm² auftreten.

Mehrere Untersuchungen gelangen übereinstimmend zu der Erkenntnis, daß bei den in der Schaltgerätetechnik bei Normaldruck auftretenden Lichtbögen mit kathodischen Stromdichten von 10^4 bis 10^7 A/cm² die Thermo-Feld-Emission der maßgebliche Mechanismus ist. Um die hohen, hierzu erforderlichen Feldstärken vor der Kathode zu erreichen, sind die Verhältnisse der Lichtbogensäule nicht ausreichend. Nach heutiger Ansicht spielen sich folgende Vorgänge in einem unmittelbar vor der Kathode befindlichen, gegenüber dem Durchmesser der Säule stark kontrahierten Gebiet ab [6, 9]: Die elektrische Feldstärke wird hier durch eine positive Raumladung erzeugt, die als Folge eines im Vergleich zur Säule erhöhten Ionenstromanteils auftritt; es gilt für die Berechnung die Poissongleichung (Formelzeichenerläuterung s. Abschnitt 3.1.)

$$\text{div } \boldsymbol{E} = \frac{e}{\varepsilon}(N_\mathrm{i} - N_\mathrm{e}) = \frac{1}{\varepsilon}\left(\frac{J_\mathrm{i}}{v_\mathrm{i}} - \frac{J_\mathrm{e}}{v_\mathrm{e}}\right) \tag{4.8}$$

wobei der zweite Ausdruck in der Klammer wegen der infolge der geringen Masse wesentlich höheren Elektronendriftgeschwindigkeit v_e vergleichsweise klein ist. Der gegenüber der Säule höhere Ionenstromanteil wird durch eine zusätzliche Ionisierung in einem Übergangsgebiet zur Säule hin erreicht (s. Bild 4.7). Die im Ionisationsgebiet gebildeten neuen Ionen bewegen sich zusammen mit den Ionen aus der Säule, deren Zahl vergleichsweise gering ist, durch das unmittelbar vor der Kathode liegende Kathodenfallgebiet, dessen Ausdehnung in der Größenordnung einer freien Weglänge (10^{-5} bis 10^{-4} cm bei 1 bar) liegt. Wegen der geringen Ausdehnung des Fallgebietes erleiden die Ladungsträger keine Kollisionen und bewegen sich quasi im freien Fall, wobei die Feldstärke, wie erläutert, im wesentlichen durch die Ionenraumladung bestimmt wird. Die im Kathodenfall abfallende Spannung U_KF ist das Integral über der Feldstärke und liegt in der Größenordnung von 10 V. Die an der Kathode emittierten Elektronen werden im Kathodenfall stark beschleunigt und bewirken im kontrahierten Ionisationsgebiet die Ladungsträgererzeugung durch Thermoionisation und Elektronenstoß. Zu einem geringen Teil trägt auch die Rückprallenergie der an der Kathode neutralisierten Ionen

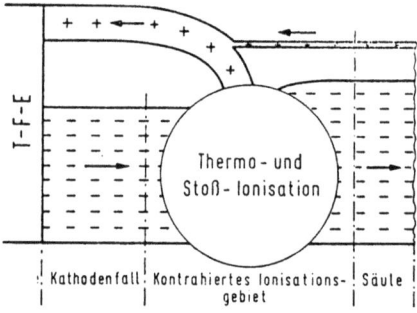

Bild 4.7. Stromtransportvorgänge zwischen Kathode und Lichtbogensäule.

zur Energiezufuhr in das Ionisationsgebiet bei. Die Forderung, daß die im Fallraum gewonnene Energie der Elektronen, entsprechend der Leistung $s \cdot I \cdot U_{\mathrm{KF}}$ (s Elektronenstromanteil vor der Kathode), mindestens so groß wie die zur Ionenerzeugung benötigte Energie, entsprechend $(1-s) \cdot I \cdot U_{\mathrm{i}}$, ist, führt zur Abschätzung des von der Kathode emittierten Elektronenstromanteils am Gesamtstrom: $s > 50\%$. Ein plausibler Wert ist 80% [8]. Dies bedeutet, daß auch der Strom vor der Kathode trotz des gegenüber der Säule erhöhten Ionenstromanteils überwiegend von Elektronen getragen wird.

In Bild 4.7 sind die vorstehend beschriebenen Stromtransportvorgänge im Gebiet zwischen Kathode und Säule schematisch dargestellt, wobei die Bewegungsrichtung der Ladungsträger durch Pfeile gekennzeichnet ist.

4.3. Anodenmechanismus

Gemessene Werte der Anodenfallspannung U_{AF} liegen zwischen 40 V und 1 V, wobei U_{AF} prinzipiell mit zunehmendem Strom sinkt. Die Stromdichte ist merklich kleiner als die kathodische Stromdichte (nach [10] etwa 10^1 bis 10^5 A/cm²). Es wurden anodische Ansätze mit und ohne Kontraktion beobachtet. Die Ausdehnung des Anodenfallraumes liegt in der Größenordnung des Kathodenfallraumes.

Die Vorgänge an der Anode [2, 4, 10] unterscheiden sich grundsätzlich von denen an der Kathode. Während an der Kathode und im vorgelagerten Ionisationsgebiet die zu über 99% den Bogenstrom tragenden Elektronen und der größte Teil der zur Kathode fließenden Ionen erzeugt wird, müssen im Anodenfall lediglich die zu weniger als 1% Strom transportierenden Ionen erzeugt werden. Weiterhin hat das Anodenfallgebiet die Aufgabe, die gerichtete Geschwindigkeit der im Anodenfall beschleunigten Ionen in die ungerichtete thermische Geschwindigkeitsverteilung der Säule umzuwandeln, sowie das Temperaturgefälle zwischen der heißen Säule (Größenordnung 10 000 K) und der relativ kalten Anode (maximal Siedetemperatur des Metalls, maximal einige 1 000 K) aufzunehmen.

Die vor Metallanoden herrschenden Verhältnisse, wie sie im Schaltlichtbogen vorliegen, sind noch wenig erforscht. Die bestehenden Theorien wurden meist aus Untersuchungen an Kohlebögen gewonnen: Da Anoden unter den im Schaltlichtbogen herrschenden Verhältnissen praktisch keine Ionen emittieren, ist der zur Anode fließende Strom ein reiner Elektronenstrom. Es herrscht deshalb eine negative Raumladung, wodurch die Anodenfallspannung verursacht wird. Die positiven Ladungsträger werden unmittelbar vor der Anode im Anodenfallraum erzeugt.

Hierzu sind weniger extreme Bedingungen als für die Elektronenerzeugung an der Kathode erforderlich, da zur Bildung eines Ions größenordnungsmäßig 10^2 bis 10^3 Elektronen zur Verfügung stehen. Es sind zwei Mechanismen bekannt, Feldionisierung und Thermoionisierung.

a) Feldionisierung

Feldionisierung [4] liegt vor, wenn sich der Anodenfall über etwa eine freie Elektronenweglänge erstreckt. Hingegen ist die Transportweglänge der Ionen, d. h. die freie Weglänge gegenüber Stößen mit Neutralteilchen, deutlich kleiner als die Länge des Fallgebietes. Das gesamte Fallgebiet kann in mehrere Bereiche eingeteilt werden [4]. Die sich dort abspielenden Vorgänge sind in Bild 4.8 schematisiert: Im Säulengrenzgebiet beginnt die Feldstärke von dem kleinen Wert in der Säule anzusteigen und die Driftbewegung der Elektronen geht in den freien Fall über. Die Elektronen durchfallen das Übergangs- und

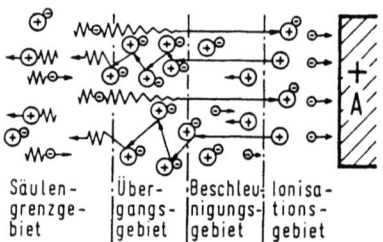

Bild 4.8. Stromtransportvorgänge zwischen Anode und Lichtbogensäule.

Beschleunigungsgebiet und erzeugen im Ionisationsgebiet unmittelbar vor der Anode durch Stoß Elektronen, die sich auf die Anode zu und Ionen, die sich von ihr weg bewegen. Hierzu muß die im Anodenfall gewonnene Energie mindestens die Ionisierungsenergie (oder, im Falle stufenweiser Ionisierung, die Anregungsenergie) erreichen. Die gebildeten Ionen werden im Beschleunigungsgebiet zunächst im freien Fall beschleunigt, stoßen dann im Übergangsgebiet mit Neutralteilchen zusammen und verändern ihre gerichtete Bewegung in die ungeordnete thermische Bewegung, die sie im Säulengrenzgebiet erreicht haben. Die Feldionisierung herrscht bei kleineren Stromstärken vor. Oberhalb bestimmter Temperaturen, die vom Druck und der Gasart abhängen, geht sie in die Thermoionisierung über.

b) Thermoionisierung

Bei Steigerung der Stromdichte und somit der Temperatur im Anodenfallgebiet erhöht sich der Ionisierungsgrad, wobei die Zahl der Neutralteilchen abnimmt. Die Transportweglänge der Ionen steigt, während die Elektronenweglänge, die wesentlich durch Wechselwirkungen mit Ionen bestimmt wird, abnimmt. Die Elektronen werden wegen ihrer geringeren freien Weglänge bereits im Beschleunigungsgebiet durch Zusammenstöße daran gehindert, die für die Feldionisierung notwendige Energie aufzunehmen. Die mittlere Elektronenenergie kann weit unter die Ionisierungsenergie sinken. Die positiven Ionen können oberhalb einer kritischen Temperatur wegen der größeren freien Weglänge den Fallraum hingegen frei durchfallen und tragen zur stärkeren Aufheizung der sich an den Fallraum anschließenden Säulengrenzschicht bei. Die Verhältnisse werden in zunehmendem Maße thermisch, wobei die Ionisierung vor der Anode durch die wenigen Elektronen erfolgt, deren Energie auf Grund der Maxwell-Verteilung oberhalb der Ionisierungsenergie liegt („Maxwell-Schwanz") [4]. Bei der Thermoionisierung erstreckt sich das Fallgebiet über mehrere freie Elektronenweglängen. Bei Schaltlichtbögen höherer Stromstärke ist die Thermoionisierung der wesentliche Mechanismus.

4.4. Plasmaströmung

Der Lichtbogenstrom ist mit einem Magnetfeld verbunden, dessen Wirkung auf die Ladungsträger (Elektronen und Ionen) in einer zur Achse hin gerichteten Kraft besteht. Anschaulich läßt sich dies anhand von Bild 4.9 verdeutlichen: Zwischen mehreren, von gleichsinnigem

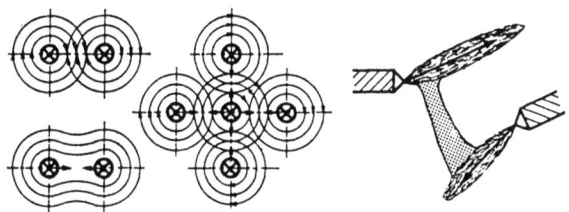

Bild 4.9. Zur Entstehung von Plasmastrahlen.

Strom durchflossenen, parallelen Leitern bestehen Kräfte, die zur Mitte gerichtet sind. Die Wirkung der Stromkräfte auf ein Plasma läßt sich aus 2 Gleichungen ableiten [12]:

a) hydrodynamische Grundgleichung für ein Plasma im Magnetfeld bei zeitlich stationären Verhältnissen, ohne Reibung

$$\operatorname{grad} p = \boldsymbol{J} \times \boldsymbol{B}, \tag{4.9}$$

b) erste Maxwellsche Gleichung

$$\operatorname{rot} \boldsymbol{H} = \boldsymbol{J}. \tag{4.10}$$

Für das Kanalmodell mit ortsunabhängiger Stromdichte J über den Radius R (s. Bild 4.10) ergibt sich

$$H(r) = \frac{1}{r} \int_0^r J \cdot r \cdot dr = J \cdot r/2 \qquad (4.11)$$

$$p(r) = \int_r^R J \cdot B(r) \, dr = \mu_0 J \int_r^R H(r) \, dr = \frac{\mu_0 J^2 R^2}{4} \left(1 - \frac{r^2}{R^2}\right) \qquad (4.12)$$

$p(r)$ ist der Überdruck gegenüber der Umgebung. Die Verhältnisse stellen sich so ein, daß der magnetische Druck gerade dem gaskinetischen Druck des Plasmas entspricht. Anschaulich bedeutet dies: Das

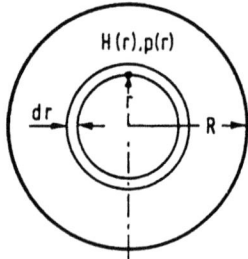

Bild 4.10. Zur Berechnung der Druckverteilung im Lichtbogenfußpunktbereich.

eigenmagnetische Feld ist bestrebt, den Lichtbogen zusammenzudrücken (,,Pinch-Effekt", ,,eigenmagnetische Kompression"), während der gaskinetische Druck dem durch eine Kraft entgegenzuwirken versucht. Als Folge stellt sich ein Überdruck ein (vgl. Luftballon, gasgefüllter Schlauch).

p ist in der Lichtbogenachse ($r = 0$) am größten. Unter Berücksichtigung von $I = J \pi R^2$ ergibt sich hierfür

$$p_{\max} = (\mu_0/4\pi) \cdot I \cdot J \qquad (4.13)$$

bzw.

$$\frac{p_{\max}}{\text{mbar}} = 10^{-5} \cdot \frac{I}{A} \cdot \frac{J}{A/\text{cm}^2} \qquad (4.14)$$

d. h. der Druck in der Lichtbogenachse ist dem Produkt aus Stromstärke und Stromdichte proportional.

Der Überdruck ist, verglichen mit Atmosphärendruck, relativ gering, z. B. 0,8 mbar bei 200 A und $R = 0{,}4$ cm; 8,84 mbar bei 200 A und $R = 0{,}12$ cm.

In Lichtbögen mit kontrahierten Elektrodengebieten nimmt die Stromdichte und somit nach Gl. (4.14) der Druck von den Elektroden zur Säule hin ab, d. h. es besteht ein Druckgefälle in Achsrichtung, dessen Folge eine von den Elektroden weggerichtete Plasmaströmung ist. Diese kann zur Ausbildung der sog. Plasmastrahlen führen, die häufig bei Lichtbögen beobachtet werden. Diese sind meist leuchtende, längliche und häufig keulenförmige Plasmagebilde, die von den Elektroden ausgehen und nahezu senkrecht auf den Elektrodenoberflächen stehen. Wegen ihrer hohen Temperatur sind sie gut leitfähig. Bild 4.9 zeigt ein charakteristisches Beispiel für Plasmastrahlen, wobei sich anodischer und kathodischer Strahl nicht berühren und die Stromleitung zwischen beiden Strahlen über ein diffuses, weniger hell leuchtendes Zwischengebiet erfolgt. Treffen anodische und kathodische Plasmastrahlen aufeinander, so kann sich in der Mitte ein „Plasmateller" ausbilden, da sich die Strahlen gegenseitig zu verdrängen suchen.

Außer an Elektroden entstehen Plasmastrahlen auch an anderen Stellen mit Stromdichtegefälle, z. B. an Einschnürungen der Lichtbogensäule durch Löschbleche.

Schrifttum

1. Holm, R.: Electric Contacts Handbook, Berlin–Göttingen–Heidelberg: Springer 1958.
2. Rieder, W.: Plasma und Lichtbogen. Braunschweig: Vieweg 1967.
3. Flügge, S.: Handbuch der Physik Bd. 21, Berlin–Göttingen–Heidelberg: Springer 1956.
4. Finkelnburg, W., Maecker, H.: Elektrische Bögen und thermisches Plasma, in Handbuch der Physik (hrsg. von S. Flügge) Bd. 22. Berlin–Göttingen–Heidelberg: Springer 1956.
5. Schulz, P.: Elektrische Vorgänge in Gasen und Festkörpern, Karlsruhe: Braun 1968.
6. Lee, T. H.: T-F Theory of electron emission in high-current arcs. J. appl. Phys. Bd. 30 (1959) 166–171.
7. Murphy, E. L., Good, R. H.: Thermionic emission, field emission and the transition region. Phys. Rev. Bd. 102 (1956) 1464–1473.
8. Bauer, A.: Zur Theorie des Kathodenfalls in Lichtbögen. Phys. Bd. 138 (1954) 35–55.
9. Bauer, A.: Der Mechanismus vor Bogenkathoden. Neuere Ergebnisse. Physikalische Verhandlungen DPG Bd. 4 (1964) 343–350.
10. Hertz, G., Rompe, R.: Einführung in die Plasmaphysik und ihre technische Anwendung, Berlin: Akademie-Verlag 1965.
11. Mierdel, G.: Elektrophysik, Berlin: VEB Verlag Technik 1970.
12. Maecker, H.: Plasmaströmungen in Lichtbögen infolge eigenmagnetischer Kompression. Z. Phys. Bd. 141 (1955) 198–216.

5. Lichtbogenkennlinien

Als Kennlinie oder Charakteristik eines Lichtbogens wird die Abhängigkeit der Lichtbogenspannung von der Stromstärke bezeichnet; man findet deshalb auch häufig den Ausdruck Strom-Spannungs-Kennlinie. Es wird zwischen statischen und dynamischen Kennlinien unterschieden. Die statische Kennlinie beschreibt diejenigen Werte der Lichtbogenspannung, die sich bei verschiedenen Strömen im stationären Zustand einstellen. Im Gegensatz dazu zeigen die dynamischen Kennlinien die Stromabhängigkeit der Lichtbogenspannung im nichtstationären Zustand.

Die Kennlinien stellen ein wichtiges Mittel zur Kennzeichnung einer Lichtbogenentladung dar; sie könnten grundsätzlich durch Lösen des Gleichungssystems nach Abschnitt 3.1. rechnerisch bestimmt werden. Da eine solche Lösung im allgemeinen nicht möglich ist, werden sie meist experimentell ermittelt oder aber unter stark vereinfachten Annahmen berechnet. Die Rechnung wird dabei vielfach durch experimentell ermittelte Konstanten den wirklichen Verhältnissen angepaßt.

Die Lichtbogenkennlinien sind von einer Vielzahl von Faktoren abhängig, wie beispielsweise vom umgebendem Medium, vom Druck, von den Strömungsverhältnissen, von der geometrischen Form der Kontaktstücke sowie davon, ob der Bogen frei oder aber in einem abgeschlossenen Raum brennt. Unter bestimmten Bedingungen aufgenommene Kennlinien dürfen deshalb nicht ohne weiteres auf andere Fälle übertragen werden; sie können jedoch bei richtiger Beurteilung als wichtige Orientierungshilfe dienen und dazu beitragen, den experimentellen Aufwand beispielsweise bei der Entwicklung eines Schaltgerätes zu verringern. Die folgenden Abschnitte enthalten einige charakteristische Lichtbogenkennlinien; weiterhin wird kurz auf Theorien zur Beschreibung der Kennlinien eingegangen.

5.1. Statische Kennlinien

Auf Grund der thermischen Trägheit des Lichtbogenplasmas stellt sich bei einer Änderung des Stromes oder aber der Länge des Lichtbogens um einen bestimmten Betrag erst nach einer gewissen Zeit ein stationärer Zustand ein. Dieser wird durch eine weitgehend konstante Licht-

5.1. Statische Kennlinien

bogenspannung gekennzeichnet. Die Abhängigkeit der Lichtbogenspannung vom Strom im stationären Zustand und bei gleicher Lichtbogenlänge beschreibt die statische Kennlinie. Sie gilt in erster Linie für Gleichstrombögen, die zwischen feststehenden Elektroden oder aber mit gewissen Einschränkungen zwischen parallelen Laufschienen brennen.

Statische Kennlinien sind wichtig im Zusammenhang mit grundsätzlichen Untersuchungen an Lichtbögen sowie bei allen Anwendungsfällen mit stationärer Entladung, wie z. B. bei Lichtbogenlampen, Schweißgeräten, Plasmabrennern und dgl. In der Schaltgerätetechnik besitzen sie dagegen eine untergeordnete Bedeutung, da bei den Ausschaltvorgängen praktisch ausschließlich nichtstationäre Verhältnisse vorliegen.

Bild 5.1 zeigt den charakteristischen Verlauf einer statischen Lichtbogenkennlinie. Die Lichtbogenspannung U_B nimmt mit wachsender Stromstärke I_d zunächst ab, durchläuft ein Minimum und steigt dann erneut an. Die fallende Charakteristik im unteren Strombereich be-

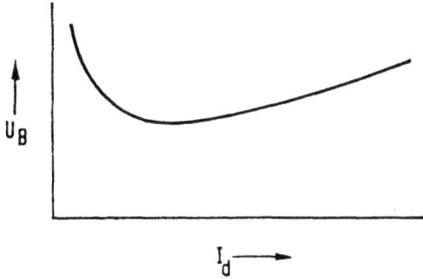

Bild 5.1. Prinzipieller Verlauf der statischen Lichtbogenkennlinie.

deutet eine Abnahme des Widerstandes mit wachsender Stromstärke. Dies beruht darauf, daß sowohl der Querschnitt der leitenden Säule als auch deren Temperatur und damit die Leitfähigkeit zunimmt. Für die steigende Charakteristik bei größeren Stromstärken sind verschiedene Ursachen bekannt [1]: sie kann bedingt sein durch eine Änderung im Bogenmechanismus, eine Druckerhöhung in abgeschlossenen Gefäßen, eine Einengung des Bogens in Düsen oder Spalten, eine Erhöhung des Anodenfalls sowie bei wandernden Lichtbögen durch eine Vergrößerung der Wanderungsgeschwindigkeit mit wachsender Stromstärke.

Bild 5.2 zeigt die experimentell ermittelten Kennlinien eines zwischen zwei Molybdänelektroden frei brennenden Gleichstrombogens bei Stromstärken zwischen 10 und 1000 A und Lichtbogenlängen von 5 bis 160 mm [2].

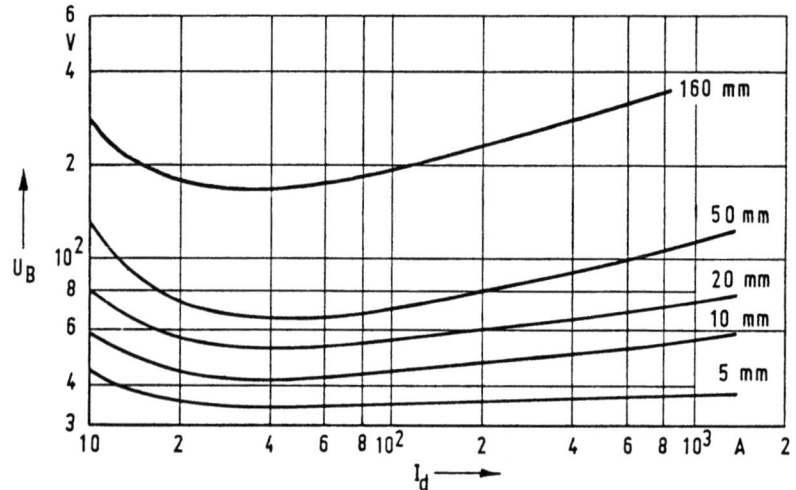

Bild 5.2. Statische Lichtbogenkennlinien bei unterschiedlicher Lichtbogenlänge.

Die meisten in der Literatur veröffentlichten Lichtbogenkennlinien wurden bei Stromstärken unter 100 A aufgenommen und enthalten deshalb nur den fallenden Teil der Charakteristik. Für diesen Bereich liegen verschiedene Gleichungen vor, mit denen die experimentell ermittelten Kurven angenähert mathematisch beschrieben werden. Die am häufigsten angegebene Gleichung geht auf Ayrton [3] zurück und lautet:

$$U_B = a + b \cdot l + \frac{c + d \cdot l}{I_d}. \tag{5.1}$$

Darin sind U_B die Bogenspannung, I_d der Bogenstrom, l die Bogenlänge und a, b, c und d Konstanten, die vom Elektrodenwerkstoff und von äußeren Einflüssen abhängig sind. Die Konstante a berücksichtigt den Kathoden- und Anodenfall. Bei größeren Strömen kann das stromabhängige Glied in Gleichung (5.1) näherungsweise vernachlässigt werden.

Von verschiedenen Autoren wurden für die Konstanten der Ayrton-Gleichung Werte angegeben, die sich teilweise erheblich unterscheiden (s. Bild 5.3, nach Mau [4]). Weitere Gleichungen zur Beschreibung der statischen Lichtbogenkennlinie wurden von Kapzow [7] und Rieder [10] angegeben.

Bei der Anwendung der Gleichungen für die statische Kennlinie ist eine gewisse Vorsicht geboten. Sie gelten vielfach nur für einen sehr begrenzten Strombereich sowie für eine spezielle Versuchsanordnung.

5.1. Statische Kennlinien

Autor	a V	b V/cm	c VA	d VA/cm	Bemerkungen
Engel u. Steenbeck [5]	17	22	20	180	$l = 0{,}1$ bis 1 cm, $i = 2$ bis 15 A Cu-Elektroden
Rüdenberg [6]	30	10	10	30	Mittelwerte für Cu-Elektroden
Kapzow [7]	35,7	3	114,8	1,8	Kohle-Elektroden in Luft ohne Zirkulation
Rziha [8]	15	10	10	50	Cu-Elektroden
Babikow [9]	39	0,21	11,7	1,05	Kohle-Elektroden

Bild 5.3. Konstanten der Ayrtonschen Gleichung.

Keine der Gleichungen gibt den ansteigenden Teil der Bogencharakteristik bei höheren Strömen wieder.

Die statische Lichtbogenkennlinie kann ausgehend von vereinfachten theoretischen Überlegungen und unter Vernachlässigung des Kathoden- und Anodenfalles berechnet werden [5, 11]. Ausgangspunkt ist das Kanalmodell, d. h., die Bogensäule wird als zylindrisches Leitfähigkeitsgebiet mit dem Radius r angenommen, innerhalb dessen eine konstante Temperatur und eine konstante Ladungsträgerdichte vorliegt. Abweichend von Abschnitt 3.3. wird angenommen, daß die Energieabfuhr nicht durch Wärmeleitung, sondern durch Strahlung erfolgt. Unter Vernachlässigung des Ionenstromanteils ergibt sich für den Lichtbogenstrom I in Abhängigkeit von der Bogenfeldstärke E:

$$I = \pi \cdot r^2 \cdot e \cdot v \cdot N_e = \pi \cdot r^2 \cdot e \cdot N_e \cdot b_e \cdot E. \tag{5.2}$$

Darin bedeuten v die Geschwindigkeit der Elektronen, N_e die Elektronendichte, b_e die Elektronenbeweglichkeit und e die Elementarladung. N_e und b_e sind temperaturabhängige Größen, so daß Gl. (5.2) umgewandelt werden kann in:

$$I = r^2 \cdot E \cdot f_1(T). \tag{5.3}$$

Je Längeneinheit wird dem Lichtbogen die elektrische Leistung $I \cdot E$ zugeführt und unter ausschließlicher Annahme von Strahlung die Wärmeleistung $r^m \cdot f_2(T)$ abgeführt. Der Faktor m ist ungefähr 1, wenn die Wärme nur von der Oberfläche ausgestrahlt wird. Im stationären Zustand lautet die Energiebilanz

$$EI = r^m f_2(T) \tag{5.4}$$

und mit $m = 1$ und r aus Gl. (5.3)

$$E^3 \cdot I = \frac{[f_2(T)]^2}{f_1(T)}. \tag{5.5}$$

Bei Anwendung des Steenbeckschen Minimumsprinzips stellt sich die Temperatur ein, die den kleinsten Spannungsgradienten ergibt, d. h.:

$$\frac{\partial E}{\partial T} = 0. \tag{5.6}$$

Gl. (5.5) differenziert und Null gesetzt ergibt

$$\frac{\partial E}{\partial T} = \frac{1}{3IE^2} \cdot \frac{\partial}{\partial T}\left\{\frac{[f_2(T)]^2}{f_1(T)}\right\} = 0, \tag{5.7}$$

woraus folgt:

$$\frac{\partial}{\partial T}\left\{\frac{[f_2(T)]^2}{f_1(T)}\right\} = 0. \tag{5.8}$$

Das bedeutet, daß

$$\frac{[f_2(T)]^2}{f_1(T)} = \text{const} \tag{5.9}$$

ist. Gl. (5.5) lautet dann

$$E^3 \cdot I = \text{const} \tag{5.10}$$

und aufgelöst nach E

$$E = \frac{\text{const}}{I^{1/3}}, \tag{5.11}$$

oder allgemeiner

$$E = \frac{\text{const}}{I^n}, \tag{5.12}$$

wobei n in der Praxis zwischen 0,25 und 0,5 liegt [11].

Die theoretische Ableitung ergibt somit eine fallende Kennlinie, was zumindest im unteren Strombereich mit dem Experiment übereinstimmt.

5.2. Stabilitätsbedingung für stationäre Gleichstrombögen

Ein Gleichstromlichtbogen kann bei Stromstärken, die in dem fallenden Bereich seiner Kennlinie liegen, nur in Verbindung mit einem Vorwiderstand stabil brennen. Ohne Vorwiderstand würde jede zufällige Stromvergrößerung eine Spannungsabnahme und diese wiederum eine Stromvergrößerung usw. bewirken; ein stabiler Zustand würde sich

5.2. Stabilitätsbedingung für stationäre Gleichstrombögen

erst im ansteigenden Ast der Kennlinie einstellen. Umgekehrt würde jede zufällige Stromabnahme in umgekehrter Weise zum Erlöschen des Bogens führen.

Die Stabilisierung eines Gleichstromlichtbogens mit Hilfe eines Vorwiderstandes sei anhand des Bildes 5.4 erläutert. In Bild 5.4a ist der fallende Teil einer Lichtbogenkennlinie und in Bild 5.4b der Schaltplan mit der Gleichspannung U_d, dem Lichtbogen mit der Spannung u_B und dem Vorwiderstand R dargestellt. Bild 5.4c zeigt in Abhängigkeit von der Stromstärke i die Lichtbogenspannung u_B, die Spannung an

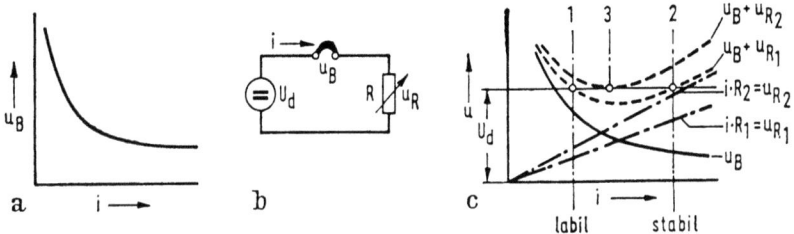

Bild 5.4. Zur Stabilisierung von Gleichstromlichtbögen.

zwei ohmschen Widerständen unterschiedlicher Größe u_{R1} und u_{R2} sowie die Gesamtspannung am Lichtbogen und Widerständen $u_B + u_{R1}$ und $u_B + u_{R2}$. Man erkennt, daß die Gesamtcharakteristik $u_B + u_R$ im unteren Strombereich fallend ist, ein Minimum durchläuft und dann wiederum ansteigt. Wie beim Lichtbogen ohne Vorwiderstand ist auch hier ein stabiles Brennen nur im ansteigenden Ast möglich; es muß folgende Stabilitätsbedingung erfüllt sein:

$$\frac{d(u_B + u_R)}{di} > 0. \tag{5.13}$$

Wird der Stromkreis mit der Spannung U_d betrieben, so gilt:

$$U_d = U_B + u_R. \tag{5.14}$$

Liegt in dem Stromkreis der Widerstand R_1, so ist unter den in Bild 5.4c gewählten Verhältnissen Gl. (5.14) zweimal erfüllt (Punkt 1 und 2). Ein stabiles Brennen des Bogens ist jedoch gemäß Gl. (5.13) nur im Punkt 2 möglich. Der Zustand im Punkt 1 ist labil, ebenso wie im Punkt 3, der sich nach Gl. (5.14) für den Widerstand R_2 ergibt. R_2 wurde dabei so gewählt, daß $d(u_B + u_{R2})/di = 0$. Eine geringfügige Verringerung des Stromes führt zum Erlöschen des Bogens. Ein stabiles Brennen bei Vorwiderständen $R \geq R_2$ ist nicht möglich.

5.3. Dynamische Kennlinien

Bei raschen Änderungen des Stromes folgt die Lichtbogenspannung nicht mehr der statischen Kennlinie. Dies ist darauf zurückzuführen, daß sich die Temperatur sowie der Durchmesser der Säule und damit auch ihre Leitfähigkeit nicht beliebig schnell ändern können. Der Lichtbogen besitzt eine thermische Trägheit, die zur Folge hat, daß sich bei einer Erhöhung des Stromes zunächst größere Lichtbogenspannungen einstellen als sie der statischen Kennlinie entsprechen; der umgekehrte Fall liegt bei einer Verringerung des Stromes vor. In gleicher Weise wirken sich auch schnelle Veränderungen der geometrischen Form des Lichtbogens aus.

Ändert sich beispielsweise der Strom in einem stationär brennenden Gleichstrombogen sprungartig vom Wert I_{d1} aus den Wert I_{d2} (s. Bild 5.5), so springt die Bogenspannung von der stationären Größe U_{B1} zunächst

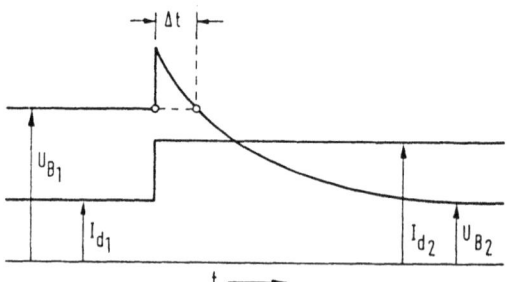

Bild 5.5. Bestimmung der Lichtbogenzeitkonstante.

auf einen höheren Wert an und sinkt anschließend mit der Zeit auf den neuen stationären Wert U_{B2} ab. Der Sprung der Bogenspannung über den Wert U_{B2} hinaus erklärt sich daraus, der der Widerstand der Bogensäule im Augenblick der Stromänderung konstant bleibt. Erst durch die infolge erhöhter Energiezufuhr verstärkte Ionisierung sinkt der Bogenwiderstand und damit die Spannung auf den neuen stationären Wert ab.

Ein Maß für die thermische Trägheit des Lichtbogens ist die sogenannte Lichtbogenkonstante ϑ. Je größer die Zeitkonstante ist, um so langsamer stellt sich bei einem Bogen nach einer Änderung der stationäre Zustand wieder ein. Eine einfache Methode zur experimentellen Bestimmung der Zeitkonstanten ergibt sich durch Störung eines Gleichstrombogens mittels einer sprungartigen Stromänderung entsprechend

Bild 5.5. ϑ ergibt sich daraus nach Yoon und Spindle [12]

$$\vartheta = \frac{\Delta t}{\ln\left(\dfrac{U_{B1}/U_{B2} - I_{d1}/I_{d2}}{U_{B1}/U_{B2} - 1}\right)}. \tag{5.15}$$

Weitere Methoden zur Ermittlung der Zeitkonstanten werden im folgenden noch angegeben; zusätzliche Verfahren wurden von Bergold [13] und Slamecka [14] angegeben. Die nach Gl. (5.15) bei einem Strom von 1 A ermittelten Zeitkonstanten liegen in ruhender Luft, abhängig vom Druck, zwischen 60 und 120 µs und in ruhendem SF_6 zwischen 0,3 und 2 µs [12]. In strömender Preßluft wurden unabhängig vom Druck Zeitkonstanten von ca. 0,6 bis 1 µs bei Strömen zwischen 20 und 90 A gemessen [15]. In welcher Weise sich Stromänderungen auf den

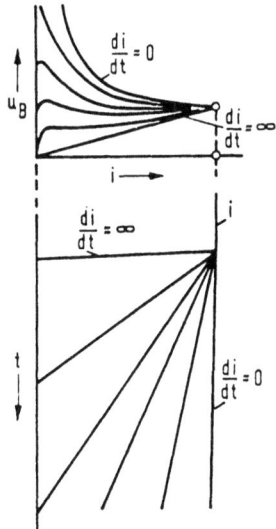

Bild 5.6. Dynamische Lichtbogenkennlinien.

Verlauf der Bogenkennlinie auswirken, sei anhand von Bild 5.6 gezeigt [11]. Hier wird angenommen, daß ein Bogenstrom i mit unterschiedlichen Steilheiten Null wird. Bei extrem langsamer Änderungsgeschwindigkeit ($di/dt \approx 0$) entspricht die Bogenspannung der statischen Kennlinie; bei extrem rascher Änderung ($di/dt \approx \infty$) nimmt die Bogenspannung etwa linear mit dem Strom ab, d. h., der Leitwert der Säule bleibt während der Stromänderung praktisch konstant. Die Verläufe von u_B für andere di/dt-Werte liegen zwischen diesen beiden Extremwerten. Ähnliche Verhältnisse ergeben sich bei periodisch veränderlichen Strömen, im wesentlichen also bei Wechselströmen. Die thermische Trägheit bewirkt, daß die Bogenspannung bei ansteigendem Strom höher ist als bei abfallendem Strom. Dies hat zur Folge, daß die dynamischen Kennlinien von Wechselstrombögen eine Hysterese besitzen (Beispiele s. Bild 5.7a und b), wobei ihre Form u. a. in starkem Maße von der Kühlung des Bogens bestimmt wird [11]. Mit steigender

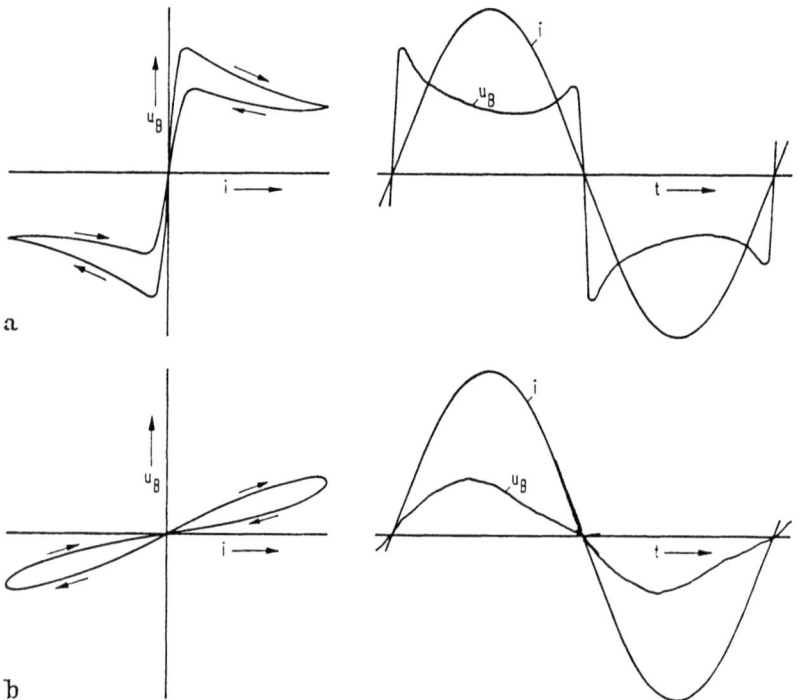

Bild 5.7. Kennlinien und zeitliche Verläufe der Lichtbogenspannung von Wechselstromlichtbögen.

Frequenz wird die Hystereseschleife geringer; bei sehr hohen Frequenzen schließlich zeigt der Lichtbogen ein nahezu ohmsches Verhalten, wie es in Bild 5.6 für $di/dt \approx \infty$ dargestellt ist.

Zur Beschreibung des Verhaltens des dynamischen Lichtbogens existieren verschiedene Theorien. Sie haben als Ausgangspunkt die plausible Annahme, daß der Leitwert G der Säule eine Funktion des Wärmeinhalts Q der Säule ist

$$G = \frac{i}{u} = f(Q). \tag{5.16}$$

Weiterhin ist auf Grund der Energiebilanz die zeitliche Änderung des Wärmeinhalts dQ/dt gleich der Differenz zwischen der elektrisch zugeführten Leistung $u \cdot i$ und der durch Wärmeleitung, Konvektion und Strahlung aus der Säule abgeführten Leistung P:

$$\frac{dQ}{dt} = u \cdot i - P. \qquad (5.17)$$

Bezeichnet man die Änderung der noch frei wählbaren Funktion $f(Q)$ mit dem Wärmeinhalt $f'(Q) = df(Q)/dQ$, so erhält man durch Differenzieren von Gl. (5.16)

$$\frac{dG}{dt} = \frac{df(Q)}{dQ} \cdot \frac{dQ}{dt} = f'(Q) \cdot (u \cdot i - P), \qquad (5.18)$$

bzw. nach Erweitern mit $1/G$

$$\frac{1}{G} \cdot \frac{dG}{dt} = \frac{d \ln G}{dt} = \frac{d \ln (i/u)}{dt} = \frac{1}{i} \cdot \frac{di}{dt} - \frac{1}{u} \cdot \frac{du}{dt} = \frac{f'(Q)}{f(Q)} (u \cdot i - P). \qquad (5.19)$$

Diese Differentialgleichung beschreibt den Lichtbogen bei gegebenen Stromkreisdaten und bekannter Abhängigkeit $G = f(Q)$ und abgegebener Wärmeleistung. Über diese Funktion sind jedoch keine einfachen, allgemeingültigen Aussagen möglich. Um zu Lösungen von Gl. (5.19) zu gelangen, muß auch hier zu Modellen mit stark vereinfachten Annahmen zurückgegangen werden. Die beiden bekanntesten Theorien dieser Art stammen von Cassie [17] und Mayr [16]; sie werden in zusammenfassender, kurzer Form im folgenden behandelt (s. auch [8, 10, 14]).

a) Theorie von Cassie

Der spezifische Widerstand ϱ der Bogensäule, der Energieinhalt pro Volumen c und der zeitliche Energieverlust je Volumeneinheit λ werden als konstant angenommen. Dagegen soll der Querschnitt A der Säule variabel sein. Je Längeneinheit gilt dann

$$G = \frac{i}{u} = f(Q) = \frac{A}{\varrho} = \frac{Q}{c \cdot \varrho}. \qquad (5.20)$$

Für die abgeführte Wärmeleistung je Längeneinheit folgt:

$$P = A \cdot \lambda = \frac{Q}{c} \cdot \lambda. \qquad (5.21)$$

Gl. (5.20) und (5.21) eingesetzt in Gl. (5.19) ergibt

$$\frac{1}{G} \cdot \frac{dG}{dt} = \frac{1}{c \cdot \varrho} \cdot u^2 - \frac{\lambda}{c}, \tag{5.22}$$

und mit den Abkürzungen $\vartheta = c/\lambda$ und $\lambda \cdot \varrho = U_0^2$

$$\frac{1}{G} \cdot \frac{dG}{dt} = \frac{1}{\vartheta} \cdot \left[\left(\frac{u}{U_0}\right)^2 - 1 \right]. \tag{5.23}$$

ϑ besitzt die Dimension der Zeit und wird als Zeitkonstante bezeichnet. Für den stationären Zustand $(dG/dt = 0)$ ergibt sich $u = U_0$ = const, d. h., daß die getroffenen Annahmen im stationären Fall eine stromunabhängige Bogenspannung ergeben. Dies trifft bei größeren Stromstärken näherungsweise zu. Unter den von Cassie getroffenen Voraussetzungen beschreibt Gl. (5.23) den Lichtbogen ohne zusätzliche Vereinfachungen. Gibt man zur weiteren Vereinfachung den Stromverlauf $i(t)$ vor, so ergibt sich aus Gl. (5.23)

$$\frac{1}{G} \cdot \frac{dG}{dt} = \frac{1}{\vartheta} \cdot \left[\frac{i^2(t) - G^2 \cdot U_0^2}{G^2 \cdot U_0^2} \right] \tag{5.24}$$

und nach Erweiterung mit G^2

$$G \cdot \frac{dG}{dt} = \frac{1}{2} \cdot \frac{d(G^2)}{dt} = \frac{1}{\vartheta} \cdot \frac{i^2(t)}{U_0^2} - \frac{1}{\vartheta} G^2, \tag{5.25}$$

bzw.

$$\frac{d(G^2)}{dt} + a G^2 = b \cdot i^2(t), \tag{5.26}$$

mit den Abkürzungen $a = 2/\vartheta$ und $b = 2/\vartheta U_0^2$.

Durch Integration von Gl. (5.26) erhält man die allgemeine Lösung

$$G^2 = \left[b \int_0^t \exp(at) \cdot i^2(t) \cdot dt + G_0^2 \right] \exp(-at) \tag{5.27}$$

mit G_0 als Integrationskonstanten.

Eine geschlossene Integration von Gl. (5.27) ist nur in speziellen Fällen möglich, wie beispielsweise für einen linear sich ändernden Strom, wie er bei einem sinusförmigen Strom im Bereich des Stromnulldurchganges näherungsweise vorliegt:

$$i(t) = \hat{I} \cdot \omega t. \tag{5.28}$$

Dieser einfache Fall sei hier kurz behandelt, da er im Zusammenhang mit der Lichtbogenlöschung (s. Kap. 12.) von Bedeutung ist.

5.3. Dynamische Kennlinien

Die Integration von Gl. (5.27) mit Gl. (5.28) ergibt

$$\left(\frac{G}{G_{qi}}\right)^2 = 2\left(\frac{t}{\vartheta}\right)^2 - 2\frac{t}{\vartheta} + 1 + \left[\left(\frac{G_0}{G_{qi}}\right)^2 - 1\right]\exp(-2t/\vartheta), \quad (5.29)$$

wobei $G_{qi} = \hat{I} \cdot \omega\vartheta/\sqrt{2}\, U_0$ als quasistationärer Leitwert gedeutet werden kann. Mit $u = \hat{I} \cdot \omega t/G$ wird schließlich

$$\frac{u}{U_0} = \sqrt{2}\,\frac{t/\vartheta}{\sqrt{2(t/\vartheta)^2 - 2t/\vartheta + 1 + \left[\left(\dfrac{G_0}{G_{qi}}\right)^2 - 1\right]\exp(-2t/\vartheta)}}. \quad (5.30)$$

Unter der Annahme, daß $G_0 = G_{qi}$ ist, verschwindet der Ausdruck

$$\left[\left(\frac{G_0}{G_{qi}}\right)^2 - 1\right]\exp(-2t/\vartheta).$$

Der sich dann ergebende Verlauf der Lichtbogenspannung ist in Bild 5.8 dargestellt.

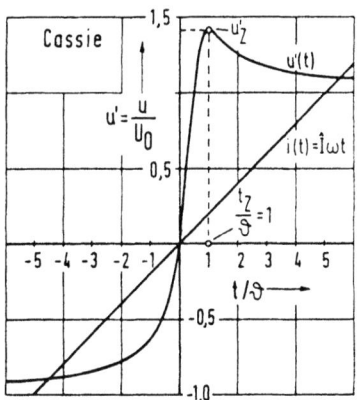

Bild 5.8. Zeitlicher Verlauf der Lichtbogenspannung im Bereich des Stromnulldurchganges nach der Theorie von Cassie.

Die Bogenspannung besitzt keine Löschspitze. Die maximale Spannung (Zündspitze) tritt zur Zeit $t = \vartheta$ auf. Damit kann aus entsprechenden Oszillogrammen die Zeitkonstante bestimmt werden.

b) Theorie von Mayr

Im Gegensatz zu Cassie wird hierbei der Säulenquerschnitt A und die Wärmeabfuhr P als konstant ($P = P_0$) angenommen, während der Wärmeinhalt Q als Funktion der Temperatur berücksichtigt wird. Die Annahme $P_0 = $ const ergibt für den stationären Fall eine gleichseitige Hyperbel ($u \cdot i = $ const).

Für die Abhängigkeit des Leitwertes G vom Wärmeinhalt setzt Mayr folgende Beziehung an:

$$G = f(Q) = G_0 \exp(Q/Q_0). \tag{5.31}$$

Die Größen G_0 und Q_0 sind Konstanten. Gl. (5.31) eingesetzt in Gl. (5.19) ergibt

$$\frac{1}{G}\frac{dG}{dt} = \frac{P_0}{Q_0}\left(\frac{u \cdot i}{P_0} - 1\right) \tag{5.32}$$

und mit der Zeitkonstanten $\vartheta = Q_0/P_0$

$$\frac{1}{G}\frac{dG}{dt} = \frac{1}{\vartheta}\left(\frac{u \cdot i}{P_0} - 1\right). \tag{5.33}$$

Die Gl. (5.33) gilt unter den von Mayr getroffenen Annahmen exakt. Gibt man auch hier zur Vereinfachung den Stromverlauf $i(t)$ vor, wird

$$\frac{dG}{dt} + aG = b \cdot i^2(t) \tag{5.34}$$

mit $a = 1/\vartheta$ und $b = 1/\vartheta P_0$ und nach der Integration

$$G = \exp(-at)\left[b \int_0^t \exp(at) \cdot i^2(t) \cdot dt + G_0\right]. \tag{5.35}$$

Als Lösung für den einfachen Fall eines linear ansteigenden Stromes $i(t) = \hat{I} \cdot \omega t$, auf den im Zusammenhang mit der Lichtbogenlöschung näher eingegangen wird, ergibt sich

$$\frac{G}{G_{qi}} = \frac{1}{2}\left(\frac{t}{\vartheta}\right)^2 - \frac{t}{\vartheta} + 1 + \left(\frac{G_0}{G_{qi}} - 1\right)\exp(-t/\vartheta) \tag{5.36}$$

mit $G_{qi} = 2 \cdot \hat{I}^2(\omega t)^2/P_0$ als quasistationärem Leitwert.

Für den Fall $G_0 = G_{qi}$ wird

$$\left(\frac{G_0}{G_{qi}} - 1\right)\exp(-t/\vartheta) = 0. \tag{5.37}$$

Mit $u = \hat{I} \cdot \omega t/G$ lautet dann

$$u = \frac{P_0}{\omega \vartheta \cdot \hat{I}} \cdot \frac{t/\vartheta}{(t/\vartheta)^2 - 2t/\vartheta + 2}. \tag{5.38}$$

Die grafische Darstellung von Gl. (5.38) zeigt in normierter Darstellung Bild 5.9. Die Bogenspannung besitzt sowohl eine Löschspitze als auch eine Zündspitze; auch hier kann die Zeitkonstante entsprechenden Oszillogrammen entnommen werden.

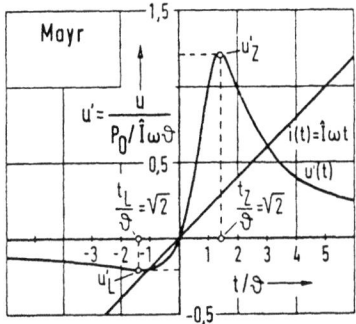

Bild 5.9. Zeitlicher Verlauf der Lichtbogenspannung im Bereich des Stromnulldurchganges nach der Theorie von Mayr.

In neuerer Zeit sind Arbeiten veröffentlicht worden mit dem Ziel, die Theorien von Cassie und Mayr zu erweitern. Nähere Einzelheiten hierüber können den Originalarbeiten entnommen werden [18—21].

Schrifttum

1. Finkelnburg, W., Maecker, H.: Elektrische Bögen und thermisches Plasma, in Handbuch der Physik (hrsg. von S. Flügge), Bd. 22. Berlin—Göttingen—Heidelberg: Springer 1956.
2. Amft, D.: Messungen an freibrennenden Hochstrombögen. Elektro-Apparate Mitteilungen H. 7, Sonderheft (1967) 17—21.
3. Ayrton, H.: The Electric Arc. London: The Electrician Comp. 1902.
4. Mau, H.-J.: Elektrische Apparate, in Taschenbuch Elektrotechnik (hrsg. von E. Philippow), Bd. 2. Berlin: VEB Verlag Technik 1966.
5. Engel, A. v., Steenbeck, M.: Elektrische Gasentladungen, ihre Physik und Technik, 2 Bde. Berlin—Göttingen—Heidelberg: Springer 1932.
6. Rüdenberg, R.: Elektrische Schaltvorgänge, Berlin—Göttingen—Heidelberg: Springer 1953.
7. Kapzow, N. A.: Elektrische Vorgänge in Gasen und im Vakuum, Berlin: VEB Deutscher Verlag der Wissenschaften 1955.
8. Rziha, E. v.: Starkstromtechnik, Taschenbuch für Elektrotechniker Bd. 2, Berlin: Ernst und Sohn 1960.
9. Babikow, M. A.: Wichtige Bauteile elektrischer Apparate, Berlin: VEB Verlag Technik 1954.
10. Rieder, W.: Plasma und Lichtbogen, Braunschweig: Vieweg 1967.
11. Sirotinski, L. I.: Hochspannungstechnik Bd. I Teil 1, Berlin: VEB Verlag Technik 1955.

12. Yoon, K. H., Spindle, H. E.: A study of the Dynamic Response of Arc in Various Gases. Trans. AIEE Power App. & Syst. Bd. 77 (1958/59) 1634—1642.
13. Bergold, K.: Dynamisches Verhalten des elektrischen Niederstrombogens. ETZ-A 82 (1961) 161—167.
14. Slamecka, E.: Prüfung von Hochspannungs-Leistungsschaltern. Berlin—Heidelberg—New York: Springer 1966.
15. Rizk, F.: Arc Response to a Small Unit-Step Current Pulse. Elteknik Bd. 7 (1964) 15—18.
16. Mayr, O.: Beiträge zur Theorie des statischen und des dynamischen Lichtbogens. Arch. Elektrotechn. Bd. 37 (1943) 589—608.
17. Cassie, A. M.: A New Theory of Rupture and Circuit Severity. CIGRE-Ber. Nr. 102 (1939).
18. Cassie, A. M., Mason, F. D.: Post Arc Conductivity in Gasblast Circuit-Breakers. CIGRE-Ber. Nr. 103 (1956).
19. Schmidt, E.: Ein Beitrag zum dynamischen Lichtbogenverhalten im Stromnulldurchgang von Wechselstromschaltern. VDE-Buchreihe Bd. 3 S. 64—76, Berlin: VDE-Verlag 1956.
20. Rieder, W., Urbanek, J.: New Aspects of Current Zero Research on Circuit-Breaker Reignition. A Theory of Thermal Non-Equilibrium Arc Conditions. CIGRE-Ber. Nr. 107 (1966).
21. Grütz, A., Hochrainer, A.: Rechnerische Untersuchung von Leistungsschaltern mit Hilfe einer verallgemeinerten Lichtbogentheorie. ETZ-A 92 (1971) 185—191.

6. Möglichkeiten zur Beeinflussung des Schaltlichtbogens

6.1. Allgemeines

In elektrischen Schaltgeräten können Lichtbögen auf unterschiedliche Weise eingeleitet werden:

a) beim Öffnen stromdurchflossener Kontaktstücke in Schaltern während des Ausschaltvorganges bzw. während des Einschaltvorganges infolge Prellens der Schaltstücke,

b) durch Aufschmelzen und Verdampfen dünner Drähte bzw. Bänder, beispielsweise in Sicherungen,

c) beim Überschreiten der Durchschlagspannung einer Isolierstrecke, beispielsweise während des Einschaltens von Hochspannungsschaltern zwischen den sich nähernden Schaltstücken (Vordurchschlag) oder beim Durchschlag der Isolation eines Gerätes infolge von Überspannungen (Störlichtbögen),

d) durch teilweise oder vollständige Überbrückung einer Isolierstrecke mit hochionisiertem Lichtbogenplasma, beispielsweise bei einer Dreielektroden-Funkenstrecke, beim Zuschalten von Widerstandsstufen mittels Lichtbogen als Löschhilfe bei Hochspannungsleistungsschaltern oder aber beim Austreten ionisierter Gase und Dämpfe aus Löschkammern bei unzureichenden Sicherheitsabständen zu spannungsführenden oder geerdeten metallischen Anlageteilen.

Im Rahmen dieses Kapitels soll das Verhalten des Ausschaltlichtbogens näher behandelt werden.

Der Abstand der Kontaktstücke vergrößert sich während des Ausschaltvorganges und erreicht schließlich den Wert der Kontaktdistanz im geöffneten Zustand des Schalters. Die Weg-Zeit-Kennlinie des beweglichen Kontaktstückes verläuft im allgemeinen in Form einer gedämpften Schwingung, so daß sich teilweise erhebliche Abstandsschwankungen ergeben können, bevor die Endlage erreicht ist.

Vom Lichtbogenlöschsystem eines Schalters und der Stromart hängt es ab, ob der Schaltlichtbogen zum Löschen möglichst rasch aufgeweitet, verlängert, aufgeteilt und bereits im Bereich hoher Augenblickswerte des Stromes intensiv gekühlt werden muß (strombeeinflussende Schalter) oder ob er auf eine möglichst kurze Länge stabilisiert werden soll (Nullpunktlöscher). In schematischer Form zeigt Bild 6.1a als Beispiel eine strombeeinflussende Gleich- oder Wechselstrom-Löschkammer und Bild 6.1b die Löschkammer eines Wechselstrom-Nullpunktlöschers zusammen mit dem Kontaktsystem und der Lage des Lichtbogens. Die Beschreibung der konstruktiven Ausbildung von Löschanordnungen moderner Schalter erfolgt in den Kapiteln 10 bis 13.

Im nachfolgenden werden zunächst die in der Schaltgerätetechnik gebräuchlichsten Maßnahmen behandelt, die in Löscheinrichtungen nach Bild 6.1a zur Erzielung der erforderlichen Lichtbogenlänge bei möglichst geringem Löschkammervolumen angewandt werden. An-

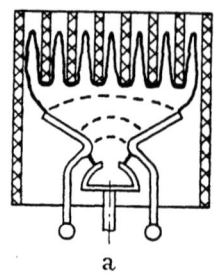
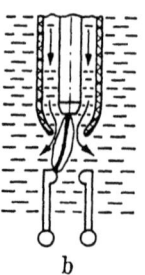

a   b

Bild 6.1. Lichtbogenlöscheinrichtungen.
a) Strombeeinflussende Gleich- oder Wechselstrom-Löschkammer;
b) Löschkammer eines Wechselstrom-Nullpunktlöschers.

schließend wird auf die Maßnahmen zur Erhöhung des Lichtbogengradienten eingegangen. Lichtbogengradient und Lichtbogenlänge bestimmen zusammen mit dem Kathoden- und Anodenfall die Größe der gesamten Lichtbogenspannung. Im Vordergrund steht demnach die Beeinflussung des Schaltlichtbogens während seiner Brenndauer zur Erzielung möglichst günstigster Löschbedingungen für strombeeinflussende Schalter. Diese Probleme ergeben sich hauptsächlich bei Nieder- und Mittelspannungsschaltern in Luft; es können aber auch Schaltlichtbögen unter Flüssigkeiten zur Erzeugung hoher Spannungen herangezogen werden. Das Löschen von Wechselstromlichtbögen bei Nullpunktlöschern (Bild 6.1b) wird in den Kapiteln 10., 12. und 13. besprochen.

6.1.1. Mindestlichtbogenlänge und Verharrungsdauer

Die physikalischen Vorgänge beim Öffnen geschlossener Kontaktstücke, die sich während des Überganges von der metallischen Kontaktberührung bis zur Auftrennung in den Kontaktstellen abspielen, werden im Abschnitt 9.2.2. behandelt. Der letzte Auftrennungsvorgang erfolgt

6.1. Allgemeines

bei kleinen Strömen durch Aufreißen einer Schmelzbrücke und bei großen Strömen durch Verspratzen und Verdampfen größerer Teile der Kontaktberührungszone.

Beim Aufreißen der letzten Kontaktbrücken kann der Kontaktabstand so gering sein, daß kurzzeitig äußerst kurze, sogenannte *„plasmalose Lichtbögen"* oder *„shorts arcs"* auftreten. Man versteht darunter Lichtbögen, deren Bogenlänge l sehr viel kürzer ist als die mittlere freie Weglänge $\bar{\lambda}$ der Elektronen ($\bar{\lambda}/l \gg 1$). Die Lichtbogenspannung u_B der plasmalosen Lichtbögen ist abhängig vom Kontaktwerkstoff, aber unabhängig vom Augenblickswert des Lichtbogenstromes, so daß ein direkter Wechsel der Metallelektronen ohne ein Lichtbogenplasma von der Kathode zur Anode angenommen werden kann. Die Vorgänge sind physikalisch noch nicht restlos geklärt. Plasmalose Lichtbögen sind in der Energietechnik mit Ausnahme der Vakuumschalter (s. Kap. 12.) unbedeutend; sie treten nur in einem verschwindend kurzen Zwischenstadium beim Ein- und Ausschalten kleinerer Ströme auf, da die Bedingung $\bar{\lambda}/l \gg 1$ nur sehr kurze Zeit besteht.

Bei größeren Strömen wird sich nach dem Verdampfen und Verspratzen der Schmelzbrücken sofort ein Lichtbogen zwischen den Kontaktstücken ausbilden, dessen Fußpunkte sehr stabil an seiner Entstehungsstelle verharren. Dieser kurze Lichtbogen läßt sich durch magnetische Felder oder durch künstliche Gas- oder Flüssigkeitsströmungen aber erst dann mit seinen Fußpunkten von seiner Entstehungsstelle wegbewegen, nachdem die Kontaktstücke sich so weit voneinander entfernt haben, daß der Lichtbogen die sogenannte *„Mindestlichtbogenlänge"* erreicht hat. Die Zeitspanne zwischen dem Auftrennen der letzten Schmelzbrücke und dem Erreichen der Mindestlichtbogenlänge wird als *„Verharrungs- oder Verweildauer"* des Lichtbogens bezeichnet. Die Mindestlichtbogenlänge ist abhängig von der Form und dem Werkstoff der Kontaktstücke, dem umgebenden Medium sowie von der Größe des magnetischen Ablenkfeldes und den wirksamen Gas- oder Flüssigkeitsströmungen.

Nach Müller [1] kann beispielsweise die Mindestlichtbogenlänge $l_{\min}$ bei magnetischer Ablenkung in Luft für die Kontaktanordnung nach Bild 6.2a in Abhängigkeit vom Scheitelwert des Stromes $\hat{I}$ nach folgender Beziehung ermittelt werden:

$$\frac{l_{\min}}{\mathrm{mm}} = k_d \cdot k_\gamma \cdot k_b \cdot M \, \frac{\mathrm{kA}}{\hat{I}}. \tag{6.1}$$

Die Konstanten k und M können Bild 6.2 entnommen werden.

Bild 6.3 zeigt als Beispiel die Stufenzeit t_s des Lichtbogens unter Öl in Abhängigkeit vom Trennstrom i_{tr} in einem strombegrenzenden

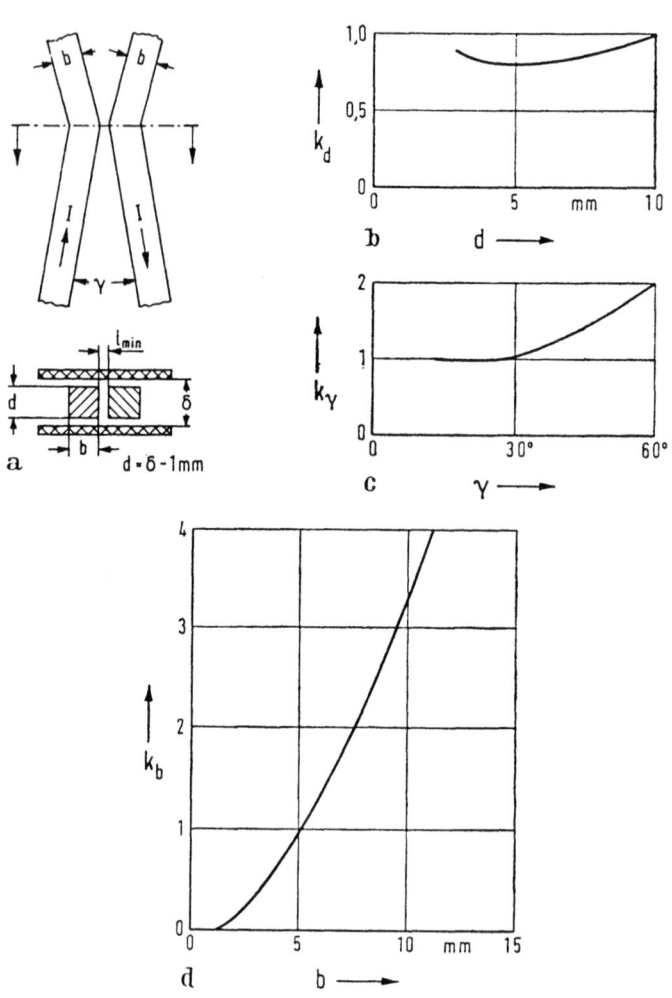

Material	M kA · mm	Gültigkeitsbereich kA
Kupfer	0,18	0,1 bis 20
Eisen	0,35	2 bis 12
Silber	0,85	2 bis 20
Wolfram	2,0	1 bis 10
Molybdän	1,9	2 bis 6
Cuwodur I (W/Cu 60/40)	0,25	1,5 bis 3
Cuwodur II (W/Cu 80/20)	0,75	2 bis 4
Wolfram—Silber (W/Ag 60/40)	3,0	2 bis 5
Argodur 27	5,5	3 bis 5
Ag/CdO 92/8	4,0	1 bis 5
Ag/SnO 95/5	1,6	1 bis 5

Bild 6.2. Zur Berechnung der Mindestlichtbogenlänge.

Niederspannungsschalter mit den im Bild dargestellten Kontaktstücken [2]. Als Stufenzeit wurde dabei die Zeit gewählt, nach der die Lichtbogenspannung den Wert der treibenden Spannung von 370 V erreicht hat. Die Ablenkung und Aufweitung des Lichtbogens wurde bei dieser Konstruktion durch das magnetische Eigenblasfeld der Stromzuführungen bewirkt. Unter diesen Versuchsbedingungen kann die Stufenzeit näherungsweise mit der Verharrungsdauer gleichgesetzt werden.

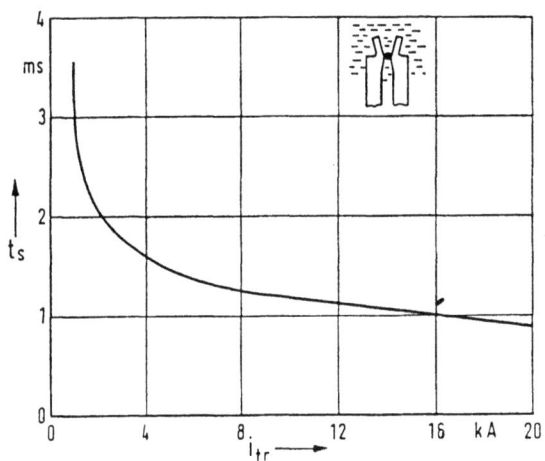

Bild 6.3. Stromabhängigkeit der Stufenzeit von Lichtbögen unter Öl.

Die in Bild 6.2. und 6.3. dargestellten Ergebnisse gelten für bestimmte Versuchsbedingungen und sollen als Orientierungshilfe dienen. Für andere Kontaktanordnungen und umgebende Medien müssen Mindestlichtbogenlänge und Verharrungsdauer experimentell ermittelt werden.

6.2. Ablenkung und Verlängerung des Lichtbogens

Nach Kontakttrennung beginnt sich der Lichtbogen aufzuweiten. Bei stark strömenden gasförmigen oder flüssigen Medien in der Schaltstrecke erfolgt dies in Strömungsrichtung. Eine eindeutige Aufweitungsrichtung ergibt sich auch unter dem Einfluß magnetischer Fremdfelder, die auf die Ladungsträger eine Kraft entsprechend dem Lorentzgesetz ausüben.

$$f = (J \times B). \tag{6.2}$$

Darin bedeuten f die Kraft je Volumeneinheit, J die Stromdichte und B die Induktion.

6.2.1. Beeinflussung des Schaltlichtbogens unmittelbar nach der Kontakttrennung

Beim Fehlen erzwungener Strömungen bzw. magnetischer Fremdfelder ist der Lichtbogen durch die in Bild 6.4 schematisch dargestellten Maßnahmen in seinem Anfangsverhalten zu beeinflussen.

Bei kleineren Strömen (bis ca. 40 A) wird sich der Lichtbogen infolge der durch seine hohe Temperatur bedingten, geringen Dichte nach oben aufweiten (Bild 6.4a). Die auf den Lichtbogen mit dem Radius r und

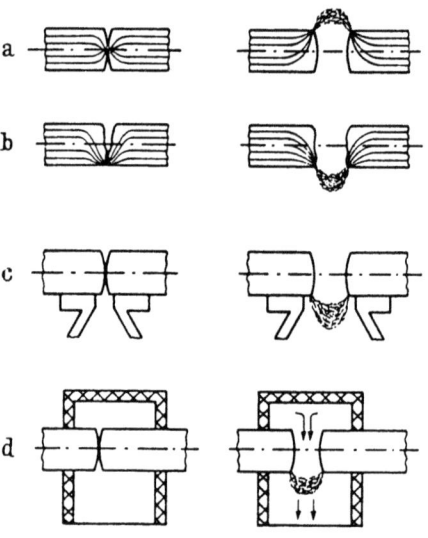

Bild 6.4. Beeinflussung des Lichtbogens unmittelbar nach der Kontakttrennung.

der Länge l wirkende Auftriebskraft F beträgt nach Hochrainer [3]

$$F = g \cdot \varrho \cdot \pi \cdot r^2 l,$$

sofern die Dichte des Lichtbogenplasmas gegenüber der Dichte der umgebenden Luft ($\varrho \approx 1,29$ kg/m³ bei Raumtemperatur) als vernachlässigbar klein angenommen wird; g ist die Normfallbeschleunigung (9,80665 m/s²).

Nach dem Auslenken aus der Symmetrieachse überlagern sich den thermischen Auftriebskräften zusätzlich elektrodynamische Kräfte, hervorgerufen durch ein selbsterregtes Magnetfeld, das die Ladungsträger im Plasma in Richtung der Schleifenaufweitung ablenkt. Diese Kräfte können aber auch bewirken, daß der thermische Auftrieb des Lichtbogens gestört oder gar verhindert wird. Dies ist dann der Fall, wenn bei asymmetrischer Zündung des Bogens (s. Bild 6.4b), beispielsweise infolge Abbrandes, bereits bei der Kontakttrennung eine Stromschleife vorliegt, deren Eigenfeld elektrodynamische Kräfte bewirkt, die der Auftriebskraft entgegengerichtet sind.

Bei größeren Strömen dominieren die elektrodynamischen Kräfte. Für die Ablenkungsrichtung maßgebend ist dann die Lage der letzten Berührungsstelle auf den Kontaktstückstirnflächen, da dadurch der Verlauf der Stromlinien und damit der magnetische Feldverlauf bestimmt wird. Bei Zündung des Lichtbogens oberhalb der Mittellinie erfolgt eine Ablenkung nach oben und umgekehrt. Ein stabiles Brennen des Lichtbogens in der Mitte der Kontaktstücke ist im allgemeinen nur kurzzeitig möglich, da geringfügige Störungen, beispielsweise thermischer Art, zur Schleifenbildung und damit zur Aufweitung führen.

Die Ablenkung des entstehenden Lichtbogens in eine vorbestimmte Richtung kann auch durch einseitige Anbringung von magnetischen Metallteilen, wie Abbrandhörnern aus Eisen oder Nickel (vgl. Bild 6.4c), gesteuert werden. Die vom Strom erzeugten Feldlinien bevorzugen den Weg über die ferromagnetischen Teile. Dadurch wird die Symmetrie des Magnetfeldes gestört. Die Lorentzkräfte bewirken eine Ablenkung des Schaltlichtbogens in Richtung der Hörner.

Eine weitere Möglichkeit, den Schaltlichtbogen unmittelbar nach seiner Entstehung in eine vorgegebene Richtung abzulenken, ist die Trennung der Kontaktstücke in engen, einseitig offenen Isolierstoffkammern nach Bild 6.4d. Die durch den Lichtbogen entstehende, zunächst radialgerichtete Gasströmung wird durch die Kammerwände reflektiert und so umgeleitet, daß der Lichtbogen zu der unverschlossenen Kammerseite hin abgelenkt wird. Bei Verwendung von Isolierstoffen, die bei hohen Temperaturen stark gasen, wird die Wirkung dieser Maßnahme verstärkt.

6.2.2. Beeinflussung des Lichtbogens durch Plasmastrahlen

Die weitere Form des Schaltlichtbogens wird hauptsächlich durch die Plasmastrahlen (Abschnitt 4.4.) beeinflußt, die abhängig vom Kontaktabstand und Kontaktwerkstoff bei Lichtbogenströmen von 30 bis 200 A an entstehen [4—11].

Bild 6.5 zeigt die Plasmastrahlen, die die äußere Form eines zwischen *axial* angeordneten, zylindrischen Kontaktstücken brennenden Lichtbogens beeinflussen. Plasmastrahlen treten stets senkrecht von der Kontaktstückoberfläche aus. Liegen die Lichtbogenfußpunkte in der Symmetrieachse und brennt der Lichtbogen ohne äußere Störung, so treffen die Plasmastrahlen senkrecht aufeinander; es entsteht dadurch ein sogenannter Plasmateller (Bild 6.5a). Dieser Zustand bleibt jedoch infolge äußerer Störungen nur kurzzeitig erhalten. Der Plasmateller verschwindet, und es treten von den beiden Elektroden ausgehend keulenartige Plasmastrahlen auf, die im Bestreben, sich gegenseitig auszuweichen, unregelmäßige Bewegungen um die Kontaktstückachse ausführen (s. Bild 6.5b und c). Der Stromfluß erfolgt über Teile der gut leitenden Plasmastrahlen und einen diese überbrückenden Verbindungskanal.

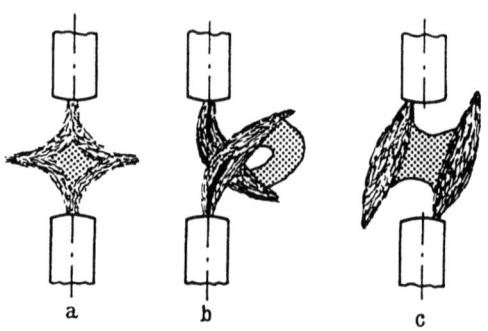

Bild 6.5. Ausbildung von Plasmastrahlen zwischen axial angeordneten Kontaktstücken.

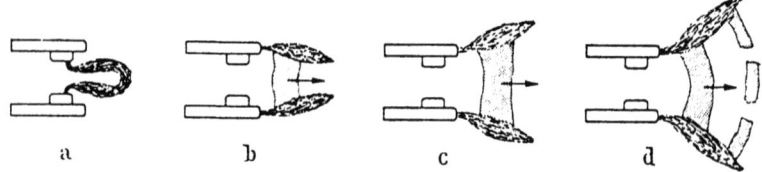

Bild 6.6. Ausbildung von Plasmastrahlen zwischen parallel angeordneten Kontaktstücken.

Beim Öffnen *parallel* angeordneter Kontaktglieder, entsprechend Bild 6.6, wird der Lichtbogen auf Grund selbsterregter Magnetfelder schleifenförmig aufgeweitet (Bild 6.6a). Nach Ablauf der Verharrungs- oder Verweilzeit verlassen die Lichtbogenfußpunkte die Kontaktstücke. Bei ausreichender Stromstärke bilden sich Plasmastrahlen aus, die zunächst in Richtung Verlängerung der Kontaktglieder etwa senkrecht auf den Kontaktflächen stehen. Die beiden hellleuchtenden Strahlen sind durch einen leitenden Kanal geringerer Lichtstärke verbunden. Mit der Zeit weiten sich die Plasmastrahlen immer stärker *v*-förmig nach außen auf, während gleichzeitig der Verbindungskanal mit seinem Ansatzpunkt zu den Enden der Strahlen hinwandert (Bild 6.6b—d). Dabei kann die Lichtbogenspannung soweit anwachsen, daß es zur Neubildung eines Verbindungskanals (Rückzündung) in der Nähe der Ansatzpunkte der Plasmastrahlen kommt.

Zusammenfassend soll hier festgehalten werden, daß bei Auftrennen großer Ströme die äußere Form des Schaltlichtbogens von den Plasmastrahlen bestimmt wird, die entstehen, sobald der Augenblickswert des Lichtbogenstromes die in Bild 6.7 angegebenen Grenzen übersteigt [7]. Plasmastrahlen sind elektrisch gut leitend; sie setzen senkrecht auf den Elektrodenoberflächen an. Beim Auftreffen auf ein schräges Hindernis werden sie ähnlich wie Wasserstrahlen abgelenkt. Durchmesser und Länge der Plasmastrahlen sind stromabhängig. Das Maximum ihres Durchmessers sowie ihrer Länge während einer 50-Hz-Halbschwingung eilt dem Stromscheitelwert um mehr als eine Millisekunde nach.

Elektrodenmaterial	Mindeststromstärke in A			
	$d = 60$ mm		$d = 20$ mm	
	Anode	Kathode	Anode	Kathode
Kupfer	35	60	45	55
Wolfram/Kupfer	35	60	45	55
Eisen	< 10	< 10	< 10	< 10
Messing	200	200		

Bild 6.7. Mindeststromstärken für das Auftreten von Plasmastrahlen bei unterschiedlichen Elektrodenabständen d.

6.2.3. Wanderung frei brennender Lichtbögen zwischen parallel angeordneten stabförmigen Elektroden

Um den Verschleiß der Hauptschaltstücke unter Einwirkung des Schaltlichtbogens gering zu halten, muß der Lichtbogen bei Löscheinrichtungen nach Bild 6.1a (S. 88) von seiner Entstehungsstelle weg in Richtung Löschkammer auf die Abbrennstücke abgelenkt werden.

Die Abbrennstücke haben in der Regel die Form von Abbrandhörnern oder Abbrandlaufschienen. Verwendung finden rechteckförmige Querschnitte aus Eisen oder Kupfer meist mit galvanischen Überzügen aus Silber, Nickel, Cadmium und dgl. als Korrosionsschutz.

Um die Bewegung des Lichtbogens auf Abbrandhörnern und Abbrandschienen unter dem Einfluß des magnetischen Eigenfeldes oder eines Fremdfeldes grundsätzlich zu erforschen, wurden eine große Zahl von experimentellen Untersuchungen durchgeführt [13—23]. Die Ergebnisse dieser Untersuchungen können wie folgt zusammengefaßt werden:

a) Die mittlere Wanderungsgeschwindigkeit $\bar{v}$ von frei brennenden Lichtbögen, die zwischen parallel angeordneten Elektroden unter dem Einfluß eines selbst- oder fremderregten Feldes wandern, hängt außerordentlich stark von der Versuchsanordnung ab. Außer dem Lichtbogenstrom i und der Blasfeldinduktion B beeinflussen der Werkstoff, der Oberflächenzustand (Fremdhäute), die Abmessungen der Elektroden sowie die Länge und die Form des Lichtbogens die Wanderungsgeschwindigkeit.

Bild 6.8 zeigt als Beispiel die Ergebnisse verschiedener Autoren [2, 14—18] über die Abhängigkeit der Wanderungsgeschwindigkeit $\bar{v}$ von der Stromstärke i in Luft und unter Öl.

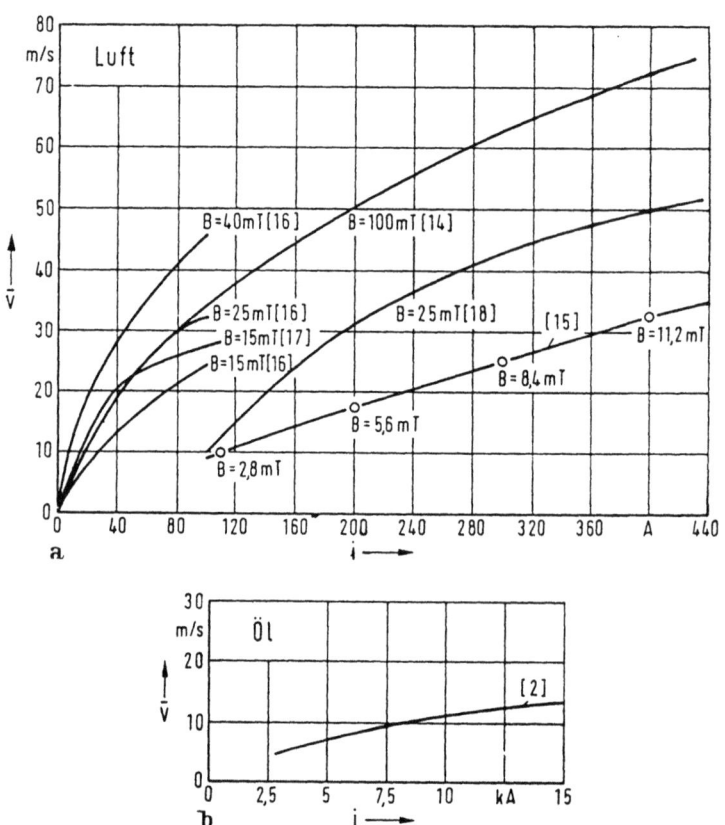

Bild 6.8. Wanderungsgeschwindigkeit von Lichtbögen in Luft und Öl (1 mT = 10 G).

Die bei den Untersuchungen verwendeten Versuchseinrichtungen und Versuchsparameter sind in den angegebenen Literaturstellen näher beschrieben; sie weichen teilweise stark voneinander ab, woraus sich die Unterschiede zwischen den Kurvenverläufen erklären.

In den Löschkammern von Schaltgeräten sollte die Wanderungsgeschwindigkeit der Lichtbögen so groß sein, daß die Lichtbogenfuß-

6.2. Ablenkung und Verlängerung des Lichtbogens

punkte auf den Elektroden einen möglichst geringen Abbrand verursachen und die Lichtbögen rasch genug in den für das Löschen zuständigen Teil der Löschkammer gelangen. Dabei ist allerdings zu beachten, daß zu hohe Wanderungsgeschwindigkeiten aus konstruktiven Gründen unzweckmäßig sind; sie würden zu große Bauabmessungen der Schaltkammern ergeben. Bei der Wahl der Werkstoffe für die Elektroden müssen wirtschaftliche Gesichtspunkte beachtet werden.

b) Die Wanderungsgeschwindigkeit von frei zwischen zwei stabförmigen Elektroden brennenden Lichtbögen läßt sich exakt nicht berechnen. Bei angenäherten Rechnungen geht man von der Annahme aus, daß bei konstanter Wanderungsgeschwindigkeit die magnetische Antriebskraft F_m gleich dem Luftwiderstand W einer starr angenommenen Modell-Lichtbogensäule sei [15]. Für die magnetische Antriebskraft F_m gilt

$$F_m = i \cdot B \cdot l. \tag{6.3}$$

Darin ist i der Strom, B die mittlere Induktion des selbst- oder fremderregten Magnetfeldes und l die Lichtbogenlänge (Abstand der parallelen Elektroden).

Der Luftwiderstand W eines festen Körpers ist

$$W = \frac{1}{2} c_w \cdot v^2 \cdot A \cdot \varrho. \tag{6.4}$$

c_w Widerstandszahl, abhängig von der Form des bewegten Körpers und der Strömungsrichtung,
v Geschwindigkeit des Körpers,
A größter Querschnitt des bewegten Körpers senkrecht zur Wanderungsrichtung,
ϱ Luftdichte (bei Raumtemperatur $\varrho = 1{,}29$ kg/m³).

Durch Gleichsetzen von Gl. (6.3) und Gl. (6.4) ergibt sich für die Lichtbogengeschwindigkeit

$$v = \frac{1}{\sqrt{c_w}} \cdot \sqrt{\frac{i \cdot B}{\varrho \cdot \dfrac{d}{2}}} = k \sqrt{\frac{i \cdot B}{\varrho \cdot \dfrac{d}{2}}}, \tag{6.5}$$

wobei die Fläche A durch das Produkt aus Lichtbogenlänge l und der größten Dicke d des Lichtbogens senkrecht zur Wanderungsrichtung ersetzt wurde.

Die Dicke d des Lichtbogens wird aus fotografischen Aufnahmen des wandernden Lichtbogens ermittelt. Aus experimentellen Untersuchungen ergeben sich für den Faktor k Werte, die zwischen 0,33 und 0,5 liegen [15, 24].

Bei Wechselstrom-Lichtbögen (50 Hz) wird bei diesen Modellvorstellungen angenommen, daß die Wanderungsgeschwindigkeit v sich synchron mit dem Augenblickswert des Wechselstromes ändert.

Wie man aus der Beziehung (6.5) erkennt, hängt die Wanderungsgeschwindigkeit der freibrennenden Lichtbögen auch von der Luftdichte ϱ ab; sie wächst deshalb mit abnehmendem Druck. In Flüssigkeiten ergeben sich, wie aus Bild 6.8 ersichtlich [2], nur sehr geringe Wanderungsgeschwindigkeiten.

c) Experimentell wurde bei hohen Wanderungsgeschwindigkeiten eine kontinuierliche, bei niedrigen dagegen eine diskontinuierliche Lichtbogenfußpunktbewegung mit kurzzeitig stationärem Brennfleck festgestellt. Der Umschlag von der kontinuierlichen zur diskontinuierlichen Bogenwanderung erfolgt bei einer vom Elektrodenwerkstoff abhängigen mittleren Grenzgeschwindigkeit $\bar{v}_{grenz}$. An parallelen, im Abstand $a = 20$ mm in Luft angeordneten Laufschienen aus unterschied-

Material	T_{sch} K	$\bar{v}_{grenz}$ m/s
Messing	1173	36 bis 46
AgCdO 90/10	~1200	35 bis 42
Ag	1233	28 bis 33
Cu	1356	25 bis 35
Mo	2903	10 bis 15

a

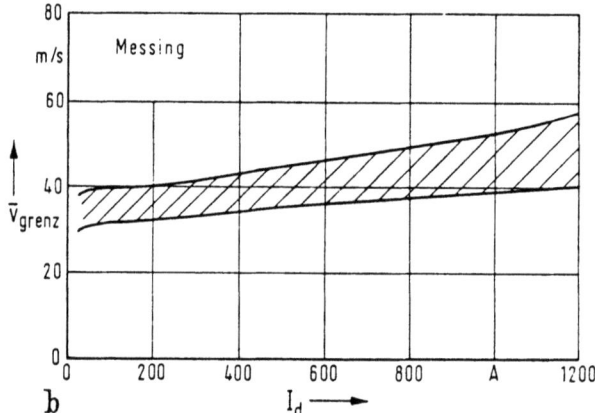

b

Bild 6.9. Grenzgeschwindigkeit für den Umschlag von der kontinuierlichen zur diskontinuierlichen Lichtbogen-Fußpunktbewegung.

6.2. Ablenkung und Verlängerung des Lichtbogens

lichen Werkstoffen wurden von Amft [20] bei einem Gleichstrom von 500 A die in der Tabelle (Bild 6.9a) angegebenen Grenzgeschwindigkeiten ermittelt. Bild 6.9b zeigt die Abhängigkeit der Grenzgeschwindigkeit $\bar{v}_{grenz}$ von der Stromstärke bei Messinglaufschienen.

d) Die physikalischen Vorgänge in den Fußpunktgebieten wandernder Lichtbögen sind noch nicht restlos geklärt. Nach Hesse [15] beeinflußt der anodische Lichtbogenfußpunkt, der unterhalb des Geschwindigkeitsbereiches von 25 bis 50 m/s sprunghafte Bewegungen ausführt, wesentlich das Wanderungsverhalten. Für den auf festen Elektroden rasch bewegten kathodischen Lichtbogenfußpunkt soll nach Burkhard [22, 23] ein von der Feldemission bestimmter Mechanismus maßgeblich sein. Damit wird auch die Abhängigkeit der Wanderung von der Oberflächenbeschaffenheit erklärt. Bei langsam wandernden Lichtbogenfußpunkten wird die Elektrodenoberfläche durch thermische Rückwirkungen des Bogens verändert, wobei die eine Feldemission begünstigenden Eigenschaften verloren gehen. Der nicht stationäre Brennfleckbogen mit kontinuierlicher Wanderung schlägt dann in den stationären Brennfleckbogen um, der diskontinuierlich wandert.

Inwieweit diese Annahmen den Tatsachen entsprechen, müßte noch durch weitere systematische Untersuchungen geklärt werden. Es ist zu vermuten, daß der im Abschnitt 9.2.2. noch näher erläuterte Stabilisierungseffekt auf das Wanderungsverhalten auf heterogenen Kontaktwerkstoffen von Einfluß ist. Metalloxide oder Metallsulfide, deren Siedetemperaturen sehr viel höher sind als die der homogenen Grundwerkstoffe, könnten bei diesen ebenfalls eine Stabilisierung, ähnlich der bei heterogenen Materialien, hervorrufen.

e) Beim Vorliegen eines stationären Brennflecks treten kräftige Plasmastrahlen auf, die von den Elektroden ausgehend weite Schleifen im Entladungsraum bilden [20, 21]. Die Bogenwanderung ist stark vom Verhalten dieser Plasmastrahlen abhängig; sie erfolgt diskontinuierlich, weil anodischer und kathodischer Lichtbogenfußpunkt in mehr oder weniger großen Sprüngen wandern.

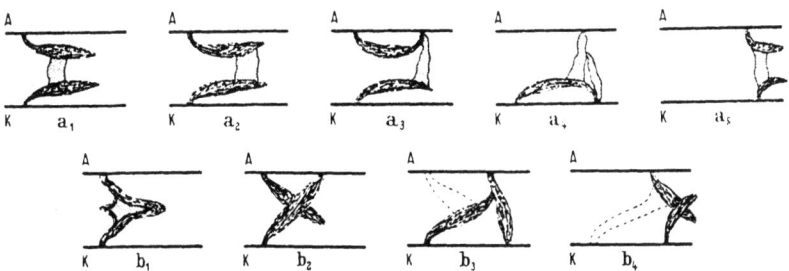

Bild 6.10. Einfluß der Plasmastrahlen auf die Lichtbogenwanderung zwischen parallelen Laufschienen.

Bei großen magnetischen Feldstärken und kleinen Strömen werden die Plasmastrahlen, wie in Bild 6.10a dargestellt, stark zur Wanderungsrichtung des Lichtbogens hin gekrümmt. Dabei bildet sich zuerst auf der Anode (a_3) und zu einem späteren Zeitpunkt a_4 auf der Kathode ein neuer Fußpunkt. Die Abstände zwischen den Fußpunkten liegen relativ weit auseinander. Bei kleineren magnetischen Feldstärken und großen Strömen berühren die Spitzen der Plasmastrahlen die Gegenelektroden und bilden dort durch Aufheizung neue Lichtbogenfußpunkte (s. Bild 6.10b). Der Strom kommutiert jeweils vom alten Lichtbogenast auf den neuen. Die Lichtbogenfußpunktsprünge sind kürzer als bei der Wanderung entsprechend Bild 6.10a. Die beschriebenen Wanderungsmechanismen stellen Extremfälle dar; es wurden bei experimentellen Untersuchungen auch andere Formen beobachtet.

Von wesentlichem Einfluß auf die Lichtbogenbewegung ist die Größe der magnetischen Induktion zwischen den Laufschienen; ihre exakte Berechnung unter Berücksichtigung der Schienenabmessungen und der Form des Lichtbogens ist, wenn überhaupt, nur mit einem großen Rechenaufwand möglich. Für abschätzende Betrachtungen genügt es im allgemeinen, die Berechnung unter starker Vereinfachung der geometrischen Formen durchzuführen. Besonders einfache Verhältnisse ergeben sich, wenn die Strombahn durch einen unendlich dünnen Leiter (Stromfaden) ersetzt wird. In diesem Fall berechnet sich die Induktion B an einem beliebigen Punkt P nach dem Biot-Savartschen Gesetz [25]

$$\boldsymbol{B} = \mu_0 \cdot \frac{i}{4\pi} \oint \frac{[\mathrm{d}\boldsymbol{s} \times \boldsymbol{r}]}{r^3}, \tag{6.6}$$

wobei r ein Vektor ist, dessen Betrag dem Abstand zwischen dem Stromfadenelement $\mathrm{d}s$ und dem Punkt P entspricht und der zu P hingerichtet ist. Im Fall einer ebenen Stromschleife ergibt sich für den Betrag der Induktion senkrecht zur Fläche, auf der die Schleife verläuft,

$$B = \mu_0 \cdot \frac{i}{4\pi} \oint \frac{\sin\alpha}{r^2} \mathrm{d}s. \tag{6.7}$$

α ist der Winkel zwischen r und $\mathrm{d}s$.

Bild 6.11 zeigt zwei parallele Laufschienen, zwischen denen ein Lichtbogen im Abstand l_1 vom Schienenanfang entfernt brennt. Wendet man das Biot-Savartsche Gesetz auf diese Anordnung [26] unter der Annahme linienförmiger Stromschienen ($b \to 0$ und $d \to 0$) an, dann ergibt sich nach Gl. (6.7) für die Induktion (x-Komponente) im Punkt P

6.2. Ablenkung und Verlängerung des Lichtbogens

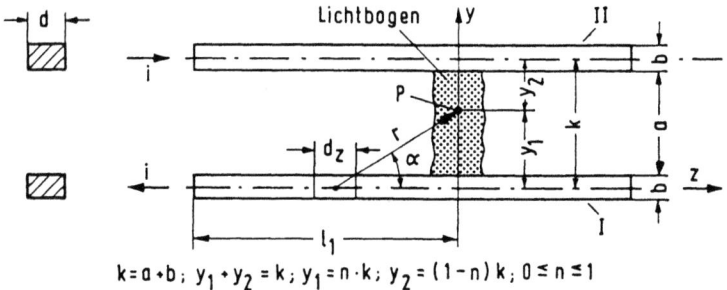

$k = a + b; \; y_1 + y_2 = k; \; y_1 = n \cdot k; \; y_2 = (1-n)k; \; 0 \leq n \leq 1$

Bild 6.11. Zur Berechnung der Induktion zwischen parallelen Lichtbogenlaufschienen.

als Anteil der Laufschiene I

$$B_\mathrm{I} = \mu_0 \cdot \frac{i}{4\pi} \int_0^{l_1} y_1 (y_1^2 + z^2)^{-3/2}\,\mathrm{d}z = \mu_0 \cdot \frac{i}{4\pi} \frac{l_1}{y_1 \sqrt{y_1^2 + l_1^2}} \qquad (6.8)$$

und als Anteil der Laufschiene II

$$B_\mathrm{II} = \mu_0 \cdot \frac{i}{4\pi} \int_0^{l_1} y_2 (y_2^2 + z^2)^{-3/2}\,\mathrm{d}z = \mu_0 \cdot \frac{i}{4\pi} \frac{l_1}{y_2 \sqrt{y_2^2 + l_1^2}}. \qquad (6.9)$$

Die Gesamtinduktion beträgt dann mit den in Bild 6.11 eingeführten Größen k und n

$$\begin{aligned}B &= B_\mathrm{I} + B_\mathrm{II} \\ &= \mu_0 \cdot \frac{i}{4\pi} \frac{1}{k} \left[\frac{1}{n\sqrt{\left(\frac{n \cdot k}{l_1}\right)^2 + 1}} + \frac{1}{(1-n)\sqrt{(1-n)^2 \left(\frac{k}{l_1}\right)^2 + 1}} \right].\end{aligned}$$
(6.10)

Ist der Lichtbogen sehr weit von der Einspeisestelle entfernt ($l_1 \to \infty$), vereinfacht sich Gl. 6.10 und lautet mit $B(l_1 \to \infty) = B_\infty$:

$$B_\infty = \mu_0 \cdot \frac{i}{4\pi} \cdot \frac{1}{k} \cdot \left(\frac{1}{n} + \frac{1}{1-n} \right). \qquad (6.11)$$

Die Induktion im Punkt P erreicht für $l_1 \to \infty$ bei sonst gleicher Anordnung die höchsten Werte; die Verminderung bei endlicher Länge l_1

kann durch das Verhältnis

$$\frac{B}{B_\infty} = \frac{l_1}{k}\left[\frac{1-n}{\sqrt{n^2+\left(\dfrac{l_1}{k}\right)^2}} + \frac{n}{\sqrt{(1-n)^2+\left(\dfrac{l_1}{k}\right)^2}}\right] \quad (6.12)$$

ausgedrückt werden.

Die grafische Darstellung von Gl. (6.12) zeigt Bild 6.12 für unterschiedliche Werte von n. Man erkennt daraus, daß die Induktionsverminderung bei $l_1/k = 2$ bereits weniger als 5% beträgt. Für $l_1 > 2k$

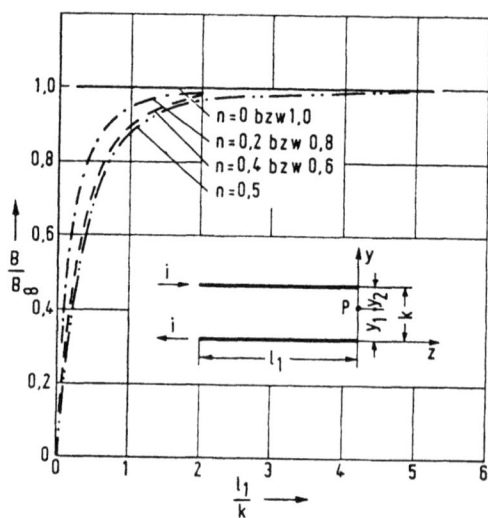

Bild 6.12. Einfluß der Entfernung der Einspeisestelle auf die Größe der Induktion zwischen parallelen Laufschienen.

kann demnach die Induktion ohne nennenswerten Fehler nach Gl. (6.11) berechnet werden; die auf den Lichtbogen einwirkende Induktion bleibt dann, unabhängig von der Entfernung der Einspeisestelle, praktisch konstant.

Bild 6.13a zeigt die nach Gl. (6.11) berechneten Werte der x-Komponente der Induktion bezogen auf den Strom i in der y-Achse zwischen zwei Stromfäden mit entgegengesetzter Stromrichtung und Abständen $k = 8$ bis 45 mm. Die Induktion ist in der Nähe der Leiter am größten und nimmt zur Mitte hin stark ab. Berücksichtigt man die endlichen

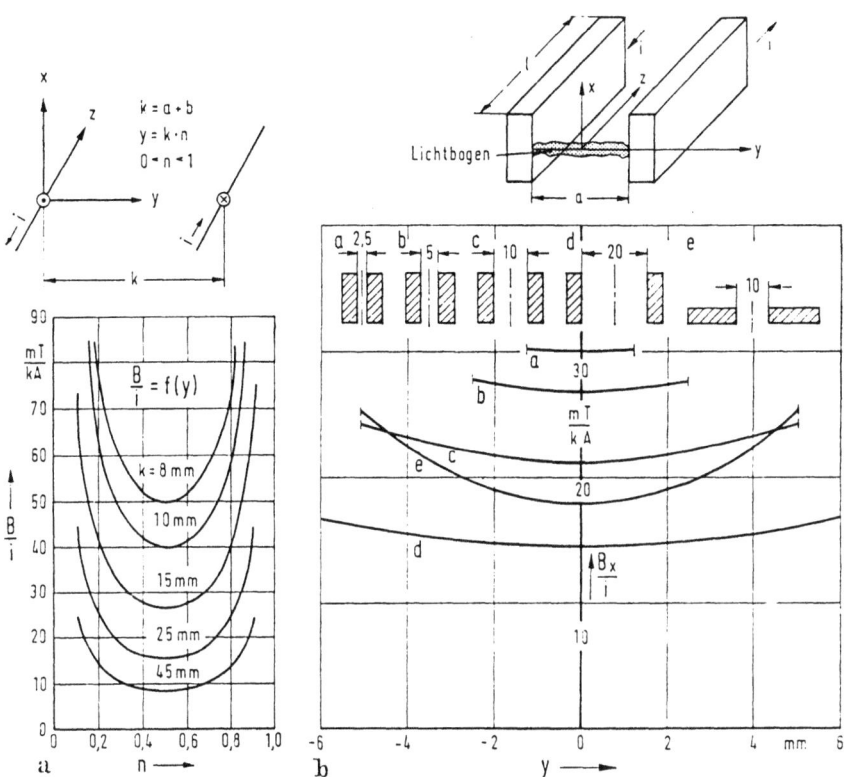

Bild 6.13. Induktionsverteilung zwischen parallelen Lichtbogenlaufschienen unterschiedlicher geometrischer Anordnung (1 mT = 10 G).

Abmessungen des Schienenquerschnittes, so ergeben sich Induktionswerte, wie sie in Bild 6.13b für rechteckförmige Leiter (5 × 15 mm, $l \to \infty$) dargestellt sind [52]. Mit wachsendem Abstand nimmt die Induktion zwischen den Schienen ab.

6.2.4. Aufweitung von Lichtbögen zwischen Abbrandhörnern

Die Kontaktglieder elektrischer Schaltgeräte werden vielfach mit gespreizten Abbrandhörnern, entsprechend Bild 6.14, ausgerüstet. Bei derartigen Anordnungen spielt neben den Abmessungen der hornförmigen Elektroden sowie der Form, der Größe und der Länge der Stromzuführungen auch der Spreizwinkel α für die schleifenförmige Aufweitung und Verlängerung des Lichtbogens eine große Rolle. Darüberhinaus wird die Lichtbogenform bei größeren Strömen durch Plasmastrahlen (s. Abschnitt 6.2.2.) mitbestimmt (s. Bild 6.14a—c).

Bei kleineren Spreizwinkeln ($\alpha < 45°$) werden frei in Luft brennende Lichtbögen rasch abgelenkt. Der dabei erreichbare zeitliche Lichtbogenspannungsanstieg σ (in V/ms) ist jedoch gering, weil der Lichtbogen dabei nicht stark verlängert wird. Bei großen Spreizwinkeln ergeben sich höhere σ-Werte; gleichzeitig steigt die Häufigkeit von Rückzündungen im zurückliegenden Bereich [27, 28].

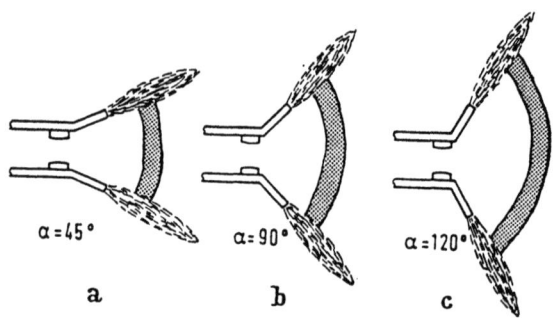

Bild 6.14. Aufweitung von freibrennenden Lichtbögen in Luft zwischen gespreizten Abbrandhörnern.

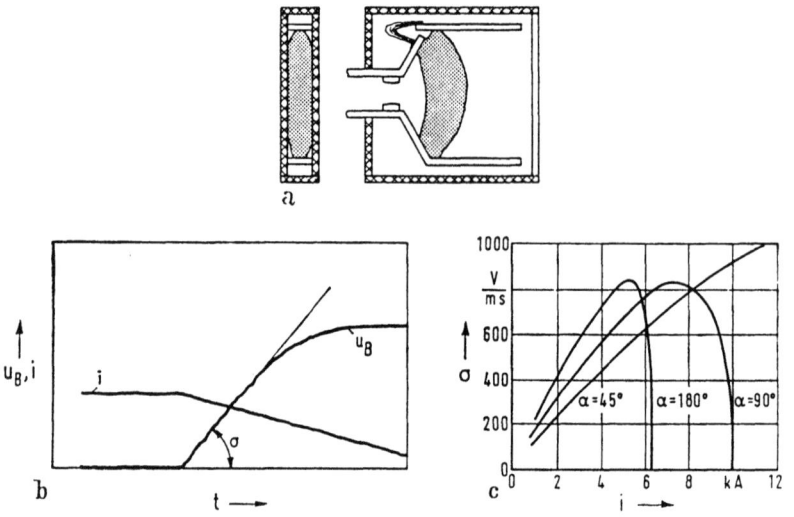

Bild 6.15. Einfluß des Spreizwinkels von Abbrandhörnern auf die Lichtbogen-Aufweitung zwischen Isolierstoffwänden.

Besonders schwierig ist die Ablenkung der Lichtbögen an Kontaktgliedern, die in engen Isolierstoffspalten getrennt werden. Die Lichtbögen nehmen die Form eines breiten Bandes (Bild 6.15a) an. Je größer die Längenunterschiede der Strompfade am äußeren und inneren Rand des

6.2. Ablenkung und Verlängerung des Lichtbogens

Lichtbogensegmentes zwischen den beiden Elektroden sind, d. h. je breiter das Band und je größer α sind, um so schwieriger wird es, den Lichtbogen aufzuweiten und hohe zeitliche Lichtbogenspannungsanstiege σ zu erreichen. Die günstigsten Spreizwinkel müssen experimentell ermittelt werden. Sie hängen von der Form und dem Werkstoff der Isolierstoffkammern und der Größe des Ausschaltstromes ab. Bild 6.15b und c zeigen Ergebnisse [29] von Ausschaltversuchen in Löschkammern aus Mycalex und Elektroden entsprechend Bild 6.15a mit Spreizwinkeln $\alpha = 45$, 90 und 180°. Ergebnisse von Untersuchungen bei Strömen von 20 bis 90 kA sind in [53] enthalten.

Bei Kontaktgliedern unter Öl haben sich Spreizwinkel der Abbrandstücke von $\alpha = 30°$ im Strombereich von 10^3 bis 10^5 A am besten bewährt.

Zur Verstärkung des selbsterregten Magnetfeldes werden bei einigen Löschkammerkonstruktionen zusätzliche Eisenbleche um die Kontaktglieder angeordnet (Bild 6.16a). Eine wirksame Verbesserung der

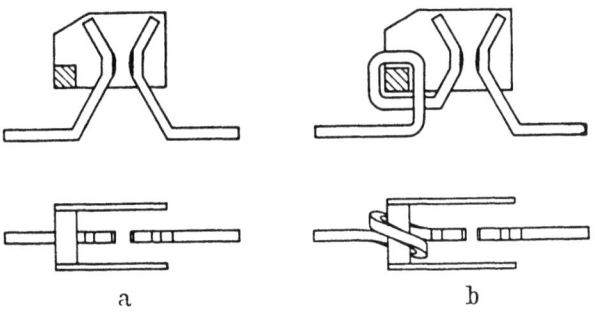

Bild 6.16. Anordnungen zur Verstärkung des selbsterregten Blasfeldes durch Eisenbleche.

Lichtbogenablenkung wird allerdings nur erreicht, wenn die Eisenbleche beim Auftreten des größtmöglichen Abschaltstromes nicht in Sättigung geraten. Zur weiteren Verstärkung des magnetischen Blasfeldes werden hauptstromerregte „Blasmagnete" eingesetzt (Bild 6.16b). Fremderregte Blasfelder sowie Blasfelder von Permanentmagneten sind in der Schaltgerätetechnik selten; sie können nur bei Gleichstromschaltern eingesetzt werden; es muß eindeutig gewährleistet sein, daß die speisende Fremdspannung auch bei Störungen im Netz (z. B. bei Kurzschlüssen) nicht zusammenbricht. Bei Wechselstromschaltern sind fremderregte Blasfelder nicht anwendbar, da zwischen dem Blasfeld und dem Lichtbogenstrom Phasenverschiebungen auftreten können, die den Lichtbogen bei Ausschaltvorgängen in nicht gewünschte Richtungen ablenken.

6.2.5. Lichtbogenbewegung im magnetischen Eigenfeld auf Flächenelektroden

Lichtbögen bewegen sich im allgemeinen so, daß sich die Schleife, die von den Stromzuführungen und den Lichtbögen gebildet wird, vergrößert. Zur Beurteilung der Bewegung der Lichtbogenfußpunkte auf großflächigen ebenen oder räumlichen Elektroden reicht diese einfache Regel nicht mehr, da für eine Schleifenvergrößerung eine Vielzahl von Wegen zur Verfügung steht. Hier muß die allgemeingültige Regel angewendet werden, wonach ein Lichtbogen stets zu Stellen geringster magnetischer Induktion hin wandert; diese werden durch Form und Anordnung der Elektroden bestimmt [30].

Bild 6.17a—c zeigt, welche Wanderungsrichtungen der Lichtbogenfußpunkte sich bei nichtferromagnetischen Werkstoffen auf einer unbegrenzten Fläche (a), auf zweiseitig begrenzten Flächen (b) und auf allseitig begrenzten Flächen (c) ergeben [30].

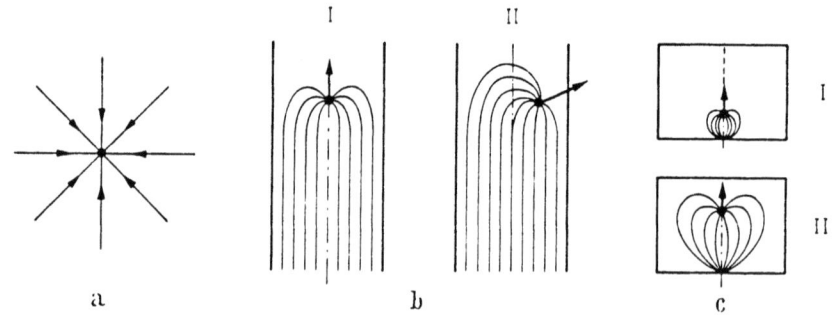

Bild 6.17. Lichtbogenbewegung im magnetischen Eigenfeld auf Flächenelektroden.

Bei einer unendlich großen Fläche (Bild 6.17a), bei der die Einspeisestelle unendlich weit von dem Lichtbogenfußpunkt entfernt ist, fließen dem Fußpunkt von allen Seiten gleiche Teilströme zu. Eine Ablenkung des Lichtbogens durch sein magnetisches Eigenfeld kommt nicht zustande. Bei einseitiger Einspeisung einer Flachschiene nach Bild 6.17b (I) wandert ein sich auf der Symmetrieachse befindlicher Fußpunkt auf dieser weiter. Ein Lichtbogenfußpunkt, der außerhalb der Symmetrielinie ansetzt, wird, wie in Bild 6.17b (II) dargestellt, zum Rand der Schiene abgelenkt. Auf einer allseitig begrenzten Fläche (Bild 6.17c), die nur von der Mitte eines Randes eingespeist wird, wandert ein sich auf der Symmetrielinie befindlicher Fußpunkt auf dieser Linie weiter. Mit wachsender Entfernung des Fußpunktes von der Einspeisestelle wird

6.2. Ablenkung und Verlängerung des Lichtbogens

die Ablenkkraft kleiner und die Wanderungsgeschwindigkeit nimmt ab. Verläßt der Lichtbogen die Symmetrielinie, dann wird er, wie im Bild 6.17b (II), dargestellt, zum Rand der Platte abgelenkt.

Ein anderes Wanderungsverhalten ergibt sich bei Verwendung ferromagnetischer Flächenelektroden. Auf Grund der magnetischen Eigenschaften dieser Werkstoffe ergeben sich im allgemeinen resultierende Kräfte, die die Lichtbogenfußpunkte zur Symmetrielinie hin ablenken [31]. Bei allseitig begrenzten Flächen, entsprechend Bild 6.17c, ergeben sich weiterhin zusätzliche Kräfte, die ein Abwandern zur oberen Blechkante hin verhindern, d. h., Lichtbogenfußpunkte werden stabilisiert.

Ein Wandern der Lichtbogenfußpunkte auf der Symmetrielinie bei nichtferromagnetischen Werkstoffen (s. Bild 6.17b (I) und c) ist praktisch kaum erreichbar. Es liegt ein labiler Gleichgewichtszustand vor, dessen geringfügige Störung ein Auswandern zum Rande hin bewirkt. In der Schaltgerätetechnik ist dies häufig unerwünscht; man verhindert durch geeignete Konstruktionen (s. Bild 6.18), daß ein im Bereich der Symmetrielinie der Elektroden, beispielsweise zwischen sich trennenden Kontaktstücken, gezogener Bogen nach außen wandert.

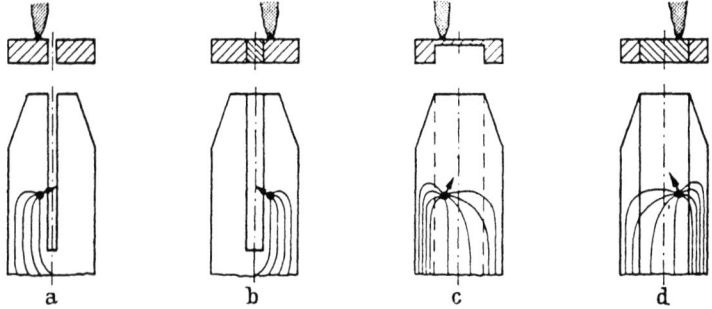

Bild 6.18. Konstruktive Maßnahmen zur Beeinflussung der Lichtbogenbewegung auf Flächenelektroden.

Bei der Ausführung (Bild 6.18a) wird durch Schlitzung der Elektroden erreicht, daß der Lichtbogenfußpunkt sich zu den Rändern der Schlitze bewegt. Durch Ausfüllen des Schlitzes mit ferromagnetischen Werkstoffen, insbesondere Eisen, werden die Lichtbogenfußpunkte auf diese Einlagen hin abgelenkt (Bild 6.18b).

Eine Stabilisierung der Lichtbogenfußpunkte auf den Bereich der Symmetrielinie kann auch durch unterschiedliche Querschnitte der Elektroden (Bild 6.18c) oder durch Verwendung von Werkstoffen mit geringem spezifischem Widerstand ϱ_1 in den Außenbahnen und höherem spezifischem Widerstand ϱ_2 in der Mittelbahn der Elektroden (Bild 6.18d) erzielt werden.

Die Grundregel, nach der die Lichtbogenfußpunkte stets das Bestreben haben, an die Stellen geringster magnetischer Induktion zu wandern, gilt auch für räumliche Flächenelektroden.

Zwischen parallelen Rundschienen haben die Lichtbogenfußpunkte das Bestreben, an den Außenseiten der Leiter zu wandern. Zwischen parallelen Flachschienen bevorzugen Fußpunkte in der Regel die Innenkanten zur Wanderung.

Brennt der Lichtbogen auf der Stirnseite eines Rohres (z. B. eines Schaltkontaktstückes eines Schalters), so hat sein Fußpunkt das Bestreben, in das Innere des Rohres einzudringen. Dieser Effekt wird bei Wechselströmen infolge des Skineffektes verstärkt und ist um so stärker ausgeprägt, je dicker die Rohrwandung im Vergleich zur Eindringtiefe des Materials ist [30].

6.2.6. Ablenkung von Lichtbogenabschnitten

Zur Erzielung großer Lichtbogenlängen müssen einzelne Abschnitte des Lichtbogens abgelenkt, andere wiederum an der Ablenkung gehindert werden (Bild 6.1a zeigt dies in schematischer Form). Dadurch ergeben sich mäanderförmige Lichtbögen großer Länge; das Volumen einer Löschkammer kann optimal ausgenutzt werden. Bei den meisten Nieder- und Mittelspannungsschaltgeräten verwendet man zur Ablenkung von Lichtbogenteilabschnitten magnetische Felder. Lichtbogenteile, die nicht abgelenkt werden sollen, werden durch abbrandfeste Isolierstoffe an der vorgesehenen Stelle festgehalten. Eine Ablenkung von Lichtbogenteilen beim Schaltvorgang auf mechanischem Wege durch selbst- oder fremderzeugte Luft-, Gas- oder Flüssigkeitsströmungen ist grundsätzlich möglich. Dies erfordert jedoch zusätzliche, bewegliche Einrichtungen, wie Kolben, Ventile und dgl., die sich im Niederspannungsbereich sowie bei Mittelspannungs-Magnetfeldschaltern bisher nicht durchsetzen konnten. Dagegen werden Strömungen von Gasen und Dämpfen, die aus Isolierstoffen infolge thermischer Einwirkung des Lichtbogens austreten, zu dessen Beeinflussung ausgenutzt.

Am häufigsten werden Lichtbogenteilabschnitte mittels Eisen oder anderer ferromagnetischer Stoffe, die auf stromdurchflossene Leiter eine anziehende Kraft ausüben, beeinflußt. Die Anziehungskraft z. B. eines Eisenklotzes nach Bild 6.19a auf den Lichtbogen kommt dadurch zustande, daß die Feldlinien das Bestreben haben, möglichst weite Strecken im magnetisch gut leitenden Eisen zu verlaufen. Zwischen zwei Eisenbleche (Bild 6.19b) wird ein Lichtbogen hineingezogen. Die

Kraftwirkung hört auf, sobald der Lichtbogen etwa die Mitte der Bleche erreicht hat. Bleche mit v- oder u-förmigen Schlitzen (Bild 6.19c) üben auf einen Lichtbogen aus gleichen Gründen eine anziehende Kraft aus (Saugbleche). Bei der Bemessung der Bleche muß darauf geachtet werden, daß die Saugwirkung beeinträchtigt wird, sobald das Eisen durch zu große Ströme in die Sättigung gelangt [32].

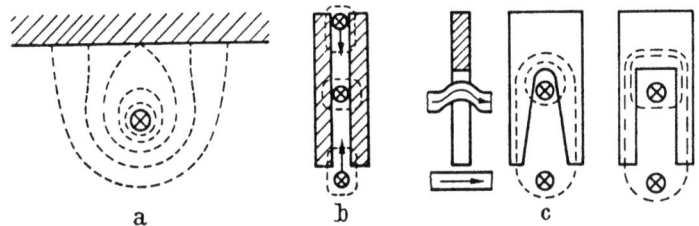

Bild 6.19. Ablenkung von Lichtbogenteilabschnitten durch Eisenbleche.

Erreicht der Lichtbogen die Nähe der Eisenbleche, erfolgt eine Kühlung des Lichtbogenabschnitts. Dadurch entsteht eine Querschnittskontraktion, von der Plasmastrahlen ausgehen. Die dabei auf den Lichtbogen ausgeübten Kräfte wirken den magnetischen Kräften entgegen und bremsen das Eindringen der Lichtbogenteile in zu enge Spalte und Schlitze.

Eine Anordnung zur schnellen Ablenkung der Lichtbogenabschnitte im Bereich ihrer Fußpunkte zeigt Bild 6.20. Die beiden Elektroden

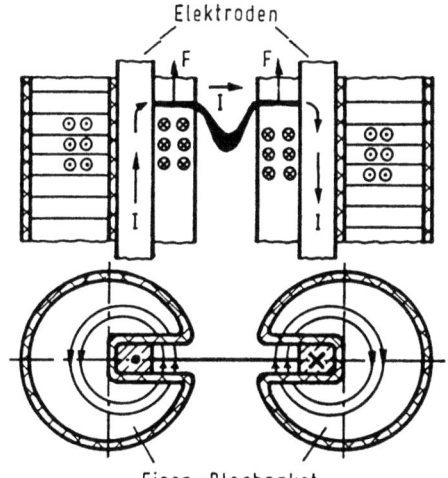

Bild 6.20. Anordnung zur raschen Ablenkung des Lichtbogens im Bereich der Fußpunkte.

werden mit einem isoliert angeordneten lamellierten Eisenpaket umhüllt. Die Fußpunktbereiche des Lichtbogens befinden sich in einem Spalt mit sehr viel höherer Induktion als im mittleren Teil der Lichtbogensäule. Bei Einspeisung der beiden Elektroden von unten wird sich der Lichtbogen nach oben im Sinne der Schleifenaufweitung bewegen, wobei die Fußpunktbereiche sehr viel rascher abgelenkt werden als der Mittelteil der Plasmasäule [14, 33, 34].

6.3. Maßnahmen zur Erhöhung der Lichtbogenfeldstärke

Zur Erzielung hoher Lichtbogenspannungen und steiler Lichtbogenspannungsanstiege muß neben einer Verlängerung auch eine Erhöhung der Längsfeldstärke des Lichtbogens angestrebt werden. Frei in Luft brennende Starkstromlichtbögen besitzen eine Säulen-Längsfeldstärke E in der Größenordnung von nur 10 bis 30 V/cm. An Lichtbögen, die in der Gasblase unter ruhenden Isolierflüssigkeiten, beispielsweise Isolieröl, brennen, wurden Längsfeldstärken bei Normaldruck von etwa 60 bis 70 V/cm ermittelt [2].

Die zur Erhöhung der Lichtbogenfeldstärke notwendigen Maßnahmen lassen sich anhand der Gleichungen für die Elektronen- und Ionenstromdichte des Gleichungssystems des Lichtbogens (S. 45) verdeutlichen. Da der Stromtransport in einem Lichtbogen hauptsächlich durch Elektronen erfolgt, genügt die Betrachtung der Gl. (3.3), wobei der Diffusionsstromanteil vernachlässigbar klein ist:

$$J_e = e \cdot N_e \cdot b_e \cdot E. \tag{6.13}$$

Unter der Annahme einer zylindrischen Lichtbogensäule mit dem Radius r und einer konstanten Stromdichteverteilung über den ganzen Querschnitt $\pi \cdot r^2$ ergibt sich mit $J_e = i/\pi \cdot r^2$ für den Betrag der Längsfeldstärke

$$E = \frac{i}{\pi r^2 \cdot e \cdot N_e \cdot b_e}. \tag{6.14}$$

Bei einem vorgegebenen Lichtbogenstrom i kann demnach die Feldstärke E der Säule vergrößert werden durch

a) Verminderung der Beweglichkeit b_e der Elektronen, beispielsweise durch Erhöhung des Gasdruckes,

b) Reduzierung der Anzahl der Elektronen pro Volumeneinheit N_e in der Säule, beispielsweise durch intensiven Wärmeentzug aus der Plasmasäule und

c) Verkleinerung des Querschnittes $\pi \cdot r^2$ der Lichtbogensäule, beispielsweise durch Einschluß der Säule in enge Kanäle oder Spalte oder durch Maßnahmen, die eine selbständige Kontraktion des Lichtbogens bewirken.

Bei vielen in der Schaltgerätetechnik angewendeten Maßnahmen zur Erhöhung der Feldstärke wirken sich mehrere der drei genannten Effekte gleichzeitig aus.

Weiterhin kann die Lichtbogenspannung durch rasche Bewegung des Bogens in einem starken transversalen Magnetfeld [54] erhöht werden: von dieser Möglichkeit wird zur Zeit in Schaltgeräten noch nicht in nennenswertem Umfang Gebrauch gemacht.

6.3.1. Erhöhung der Lichtbogenfeldstärke durch den Druck

Ist die Feldstärke E_0 einer Lichtbogensäule bei Normaldruck p_0 in Luft oder unter einer Isolierflüssigkeit für eine bestimmte Stromstärke bekannt, dann kann die Feldstärke E bei einem höheren Druck p aus der Beziehung

$$E = E_0 \cdot \left(\frac{p}{p_0}\right)^m \qquad (6.15)$$

ermittelt werden. m ist eine von der Gasart abhängige Konstante ($m = 0{,}31$ für Luft [35], $m = 0{,}25$ für Öl [2]).

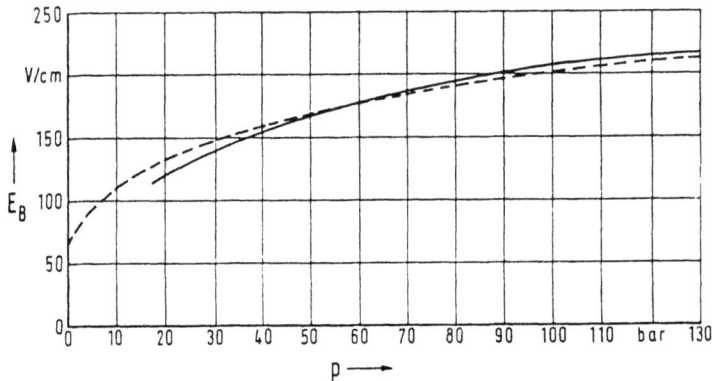

Bild 6.21. Druckabhängigkeit der Lichtbogenfeldstärke unter Öl.

Bild 6.21 zeigt als Beispiel experimentell ermittelte (durchgezogen) sowie nach Gl. (6.15) berechnete (gestrichelt) Feldstärken für einen unter Isolieröl brennenden, 8 mm langen 8000-A-Gleichstrom-Lichtbogen.

6.3.2. Erhöhung der Lichtbogenfeldstärke durch Kühlung der Lichtbögen in engen Isolierstoffspalten

Die Lichtbogenlöschanordnungen besitzen vielfach ebene oder ringförmige Isolierstoffspalte. Die Lichtbögen werden entweder durch Kontakttrennung darin erzeugt oder aber durch elektrodynamische Kräfte hineingezwängt. Die Lichtbogensäulen nehmen in flachen Spalten einen bandförmigen Querschnitt an und kommen dadurch großflächig mit dem Isolierstoff der Spaltwände in Berührung. Bei Verwendung hinreichend ausgedehnter Elektroden kann hierbei eine Aufteilung des anodischen und des kathodischen Ansatzgebietes in viele Einzelfußpunkte erfolgen [46].

Aus gasabgebenden Isolierstoffen, wie Plexiglas, Fiber und Delrin, treten dabei Gase aus, die das Plasma stark kühlen. Bei nichtgasenden Isolierstoffen, wie Glas, Keramik und dgl. werden die Oberflächen aufgeschmolzen, wenn die Schmelztemperatur überschritten wird. Die Schmelzgrenze hängt außer vom Material der Begrenzungswände von der Spaltweite, der Stromstärke und der Einwirkdauer des Lichtbogens ab. Die geringsten Schmelzerscheinungen wurden bei Materialien mit den höchsten Schmelzpunkten und den höchsten Temperaturleitfähigkeiten beobachtet [29]. Die Eindringtiefe der Schmelzzone nimmt mit der Einwirkzeit des Lichtbogens auf den Isolierstoff fast linear zu und liegt beispielsweise bei Spaltweiten von 5 mm und Einwirkzeiten von 4 ms für Keramik in der Größenordnung von wenigen Hundertstel Millimetern. Die Kühlwirkung der Spalte mit nichtgasabgebenden Isolierstoffen ist geringer als die der gasabgebenden.

Bei großen Lichtbogenströmen tritt in engen Spalten eine Druckerhöhung auf. Die Erhöhung der Lichtbogenfeldstärke ist dann bei dieser Maßnahme auf alle drei oben beschriebenen Effekte zurückzuführen.

In der Schaltgerätetechnik wird die kühlende Wirkung derartiger Isolierstoffe auf die Lichtbogensäule sowohl zur schnellen Wiederverfestigung von Schaltstrecken bei den Nullpunktlöschern benutzt als auch zur Erhöhung der Lichtbogenfeldstärke von Schaltlichtbögen strombeeinflussender Schalter.

Im nachfolgenden werden einige Ergebnisse von Untersuchungen an Lichtbögen in Isolierstoffspalten dargestellt, um die Wirksamkeit dieser Maßnahmen auf die Erhöhung der Lichtbogenfeldstärke E_B zu verdeutlichen.

Bild 6.22 zeigt die Längsfeldstärke E_B von Gleichstrombögen, abhängig von der Stromstärke I, bei konstanter mittlerer Wanderungsgeschwindigkeit $\bar{v}$ [36]. Verwendet wurden Kupferschienen, die im

Abstand von 15 bzw. 30 mm zwischen zwei planparallelen Asbestzementplatten mit Spaltbreiten $\delta = 1; 2; 4$ mm und ∞ (freibrennend) angeordnet waren.

Aus den Kurven ist zu ersehen, daß die Feldstärke bei Verminderung der Spaltbreite ansteigt. Bei konstanter Spaltbreite δ nimmt die Lichtbogenfeldstärke mit wachsender Geschwindigkeit zu.

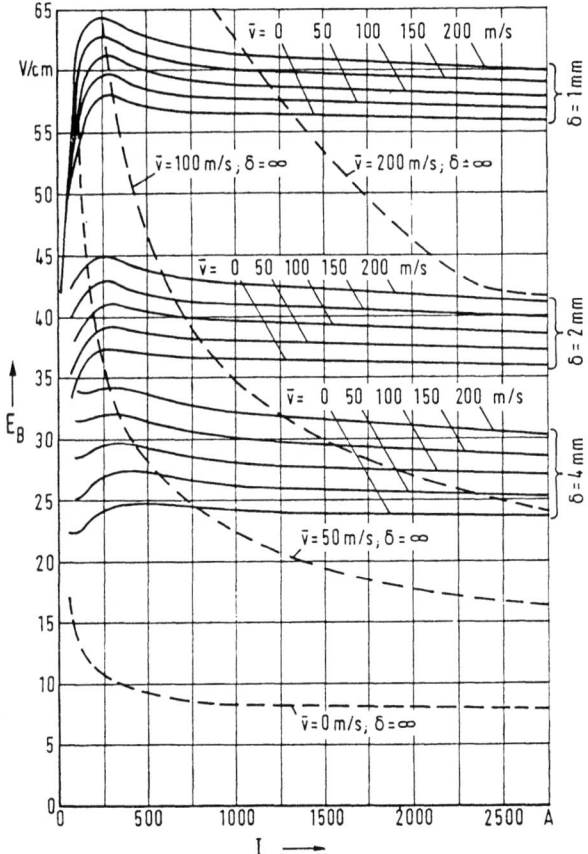

Bild 6.22. Feldstärke und Wanderungsgeschwindigkeit von Lichtbögen zwischen Asbestzementwänden.

Zur Berechnung der Lichtbogenfeldstärke E_B werden unter Berücksichtigung der den Versuchen zugrundeliegenden Bedingungen folgende Zahlenwertgleichungen angegeben. Für den unbewegten Gleichstrombogen gilt

$$\frac{E_B}{\text{V/cm}} = 7 + 133 \left(\frac{I}{\text{A}}\right)^{-2/3}$$

$$+ 7{,}62 \left(\frac{\delta}{\text{cm}}\right)^{-0,8} \left[1 - \exp\left(-4{,}31 \cdot 10^{-3} \frac{I}{\text{A}} \left(\frac{\delta}{\text{cm}}\right)^{-2/3}\right)\right] \quad (6.16)$$

und einen mit der Geschwindigkeit $\bar{v}$ wandernden Gleichstrombogen

$$\frac{E_B}{\text{V/cm}} = 7 + 133 \left(\frac{I}{\text{A}}\right)^{-2/3}$$

$$+ 7{,}62 \left(\frac{\delta}{\text{cm}}\right)^{-0,8} \left[1 - \exp\left(-4{,}31 \cdot 10^{-3} \frac{I}{\text{A}} \left(\frac{\delta}{\text{cm}}\right)^{-2/3}\right)\right]$$

$$+ 8{,}5 \cdot 10^{-2} \left(\frac{I}{\text{A}}\right)^{-0,5} \cdot \frac{\bar{v}}{\text{cm/s}}$$

$$\cdot \left[1 - \exp\left(2{,}15 \cdot 10^{-2} \left(\frac{I}{\text{A}}\right)^{1/3} \cdot \left(\frac{\delta}{\text{cm}}\right)^{1/3}\right)\right]. \quad (6.17)$$

Die Wanderungsgeschwindigkeit $\bar{v}$ berechnet sich für Ströme von $I = 100$ bis 2500 A und magnetische Feldstärken von $H = 1$ bis 1600 A/cm zu

$$\frac{\bar{v}}{\text{m/s}} = \left(6 + 10 \frac{\delta}{\text{cm}}\right) \cdot \sqrt{\frac{1}{1{,}256} \cdot \frac{I}{\text{A}} \cdot \frac{H}{\text{A/cm}} \cdot \frac{\text{cm}}{\delta}}. \quad (6.18)$$

Für die kritischen Werte der Stromstärke bzw. magnetischen Feldstärke, bei denen der Bogen zum Stillstand kommt, d. h. nicht mehr wandert, gilt:

$$\frac{I_{kr}}{\text{A}} = 3{,}5 \cdot 10^3 \frac{\delta}{\text{cm}} \left(8 \cdot 10^{-3} \frac{H}{\text{A/cm}}\right)^{\frac{20}{3} \cdot \frac{\delta}{\text{cm}}} \quad (6.19)$$

und

$$\frac{H_{kr}}{\text{A/cm}} = 125 \left(3{,}14 \cdot 10^{-4} \frac{I}{\text{A}} \cdot \frac{\text{cm}}{\delta}\right)^{\frac{3}{20} \cdot \frac{\text{cm}}{\delta}}. \quad (6.20)$$

Weitere Untersuchungen über das Verhalten von Lichtbögen in engen Lichtbogenspalten sind in [1, 26, 29, 37—46] beschrieben. Im Stromstärkebereich von 3—12 kA wurden Feldstärken bis 120 V/cm bei Wanderungsgeschwindigkeiten bis zu 1600 m/s erreicht [1]. Im Bereich von 20 bis 200 kA ergaben sich Feldstärken von 100 bis 800 V/cm bei Wanderungsgeschwindigkeiten bis zu einigen tausend m/s [26].

6.3. Maßnahmen zur Erhöhung der Lichtbogenfeldstärke

Derartig hohe Werte lassen sich in Lichtbogenlöscheinrichtungen normaler Schaltgeräte nur schwer realisieren.

Bei Löschkammern, in denen der Lichtbogen nicht unmittelbar in engen Isolierstoffspalten erzeugt werden kann, muß er aus einem breiten Spalt in einen engen einlaufen. Hierzu ist eine elektrodynamische Kraft erforderlich, die zweckmäßigerweise experimentell ermittelt wird. Bild 6.23 zeigt als Beispiel die zum Einlaufen in einen engen Asbestzementspalt notwendige spezifische Kraft F bei unterschiedlichen Spaltbreiten und Verjüngungswinkeln für Gleichströme bis 600 A [36]. Je geringer das Verhältnis der Spaltbreiten und je kleiner der Einengungswinkel α sind, um so geringer ist die zum Einlaufen in den engen Spalt notwendige Kraft.

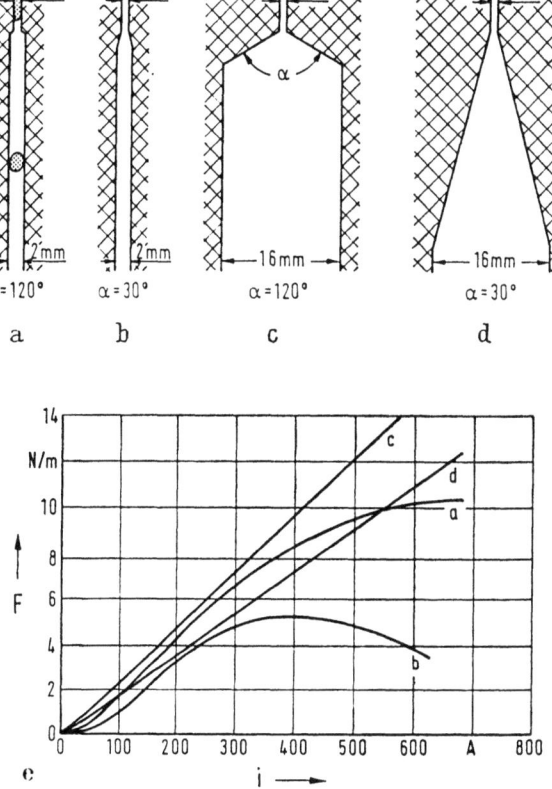

Bild 6.23. Einfluß der Kammergeometrie auf das Einlaufen des Lichtbogens in enge Isolierstoffspalte (1 N/m ≈ 0,1 kp/m).

6.3.3. Erhöhung der Lichtbogenfeldstärke durch rasche Ablenkung der Lichtbögen in Flüssigkeiten

Brennt ein Lichtbogen unter Isolierflüssigkeit, wie im Bild 6.24a dargestellt, unbeeinflußt etwa in der Mitte einer Gasblase, erreicht die Lichtbogenfeldstärke abhängig von der Stromstärke Werte von 60 bis 70 V/cm. Die 4- bis 6mal höheren Feldstärken gegenüber Luft sind hauptsächlich auf die bessere Kühlung infolge höherer Wärmeleitfähigkeit des Gases in der Blase (H_2 statt N_2) sowie auf den in der Regel höheren Druck und einige zusätzliche Faktoren (vgl. Abschnitt 3.4, S. 53) zurückzuführen.

Durch die einseitige Ablenkung des Lichtbogens mittels magnetischer Felder (Bild 6.24b) oder durch intensive Flüssigkeitsströmung (Bild 6.24c) wird der Lichtbogen gezwungen, exzentrisch zu brennen und laufend frische Flüssigkeit zu verdampfen. Dadurch wird ihm sehr

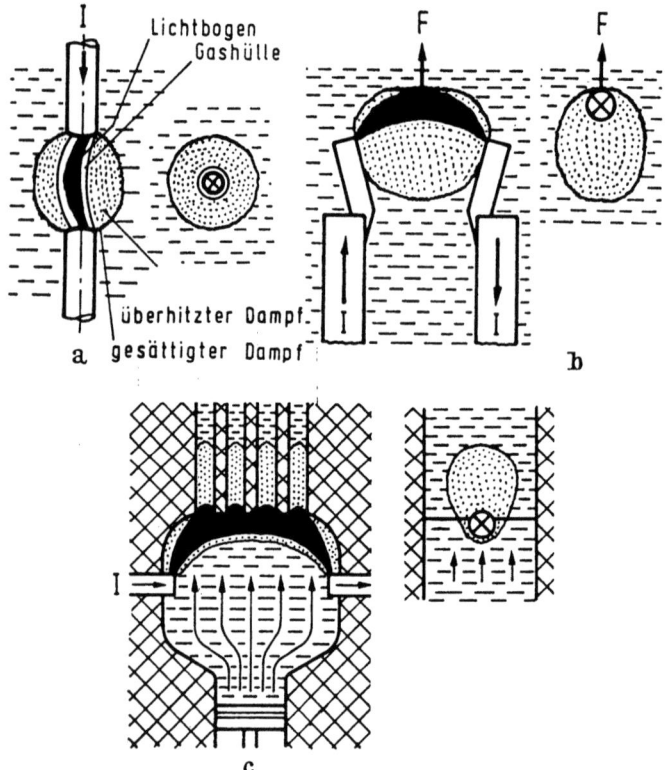

Bild 6.24. Maßnahmen zur Erhöhung der Lichtbogenfeldstärke unter Isolierflüssigkeiten.

viel mehr Wärme entzogen als dem ruhenden Bogen (Bild 6.24a). Die Feldstärke steigt daher stark an. Bei magnetischer Eigenblasung in der Anordnung nach Bild 6.24b wurden bei Strömen von 5 bis 10 kA unter Öl Lichtbogenfeldstärken von 300 bis 600 V/cm [2] ermittelt. In Versuchsanordnungen nach Bild 6.24c konnten bei sehr starken Ölströmungen (Kolbenantrieb mittels chemischer Treibladungen) bei Gleichströmen von einigen tausend Ampere Feldstärken bis 1500 V/cm erreicht werden [49, 50].

6.4. Erhöhung der Lichtbogenspannung durch Aufteilung eines Lichtbogens in kurze Teillichtbögen

Die Höhe der Lichtbogenspannung kann außer durch Verlängerung und gleichzeitige Erhöhung der Säulenfeldstärke auch dadurch vergrößert werden, daß man den Bogen in viele kurze, in Reihe brennende Teillichtbögen aufteilt und dadurch die Spannungsabfälle, die für die Kathoden- und Anodenfallgebiete erforderlich sind, ausnutzt. Dieses auch zum Löschen von Wechselstrombögen beim Stromnullwerden häufig verwendete sogenannte „De-Ion-Prinzip" ist im Bild 6.25 ver-

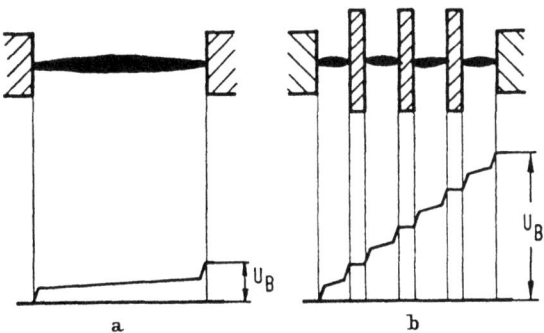

Bild 6.25. Erhöhung der Lichtbogenspannung durch Aufteilung in kurze Teilbögen.

anschaulicht. Bild 6.25a zeigt die Lichtbogenspannung U_B eines idealisiert dargestellten, freibrennenden Lichtbogens zwischen zwei Elektroden und Bild 6.25b die Spannung eines Bogens gleicher Länge, der durch Metallbleche in vier kurze Teillichtbögen aufgeteilt wurde. Die Aufteilung bewirkt somit eine sehr viel höhere Gesamtbogenspannung.

Die Größe der Teilbogenspannung ist im wesentlichen abhängig von der Stromstärke sowie dem Abstand und dem Material der Bleche. Bild 6.26 zeigt die Abhängigkeit der Teilbogenspannung von der Strom-

118   6. Möglichkeiten zur Beeinflussung des Schaltlichtbogens

stärke (Gleichstrom) in einer Löschkammer mit 2 mm dicken, im lichten Abstand von 3 mm angeordneten Eisenblechen [48]. Es ergibt sich eine leicht fallende Kennlinie.

Für unterschiedliche Blechabstände können bei Strömen über 10 kA die in Bild 6.27 angegebenen Teilspannungen als Richtwerte dienen [51].

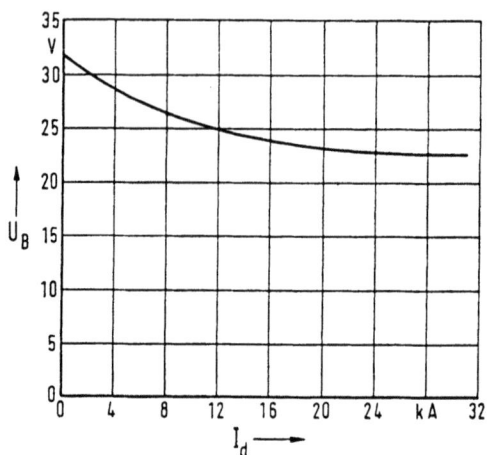

Bild 6.26. Stromabhängigkeit der Spannung eines Teillichtbogens in einer Löschblechkammer.

Blechabstand mm	3	4	5	6	7	8	9
Teilbogenspannung V	25	25	28	31	34	37	40
Eisenbleche, 2 mm dick							

Bild 6.27. Einfluß des Blechabstandes auf die Größe der Teilbogenspannung in einer Löschblechkammer.

Schrifttum

1. Müller, L.: Wanderungsvorgänge von kurzen Hochstromlichtbögen im eigenerregten Magnetfeld zwischen ruhenden Laufschienen und zwischen sich trennenden Kontaktstücken. Diss. TH Braunschweig 1957. Elektr. Wirtsch. Bd. 57 (1968) 196—200.
2. Schaper, J.: Über die rasche Erzeugung hoher Lichtbogenspannung an Lichtbögen unter Flüssigkeiten zum Zwecke der Kurzschlußstrombegrenzung in Starkstromanlagen mit Betriebsspannungen unter 1000 V. Diss. TH Braunschweig 1957. ETZ-A 84 (1963) 140—144.
3. Hochrainer, A.: Die Bewegung des Kurzschlußlichtbogens in Hochspannungs-Schaltanlagen. ETZ-A 77 (1956) 302—308.

4. Maecker, H.: Plasmaströmungen in Lichtbögen infolge eigenmagnetischer Kompression. Z. Phys. Bd. 141 (1955) 198—216.
5. Finkelnburg, W., Maecker, H.: Elektrische Bögen und thermisches Plasma, in Handbuch der Physik (hrsg. von S. Flügge), Bd. 22. Berlin—Göttingen—Heidelberg: Springer 1956.
6. Burkhard, G.: Über die Bedeutung der Plasmaströmung im Schaltlichtbogen. IX. Int. Wiss. Koll. TH Ilmenau 1964.
7. Müller, O.: Dielektrische Wiederverfestigung von Gasentladungsstrecken bei Wechselstromlichtbögen nach dem Stromnulldurchgang. Elektrie Bd. 20 (1966) 413—417.
8. Bron, O. B., Suschkow, L. K.: Plasmastrahlen elektrischer Lichtbögen. Elektrie Bd. 21 (1967) 372—374.
9. Bonin, E. v., Thiel, H. G.: Der Einfluß der Plasmastrahlen auf die Kennlinien von Hochstrombogen. AEG-Mitt. Bd. 57 (1967) 420—424.
10. Bonin, E. v., Thiel, H. G.: Die Energiebilanz von Plasmastrahlbogen. Wiss. Ber. AEG-Telefunken Bd. 41 (1968) 64—71.
11. Franke, H., Trzebiatowski, A. v.: Bestimmung von Temperatur und Elektronendichte mit einem Spektrographen geringer Dispersion in einem Plasmastrahl. Wiss. Ber. AEG-Telefunken Bd. 41 (1968) 72—75.
12. Erk, A., Schmelzle, M.: Einfluß des Kontaktwerkstoffes auf die Ausbildung von Plasmastrahlen bei Wechselstromlichtbögen. ETZ-A 91 (1970) 114—117.
13. Renner, H. H.: Über die Mitnahme elektrischer Lichtbögen durch strömende Luft. Diss. TH Braunschweig 1938.
14. Angelopoulos, M.: Über magnetische schnell fortbewegte Gleichstromlichtbögen. Diss. TH Braunschweig 1955. ETZ-A 79 (1958) 572—576.
15. Hesse, D.: Über den Einfluß des Laufschienenfeldes auf die Ausbildung und Bewegung von Lichtbogenfußpunkten. Diss. TH Darmstadt 1959. Arch. Elektrotechn. Bd. 85 (1960) 188—208 u. 466—478 u. Bd. 86 (1961) 149—172.
16. Eidinger, A., Rieder, W.: Das Verhalten des Lichtbogens im transversalen Magnetfeld. Arch. Elektrotechn. Bd. 53 (1957) 94—114.
17. Winsor, L. P., Lee, T. H.: Properties of a d. c. arc in a magnetic field. Trans. AIEE. Commun. and Electronics Bd. 59 (1956) 143—148.
18. Bron, O. B.: Souflage de l'arc par un champ magetique. CIGRE-Ber. Nr. 128, 1937.
19. Mosch, W.: Die Bewegung langer Wechselstrom-Lichtbögen im Modellversuch. Wiss. Z. der TH Dresden, Bd. 8 (1958/59) 859—868.
20. Amft, D.: Über die Lichtbogenwanderung im Bereich geringer Geschwindigkeiten. 5. Int. Tagung über el. Kontakte. München 1970, Berlin: VDE-Verlag (1970) 111—114.
21. Amft, D.: Die Lichtbogenwanderung mit geringen Geschwindigkeiten und im Bereich kritischer Schaltströme. Elektro-Apparate Mitt. 1/70 (Sonderdruck).
22. Burkhard, G.: Über den Zusammenhang zwischen Verharrzeit und Wanderung von Schaltlichtbögen und ihrem Kathodenmechanismus. Elektrie Bd. 24 (1970) 1—4.
23. Burkhard, G.: Über den Einfluß von Oxidschichten auf die Lichtbogenwanderung im Magnetfeld. Elektrie Bd. 20 (1966) 229—232.
24. Engel, A. v., Steenbeck, M.: Elektrische Gasentladungen, ihre Physik und Technik, Bd. 2, Berlin—Göttingen—Heidelberg: Springer 1934.
25. Küpfmüller, K.: Einführung in die theoretische Elektrotechnik, Berlin—Heidelberg—New York: Springer 1968.

26. Kuhnert, E.: Über die Lichtbogenwanderung in engen Spalten bei Stromstärken von 20000 Ampere bis 200000 Ampere. Diss. TH Braunschweig 1958. ETZ-A 81 (1960) 401—404.
27. Walter, A.: Zusammenhang zwischen Induktion und Spannungsanstieg bei der Lichtbogenwanderung auf V-förmigen Elektroden. Diss. TH Darmstadt 1966. ETZ-A 88 (1967) 1—7.
28. Walter, A.: Festigkeitswiederkehr hinter wandernden Gleichstromlichtbögen. ETZ-A 85 (1964) 880—881.
29. Neumann, J.: Über die Löschung von Lichtbögen in engen Spalten zwischen Isolierstoffwänden. Diss. TH Braunschweig 1959. ETZ-A 82 (1961) 336—342.
30. Mosch, W.: Die Lichtbogenbewegung im magnetischen Eigenfeld an Flächenelektroden. Elektrie Bd. 13 (1959) 236—241.
31. Burkhard, G.: Ein Beitrag zur Lichtbogenwanderung auf ferromagnetischen Flächenelektroden. Elektrie Bd. 15 (1961) 363—369.
32. Menke, H.: Über die Fortbewegung elektrischer Lichtbögen auf Grund des ferromagnetisch verstärkten Eigenfeldes. Diss. TH Braunschweig 1957. ETZ-A 80 (1959) 112—117.
33. Wegesin, H.: Über die Schnellausschaltung von Gleichstrom mit einem neuartigen Magnetfeldschalter nach Marx. Diss. TH Braunschweig 1955. ETZ-A 79 (1958) 808—813.
34. Büchner, G.: Über die Verlängerung von Lichtbögen mit Hilfe magnetischer Felder zur Unterbrechung von Wechselströmen. Diss. TH Braunschweig 1957. ETZ-A 80 (1959) 71—77.
35. Babikow, M. A.: Wichtige Bauteile elektrischer Apparate, Berlin: VEB Verlag Technik 1954.
36. Bron, O. B., Rodstein, L. A.: Elektrischer Bogen in Längsspalten. Električestvo Bd. 12 (1958) 14—18.
37. Schütte, H.-G.: Über den Einfluß von Strömungsvorgängen auf die Lichtbogenwanderung in engen Spalten. Diss. TH Braunschweig. ETZ-A 83 (1962) 16—22.
38. Tröger, K.: Über die Wiederverfestigung von Lichtbogenstrecken nach Stromnullwerden wandernder Wechselstromlichtbögen in engen Spalten. Diss. TH Braunschweig 1961.
39. Wegmann, F.: Untersuchungen an Gleichstromlichtbögen hoher Stromstärke in neuartigen Löschkammern für Gleichstromschnellschalter. Diss. TH Braunschweig 1957. ETZ-A 80 (1959) 289—295.
40. Salge, J.: Über die Wanderung von Hochstromlichtbögen in engen Spalten bei Unterdruck. Diss. TH Braunschweig 1963. ETZ-A 85 (1964) 417—425.
41. Kruckewitt, W.: Über den Plasmatransport, die Temperatur- und die Stromdichteverteilung in wandernden Hochstromlichtbögen. Diss. TH Braunschweig 1965.
42. Amft, D.: Spannungsgradient und Druck des Lichtbogens im engen Isolierstoffspalt. Elektrie Bd. 20 (1966) 329—332.
43. Amft, D.: Zur Wanderung des Lichtbogens auf Laufschienen und in Isolierstoffspaltkammern. Elektrie Bd. 21 (1967) 87—90.
44. Amft, D.: Lichtbogeneinlauf in Isolierstoffkammern mit engen Spalten. Elektro-Apparate-Mitt. H. 3 (1967), Sonderheft, 10—14.
45. Amft, D.: Über das Verhalten des Schaltlichtbogens in Isolierstoffspaltanordnungen. Diss. TH Ilmenau 1970.
46. Amft, D.: Das Verhalten des Wechselstromlichtbogens im Isolierstoffspalt. Int. Symp. on Switching Arc Phen., Lodz, Polen 1970, 89—94.

47. Härtig, G.: Zum Wärmeüberhang vom Lichtbogen auf die Wände der Lichtbogenkammern elektrischer Schaltgeräte. Wiss. Z. Elektrotechn. Bd. 4 (1965) 231—250.
48. Bron, O. B.: Der elektrische Lichtbogen in Niederspannungsschaltgeräten. Gosenergoisdat, Moskau—Leningrad 1954.
49. Ann, H.: Untersuchungen über die Erzeugung sehr hoher Lichtbogenspannungen unter Flüssigkeiten. Diss. TH Braunschweig 1965.
50. Möllenhoff, K.: Untersuchungen zur Entwicklung eines Lichtbogen-Ölströmungsschalters für die Hochspannungs-Gleichstrom-Übertragung. Diss. TH Braunschweig 1968.
51. Burkhard, G.: Über das Lichtbogenverhalten in Löschkammern und deren Bemessung. Diss. TH Ilmenau 1962.
52. Lindmayer, M.: Über die Vorgänge bei der Lichtbogenlöschung in kompakten Löschblechkammern bei Wechselströmen zwischen 2,5 und 8,5 kA. Diss. TU Braunschweig 1972.
53. Sudhölter, H.-W.: Das Lichtbogenverhalten bei v-förmigen, durch Wände begrenzte Elektroden im Strombereich von 20 bis 90 kA. Forschungsarbeit am Institut für elektrische Energieanlagen der TU Braunschweig (noch nicht veröffentlicht).
54. Koetzold, B.: Die Induktion elektromotorischer Kräfte im Lichtbogen als Ursache der Brennspannungserhöhung im transversalen Magnetfeld. Diss. TH Graz 1970.

7. Fremdschichtbildung auf Kontaktstücken

Der elektrische Strom wird in metallischen Leitern durch die gerichtete Bewegung freier Elektronen (z. B. Cu 10^{23} freie Elektronen pro cm^3) getragen. Diese sind im Leiter nur locker innerhalb des Gitters gebunden und können bereits durch relativ kleine elektrische Felder bewegt werden. An den Kontaktstellen müssen die am Stromfluß beteiligten Elektronen aus dem einen Leiter austreten und in den anderen Leiter eintreten. Hierbei sind die Mikrostruktur der Leiteroberflächen und die mehr oder weniger dicken Fremdschichten von großer Bedeutung, die im allgemeinen auf Metalloberflächen vorhanden sind. Diese entstehen größtenteils auf Grund chemischer Reaktionen des Metalls mit dem umgebenden Medium bzw. darin enthaltener Verunreinigungen. Fremdschichtfreie Oberflächen sind nur im Hochvakuum vorhanden, beispielsweise nach ihrer Reinigung mittels einer Glimm- oder Bogenentladung.

Auf die im Zusammenhang mit dem Stromfluß durch Kontaktstellen auftretenden physikalischen Vorgänge wird später eingegangen. Im folgenden wird zunächst die Entstehung von Fremdschichten auf Kontaktstücken im geöffneten Zustand bzw. beim Öffnen unter Lichtbogeneinwirkung betrachtet, die bei einer späteren Kontaktgabe das Verhalten der Kontaktstellen beeinflussen können.

In nicht verunreinigter Luft entstehen auf den Metalloberflächen praktisch ausschließlich *Oxidschichten*. Der Oxydationsvorgang [1] beginnt unmittelbar nach der Bearbeitung. Die metallisch reine Oberfläche bedeckt sich durch Adsorption (van der Waalssche Kräfte) zunächst mit einer etwa einmolekularen Schicht von Sauerstoffmolekülen (*Physisorption*). Diese dissoziieren auf Grund der Elektronenaffinität des Sauerstoffs nach kurzer Zeit zu Atomen unter gleichzeitiger Anlagerung von zwei Elektronen aus dem Metallgitter (*Chemisorption*), d. h., die Sauerstoffatome ionisieren zu negativen Sauerstoffionen, während positive Metallionen im Gitter zurückbleiben. Auf Grund dieses Ladungsaustausches entstehen an der Metalloberfläche Feldstärken in der Größenordnung von 10^7 V/cm. Als Folge dieser Feldstärken lösen sich Metallionen aus dem Metallgitter und verbinden sich mit den Sauerstoffionen zu Metalloxid (chemische Reaktion).

Sobald sich eine deckende Oxidschicht gebildet hat, sind die beiden Reaktionspartner Metall und Sauerstoff voneinander räumlich getrennt. Der weitere Aufbau der Schicht erfolgt in der bereits beschriebenen Weise allerdings mit dem Unterschied, daß einer der beiden Reaktionspartner durch *Transportvorgänge* über die Oxidschicht zum Reaktionsort gebracht wird. Nach der heutigen Theorie [1, 2] wird angenommen, daß nicht die neutralen Atome oder Moleküle, sondern Elektronen und Ionen getrennt über die Oxidschicht wandern. Je nach Leitfähigkeitstyp der Oxidschicht fließen die Elektronen als Leitungselektronen oder über Elektronendefektstellen, während sich die Ionen über Fehlordnungsstellen im Oxidgitter bewegen. Für die Wanderung sind elektrische Felder und Diffusionsvorgänge verantwortlich; dabei überwiegt bis zu Dicken von etwa 100 nm (1000 Å) der Feldeinfluß, darüber in zunehmendem Maße die Diffusion.

Bei Verunreinigung der Luft mit Schwefel oder Chlor bzw. mit Verbindungen dieser Elemente (z. B. SO_2 und H_2S) können auf den Metalloberflächen auch Sulfid- und Chloridschichten entstehen. Die physikalischen Vorgänge, die dabei ablaufen, entsprechen prinzipiell denen bei der Oxidschichtbildung.

Für das zeitliche Anwachsen der Schichten ist in den meisten Fällen die Geschwindigkeit maßgebend, mit der die Ionen durch die Fremdschicht wandern, da dieser Vorgang meist langsamer abläuft als der Transport der Elektronen und die chemische Reaktion an den Phasengrenzen. Für das zeitliche Anwachsen der Schicht gibt es keine einheitlichen Gesetze. Einige Zeitgesetze für das Schichtwachstum $s_f(t)$ sind in prinzipieller Form in Bild 7.1 dargestellt (aus [2]). Das reziproklogarithmische Gesetz (a) tritt im wesentlichen auf bei der Oxidation von Metallen bei Raumtemperatur; die Steigung wird nach einigen Tagen praktisch Null.

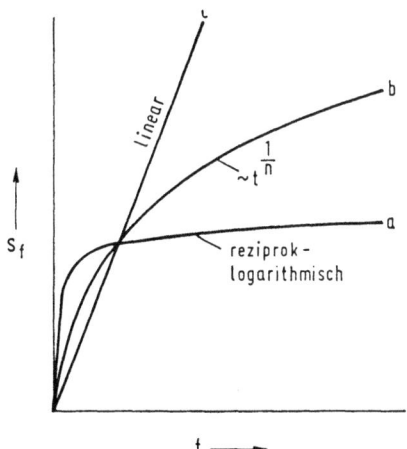

Bild 7.1. Zeitgesetze für das Fremdschichtwachstum.

Bei höheren Temperaturen und dickeren Schichten wurden Potenzgesetze (b), insbesondere parabolische ($n = 2$) und kubische ($n = 3$) Verläufe, beobachtet. Lineare Zeitgesetze (c) können auftreten, wenn poröse Schichten vorliegen oder aber, wenn die Transportvorgänge so rasch ablaufen, daß die Phasengrenzreaktionen für den Oxydationsvorgang zeitbestimmend sind. Häufig überlagern sich die physikalischen Vorgänge, die für die einzelnen Zeitverläufe bestimmend sind, so daß sich kompliziertere Zeitgesetze ergeben.

Bild 7.2 zeigt als Beispiel das zeitliche Wachstum von Oxidschichten auf Aluminium, Eisen, Kupfer und Silber an trockener Luft bei Raumtemperatur (aus [2]). Der Kurvenverlauf entspricht dem reziproklogarithmischen Gesetz.

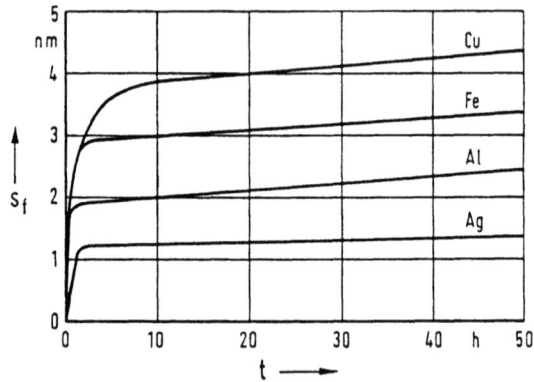

Bild 7.2. Wachstum von Oxidschichten auf verschiedenen Metallen in Luft (1 nm = 10 Å).

Außer Oxiden, Sulfiden und Chloriden können sich auf Kontaktstücken auch Schichten ablagern, die durch Reaktionen der Kontaktwerkstoffe mit anderen, vielfach organischen Verbindungen entstehen. Derartige Verunreinigungen können beispielsweise von Isolierstoffen oder auch Fußbodenpflegemitteln stammen. Die Anwesenheit von Feuchtigkeit verstärkt die Schichtbildung vielfach ganz wesentlich.

Sehr viel komplizierter werden die Verhältnisse bei der Bildung von Fremdschichten unter Einwirkung eines Lichtbogens beim Ausschaltvorgang. Die kurzzeitig auftretenden hohen Temperaturen begünstigen im allgemeinen den Fremdschichtaufbau; in gewissen Grenzen wirken sie jedoch auch reinigend, in dem sie den Zerfall von Fremdschichten, insbesondere im Bereich der Lichtbogenfußpunkte bewirken. Infolge des kontinuierlichen Temperaturabfalles zwischen dem Lichtbogenfußpunkt und den Randbezirken des Kontaktstückes finden alle möglichen Verbindungen des Systems Metall-Gas einen Stabilitätsbereich [3]. Bedingt durch eine Überlappung dieser Bereiche können schwer analysierbare Mischverbindungen entstehen oder glasflußartige, isolierende Komplexe der Verbindungen mit völlig anderen chemischen Eigenschaften.

Wesentlichen Einfluß auf die Schichtbildung haben auch gasförmige und dampfförmige Zersetzungsprodukte, die unter Lichtbogeneinwirkung aus benachbarten Isolierstoffen austreten. Über die Entstehung und Zusammensetzung derartiger Fremdschichten ist bislang nur wenig bekannt. Ebenso fehlen Angaben über die Abhängigkeit des Schichtwachstums von den verwendeten Isolierstoffen und Kontaktwerkstoffen, von der Schalthäufigkeit, der Stromstärke, der konstruktiven Gestaltung eines Schalters u. dgl.

Im folgenden sollen kurz die wichtigsten, in der Starkstromtechnik eingesetzten Kontaktwerkstoffe im Hinblick auf die Fremdschichtbildung in Luft einschließlich darin enthaltener Verunreinigungen behandelt werden. Diese Übersicht muß sich teilweise auf sehr wenige Hinweise beschränken, da umfassende Angaben in der Literatur bisher fehlen.

a) Kupfer:

Im Temperaturbereich unter 200 °C bilden sich an Luft auf Kupfer vorwiegend Fremdschichten aus Cu_2O, die abhängig von der Temperatur Dicken von 10 bis 1000 nm erreichen können. Bei Temperaturen von 200 °C bis etwa 400 °C wird zusätzlich auch CuO, darüber ausschließlich CuO als Fremdschicht gebildet. Die Leitfähigkeit derartiger Fremdschichten ist sehr gering, so daß sich Fremdschichtwiderstände bis etwa 10^6 Ω ausbilden können.

b) Silber:

Silber überzieht sich an reiner Luft bei Temperaturen bis 180 °C mit einer Ag_2O-Schicht von maximal 2 bis 3 nm Dicke, die eine Kontaktgabe jedoch nicht beeinflußt. Diese Fremdschicht zerfällt oberhalb von 180 °C wieder in ihre Elemente [2]. Das bessere Kontaktverhalten von Silber gegenüber Kupfer beruht darauf, daß die Oxidschicht dünner ist und nicht etwa auf einer besseren Leitfähigkeit des Silberoxids.

Bei Verunreinigung der Luft, insbesondere mit H_2S und SO_2 bilden sich auf Silber sehr viel dickere, dunkle Sulfidschichten aus, die die Anwendung von Silber beeinträchtigen [4].

c) Aluminium:

Auf Aluminium bilden sich in Luft in wenigen Sekunden Al_2O-Häute von 2 bis 2,5 nm Dicke. Das weitere Anwachsen bei Zimmertemperatur geht sehr langsam und hört nach einer Lagerungszeit von ca. 30 Tagen und einer Schichtdicke von 6 bis 10 nm ganz auf. Die Oxidschichten sind in hohem Maße temperaturbeständig, elektrisch isolierend und mechanisch fest. Sehr viel dickere Schichten entstehen in feuchter Atmosphäre [4, 5].

d) Wolfram:

Bei Raumtemperatur entsteht auf Wolfram in Luft eine Schicht von etwa 5 nm Dicke. Unter Lichtbogeneinwirkung oxydiert Wolfram zu WO_3, das sich in Form eines gelblich-grünen Pulvers auf der Kontaktoberfläche ablagert; WO_3 sublimiert bei Temperaturen um 1700 °C [4, 6].

e) Nickel:

Auf Nickel bildet sich in trockener Luft und Raumtemperatur nur eine sehr dünne, mechanisch feste Schicht; in feuchter Luft und höheren Temperaturen bilden sich dickere Schichten aus.

Die dünne passivierende Oxidschicht, die sich bei Raumtemperatur bildet, bewirkt, daß Nickel von H_2S nur wenig angegriffen wird [4].

f) Zinn:

Zinn ist in normaler Luft bei Raumtemperatur beständig; bei Anwesenheit von Feuchtigkeit können sich jedoch auch dickere Fremdschichten ausbilden [9]. Die Oxydation verläuft bis 180 °C nach einem logarithmischen Zeitgesetz. Zinn hat sich in H_2S-haltiger Atmosphäre als Überzug elektrischer Kontaktstücke am besten bewährt. Fremdschichten aus SnO_2 und SnS sind temperaturbeständig bis weit oberhalb der Schmelztemperatur von Zinn.

g) Messing:

Das Verhalten der Legierung hängt wesentlich vom Anteil des unedlen Metalls Zink ab. Bei einem Zinkanteil $> 20\%$, wie er den gebräuchlichsten Messingsorten entspricht, kann das Zink bei hohen Betriebs- bzw. Umgebungstemperaturen an die Werkstoffoberfläche diffundieren und dort Fremdschichten aus Zinkoxid bilden [5].

h) Verbundwerkstoffe:

Das Wachstum von Schichten auf den Kontaktwerkstoffen Ag/CdO und Ag/Ni in schwefeliger Atmosphäre wurde von Dräger [8] gemessen; über andere Verbundwerkstoffe, wie Ag/W und Cu/W liegen kaum Angaben vor.

Bei Silber-Wolfram verbindet sich unter Lichtbogeneinwirkung Wolframoxid mit Silber zu einer stabilen Schicht von Silber-Wolframat (Ag_2WO_4), die eine spätere Kontaktgabe wesentlich beeinflussen kann [6].

Außer Kontaktgliedern in Luft oder isolierenden Gasen kommen gerade in der Starkstromtechnik auch häufig Kontaktglieder unter Isolierflüssigkeiten vor. Auf ihnen bilden sich ebenfalls in Abhängigkeit vom Werkstoff, der Temperatur und der Zeit Fremdschichten, die eine sichere Kontaktgabe verhindern können. Die Abhängigkeiten des Wachstums wurden für Kupfer, Silber und Messing an stromerwärmten Rundleitern unter Isolieröl untersucht [7].

Die verwendete Versuchsanordnung zeigt Bild 7.3; durch Wasserkühlung wurden die Enden der Versuchsstäbe auf konstanter Temperatur gehalten. Die Kurven in Bild 7.3 veranschaulichen die Zunahme der Fremdschichtdicke s_f in der Stabmitte mit der Zeit t für unterschiedliche

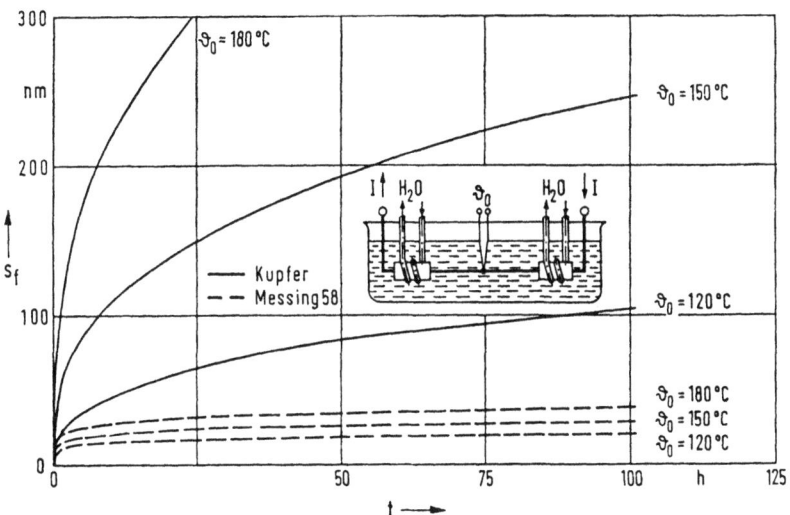

Bild 7.3. Wachstum von Fremdschichten auf Kupfer- und Messingstäben unter Isolieröl bei unterschiedlicher Oberflächentemperatur (1 nm = 10 Å).

Oberflächentemperaturen ϑ_0 bei Kupfer und Messing 58 (die Kurven für Silber liegen unter dem Bereich von Messing 58). Das Schichtwachstum läßt sich in allgemeiner Form durch folgende Regressionsfunktionen darstellen:

Kupfer $\quad \dfrac{s_f}{\text{nm}} = 1{,}883 \cdot 10^{-7} \left(\dfrac{\vartheta_0}{°C}\right)^{3{,}862} \left(\dfrac{t}{h}\right)^{0{,}3559}$,

Silber $\quad \dfrac{s_f}{\text{nm}} = 1{,}433 \cdot 10^{-1} \left(\dfrac{\vartheta_0}{°C}\right)^{0{,}735} \left(\dfrac{t}{h}\right)^{0{,}3332}$,

Messing 58 $\quad \dfrac{s_f}{\text{nm}} = 1{,}887 \cdot 10^{-2} \left(\dfrac{\vartheta_0}{°C}\right)^{1{,}300} \left(\dfrac{t}{h}\right)^{0{,}2850}$.

Fremdschichten können außer durch chemische Reaktionen auch durch direkte Ablagerung von Verunreinigungen aus Schmutzteilchen

(z. B. Staub, Zement), Flüssigkeiten, Isolierstoffdämpfen, Bindemitteln von Schmirgelleinen u. dgl. entstehen.

Zusammenfassend soll hier festgehalten werden, daß bei Schaltgliedern je nach Werkstoff und Temperatur der Kontaktstücke sowie Art, Temperatur, Feuchtigkeit und Verunreinigung des umgebenden Mediums unterschiedlich dicke Fremdschichten entstehen. Es handelt sich dabei um halbleitende oder isolierende Stoffe, die sich meist auf Grund chemischer Reaktionen bilden, teilweise aber auch direkt angelagert werden. Die elektrischen und mechanischen Festigkeiten sowie die Leitwerte dieser Fremdschichten sind stark unterschiedlich und ändern sich außerdem mit der Temperatur und der Feuchtigkeit der umgebenden Atmosphäre.

Schrifttum

1. Hauffe, K.: Reaktionen in und an festen Stoffen, 2. Aufl., Berlin–Heidelberg–New York: Springer 1966.
2. Fischer, H., Hauffe, K., Wiederholt, W.: Passivierende Filme und Deckschichten, Berlin–Göttingen–Heidelberg: Springer 1956.
3. Merl, W.: Der elektrische Kontakt, Pforzheim: Dr. E. Dürrwächter-Doduco-KG 1959.
4. Holm, R.: Electric Contacts, 4. Aufl., Berlin–Heidelberg–New York: Springer 1967.
5. Rziha, E. v.: Starkstromtechnik Band II. 8. Aufl., Berlin: Ernst u. Sohn 1960.
6. Keil, A.: Werkstoffe für elektrische Kontakte, Berlin–Göttingen–Heidelberg: Springer 1960.
7. Lemelson, K.: Beitrag zur Klärung des Verhaltens geschlossener Starkstromkontaktstellen unter Isolieröl im Dauerbetrieb. Diss. TU Braunschweig 1973.
8. Dräger, H.-J.: Einfluß der in aggressiven Atmosphären entstehenden Fremdschichten auf den Kontaktwiderstand schaltender Abhebekontaktstücke. Forschungsarbeit am Institut für elektrische Energieanlagen der TU Braunschweig (noch nicht veröffentlicht).
9. Gmelins Handbuch der anorganischen Chemie, Bd. 46B, 8. Aufl., Weinheim: Verlag Chemie 1971.

8. Geschlossene Kontaktstücke

Im Rahmen dieses Kapitels wird die Theorie geschlossener Kontaktstücke und Leitungsverbinder behandelt. Dazu gehören auch die Kontaktstücke der Trenn- und Schaltstellen der Schaltgeräte in ihrem geschlossenen Zustand (vgl. die Einteilung im Abschnitt 2.6.5.).

8.1. Definition und Allgemeines

Ein *elektrischer Kontakt* ist ein Zustand, der durch stromführungsfähige Berührung zweier Teile entsteht. *Kontaktstücke* sind Teile, die dazu bestimmt sind, den elektrischen Kontakt herbeizuführen oder aufzuheben. (Bei Wortbildungen kann auf Kontakt gekürzt werden, wenn aus diesen eindeutig hervorgeht, daß es sich um etwas Gegenständliches handelt, z. B. Kontaktwerkstoff, Kontaktniet.)

Im geschlossenen Zustand ergeben sich je nach Form der Kontaktstücke unterschiedliche, sogenannte scheinbare Kontaktflächen. Die *scheinbare Kontaktfläche* A_s ist der Teil der zur Kontaktgabe bestimmten Fläche an Kontaktstücken, in dem während des Zusammendrückens

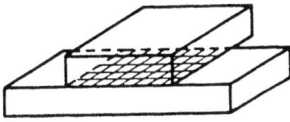

Flachkontakt

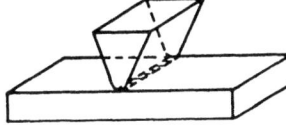

Linienkontakt

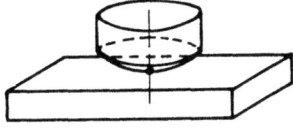

Punktkontakt

Bild 8.1. Scheinbare Berührungsflächen beim Flach-, Linien- und Punktkontakt.

— makroskopisch betrachtet — Berührung auftreten kann. Bei den häufig vorkommenden Flach-, Linien- und Punktkontakten (Bild 8.1) ergeben sich beispielsweise rechteckförmige, linienförmige bzw. kreisförmige scheinbare Berührungsflächen.

Da in der Praxis, wie bereits erwähnt, ideal glatte Oberflächen nicht vorkommen, erfolgt nur in einem Teil der scheinbaren Kontaktflächen zwischen beiden Kontaktstücken tatsächlich eine Berührung. Zur Erläuterung soll die Kontaktgabe am Beispiel des Punktkontaktes kurz gegeben werden. Bild 8.2a zeigt in schematischer, vergrößerter Darstellung einen Ausschnitt der rauhen, fremdschichtbedeckten Kontaktoberfläche vor der Kontaktgabe. Unter dem Einfluß der Kontakt-

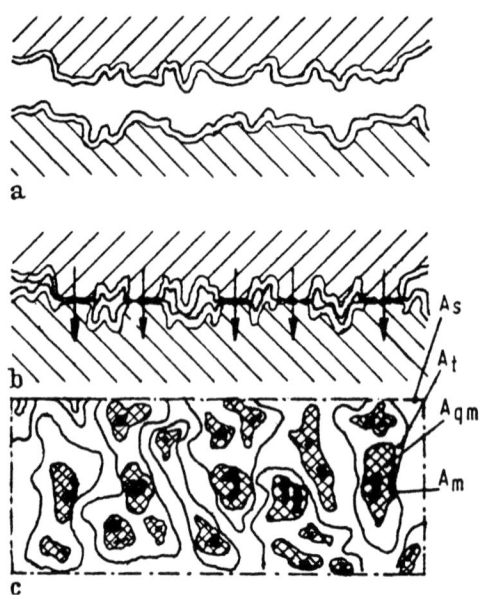

Bild 8.2. Zur Bildung von Flächen unterschiedlicher elektr. Eigenschaften beim Schließen elektrischer Kontaktstücke.

last berühren sich zunächst nur wenige hohe Mikrospitzen, die anfangs elastisch, später teilweise plastisch verformt werden, so daß weitere, tiefer liegende Mikrospitzen in Eingriff kommen. Über die Mikrospitzen, die im Falle plastischer Verformung noch zusätzlich verfestigt werden, wird die Kraft auf den darunterliegenden Halbraum weitergegeben, der wegen seiner größeren Ausdehnung im wesentlichen elastisch verformt wird; hierdurch können weitere Mikrospitzen zur Berührung kommen. Mit steigender Kontaktkraft nimmt auf diese Weise die Zahl der berührenden Einzelflächen zu, während ihre durchschnittliche Größe, bedingt durch die Materialverfestigung, etwa konstant bleibt. Es erfolgt keine vollständige Einebnung der rauhen Oberfläche; die Berührung liegt vielmehr in einer Vielzahl von Einzelpunkten vor, deren Ansammlung als Punkthaufen bezeichnet wird.

Die den Punkthaufen umschließende Fläche wird *Konturfläche* A_k genannt. Die Konturfläche ist beim Punktkontakt kreisförmig und entspricht im allgemeinen der scheinbaren Berührungsfläche. Beim Linienkontakt und insbesondere beim Flachkontakt kommt es infolge der Oberflächenwelligkeit im allgemeinen nicht zu einer gleichmäßigen Verteilung der berührenden Mikrospitzen; vielmehr treten hier meist mehrere Konturflächen auf, die jeweils eine Häufungsfläche von Mikroflächen umschließen. Die Summe aller mikroskopischen Berührungsflächen wird als *tragende Kontaktfläche* A_t bezeichnet. Die tragende Kontaktfläche ist demnach der Teil der scheinbaren Kontaktfläche bzw. der Konturfläche, innerhalb dessen die Kontaktkraft wirksam wird.

Bei der plastischen Verformung der Kontaktstücke werden insbesondere dicke Fremdschichten aufgerissen und teilweise in die benachbarten Täler abgedrängt. Innerhalb der tragenden Kontaktfläche gibt es dadurch Gebiete, die sich metallisch berühren sowie Gebiete, die durch mehr oder minder dicke Fremdschichten bedeckt sind. Die *wirksame Kontaktfläche* A_w ist der Teil der tragenden Kontaktfläche, in dem die Stromleitung stattfindet, und damit die Summe aller stromführungsfähigen Berührungsflächen. Diese setzen sich zusammen aus den rein *metallischen Berührungsflächen* A_m und den *quasimetallischen Berührungsflächen* A_{qm} mit dünnen Fremdschichten von etwa 2 bis 3 nm Dicke, durch die die Elektronen infolge des Tunneleffektes ohne nennenswerten Widerstand hindurchtreten können. Die beschriebenen Verhältnisse sind in vereinfachter Form in Bild 8.2 b und c dargestellt.

8.2. Größe der Kontaktflächen

Die exakte Vorausberechnung der verschiedenen Kontaktflächen sowie der Größe und der örtlichen Verteilung der Mikroflächen, ausgehend von den mikroskopischen geometrischen Abmessungen, der Kontaktkraft und den Werkstoffkonstanten, ist bis heute nicht möglich. Man ist vielmehr auf teilweise sehr grobe Abschätzungen angewiesen. Dies ist nicht zuletzt dadurch bedingt, daß auch die experimentelle Ermittlung vielfach schwierig bzw. gar nicht möglich ist. Ein wesentliches Hindernis ist bereits die Tatsache, daß die Kontaktflächen im geschlossenen Zustand einer direkten Beobachtung nicht zugänglich sind. Es müssen deshalb idealisierte Versuchsbedingungen herangezogen werden (z. B. Kontaktstücke gegen Glas) oder aber Rückschlüsse aus den bleibenden Veränderungen nach dem erneuten Öffnen gezogen werden.

8.2.1. Ermittlung der scheinbaren Kontaktfläche

Bei Flachkontaktstücken ist die scheinbare Kontaktfläche gleich der Fläche, die die Kontaktstücke im geschlossenen Zustand überdecken.

Bei Kontaktstücken mit linien- und punktförmigen Berührungsstellen ist die scheinbare Kontaktfläche von der Kontaktkraft abhängig. Beziehungen zu ihrer Ermittlung basieren auf der Annahme rein elastischer bzw. rein plastischer Verformung. Bei niedrigen Kontaktkräften wird dabei elastische Verformung angenommen, bei höheren Kräften plastische Verformung. In Wirklichkeit ist eine derartige Trennung nicht möglich.

Bei rein elastischer Verformung des Kontaktwerkstoffes innerhalb der Berührungsflächen werden die scheinbaren Berührungsflächen unter Verwendung der Hertzschen Beziehungen [2, S. 964] berechnet; diese Gleichungen gelten allerdings exakt nur für ideal glatte Oberflächen.

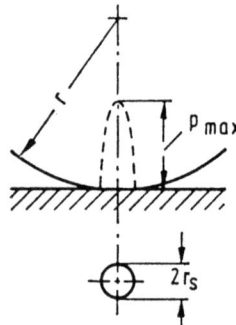

Bild 8.3. Zur Berechnung der scheinbaren Berührungsflächen nach den Hertzschen Gleichungen beim Druck einer Kugeloberfläche gegen eine ebene Platte.

Wird beispielsweise ein Kontaktstück mit kugelförmiger Oberfläche und dem Balligkeitsradius r auf ein ebenes Kontaktstück mit der Kraft F_k gedrückt, so ergibt sich eine kreisförmige Druckfläche (s. Bild 8.3), mit dem Radius

$$r_s = \sqrt[3]{1{,}5(1 - \nu^2)\frac{F_k \cdot r}{E}}. \tag{8.1}$$

ν ist die Poissonsche Konstante ($\nu_{Cu} = 0{,}35$, $\nu_{Ag} = 0{,}4$, $\nu_{Al} = 0{,}3$) und E der Elastizitätsmodul.

Der Druck p verteilt sich über die Kreisfläche entsprechend einem Rotationsellipsoid mit dem Maximalwert

$$p_{max} = \frac{1{,}5 \cdot F_k}{\pi r_s^2}. \tag{8.2}$$

8.2. Größe der Kontaktflächen

Der arithmetische Mittelwert des Drucks beträgt

$$\bar{p} = \frac{F_k}{\pi r_s^2} = \frac{2}{3} p_{max}. \qquad (8.3)$$

Mit $\nu \approx 0{,}3$ vereinfacht sich Gl. (8.1) zu:

$$r_s = 1{,}1 \sqrt[3]{\frac{F_k \cdot r}{E}}. \qquad (8.4)$$

Bei zwei balligen Kontaktflächen mit den Radien r_1 und r_2 ist in Gl. (8.1) und (8.2) ein resultierender Radius r einzusetzen:

$$\frac{1}{r} = \frac{1}{r_1} + \frac{1}{r_2}. \qquad (8.5)$$

Bei Kontaktanordnungen aus unterschiedlichen Kontaktwerkstoffen ist mit einem Elastizitätsmodul E zu rechnen, der sich ergibt aus:

$$\frac{1}{E} = \frac{1}{2}\left(\frac{1}{E_1} + \frac{1}{E_2}\right). \qquad (8.6)$$

Bei der plastischen Verformung wird die Fließgrenze überschritten. Innerhalb der Kontaktfläche stellt sich dann ein mittlerer Druck ein, der der Härte des Materials entspricht. Für die scheinbare Kontaktfläche gilt dann

$$A_s = \frac{F_k}{H_s}. \qquad (8.7)$$

H_s ist die sogenannte Kontakthärte; sie ist im allgemeinen kleiner als die üblichen technologischen Härten (Vickers- oder Brinellhärte) und ist außer vom Werkstoff in gewissem Umfang auch von der Form der Kontaktstücke abhängig. Zur experimentellen Bestimmung der Kontakthärte H_s werden die Kontaktstücke mit der Kraft F_k zunächst zusammengedrückt und anschließend nach der Trennung die plastisch verformte Fläche unter dem Mikroskop ausgemessen. Die Auswertung wird erleichtert, wenn bei angenäherten Messungen dünne Metallfolien zwischen die Kontaktstücke gelegt werden oder aber, wenn die beiden sich berührenden Oberflächen mit um 90° versetzten Bearbeitungsriefen versehen werden. Die Kontakthärte berechnet sich dann als Quotient aus der Kontaktkraft F_k und der gemessenen scheinbaren Kontaktfläche A_s. Es gilt bei kreisförmiger Berührungsfläche mit dem Radius r_s

$$H_s = \frac{F_k}{\pi r_s^2} \qquad (8.8)$$

und bei linienförmiger Berührungsfläche mit der Länge l_s und der Breite b_s

$$H_s = \frac{F_k}{l_s \cdot b_s}. \tag{8.9}$$

Die Einführung der Härte H_s ist nur dann physikalisch sinnvoll, wenn man annimmt, daß nicht nur die Mikrospitzen, sondern auch die darunter liegende Fläche plastisch verformt wird. Dies darf jedoch auf Grund neuerer Untersuchungen [22, 23] angezweifelt werden. Der die Mikrospitzen tragende Halbraum wird demnach auch bei hohen Kontaktlasten nur elastisch verformt.

8.2.2. Ermittlung der tragenden und wirksamen Kontaktflächen

Die genaue Ermittlung der tragenden Kontaktflächen und der wirksamen Kontaktflächen einer Kontaktstelle ist bisher praktisch nicht möglich. Auf Grund einiger Untersuchungen an Modellen kann jedoch Zahl und Größe der tragenden Mikrokontaktflächen $A_{t\mu}$ innerhalb einer scheinbaren Kontaktfläche abgeschätzt werden. Rückschlüsse auf die Zahl und Größe der einzelnen wirksamen Kontaktflächen können nur unter einigen stark vereinfachenden Annahmen aus der Messung des Kontaktwiderstandes gezogen werden.

Experimentelle Untersuchungen an *Flachkontaktstücken* [3] haben ergeben, daß die Größe der tragenden Kontaktfläche A_t nur abhängig ist von der Kontaktkraft F_k und einer Kontakthärte H_t, sofern die Kontaktteile so fest zusammengepreßt werden, daß sich die Mikroflächen plastisch verformen. Dabei spielt die Größe der scheinbaren Berührungsfläche A_s keine Rolle; auch ergeben sich keine wesentlichen Unterschiede von der Art der Oberflächenbearbeitung, wenn man nur die normalen Bearbeitungsarten, wie Pressen, Fräsen, Hobeln, Feilen, Planschleifen, Bürsten und Sandstrahlen miteinander vergleicht.

Die tragende Kontaktfläche ergibt sich unter diesen Bedingungen aus

$$A_t = \frac{F_k}{H_t} \tag{8.10}$$

mit $H_t \approx 0{,}5$ bis $0{,}7\, H_B$.

Die Brinellhärte H_B kann für Werkstoffhärten von 800 bis 3000 N/mm² (≈ 80 bis 300 kp/mm²) gleich der Vickershärte gesetzt werden. Da die meisten Leiter- und Kontaktwerkstoffe eine Härte besitzen, die in diesem Bereich liegt, können somit auch H_V-Werte verwendet werden.

8.2. Größe der Kontaktflächen

Bei gleicher Brinell- oder Vickershärte gelten die kleineren Werte der Kontakthärte H_t für Kontaktoberflächen mit scharfkantigen Mikrospitzen, die größeren Werte für mehr abgerundete, weil bei scharfkantigen Begrenzungen die Druckverteilung ungünstiger ist. Dies geht aus Bild 8.4 hervor, das Verkleinerungsfaktoren der Brinellhärten nach Prandtl [3, S. 124] für unterschiedliche Anordnungen zeigt.

Bild 8.4. Einfluß der geometrischen Form der Mikrospitzen auf die Größe der Kontakthärte.

Ähnliche Gesetzmäßigkeiten müßten auch bei linien- und punktförmigen Kontaktstellen gelten; Angaben hierüber liegen jedoch nicht vor. Da bei diesen Anordnungen bei Anwendung gleicher Kontaktkraft F_k infolge der sehr viel kleineren scheinbaren Kontaktfläche A_s die Flächenpressung und damit der Verformungsgrad sehr viel höher sind als bei Flachkontaktstücken, wird vielfach, insbesondere bei punktförmigen Kontaktstellen mit kreisförmigen Berührungsflächen, zur Vereinfachung angenommen, daß $A_t = A_s$ ist.

Die Größe der wirksamen Kontaktflächen hängt ab von der Beschaffenheit der kontaktgebenden Oberflächen, der Fremdschichtdicke der Kontaktkraft und der Relativbewegung der Kontaktpartner beim Schließvorgang.

Aufgerauhte („gesommerte") Kontaktoberflächen mit scharfkantigen Mikrospitzen sind günstiger als ebene Kontaktflächen, bei denen die Fremdschichten nicht zerquetscht werden können. Eine schleifende Bewegung der Kontaktpartner bei hoher Kontaktkraft gewährleistet eine sichere Erzeugung großer wirksamer Kontaktflächen. Reine Abhebekontaktanordnungen dürften bei geringen Kontaktkräften dagegen nur bei Edelmetallkontaktwerkstoffen eine ausreichende wirksame Kontaktfläche ergeben. Von großem Einfluß auf die Größe der wirksamen Kontaktflächen sind die Schalthäufigkeit und die Größe des Stromes, der über die Kontaktstelle fließt. Bei jeder Schaltung werden die Fremdhäute zerstört. Bei kurzzeitiger Belastung der Kontaktstelle mit Über- oder Kurzschlußströmen können die wirksamen Kontaktflächen vergrößert werden (vgl. Abschnitt 8.5). Bei ununterbrochenem Dauerbetrieb geschlossener Kontaktstücke und Belastungen mit Nenn-Betriebsströmen oder Überströmen sowie bei hohen Schaltstücktemperaturen kann die Größe der wirksamen Kontaktfläche durch einwachsende Fremdschichten vermindert werden (Abschnitt 8.6).

Auf Grund experimenteller Untersuchungen und Berechnungen, bei denen angenommen wurde, daß die wirksamen Mikrokontaktflächen kreisförmig, unterschiedlich groß und in der scheinbaren Kontaktfläche statistisch verteilt sind, wird geschlossen, daß bei Kontaktkräften von 10 bis 500 N ($\approx$ 1 bis 50 kp) mit 10 bis einigen 100 wirksamen Mikroberührungsflächen zu rechnen ist, deren mittlere Radien in der Größenordnung von 1 bis 10 µm liegen.

8.3. Kontaktwiderstand und Kontaktmodelle

Fließt über zwei geschlossene Kontaktstücke ein Strom, so entsteht längs der Strombahn ein Spannungsabfall bedingt durch den sogenannten *Durchgangswiderstand* R_d. Dieser Widerstand wird bestimmt zwischen zwei Bezugspunkten (vorzugsweise zwischen den Anschlußstellen), die weitgehend frei gewählt werden können, jedoch angegeben werden müssen. Bei der Wahl der Bezugspunkte muß lediglich beachtet werden, daß sie in Zonen liegen, in denen der Verlauf der Stromlinien durch die Kontaktstelle nicht beeinflußt wird, d. h. außerhalb des Einengungsbereiches, der durch die wirksamen Kontaktflächen verursacht wird. Bild 8.5a

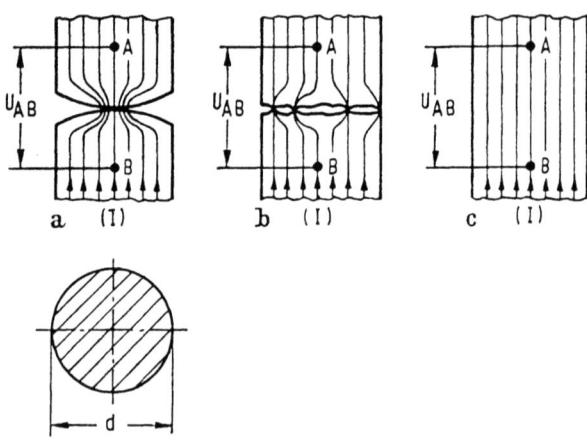

Bild 8.5. Zur Definition des Kontaktwiderstandes.

und b veranschaulicht die Verhältnisse am Beispiel zylindrischer Kontaktstücke, die sich punktförmig bzw. flächenhaft berühren:

$$R_\mathrm{d} = \frac{U_\mathrm{AB}}{I}. \tag{8.11}$$

Der Durchgangswiderstand ist somit der Widerstand zwischen den beiden Äquipotentialflächen, auf denen die Bezugspunkte liegen. Er setzt sich aus zwei Teilen zusammen:

$$R_\mathrm{d} = R_\mathrm{b} + R_\mathrm{k}. \tag{8.12}$$

Der *Eigenwiderstand* R_b ist der Widerstand, der sich ergeben würde, wenn die Strombahn aus einem Stück, d. h. ohne die Kontaktstelle ausgeführt wäre (s. Bild 8.5c). Der *Kontaktwiderstand* R_k ist der Widerstand, der durch die Kontaktstelle zusätzlich entsteht ($R_\mathrm{k} = R_\mathrm{d} - R_\mathrm{b}$).

Wird eine vorhandene Fremdschicht beim Schließen der Kontaktstücke mechanisch nicht verletzt und beim Anlegen einer Spannung nicht elektrisch durchschlagen, dann muß der Strom in der Kontaktstelle über die halbleitende Fremdschicht fließen. In der Praxis kommt das nur bei sehr geringen Kontaktkräften, Spannungen und Strömen vor, wie sie teilweise in der Nachrichtentechnik üblich sind. In diesem Sonderfall wird der Kontaktwiderstand in zwei Anteile aufgeteilt:

$$R_\mathrm{k} = R_\mathrm{e} + R_\mathrm{f}. \tag{8.13}$$

Der *Engewiderstand* R_e ist der Anteil des Kontaktwiderstandes, der auf Grund der Einengung und Zusammenschnürung der Stromlinien auf die stromführungsfähigen Berührungsflächen (Stromengen) in einem Kontaktstück entsteht. Der *Fremdschichtwiderstand* R_f ist der Teil, der durch den Widerstand der Fremdschichten auf den Kontaktstückoberflächen hervorgerufen wird. Bei den Kontaktstücken der Energietechnik wird die Fremdschicht beim Schließen mechanisch oder spätestens beim Anlegen der Spannung elektrisch zerstört, so daß der Fremdschichtwiderstand $R_\mathrm{f} = 0$ und damit $R_\mathrm{k} = R_\mathrm{e}$ ist. Dafür vermindern die Fremdschichten die Größe und Anzahl der wirksamen Mikrokontaktflächen und bewirken dadurch eine zusätzliche, starke Einengung der Stromfäden im Inneren der Kontaktpartner, was eine Erhöhung des Engewiderstandes R_e bedeutet.

8.3.1. Eigenwiderstand

Der Eigenwiderstand R_b ist definitionsgemäß der Widerstand eines Leiters, der die gleiche äußere Form hat wie die Kontaktverbindung, jedoch ohne die Kontaktstelle selbst. Aus konstruktiven Gründen erforderliche Querschnittsänderungen sowie unterschiedliche spezifische Widerstände beider Kontaktpartner müssen bei der Berechnung des Eigenwiderstandes berücksichtigt werden. Unberücksichtigt bleiben dagegen die Querschnittsminderungen, die ursächlich mit der Kontaktstelle in Verbindung stehen, wie z. B. infolge der Balligkeit der kontaktgebenden Flächen in Bild 8.5a.

8.3.2. Engewiderstand

Maßgebend für die Größe des Engewiderstandes R_e sind neben der Zahl und Größe der wirksamen Mikrokontaktflächen $A_{w\mu}$ ihre Lage innerhalb der scheinbaren Kontaktfläche A_s. Eine einzige große wirksame Kontaktfläche im Zentrum der scheinbaren Berührungsfläche verursacht beispielsweise eine stärkere Einengung der Stromfäden (vgl. Bild 8.5a) als eine wirksame Kontaktfläche A_w gleicher Größe, die jedoch in viele kleine Mikroflächen $A_{w\mu}$ aufgeteilt ist, die auf der scheinbaren Kontaktfläche gleichmäßig verteilt sind (vgl. Bild 8.5b).

Die exakte Berechnung des Engewiderstandes ist in geschlossener Form auch bei Kenntnis von Anzahl, Größe und Lage der Mikropunkte nicht möglich. Man verwendet deshalb vereinfachte Modelle.

Zur Berechnung des Engewiderstandes einer einzelnen kreisförmig angenommenen Mikrokontaktfläche wurden von Holm zwei Kontaktmodelle, das Kugelmodell [1, S. 3 und S. 13] und das Ellipsenmodell [1, S. 16] vorgeschlagen. Diese werden zunächst behandelt; anschließend folgen Kontaktmodelle zur Berechnung der Mehrpunktkontaktstellen.

a) Kugelmodell

Beim Kugelmodell wird zur Vereinfachung anstelle einer Mikrokontakt*fläche* mit dem Radius a_μ eine Mikrokontakt*kugel* mit dem Radius b_μ angenommen, an der sich die Kontaktstücke leitend berühren. Diese Mikrokontaktkugel soll unendlich gut elektrisch und thermisch leitend sein, so daß überall an der Kugeloberfläche das gleiche elektrische Potential und die gleiche Temperatur vorliegen. Die Stromengestelle der beiden Kontaktstücke (2 KS) unter diesen Annahmen zeigt Bild 8.6. Bei kugelförmiger Kontaktfläche sind die Stromlinien Radiale und die Äquipotentialflächen konzentrische Kugelschalen.

Der Widerstand der in Bild 8.6 strichpunktierten Halbkugelschale mit dem Radius r, der Dicke dr und dem spezifischen elektrischen Widerstand ϱ ist:

$$dR = \frac{\varrho}{2\pi} \frac{dr}{r^2}. \qquad (8.14)$$

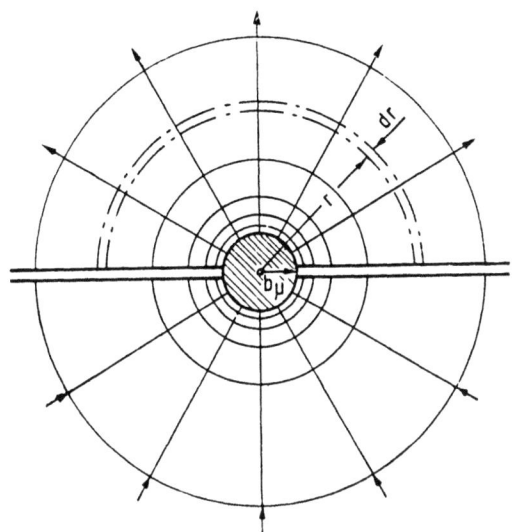

Bild 8.6. Kugelmodell nach Holm.

Der Widerstand der gesamten Halbkugelkalotte mit dem inneren Radius b_μ und dem äußeren Radius $r = r_\mathrm{a}$ ist

$$R_{1\mathrm{KS}} = \frac{\varrho}{2\pi} \int\limits_{b_\mu}^{r_\mathrm{a}} \frac{\mathrm{d}r}{r^2} = \frac{\varrho}{2\pi}\left(\frac{1}{b_\mu} - \frac{1}{r_\mathrm{a}}\right). \tag{8.15}$$

Für $r_\mathrm{a} \to \infty$ lautet Gl. (8.15)

$$R_{1\mathrm{KS}} = \frac{\varrho}{2\pi b_\mu}. \tag{8.16}$$

Für $r_\mathrm{a} \to \infty$ wird der Eigenwiderstand $R_\mathrm{b} = 0$, und es gilt für den Engewiderstand

$$R_{\mathrm{e}2\mathrm{KS}} = 2 \cdot R_{1\mathrm{KS}} = \frac{\varrho}{\pi b_\mu}. \tag{8.17}$$

b) Ellipsenmodell

Das Ellipsenmodell von Holm geht von einer kreisförmigen Mikrokontaktstelle mit dem Radius a_μ aus, die im stationären Betriebszustand an allen Stellen das gleiche elektrische Potential und gleiche Temperatur besitzt (Äquipotentialfläche, Null-Isotherme). Bild 8.7 zeigt die eine Hälfte dieses Kontaktmodells. Die Stromlinien sind konfokale Hyperbeln, die Äquipotentialflächen konfokale Ellipsoide.

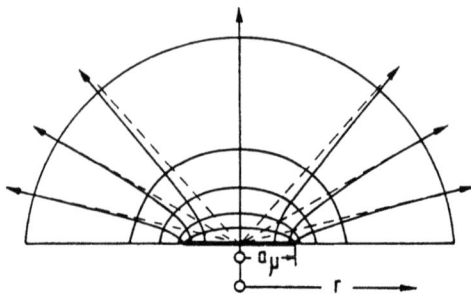

Bild 8.7. Ellipsenmodell nach Holm.

Der Widerstand des ganzen Ellipsoides R_{2KS}, wie er bei einer Kontaktstelle mit zwei Kontaktpartnern gebildet wird, berechnet sich für $r = r_a$ zu

$$R_{2KS} = \frac{\varrho}{\pi a_\mu} \arctan \sqrt{\frac{r_a^2 - a_\mu^2}{a_\mu^2}}. \tag{8.18}$$

Für $r_a \to \infty$ wird $\arctan \infty = \pi/2$ und $R_b = 0$. Für den Engewiderstand gilt dann:

$$R_{e2KS} = \frac{\varrho}{2 a_\mu}. \tag{8.19}$$

Unendlich große Kontaktstücke kommen in der Praxis nicht vor. Gl. (8.19) gilt in guter Näherung jedoch für alle Fälle, bei denen a_μ klein ist gegenüber den Abmessungen der Kontaktstücke. Bei zylindrischen Kontaktstücken beispielsweise ist der Fehler kleiner als 10%, wenn $a_\mu/r_a < 0{,}1$ ist (s. auch Bild 8.10).

Der Engewiderstand kann bei zylindrischen Kontaktstücken näherungsweise auch unter Verwendung von Gl. 8.18 berechnet werden, indem man r_a gleich dem Radius des Zylinders setzt (s. Bild 8.8a) und davon den Eigenwiderstand abzieht. Der Eigenwiderstand entspricht unter dieser Annahme dem Widerstand eines elliptischen Körpers entsprechend Bild 8.8b. Man zieht im allgemeinen als Eigenwiderstand jedoch den Widerstand eines Zylinders der Länge $2\sqrt{r_a^2 - a_\mu^2}$ ab und berücksichtigt den Fehler durch einen Korrekturfaktor g. Der Engewiderstand berechnet sich dann zu

$$R_{e2KS} = \frac{\varrho}{\pi a_\mu} \arctan \sqrt{\frac{r_a^2 - a_\mu^2}{a_\mu^2}} - g \cdot \frac{\varrho}{\pi r_a^2} 2\sqrt{r_a^2 - a_\mu^2}. \tag{8.20}$$

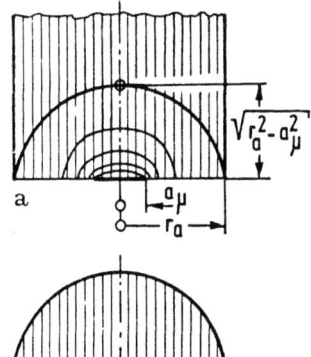

Bild 8.8. Zur Berechnung des Engewiderstandes zylindrischer Kontaktstücke.

Finke [7] erhält zwischen Rechnung und Messung die beste Übereinstimmung ($< 5\%$) bei einem Faktor

$$g = \sqrt{\left(1{,}12 - \frac{a_\mu}{r_\mathrm{a}}\right)\frac{a_\mu}{r_\mathrm{a}}}. \tag{8.21}$$

Holm [1, S. 22] gibt im Zusammenhang mit den Mehrpunktkontaktmodellen einen Faktor $g = 0{,}6$ an.

Die Tatsache, daß die Mikrokontaktflächen nicht kreisförmig sind, kann ebenfalls durch einen Faktor berücksichtigt werden. Der Engewiderstand einer elliptischen Kontaktfläche mit dem Verhältnis der Achsen 5 : 1, die den gleichen Flächeninhalt hat wie die Kreisfläche, ist nach Holm [1, S. 18] im Verhältnis 0,85 : 1 kleiner als der Engewiderstand der kreisförmigen Kontaktfläche.

Die Stromdichte J ist beim Ellipsenmodell nicht an allen Stellen der kreisförmigen Mikrokontaktfläche gleich groß. In einer Ringfläche mit dem Radius $r < a_\mu$ der Berührungsfläche ist:

$$J(r) = \frac{I}{2\pi a_\mu} \frac{1}{\sqrt{a_\mu{}^2 - r^2}}. \tag{8.22}$$

In der Mitte der Kreisfläche ist die Stromdichte am kleinsten; zum Rande hin nimmt sie zu und erreicht für $r = a_\mu$ den Wert unendlich.

Die einfachen Beziehungen Gl. (8.17) und Gl. (8.19) für das Kugel- und Ellipsenmodell werden in der Praxis sehr häufig verwendet. Oft wird dabei der Kontaktwiderstand nach der genaueren Beziehung Gl. (8.19) bestimmt; dann wird mit dem vereinfachten Kontaktmodell

(Gl. 8.17) unter Zugrundelegung gleichen Kontaktwiderstandes ($R_{eEl} = R_{eKug}$) gerechnet, indem

$$b_\mu = \frac{2}{\pi} a_\mu \qquad (8.23)$$

gesetzt wird.

Gln. (8.17) und (8.19) zeigen, daß der Engewiderstand indirekt proportional mit dem Radius der Mikrokugel b_μ bzw. der Mikrokreisfläche a_μ abnimmt und nicht mit der Größe der Flächen πb_μ^2 bzw. πa_μ^2.

c) Mehrpunktkontaktmodelle

Zur Berechnung des Engewiderstandes von wirklichen Kontaktanordnungen, bei denen der Stromfluß innerhalb der scheinbaren Berührungsfläche stets über mehrere Mikroflächen erfolgt, werden Mehrpunktkontaktmodelle verwendet. Vereinfachend wird dabei angenommen, daß die Berührungsflächen kreisförmig sind; weiterhin wird von den Gleichungen für das Ellipsenmodell ausgegangen.

Bild 8.9 zeigt in schematischer Darstellung die Lage von Mikrokontaktflächen innerhalb der scheinbaren Berührungsfläche. Beim Flachkontakt (Bild 8.9a) kann angenommen werden, daß die einzelnen

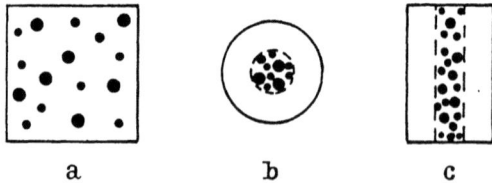

a b c

Bild 8.9. Mikrokontaktstellen innerhalb der scheinbaren Berührungsfläche beim Flach-, Punkt- und Linienkontakt.

Mikroflächen weiter auseinander liegen als beim Punkt- und Linienkontakt (Bild 8.9b und c), bei denen eine stärkere Verformung der kontaktgebenden Oberfläche vorliegt.

Bei großem, gegenseitigem Abstand der Mikropunkte kann angenommen werden, daß die gegenseitige Beeinflussung des Stromverlaufs gering ist. Der Engewiderstand der Einzelflächen kann dann nach Gl. (8.19) berechnet werden; der gesamte Engewiderstand ergibt sich dann aus der Parallelschaltung der Einzelwiderstände. Liegen die Mikropunkte enger zusammen, so wird von Gl. (8.20) ausgegangen. Modellmäßig ergibt sich der Engewiderstand dann aus der Parallelschaltung von Einzeldrähten mit dem Radius r_a und den Engestellen a_μ.

Um zu entscheiden, welche der beiden Gleichungen verwendet werden soll, ist es wichtig zu wissen, von welchem Verhältnis a_μ/r_a an Gl. (8.19) ohne wesentlichen Fehler verwendet werden kann. Bild 8.10 zeigt den Fehler ΔR_{e2Ks} für das Ellipsenmodell und zum Vergleich für das Kugelmodell.

Aufgetragen ist:

$$\Delta R_{e2KS} = \frac{\dfrac{\varrho}{2a_\mu} - R'_{e2KS}}{R'_{e2KS}} \cdot 100\% \qquad (8.24)$$

und

$$\Delta R_{e2KS} = \frac{\dfrac{\varrho}{\pi b_\mu} - R'_{c2KS}}{R'_{e2KS}} \cdot 100\% \qquad (8.25)$$

(mit $a_\mu = b_\mu$) in Abhängigkeit vom Verhältnis a_μ/r_a in Prozent.

R'_{e2KS} ist der gemessene Engewiderstand von zylindrischen Kontaktstücken aus Quecksilber mit konstantem Außendurchmesser $2r_a = 40$ mm und kreisförmigen Berührungsflächen, deren Durchmesser $2a_\mu$ zwischen 2,5 und 28 mm variiert wurde. Wie aus der Gegenüberstellung sehr deutlich hervorgeht, gibt das Ellipsenmodell bei $(a_\mu/r_a) \cdot 100 < 10\%$

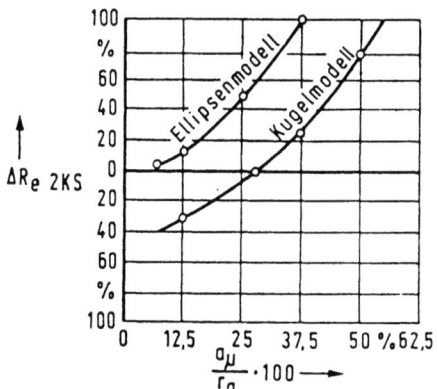

Bild 8.10. Prozentualer Fehler bei Berechnung des Engewiderstandes zylindrischer Kontaktstücke nach dem Holmschen Kugel- und Ellipsenmodell.

Widerstandswerte, die von den wirklichen Engewiderständen um weniger als 10% differieren, während sich beim Kugelmodell Abweichungen $< 10\%$ nur bei $(a_\mu/r_a) \cdot 100$ von 25 bis 30% ergeben.

Angewandt auf den Mehrpunktkontakt ergibt sich, daß Gl. (8.19) in guter Näherung angewandt werden kann, wenn $\bar{a}_\mu/\bar{l} < 0,1$. Dabei ist $\bar{a}_\mu$ der arithmetische Mittelwert der Radien a_μ (s. Bild 8.11)

$$\bar{a}_\mu = \frac{1}{n} \sum_{i=1}^{n} a_{\mu i} \qquad (8.26)$$

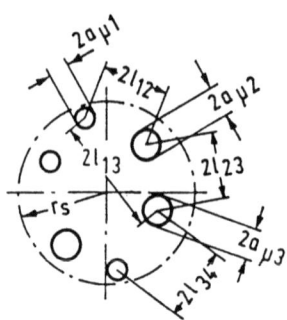

Bild 8.11. Zur Berechnung des Engewiderstandes eines Mehrpunktkontaktes.

und $2\bar{l}$ der arithmetische Mittelwert der Abstände

$$2\bar{l} = \frac{1}{n \cdot (n-1)} \sum_{i=1}^{n} \sum_{j=1}^{n} 2l_{ij}; \quad (i \neq j). \tag{8.27}$$

Bei Kontaktstellen mit n wirksamen Kontaktflächen mit dem mittleren Radius $\bar{a}_\mu$, die so weit auseinander liegen ($\bar{l} \gg \bar{a}_\mu$), daß sie sich nicht beeinflussen, kann für die Berechnung der Engewiderstände folgende Gleichung verwendet werden:

$$R_{e2KS} = \frac{1}{n} \cdot \frac{\varrho}{2\bar{a}_\mu}. \tag{8.28}$$

Für die wirksame Gesamtkontaktfläche einer Mehrpunktkontaktanordnung gilt

$$A_w = n \cdot \pi \bar{a}_\mu^2. \tag{8.29}$$

Bestimmt man hieraus den mittleren Radius der wirksamen Mikrokontaktflächen

$$\bar{a}_\mu = \sqrt{\frac{A_w}{n \cdot \pi}} \tag{8.30}$$

und setzt diesen Wert in Gl. (8.28) ein, so ergibt sich

$$R_{e2KS} = \frac{1}{n} \sqrt{\frac{\pi \cdot n}{A_w}} \cdot \frac{\varrho}{2}. \tag{8.31}$$

Daraus folgt die für die Praxis wichtige Tatsache, daß bei gleicher wirksamer Kontaktfläche A_w der Engewiderstand um so kleiner wird, je größer die Zahl n der Mikrokontaktflächen ist.

Bei Kontaktstellen deren wirksame Mikrokontaktstellen so dicht zusammenliegen ($\bar{a}_\mu/\bar{l} > 0{,}1$), daß sich die Stromlinien beeinflussen, kann für die Berechnung des Engewiderstandes von Gl. (8.18) ausgegangen werden.

Unter der Annahme gleichmäßig auf der scheinbaren Kontaktfläche A_s eines *Flach*kontaktstückes verteilter Mikrokontaktstellen, die alle den gleichen Radius a_μ und den gleichen Abstand $2\,l$ besitzen, gilt für den Engewiderstand [1, S. 22]

$$R_{e2KS} = \frac{1}{n} \cdot \frac{\varrho}{\pi a_\mu} \cdot \arctan \sqrt{\frac{l^2 - a_\mu^2}{a_\mu^2}} - 2g \cdot \varrho \, \frac{\sqrt{l^2 - a^2}}{A_s}. \qquad (8.32)$$

Die Gleichung beschreibt ein Mehrpunktmodell, das aus einem Bündel von n parallelgeschalteten, zylindrischen Kontaktstücken mit einem Außendurchmesser $2l$ besteht, die stirnseitig eine Mikrokontaktstelle mit dem Radius a_μ besitzen.

Bei einem *Punkt*kontakt, wie er bei zylindrischen Kontaktstücken mit balligen Oberflächen vorliegt, liegen die wirksamen Mikrokontaktflächen sehr dicht innerhalb einer kreisförmigen scheinbaren Berührungsfläche A_s mit dem Radius r_s. Wiederum unter der Annahme gleich großer Mikrokontaktflächen mit dem Radius a_μ und gleichen gegenseitigen Abständen $2l$ berechnet sich der Engewiderstand zu [1, S. 23]:

$$R_{e2KS} = \frac{1}{n} \cdot \frac{\varrho}{\pi a_\mu} \cdot \arctan \sqrt{\frac{l^2 - a_\mu^2}{a_\mu^2}} - 2g \cdot \varrho \, \frac{\sqrt{l^2 - a_\mu^2}}{A_s} + \frac{\varrho}{2r_s}. \qquad (8.33)$$

R_{e2KS} setzt sich zusammen aus dem Engewiderstand verursacht durch die einzelnen Mikrokontaktflächen entsprechend Gl. (8.32) und einem Engewiderstand, der sich durch die zusätzliche Einengung der Stromfäden infolge der Konzentrierung der wirksamen Mikrokontaktflächen innerhalb der scheinbaren Kontaktfläche mit dem Radius r_s ergibt.

Gl. (8.32) und (8.33) gelten ableitungsgemäß für Mehrpunktkontakte mit Mikroflächen, deren Radius a_μ und deren Abstände $2l$ alle gleich groß sind. Näherungsweise können sie jedoch auch auf andere Anordnungen angewandt werden; es sind dann die arithmetischen Mittelwerte $\bar{a}_\mu$ und $2l$ nach Gl. (8.26) und (8.27) einzusetzen.

Eine Beziehung, die die unterschiedliche Größe der Radien a_μ sowie deren Lage innerhalb der scheinbaren Berührungsfläche berücksichtigt, wurde von Greenwood [12] angegeben:

$$R_{e2KS} = \frac{\varrho}{2 \sum_{i=1}^{n} a_{\mu i}} + \frac{\varrho}{\pi} \cdot \frac{\sum_{i=1}^{n} \sum_{j=1}^{n} \frac{a_{\mu i} \cdot a_{\mu j}}{2 l_{ij}}}{\left(\sum_{i=1}^{n} a_{\mu i}\right)^2}; \quad (i \neq j). \qquad (8.34)$$

In dieser Gleichung entspricht der erste Ausdruck der Parallelschaltung der n Mikrokontaktflächen mit den Halbmessern $a_{\mu i}$, der zweite Term der gegenseitigen Beeinflussung dieser Mikrokontaktflächen mit den Abständen $2l_{ij}$. Die Gleichung liefert für Mehrpunktkontakte genauere Ergebnisse als Gln. (8.32) und (8.33).

d) Ermittlung des Kontaktwiderstandes in der Praxis

Die im Abschnitt 8.32 a—c beschriebenen Kontaktmodelle sind sehr nützlich zum Verständnis der physikalischen Vorgänge, die sich beim Betrieb der Kontaktstücke in den Kontaktstellen abspielen. Sie erlauben auch die Abschätzung der Zahl und Größe der wirksamen Kontaktflächen einer Kontaktverbindung aus Meßwerten.

Eine genaue Vorausberechnung des Engewiderstandes für Kontaktanordnungen in der Praxis ist damit im allgemeinen nicht möglich.

Widerstandsmessungen an Kontaktstücken ergeben stark streuende Meßwerte. Allgemeingültige Gesetzmäßigkeiten erhält man bei Untersuchungen an Kontaktstücken mit sehr dünnen Fremdschichten, idealisierten Versuchseinrichtungen und unter Anwendung statistischer Methoden bei der Auswertung der gemessenen Widerstandswerte. Widerstandsmessungen an Kontaktstücken, die vor der Messung durch Lichtbögen abgebrannt wurden, streuen um mehrere Größenordnungen.

Vielfach wird in der Praxis zur Bestimmung des Engewiderstandes folgende Zahlenwertgleichung verwendet:

$$R_{e2KS} = \frac{c \cdot \varrho}{F_k^m}. \tag{8.35}$$

Der Einfluß der unterschiedlichen Kontaktwerkstoffe wird durch das Produkt $c \cdot \varrho$ (Tabelle Bild 8.12a) und die Form der Kontaktstücke durch den Exponenten m (Tabelle Bild 8.12b) berücksichtigt. Die Angaben gelten für gesäuberte Kontaktflächen. Gl. (8.35) entstand auf Grund sehr grober Vereinfachungen [5, S. 324ff.].

Es wurde angenommen, daß für alle Kontaktformen das Mehrpunktkontaktmodell nach Gl. (8.28)

$$R_{e2KS} = \frac{1}{n} \frac{\varrho}{2\bar{a}_\mu} \tag{8.36}$$

gilt und daß bei gesäuberten Kontaktstückoberflächen $A_t = A_w$ ist. Unter Verwendung von Gl. (8.10) ergibt sich

$$A_w = n \cdot \pi \cdot \bar{a}_\mu^2 = \frac{F_k}{H_t} \tag{8.37}$$

Kontaktwerkstoffe	$c \cdot \varrho$ $\Omega \cdot N^m$
	f. gesäub. Oberfl.
Kupfer—Kupfer	$0{,}08-0{,}14 \cdot 10^{-2}$
Kupfer—verzinntes Kupfer	$0{,}07-0{,}01 \cdot 10^{-2}$
verzinntes Kupfer—verzinntes Kupfer	$0{,}1 \cdot 10^{-2}$
Aluminium—Aluminium	$3{,}00-6{,}7 \cdot 10^{-2}$
Aluminium—Messing	$1{,}9 \cdot 10^{-2}$
Aluminium—Kupfer	$0{,}98 \cdot 10^{-2}$
Aluminium—Stahl	$4{,}4 \cdot 10^{-2}$
Messing—Messing	$0{,}67 \cdot 10^{-2}$
Messing—Kupfer	$0{,}38 \cdot 10^{-2}$
Stahl—Stahl	$7{,}6 \cdot 10^{-2}$
Stahl—Messing	$3{,}04 \cdot 10^{-2}$
Stahl—Kupfer	$3{,}1 \cdot 10^{-2}$
Stahl—Silber	$0{,}06 \cdot 10^{-2}$

a)

Form der Kontaktstücke	m
Fläche—Fläche	1
Spitze—Fläche	0,5
Kugel—Fläche	0,5
Kugel—Kugel	0,5
Stromschienenkontakt	0,5—0,7

b)

Bild 8.12. Faktoren zur Berechnung des Engewiderstandes nach Gl. (8.35).

und aufgelöst nach $\bar{a}_\mu$

$$\bar{a}_\mu = \sqrt{\frac{F_k}{H_t} \cdot \frac{1}{n \cdot \pi}}. \tag{8.38}$$

Gl. (8.36) lautet mit $\bar{a}_\mu$ nach Gl. (8.38)

$$R_{e2KS} = \frac{\varrho}{2} \cdot \frac{1}{\sqrt{\dfrac{F_k \cdot n}{H_t \cdot \pi}}}. \tag{8.39}$$

Die Zahl der Berührungspunkte ist abhängig von der Anpreßkraft F_k. Bei Annäherung tragen zunächst nur einzelne Punkte. Mit wachsender Kraft nimmt zuerst die Punktzahl n zu, dann die Größe der tragenden Kontaktfläche A_t bis $n \cdot A_{t\mu} = F_k/H_t$ den Endwert erreicht. Unter diesen Vorstellungen kann für die Abschätzung der Punktzahl n folgende Funktion angenommen werden [5]:

$$n = k_n \cdot \frac{F_k^b}{A_t}, \qquad (8.40)$$

wobei k_n eine Konstante ist. Unter der Annahme $A_t' = A_w$ gilt:

$$n = k_n \cdot \frac{F_k^b}{A_w} = k_n \cdot \frac{F_k^b}{n \cdot A_{w\mu}}. \qquad (8.41)$$

Daraus folgt

$$n = \sqrt{\frac{k_n \cdot F_k^b}{A_{w\mu}}}. \qquad (8.42)$$

Gl. (8.42) eingesetzt in Gl. (8.39) ergibt

$$R_{eKS} = \frac{\varrho}{2\sqrt{\dfrac{F_k}{H_t \cdot \pi}}\sqrt{\dfrac{k_n F_k^b}{A_{w\mu}}}} = \frac{\varrho}{2\sqrt{\dfrac{\sqrt{k_n}}{H_t \cdot \pi \sqrt{A_{w\mu}}}} F_k^{\frac{2+b}{4}}}. \qquad (8.43)$$

Mit den Abkürzungen $\dfrac{1}{c} = 2\sqrt{\dfrac{\sqrt{k_n}}{H_t \cdot \pi \sqrt{A_{w\mu}}}}$ und $m = \dfrac{2+b}{4}$ entspricht Gl. (8.43) der Gl. (8.35).

8.3.3. Fremdschichtwiderstand

Der Fremdschichtwiderstand R_f tritt nur auf, wenn die Fremdschicht (Film) beim Schließvorgang und Anlegen der Spannung nicht mechanisch oder elektrisch zerstört wird. Bei großflächiger Kontaktberührung der gesamten kreisförmigen Fläche mit dem Radius r_s (Bild 8.13a) ist der Fremdschichtwiderstand

$$R_f = \frac{\varrho_f \cdot 2 s_f}{\pi r_s^2}. \qquad (8.44)$$

Darin ist s_f die Fremdschichtdicke und ϱ_f der spezifische Widerstand der Schicht.

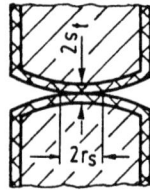

Bild 8.13. Zur Definition des Fremdschichtwiderstandes eines Punktkontaktes.

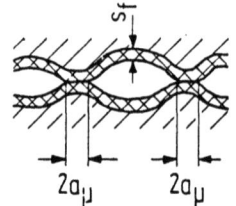

Bild 8.14. Zur Definition des Fremdschichtwiderstandes beim Mehrpunktkontakt.

Bei Kontaktberührung in n kreisförmigen gleich großen Mikro-Kontaktflächen (Bild 8.14) mit den Radien a_μ ist

$$R_\mathrm{f} = \frac{1}{n} \cdot \frac{\varrho_\mathrm{f} \cdot 2 s_\mathrm{f}}{\pi a_\mu^2}. \tag{8.45}$$

Durch die halbleitenden Fremdschichten mit hohem Fremdschichtwiderstand zwischen den metallischen Kontaktflächen werden die Stromlinien in ihrem Verlauf in den Engestellen verändert. Beim Ellipsenmodell ändert sich dadurch der Engewiderstand. Es gilt dann [1, S. 21]

$$R_\mathrm{e2KS} = \frac{2\varrho}{\pi a_\mu}. \tag{8.46}$$

8.4. $\varphi\vartheta$-Beziehung

Unter der Annahme, daß in einem stromdurchflossenen Leiter die Äquipotentialflächen gleichzeitig Flächen konstanter Temperatur sind, stellten Kohlrausch und Diesselhorst [13] eine Beziehung zwischen dem Potential φ und der Temperatur ϑ auf. Diese sogenannte $\varphi\vartheta$-Beziehung wurde von Holm [1, S. 60] auf die Verhältnisse bei elektrischen Kontakten angewendet; unter der Annahme stationärer Verhältnisse und unter der Voraussetzung, daß nur über die Stromein- und Austrittsflächen Wärme zu- und abgeführt wird, d. h. keine Wärme durch Strahlung oder Leitung über die Metalloberfläche an das umgebende Medium abgegeben wird, gilt für symmetrische Kontaktstücke

$$\int_{\vartheta_1}^{\vartheta_2} \varrho \cdot \lambda \cdot \mathrm{d}\vartheta = \int_{T_1}^{T_2} \varrho \cdot \lambda \cdot \mathrm{d}T = \frac{U_\mathrm{k}^2}{8}. \tag{8.47}$$

Darin bedeuten U_k die zwischen zwei Bezugspunkten (z. B. den Punkten A und B in Bild 8.5) gemessene Kontaktspannung, ϑ_1 bzw. T_1 die Temperatur der Bezugspunkte (näherungsweise Umgebungstemperatur), ϑ_2 bzw. T_2 die Temperatur der heißesten Stelle innerhalb der Kontaktberührungsfläche, ϱ der spezifische elektrische Widerstand und λ die Wärmeleitfähigkeit.

ϱ und λ sind temperaturabhängig. Im Bereich von etwa 0 °C bis zur Schmelztemperatur läßt sich die Abhängigkeit von der Temperatur T als Polynom 2. Grades mit guter Näherung darstellen:

$$\varrho = \varrho_0[1 + \alpha(T - T_0) + \alpha_1(T - T_0)^2], \tag{8.48}$$

$$\lambda = \lambda_0[1 + \beta(T - T_0) + \beta_1(T - T_0)^2]. \tag{8.49}$$

ϱ_0 und λ_0 sind die Werte des spezifischen elektrischen Widerstandes und der Wärmeleitfähigkeit bei der Temperatur T_0; α und α_1 bzw. β und β_1 sind Temperaturkoeffizienten bezogen auf T_0.

Gl. (8.47) gestattet somit die Berechnung der maximalen Temperatur innerhalb einer Kontaktstelle aus der gemessenen Kontaktspannung U_k. Eine geschlossene Integration unter Berücksichtigung der Temperaturabhängigkeit von ϱ und λ nach Gl. (8.48) und (8.49) ist allerdings nicht möglich.

Wie umfangreiche Untersuchungen zeigten [7], ist die berechnete Temperatur in starkem Maße von der Größe der Temperaturkoeffizienten abhängig. Dies zeigt am Beispiel von Silberkontaktstücken Bild 8.15.

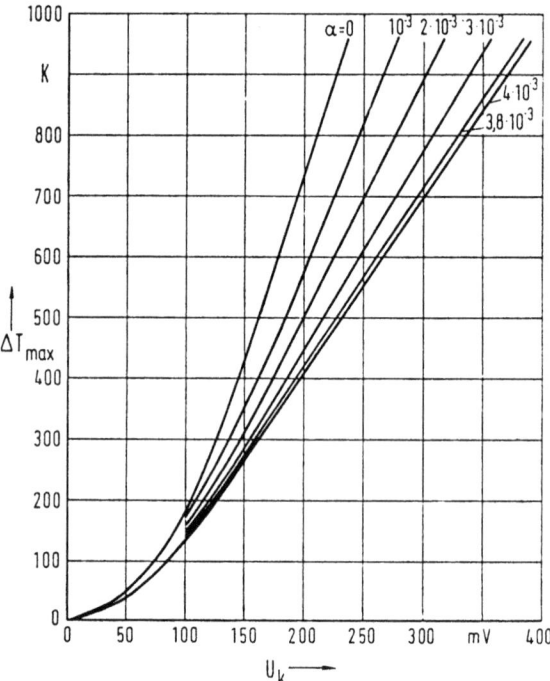

Bild 8.15. Grafische Darstellung der $\varphi\vartheta$-Beziehung bei unterschiedlichen Beiwerten α des spez. elektrischen Widerstandes ϱ.

Dargestellt ist die nach Gl. (8.47) berechnete maximale Erwärmung ΔT_{max} in Abhängigkeit von der Spannung U_k bei Variation des Koeffizienten α von 0 bis $4{,}0 \cdot 10^{-3}\,\mathrm{K}^{-1}$ ($\alpha_1 = 0$, $\beta = 0$, $\beta_1 = 0$).

Streuungen der Temperaturkoeffizienten, die durch geringfügige Materialverunreinigungen bedingt sein können, haben somit einen wesentlichen Einfluß auf die Größe der berechneten Erwärmung.

8.4. $\varphi\vartheta$-Beziehung

Unter der vereinfachenden Annahme, daß sich bis zu Temperaturen von 150 °C das Produkt von $\varrho\lambda$ nur wenig ändert ($\varrho\lambda \approx$ const), ergibt sich die maximale Erwärmung ΔT_{max} an der heißesten Kontaktstelle aus Gl. (8.47) zu

$$\Delta T_{max} = T_2 - T_1 = \frac{U_k^2}{8\varrho\lambda}. \tag{8.50}$$

Zur Abschätzung der Kontaktstellentemperaturen über 150 °C wird häufig das Gesetz von Wiedemann-Franz-Lorenz verwendet:

$$\varrho\lambda = L \cdot T. \tag{8.51}$$

$L = 2{,}4 \cdot 10^{-8}$ (V/K)^2 ist die Wiedemann-Franz-Lorenz-Zahl, T die Kelvintemperatur.

Wird Gl. (8.51) in Gl. (8.47) eingesetzt, erhält man

$$\int_{T_1}^{T_2} L \cdot T \, dT = \frac{U_k^2}{8} \tag{8.52}$$

und nach der Integration

$$L(T_2^2 - T_1^2) = \frac{U_k^2}{4}. \tag{8.53}$$

Die maximale Temperatur in der Kontaktstelle ergibt sich daraus zu

$$T_2 = \sqrt{T_1^2 + \frac{U_k^2}{4L}}. \tag{8.54}$$

Bei Anwendung von Gl. (8.54) ist zu beachten, daß das Wiedemann-Franz-Lorenzsche Gesetz nicht für Legierungen und für reine Metalle nur beschränkt gültig ist. Zwischen 0 °C und Schmelztemperatur gilt es in guter Näherung für Kupfer, Silber und Gold, während Platin starke Abweichungen zeigt [19].

Wesentliche Veränderungen in einer Kontaktstelle ergeben sich, wenn die Entfestigungs-, Schmelz- bzw. Siedetemperatur des jeweiligen Werkstoffes überschritten wird. Diesen Temperaturen können über die $\varphi\vartheta$-Beziehung entsprechende Spannungen zugeordnet werden.

Bild 8.16 gibt die Entfestigungs-, Schmelz- und Siedetemperaturen sowie die dazugehörigen Spannungen (Bezugstemperatur $\vartheta_1 = 20\,°C$) einiger Werkstoffe an [1].

Mit der Erwärmung ändert sich der spezifische Widerstand entsprechend Gl. (8.48) und damit auch der Engewiderstand R_{e2KS}; unter der Annahme gleichbleibender wirksamer Kontaktflächen und bei

Vernachlässigung des quadratischen Gliedes in Gl. (8.48) ergibt sich nach Holm [1, S. 4].

$$R_{e2KS} = R_{e2KS0} \left[1 + \frac{2}{3} \alpha (T - T_0) \right] \tag{8.55}$$

mit R_{e2KS0} als Engewiderstand bei der Bezugstemperatur T_0.

		Entfestigung		Schmelzen		Sieden	
		ϑ_E °C	U_E mV	ϑ_{sch} °C	U_{sch} mV	ϑ_{sd} °C	U_{sd} mV
Silber	Ag	180	90	960	370	2193	750
Gold	Au	100	80	1063	430	2817	900
Aluminium	Al	150	100	660	300	2447	
Kupfer	Cu	190	120	1083	430	2582	800
Nickel	Ni	520	220	1455	650	2837	
Wolfram	W	1000	600	3380	1100	5527	2100

Bild 8.16. Entfestigungs-, Schmelz- und Siedespannungen verschiedener Grundwerkstoffe.

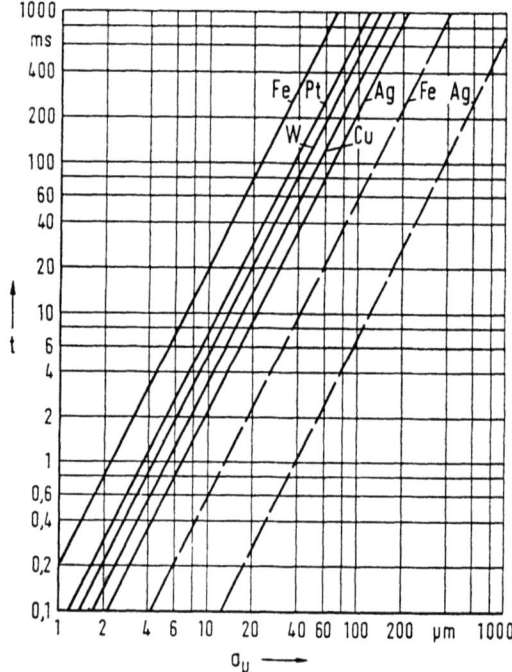

Bild 8.17. Einfluß der Größe der Mikroflächen auf die Aufheizdauer bei verschiedenen Werkstoffen.

Bei Wechselstrombelastung geschlossener Kontaktstücke interessiert vielfach die Frage, ob die maximale Temperatur in den wirksamen Kontaktflächen den sich zeitlich sinusförmig in ihrer Größe ändernden Augenblickswerten des Stromes folgen kann und somit quasistationäre Vorgänge vorliegen. Zur Beurteilung dieser Frage kann Bild 8.17 [7] dienen. Dargestellt ist für unterschiedliche Werkstoffe die Zeit t, die benötigt wird, eine kreisförmige wirksame Kontaktfläche mit dem Radius a_μ von der Ausgangstemperatur auf 99% (durchgezogen) bzw. 90% (gestrichelt) der stationären Endtemperatur zu erwärmen, wenn die Kontaktstelle mit einem sprunghaft ansteigenden Gleichstrom belastet und für die Berechnung das Ellipsenmodell mit temperaturabhängigen Werkstoffkonstanten benutzt wird. Mit wachsendem, spezifischem elektrischen Widerstand der Materialien und wachsendem Radius a_μ der wirksamen Kontaktflächen werden die Zeiten bis zum Erreichen der stationären Temperaturen größer.

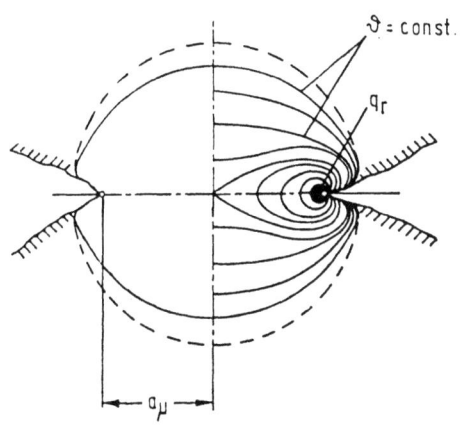

Bild 8.18. Isothermen im Bereich einer Mikrokontaktstelle bei nichtstationären Verhältnissen.

Bei nichtstationären Vorgängen gilt die $\varphi\vartheta$-Beziehung nicht mehr exakt, da hier die Identität zwischen elektrischem und thermischem Feld nicht mehr gewährleistet ist. Unter Annahme konstanter Größen von ϱ und λ und einem Ring q_r als Wärmequelle ergeben sich nach Fehling [20] als Isothermen (ϑ = const) sogenannte kassinische Figuren (Bild 8.18), die sich erst in gewisser Entfernung von der Engestelle Ellipsen nähern. Einen experimentellen Beweis dafür, daß die Isothermen während der Belastung mit einer sinusförmigen 50-Hz-Halbwelle nicht Ellipsen, sondern kassinischen Figuren ähnlich sind, liefert Heiner [21] mit dem Schliff eines verschweißten Cu-Kontaktstückes, aus dem die (1 083 °C)-Isotherme durch die Grenze zwischen rekristallisiertem, nicht geschmolzenem Gefüge und den in der erstarrenden Schmelze entstandenen Stengelkristallen deutlich erkennbar ist. Eine exakte rechnerische Lösung des Problems ist bislang nicht bekannt geworden; sie wird auch weiterhin, nicht zuletzt auf Grund fehlender Angaben über die Temperaturabhängigkeit der Werkstoffkonstanten, kaum zu erwarten sein.

8.5. Fremdschichten und Frittung

Beim Vorhandensein von Fremdschichten kann durch die elektrische Beanspruchung der Kontaktstellen eine örtliche Zerstörung der Schichten stattfinden. Hierbei wird der ursprünglich durch die Schichten erhöhte Kontaktwiderstand verringert. Diese Schichtzerstörung in geschlossenen Kontaktstellen wird *Frittung von Fremdschichten* genannt. Nach Holm [1] unterscheidet man zwischen *A-Frittung* und *B-Frittung*.

Unter *A-Frittung* versteht man die Entstehung einer leitfähigen Stelle durch einen elektrischen Durchschlag bei isolierenden, die Kontaktberührungsflächen vollständig bedeckenden Schichten. A-Frittung tritt auf, wenn die Kontaktspannung die Höhe der Durchschlagspannung erreicht. Die Durchschlagfeldstärke ist unabhängig von der Schichtdicke, jedoch abhängig von der Schichtzusammensetzung. Sie liegt in der Größenordnung von 10^6 V/cm. Wegen der sehr geringen Dicke der Schichten in der Größenordnung bis zu einigen 100 nm (1000 Å) liegen die Durchschlagspannungen gewöhnlich unter 20 V, maximal bei etwa 100 V.

Der Kontaktwiderstand der ursprünglich durch die Schichten praktisch isolierten Kontaktstelle sinkt als Folge des Spannungsdurchschlags um mehrere Größenordnungen. Neuere Untersuchungen [18] haben ergeben, daß dabei die Entladung der normalerweise stets vorhandenen Kontakt-Parallelkapazität (Kapazität der Kontaktanordnung und der unmittelbaren Zuleitungen) eine wichtige Rolle spielt. Die mit der Entladung der Kontakt-Parallelkapazität über die Durchschlagstelle verbundene Abnahme des Kontaktwiderstandes und der Kontaktspannung findet innerhalb von weniger als 10^{-8} s statt. Der Kontaktwiderstand und die Größe der Druchbruchfläche nach der Entladung werden durch die Entladungsenergie bestimmt. Die Durchbruchflächen zeigen besonders bei höheren Durchbruchspannungen eine sternförmige Gestalt. Metallischer Kontakt besteht jeweils nur in einem Teil der Durchbruchfläche. Während des Durchschlags werden in der Durchschlagstelle vorübergehend Temperaturen oberhalb der Schmelztemperatur des Kontaktmetalls, vermutlich sogar im Bereich der Siedetemperatur erreicht.

8.5. Fremdschichten und Frittung

Im Anschluß an den sehr kurzzeitigen Durchschlag steigt infolge der starken Verringerung des Kontaktwiderstandes der Hauptstrom an; wegen der vorhandenen Induktivitäten des Kreises jedoch verhältnismäßig langsam im Bereich von µs bis ms. Der Endwert des Kontaktwiderstandes wird nur dann durch die Entladung der Kontakt-Parallelkapazität bestimmt, wenn der Kreis hochohmig ist, d. h. der Hauptstrom einen bestimmten niedrigen Wert nicht überschreitet. Andernfalls findet während des Stromanstiegs eine zusätzliche Abnahme des Kontaktwiderstandes durch eine Vergrößerung der nach dem ursprünglichen Durchschlag vorhandenen leitfähigen Fläche statt.

Die zu einer Verringerung des Kontaktwiderstandes führende Vergrößerung vorhandener leitfähiger Flächen durch Zerstörung der sie eingrenzenden Schichten bei ansteigendem Strom wird B-*Frittung* genannt. B-Frittung kann nicht nur auftreten bei ursprünglich die Kontaktstelle vollständig bedeckenden Schichten im Anschluß an den Spannungsdurchschlag, d. h. nach der A-Frittung, sondern auch bei Kontaktstellen, bei denen bereits von Anfang an eine oder mehrere leitfähige Mikroflächen (wirksame Mikroflächen), z. B. durch örtliche mechanische Zerstörung der Fremdschichten vorhanden sind. B-Frittung kann sowohl nach dem Schließen der Kontaktstücke während des ersten Stromanstiegs als auch bei plötzlichen Über- oder Kurzschlußströmen stattfinden.

B-Frittung wird hervorgerufen durch die thermische und elektrische Beanspruchung der Fremdschichten in Umgebung der stromführenden Mikroflächen. Sie tritt auf, wenn bei ansteigendem Strom die Kontaktspannung und damit die Kontaktübertemperatur einen bestimmten Wert erreicht. Dieser hängt ab von der Schichtzusammensetzung, der Schichtdicke und der Anstiegsgeschwindigkeit des Stromes. Je nachdem, ob Kontaktspannungen unterhalb der Schmelzspannung des Kontaktmetalls oder darüber erforderlich sind, kann das Verhalten der Kontaktstellen bei B-Frittung in zwei Hauptgruppen eingeteilt werden:

a) Dünne und wenig temperaturbeständige Schichten (z. B. Cu_2O-Schichten bis ca. 100 nm, Ag_2S-Schichten) werden bei Temperaturen unterhalb der Schmelztemperatur des Kontaktmetalls zerstört. Die erforderliche Kontaktspannung liegt je nach Schichteigenschaften und Stromverlauf zwischen etwa 100 und 350 mV. Bei ansteigendem Strom schreitet die Zerstörung nach Erreichen einer solchen Kontaktspannung fort und der Kontaktwiderstand nimmt durch die Vergrößerung der stromführungsfähigen Flächen ab. Mit ausreichend ansteigendem Strom werden die Schichten in der gesamten Berührungsfläche zerstört, d. h. der Kontaktwiderstand sinkt bis auf den Widerstand einer fremdschichtfreien Kontaktstelle bei gleicher Kontaktkraft.

Bei noch weiterer Stromzunahme erreicht die ursprünglich fremdschichtgestörte Kontaktstelle die Schmelzgrenze bei der gleichen Stromstärke wie eine fremdschichtfreie Kontaktstelle. Demzufolge ergibt sich mit den hier betrachteten Schichten bei kurzzeitig auftretenden Strömen, wie z. B. bei einer Kurzschlußbelastung, kein nachteiliges Verhalten der Kontaktstellen gegenüber fremdschichtfreien Kontaktstellen. Bei Dauerbelastung dagegen hängt die Betriebsfähigkeit der Kontaktstelle nach der Frittung davon ab, welcher Endwert der Kontaktspannung sich im Dauerzustand einstellt.

Die Schichtzerstörung bei Kontakttemperaturen unterhalb der Schmelzgrenze ist darauf zurückzuführen, daß bereits beim Erreichen einer niedrigen Temperatur durch Diffusionsvorgänge und eine verstärkte Ionenleitung eine Umwandlung der Schichten stattfindet. Hierdurch verlieren die Schichten ihre Isolationsfähigkeit.

b) Bei dicken oder stärker temperaturbeständigen Schichten (z. B. dicke Cu_2O-Schichten, Al_2O_3-Schichten) verändert sich das Verhalten der Kontaktstellen dadurch grundlegend, daß zur Zerstörung der Fremdschichten Temperaturen erforderlich sind, die gleich oder größer sind als die Schmelztemperatur des Metalls.

Demzufolge wird bei diesen Kontaktstellen die Schmelzgrenze nicht durch die Größe der tragenden Kontaktfläche, sondern durch die zu Beginn des Stromflusses vorhandene leitfähige (wirksame) Fläche bestimmt, d. h. die Stromstärke, bei der die Schmelztemperatur in den vorhandenen stromführenden Flächen erreicht wird, ist je nach Grad der Fremdschichtbedeckung mehr oder weniger stark verringert. Ein solches Verhalten der Kontaktstellen darf hinsichtlich eines störungsfreien Betriebs in der Praxis nicht auftreten.

8.6. Kontaktverhalten bei Betriebsstrombelastung

Aufgrund der bisher behandelten Probleme kann zusammenfassend festgestellt werden, daß das Verhalten der Kontaktstellen bei Strombelastung abhängen wird:

a) *vom Zustand der Kontaktoberflächen*, d. h., ob es sich um frisch bearbeitete Oberflächen mit dünnen Fremdschichten, Oberflächen mit dicken Fremdschichten oder durch Lichtbogenbeanspruchung abgebrannte Oberflächen mit Fremdschichten handelt;

b) *von der Betätigungshäufigkeit der Kontaktstücke*, wobei mehrmaliges Schalten pro Tag als häufiges Schalten und wöchentliche Betätigung als seltenes Schalten gilt, während man bei über Monate oder Jahre eingeschalteten Kontaktstellen von Dauereinschaltung spricht;

c) *von der Größe des Belastungsstromes* im Verhältnis zum Nennstrom der Kontaktstelle, wobei Überströme oder sogar Kurzschlußströme eingeschlossen sind;

d) *von der Temperatur der Schaltglieder* und der Umgebungstemperatur;

e) *von dem umgebenden Medium*, das durch aggressive Bestandteile und Feuchtigkeit die Kontaktstelleneigenschaften beeinflussen kann.

Maßgebend für die Stromtragfähigkeit einer Kontaktstelle sind Anzahl und Größe der wirksamen Mikrokontaktflächen. Bei Strombelastung erwärmen sich die Kontaktstücke; der Durchgangswiderstand steigt vom Wert R_{d0} im kalten Zustand auf den Wert R_d an. Bei symmetrischen Kontaktstücken liegt die heißeste Stelle innerhalb der Mikrokontaktflächen. Die maximale Übertemperatur kann mit Hilfe der $\varphi\vartheta$-Beziehung aus der Kontaktspannung $U_k = I \cdot R_d$ berechnet werden.

Beim Überschreiten bestimmter, kritischer Werte der Kontaktspannung erfolgt eine Vergrößerung der wirksamen Kontaktflächen infolge einsetzender Materialentfestigung und aufgrund der in Abschnitt 8.5. beschriebenen Frittvorgänge. In diesem Fall ergibt sich nach Abkühlung der Kontaktstücke auf die Ausgangstemperatur ein kleinerer Durchgangswiderstand R_{d0} als vor der Belastung [24]. Bei Überschreiten der kritischen Kontaktspannung, insbesondere bei Über- oder Kurzschlußströmen, besteht die Gefahr eines Kontaktversagens durch Verschweißen.

Ein Kontaktversagen bei Dauereinschaltung kann durch Verkleinerung der wirksamen Kontaktflächen infolge einwachsender Fremdschichten erfolgen, die besonders bei hohen Kontaktstellentemperaturen beschleunigt auf den kontaktgebenden Flächen geschlossener Kontaktstücke wachsen.

Das Versagen solcher Kontaktstellen kann beim Betrieb in Luft, die mit aggressiven Gasen (SO_2, H_2S, NO_2) verunreinigt ist, oder unter Isolieröl auftreten und wie folgt gedeutet werden [9, 10, 11]. Auf den Kontaktstückoberflächen wachsen in Abhängigkeit der Temperatur an der Werkstoffoberfläche, der Zeit und des umgebenden Mediums Fremdschichten mit unterschiedlicher Geschwindigkeit (s. Kap. 7.). Diese Fremdschichten werden auch an den äußeren Rändern der wirksamen Mikrokontaktflächen $A_{w\mu}$ gebildet und führen zu einer allmählichen Verkleinerung der stromführenden Flächen durch Einwachsen bzw. infolge kleiner Relativbewegung der Kontaktstücke; dies wirkt sich jedoch zunächst nicht auf den Kontaktwiderstand aus. Da die Mikroberührpunkte unterschiedliche Größen besitzen, wird sich im Laufe der Zeit jedoch auch ihre Anzahl ändern. Wird ein kritischer Wert erreicht, dann steigt bei gleichbleibendem Belastungsstrom die Kontaktstellentemperatur an, was zu einem verstärkten Fremdschichtwachstum führt. Hierdurch beschleunigen sich die Vorgänge selbst, bis hohe Kontaktstellentemperaturen erreicht werden, die zu einer thermischen Zerstörung der Fremdschicht führen.

Ein sicherer Dauerbetrieb ist dabei nur möglich, wenn die in der Strommenge erzeugte Wärmemenge an die Umgebung abgeführt werden kann, ohne daß unzulässig hohe Schaltgliedtemperaturen auftreten; ansonsten besteht die Gefahr, daß Isolierstoffteile zerstört werden und federnde Teile ihre mechanischen Eigenschaften verlieren. Nachlassende Federkräfte aber führen zu einer weiteren Erhöhung des Kontaktwiderstandes und damit der Temperatur.

Bild 8.19 zeigt als Beispiel die rechnerisch ermittelten Veränderungen des Engewiderstandes durch einwachsende Fremdschichten einer

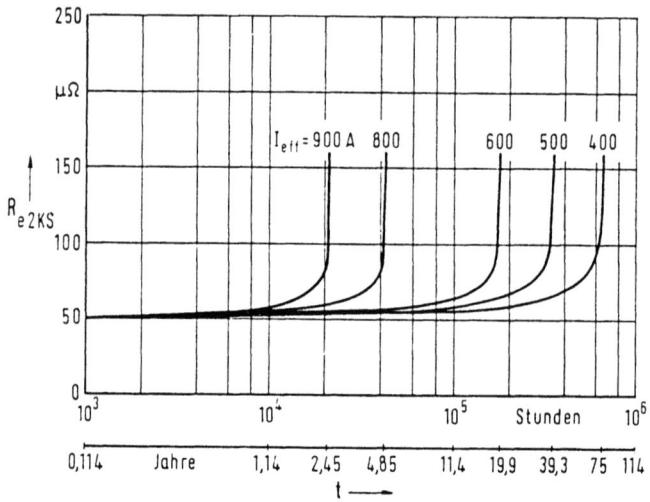

Bild 8.19. Zeitliche Veränderung des Engewiderstandes durch einwachsende Fremdschichten bei Kontaktstücken unter Öl.

Kupfer—Kupfer-Kontaktstelle unter Öl ($R_{e2KS} = 50\ \mu\Omega$) bei einer Umgebungstemperatur von 90 °C für unterschiedliche Belastungsströme [9]. Der Berechnung wurde ein Kontaktmodell mit 200 wirksamen Mikroberührungsflächen ($\bar{a}_\mu = 2{,}9\ \mu m$) zugrundegelegt und angenommen, daß sich die Stromlinien in den Engestellen praktisch nicht beeinflussen.

Bei Kontaktstellen unter Isolieröl setzt außerdem bei relativ niedrigen Temperaturen (ca. 150 °C) eine Verkokung des Isolieröles ein, was eine zusätzliche Ablagerung fester Ölkohlepartikel zwischen den Kontaktstücken bewirkt. Dies führt zu einer beträchtlichen zusätzlichen Widerstandserhöhung; außerdem kann dadurch die metallische Kontaktverbindung entgegen der Kontaktkraft unterbrochen werden.

8.7. Kontaktverhalten bei hohen Überströmen und Kurzschlußströmen

Bei Belastung der Kontaktstellen aus Kupfer oder Silber mit Wechselstrom (50 Hz) wird die Temperatur in den wirksamen Kontaktflächen mit $a_\mu \leqq 10$ μm den zeitlich sich ändernden Augenblickswerten des Stromes in etwa synchron folgen. Bei weniger gut leitenden Kontaktwerkstoffen und großen wirksamen Kontaktflächen ist mit einer zeitlichen Phasenverschiebung zwischen dem Verlauf der Erwärmung und dem Stromverlauf zu rechnen (vgl. Bild 8.17). Bei hohen Kurzschlußströmen wird die Temperatur in den wirksamen Flächen zunächst die Entfestigungs-, dann die Schmelz- und gelegentlich auch die Siedetemperatur erreichen. Beim Vorhandensein von Fremdschichten treten in den Kontaktflächen Veränderungen auf, die je nach Dicke und Temperaturverhalten der Fremdschichten nach einem der in Abschnitt 8.5. unter B-Frittung geschilderten Vorgänge ablaufen.

Bei dünnen Fremdschichten und beim Erreichen einer von den Schichteigenschaften abhängigen Kontaktspannung werden die wirksamen Mikrokontaktflächen $A_{w\mu}$ zunächst durch Zerstörung der Schichten größer werden, bis bei weiter ansteigendem Strom die ganze tragende Kontaktfläche leitend wird. Während dieses Vorganges bleibt die Temperatur in den wirksamen Kontaktstellen und mit ihr die Kontaktspannung konstant; z. B. bei Kupferkontaktstücken auf 200 mV $\triangleq$ 400°C (vgl. Bild 8.20). Gleichzeitig setzt unter Annahme einer konstanten

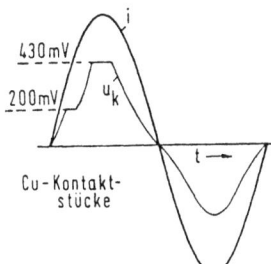

Bild 8.20. Verlauf der Kontaktspannung bei hoher Wechselstrombelastung.

Kontaktkraft F_k infolge Abnahme der Härte H_t eine Vergrößerung der tragenden Kontaktflächen A_t ein. Diese Vergrößerung wird um so rascher stattfinden, je näher die Kontaktstellentemperatur an die Schmelztemperatur des Kontaktwerkstoffes heranreicht.

Bei weiterer Energiezufuhr werden zunächst die tragenden Kontaktflächen, dann aber der größte Teil der scheinbaren Kontaktfläche A_s schmelzflüssig. Während des Schmelzvorganges verbleibt die Kontaktspannung auf dem Wert der Schmelzspannung (bei Kupfer 1083 °C ≙ 430 mV, s. Bild 8.20).

Bei linien- oder punktförmigen Kontaktflächen tritt durch Nachlassen der Härte des Kontaktstückes zusätzlich eine gut meßbare Vergrößerung der scheinbaren Kontaktfläche A_s auf.

Bei unzureichend bemessenen Kontaktstellen kann die Temperatur in der flüssigen scheinbaren Berührungsfläche trotz des inzwischen stark verminderten Durchgangswiderstandes R_d weiter zunehmen und die Höhe der Siedetemperatur erreichen. In der Kontaktstelle entsteht dann ein hoher Druck. Da sich außerdem in der Kontaktstelle infolge der Einengung der Stromlinien Kräfte ergeben, die der Kontaktkraft entgegenwirken, können die Kontaktstücke leicht abheben. Der siedende und schmelzflüssige Kontaktwerkstoff wird herausgedrückt, d. h. die Kontaktstücke „spratzen".

Bei dicken und temperaturbeständigeren Fremdschichten, die nicht unterhalb der Schmelztemperatur des Metalls zerstört werden, verlaufen die Vorgänge in den Kontaktstellen unterschiedlich. Die Stromstärke, bei der die Schmelzgrenze erreicht wird, ist nicht von der Größe der tragenden Kontaktfläche, sondern der wirksamen Kontaktfläche abhängig; sie kann daher je nach Bedeckung der tragenden Kontaktfläche mit Fremdschichten gegenüber Kontaktstücken mit dünnen Schichten mehr oder weniger stark erniedrigt sein. Das Niveau des für die Fremdschichtzerstörung charakteristischen Spannungssattels von 200 mV in Bild 8.20 ist bei Kontaktstellen mit solchen Schichten bis in die Höhe der Schmelzspannung oder darüber verschoben.

Bei Belastung der Kontaktstellen mit Kurzschlußströmen mehrerer Halbschwingungen treten die hier geschilderten Vorgänge bei gut leitenden Kontaktwerkstoffen und Kontaktkräften von 100 bis 200 N ($\approx$ 10 bis 20 kp) nur in der ersten Halbschwingung auf. Während dieser Zeitdauer wird der Durchgangswiderstand durch die starke Vergrößerung der wirksamen Kontaktfläche so verringert, daß bei gleichbleibender Höhe des Kurzschlußstromes die Kontaktstelle in der zweiten und den folgenden Halbschwingungen nicht mehr auf die Schmelz- oder gar Siedetemperatur aufgeheizt wird.

Die nachfolgenden Bilder zeigen einige experimentell ermittelte Abhängigkeiten, die zur Veranschaulichung der Vorgänge in den Kontaktstellen bei Kurzschlußbelastung dienlich sind.

Bild 8.21 [14] zeigt die Abhängigkeit des gemessenen Kalt-Durchgangswiderstandes R_{d0} von zylindrischen Kontaktstücken (8 mm Durchmesser) aus unterschiedlichen Werkstoffen nach Belastung mit 5 Halbschwingungen eines symmetrischen Wechselstromes mit verändertem Stromscheitelwert $\hat{I}$ ($F_k = 100$ N; Alterungszeit: 1 h; Balligkeitsradius $r_B = 15$ mm). Mit wachsender Stromstärke $\hat{I}$ bleibt der

8.7. Kontaktverhalten bei hohen Überströmen

Durchgangswiderstand R_{d0} zunächst konstant, um dann nach Überschreiten eines kritischen Wertes um so stärker abzunehmen, je größer der Strom ist; die Werte $R_{d0} = f(\hat{I})$ liegen in diesem Bereich bei logarithmischer Darstellung auf einer vom Werkstoff abhängigen Geraden. Das Absinken der Kurven bei einer kritischen Stromstärke kann durch das Einsetzen der B-Frittung erklärt werden. Bei den im Bild 8.21 mit Punkten gekennzeichneten Stromstärken verschweißen die Kontaktstücke bereits so fest, daß zu ihrem Auftrennen eine Normalkraft (Schweißkraft) $F_s \geqq 10$ N erforderlich ist. Der Scheitelwert des Wechselstromes, bei dem das Verschweißen beginnt, wird als Schweißgrenzstromstärke $\hat{I}_{sg}$ bezeichnet.

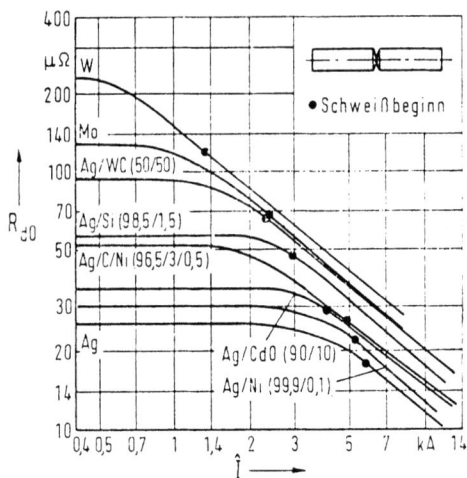

Bild 8.21. Veränderung des Durchgangswiderstandes nach unterschiedlich großer Strombelastung.

Die Bilder 8.22a bis c [14] veranschaulichen weitere aufschlußreiche Gesetzmäßigkeiten aus Untersuchungen mit zylindrischen Kupferkontaktstücken (8 mm Durchmesser).

Bild 8.22a zeigt die Kräfte F_s, die zum Auftrennen verschweißter Kontaktstücke notwendig sind, in Abhängigkeit vom Scheitelwert des Belastungsstromes für Kupferkontaktstücke nach unterschiedlich langer Lagerung in normaler Atmosphäre. Man erkennt, daß nach Überschreiten einer bestimmten Stromstärke, der sogenannten Schweißgrenzstromstärke, ein intensives Verschweißen der Kontaktstücke mit steil ansteigenden Schweißkräften F_s einsetzt. Je dicker die Fremdschichten sind (längere Lagerungszeit), um so höher liegt die Schweißgrenzstromstärke und um so geringer sind die Schweißkräfte.

Bild 8.22 b zeigt die Schweißkraft F_s von Kupferkontaktstücken mit dünnen (elektrolytisch poliert) und mit dicken (künstlich aufgebrachte Sulfidschichten) Fremdschichten in Abhängigkeit der scheinbaren Kontaktfläche A_s nach der Strombelastung. Die Größe von A_s betrug vor der Belastung etwa 0,5 mm². Bei dicken Fremdschichten beginnt die Verschweißung erst, nachdem sich die scheinbare Kontaktfläche auf den doppelten Wert vergrößert hat, während bei dünnen Schichten das Verschweißen ohne merkliche Kontaktflächenvergrößerung einsetzt. Die Schweißkräfte sind bei sauberen Kontaktstücken größer als bei denen mit dickeren Fremdschichten, vermutlich infolge der

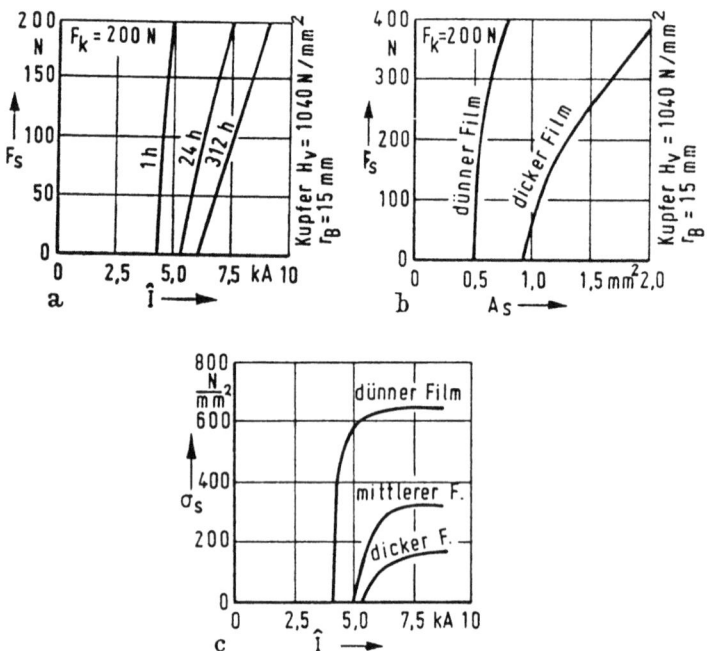

Bild 8.22. Einfluß von Fremdschichten auf die Verschweißeigenschaften geschlossener Kontaktstücke. (H_V Vickershärte, r_B Balligkeitsradius)

geringeren Zahl der nichtmetallischen Einschlüsse in der Schweißzone. Das geht auch aus Bild 8.22c hervor, in dem die Schweißfestigkeiten $\sigma_s = F_s/A_s$ in Abhängigkeit des Scheitelwertes des Belastungsstromes $\hat{I}$ von Kontaktstücken mit unterschiedlicher Fremdschichtdicke auf den kontaktgebenden Flächen dargestellt sind.

Bei der Auswahl der Kontaktwerkstoffe gemäß Bild 8.23 und Bemessung der Kontaktlast muß darauf geachtet werden, daß geschlossene Kontaktstücke bei Belastung mit Kurzschlußströmen entweder über-

	Kontaktwerkstoff	Zusammensetzung[1]	spez. elektr. Widerstand ϱ $\Omega \cdot cm \cdot 10^{-4}$	Temperaturbeiwert von ϱ: α $K^{-1} \cdot 10^{-3}$	Wärmeleitfähigkeit λ $W \cdot cm^{-1} \cdot K^{-1}$	Schmelztemperatur[2] °C	Vickershärte H_V $N \cdot mm^{-2}$	Schweißgrenzstromstärke[3] I_{sg} kA	Schweißfestigkeit[3] σ_s $N \cdot mm^{-2}$
Reine Metalle	Kupfer	E-Kupfer	1,73	3,9	3,9	1083	1040	4,3	330
	Silber	99,9% Ag	1,65	4,0	4,18	960	650	5,8	160
	Wolfram	—	5,5	4,7	1,64	3400	4300	1,3	190
	Molybdän	—	4,8	4,7	1,45	2600	2550	2,3	190
Legierungen	Silber–Nickel	99,9/0,1	1,8	3,5	3,8	960	810	5,2	300
	Silber–Silizium	98,5/1,5	2,1	3,1	3,3	830	970	3,0	390
	Silber–Nickel–Beryllium	98/Rest Ni + Be	1,9	3,3	3,7	900	890	4,8	330
	Silber–Kupfer	80/20	2,0	3,5	3,32	779	1350	4,5	330
	Messing	Ms 58	7,3	1,6	0,88	890	1600	—	—
	Stahl	Silberstahl	19,7	3,35	0,37	1300	2420	—	—
Verbundwerkstoffe	Silber–Kadmiumoxid	90/10	2,1	3,6	3,07	960	1150	4,0	190
	Silber–Zinnoxid	92/8	2,1	3,1	3,4	960	700	4,1	90
	Silber–Graphit–Nickel	98,5/0,5/1	1,8	3,9	3,95	960	660	5,7	40
	Silber–Graphit	98/2	2,0	3,9	2,5	960	610	5,7	20
	Silber–Graphit–Nickel	96,5/3/0,5	2,9	3,5	2,45	960	540	5,7	10
	Silber–Eisen	90/10	3,7	1,8	2,0	960	710	4,2	70
	Silber–Nickel	90/10	1,8	3,5	3,6	960	680	5,3	120
	Silber–Nickel	80/20	2,1	3,5	3,1	960	760	4,4	90
	Silber–Nickel	60/40	2,7	2,4	2,9	960	870	2,5	130
	Silber–Wolfram	20/80	4,6	0,95	2,4	960	2450	2,0	120
	Silber–Wolframkarbid	50/50	4,3	1,2	1,65	960	1610	2,3	130
	Silber–Wolframkarbid	20/80	6,5	0,8	1,2	960	2100	2,1	50

[1] Angaben in Gewichtsprozenten.
[2] Bei Legierungen ist der Soliduspunkt angegeben, bei Verbundwerkstoffen der Schmelzpunkt der am niedrigsten schmelzenden Komponente.
[3] Die Schweißgrenzstromstärken und Schweißfestigkeiten wurden an zylindrischen Kontaktstücken mit einem Durchmesser von 8 mm bei einer Kontaktlast von 100 N, einem Balligkeitsradius der Kontaktoberflächen von 15 mm bestimmt.

Bild 8.23. Kenngrößen und Schweißverhalten verschiedener Kontaktwerkstoffe.

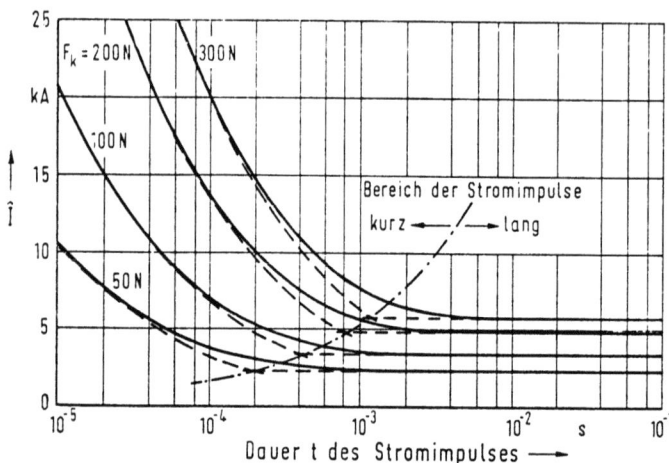

Bild 8.24. Einfluß der Belastungsdauer auf die Erwärmung der Kontaktstelle bei unterschiedlichen Kontaktkräften.

haupt nicht verschweißen oder aber, falls ein Verschweißen zugelassen wird, die Schweißkraft kleiner bleibt als die Kraft des Schalter-Ausschaltantriebes (s. Abschnitt 8.9.).

Aufschluß auf die Frage, bei welchen Änderungsgeschwindigkeiten des Augenblickswertes des sich mit der Zeit ändernden Belastungsstromes die Temperatur in den wirksamen Kontaktflächen folgen kann, gibt als Beispiel für Kupferkontaktstücke Bild 8.24 [16]. Dargestellt sind die unter Verwendung experimenteller Ergebnisse berechneten Stromstärken $\hat{I}$, bei denen die ersten Schmelzspuren in der scheinbaren Kontaktfläche mit bloßem Auge zu erkennen waren, in Abhängigkeit von der Dauer einer Halbschwingung bei sinusförmigen Stromimpulsen. Die strichpunktierte Grenzlinie gibt in etwa an, von welcher Impulsdauer an die Erwärmung dem zeitlichen Verlauf des Stromes im untersuchten Bereich noch ohne wesentliche Phasenverschiebung folgt. Bei Kurzzeitimpulsen können Kontaktstücke stärker belastet werden als bei langen Impulsen.

8.8. Konstruktive Gestaltung stets geschlossener Kontaktstücke

An Kontaktstellen, die im Betrieb stets geschlossen sind, werden je nach Aufgabe, die sie in elektrischen Energieanlagen und ihren Betriebsmitteln zu erfüllen haben, unterschiedliche Anforderungen gestellt, nach denen sich die konstruktive Gestaltung der Kontaktglieder richten muß. Die in diesem Kapitel zusammengestellten Bilder ausgeführter Kontakteinrichtungen sollen zeigen, wie die konstruktiven Kontaktprobleme in der Praxis bisher gelöst wurden.

8.8. Gestaltung stets geschlossener Kontaktstücke

Bei der Ausführung der Kontaktverbindungen muß zunächst darauf geachtet werden, daß die kontaktgebenden Flächen unmittelbar vor ihrer Montage durch Bürsten oder Schaben von Fremdschichten weitgehend befreit und aufgerauht werden. Leiter aus flexiblen Kupferdrähten oder -bändern werden an den Enden verlötet und verschweißt. Die Zuverlässigkeit einer Kontaktverbindung wächst, wenn die kontaktgebenden Oberflächen unedler Werkstoffe veredelt werden (z. B. versilbern, verzinnen oder verzinken). Dabei muß allerdings die Verträglichkeit der Werkstoffe im Hinblick auf Korrosionsgefährdung berücksichtigt werden (Aluminiumgefüge wird z. B. durch Verzinnen zerstört).

a) *Verbindungen von Leitungen, die während ihrer gesamten Betriebsdauer nicht geöffnet werden*, sind zweckmäßigerweise als Löt- oder Schweißverbindungen auszuführen. Die Kontaktstellen sind konstruktiv so auszubilden, daß der Querschnitt der Schweiß- bzw. Lötstelle gleich oder größer ist als der Querschnitt der Leiter selbst. Weiterhin dürfen in den Verbindungsstellen keine Lunker verbleiben. Bild 8.25 zeigt einige Beispiele für Flach und Profilleiter, Bild 8.26 für Rund- und Rohrleiter. Weitere Beispiele siehe VDI/VDE-Richtlinien 140 2251, Blatt 3 (Lötverbindungen) und Blatt 4 (Schweißverbindungen).

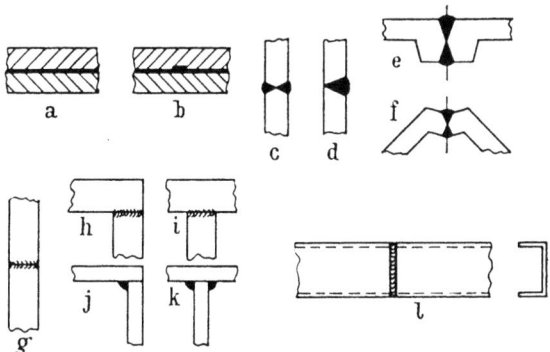

Bild 8.25. Löt- und Schweißverbindungen von einigen Flach- und Profilleitern.

b) *Verbindungen von Leitungen, die gelegentlich gelöst werden müssen, und Anschlußstellen Leitung/Betriebsmittel* werden in elektrischen Energieanlagen in der Regel als Schraub- oder Klemmverbindungen ausgeführt. Die Kontaktstücke werden dabei mit der Kontaktkraft F_k aufeinandergepreßt. Eine ausreichende Kontaktsicherheit auf lange Betriebsdauer kann bei dieser Verbindungsart nur erreicht werden, wenn das Hineinwachsen von Fremdschichten in die wirksamen Kontaktflächen entweder ganz verhindert oder aber stark verzögert wird.

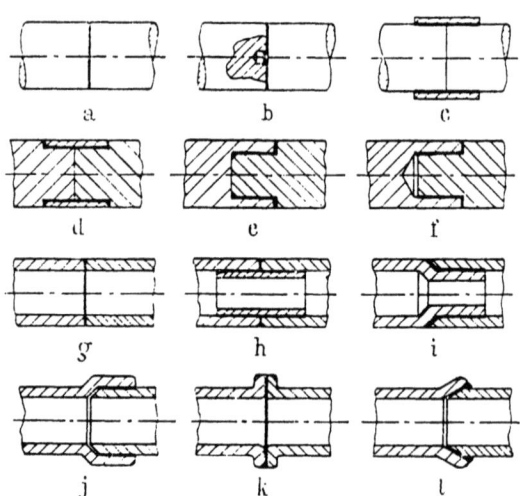

Bild 8.26. Löt- und Schweißverbindungen von Rund- und Rohrleitern.

Hierzu ist es notwendig, daß die Kontaktstücke mit einer großen und während der gesamten Betriebszeit gleichbleibenden Kontaktkraft F_k zusammengepreßt werden. Um das Fremdschichtwachstum zu verzögern, sollte die Betriebstemperatur auf möglichst kleinen Werten gehalten werden.

Bild 8.27 zeigt verschiedene konstruktive Möglichkeiten zur Erzielung einer Kontaktkraft F_k und zwar mittels Schraube, (a) Exzenter (b), Keil (c) und Feder (d, e). Bei Verwendung von Schrauben kann die

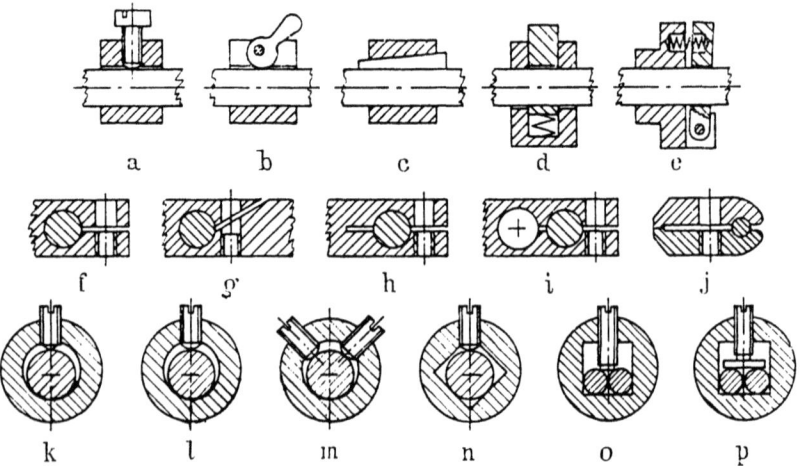

Bild 8.27. Möglichkeiten zur Erzeugung der Kontaktkraft mittels Schraube, Exzenter, Keil und Feder.

8.8. Gestaltung stets geschlossener Kontaktstücke

Kontaktkraft mittelbar (f bis j) oder unmittelbar (k bis p) auf die Kontaktpartner übertragen werden.

Im Bild 8.28 sind einige zentrische Leitungsverbinder dargestellt. Eine Leitungsverbindung durch Verdrillen der Drähte (a) ergibt nur dann eine sichere Kontaktstelle, wenn die Leitungen auf Zug beansprucht werden; sonst müssen die Drahtwickel zusätzlich verlötet werden. Gebräuchliche Schraubverbindungen mit unmittelbarer und mittelbarer Übertragung der durch die Schrauben erzeugten Kontaktkraft sind in Bild 8.28 b—l dargestellt. Bei den Kerbverbindern (m und n) wird der Werkstoff der Kontaktpartner so stark verformt, daß sie in einzelnen Mikropunkten kaltpreßschweißen; auf weitere Kontaktflächen wirkt die durch die elastische Verformung erzeugte Kontaktkraft. Im Gegensatz zu den lösbaren Schraubverbindungen sind die Ausführungen a, m und n nur bedingt lösbar.

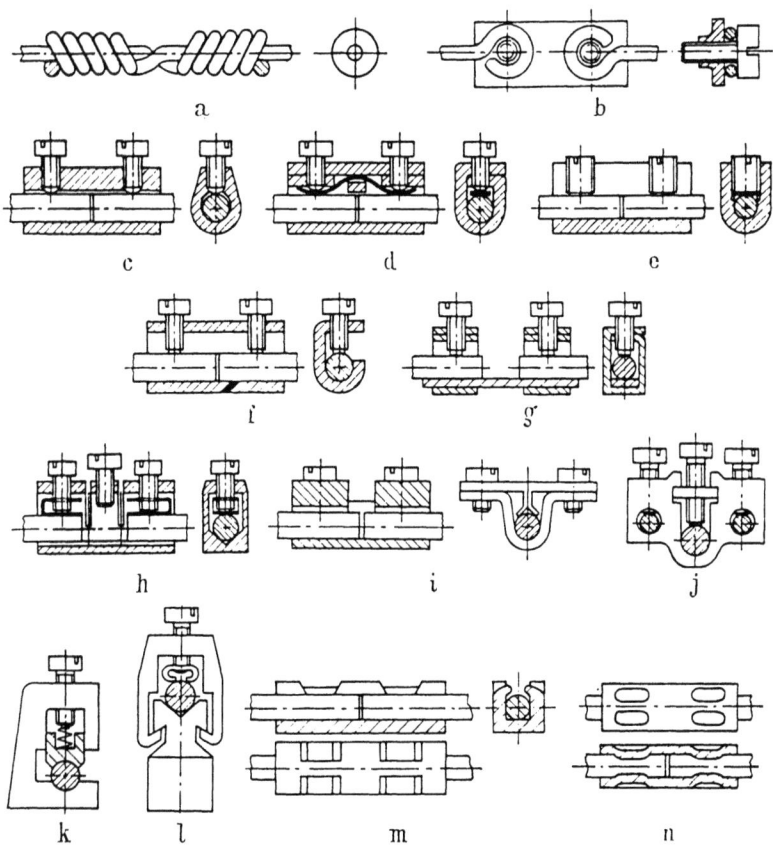

Bild 8.28. Zentrische Leitungsverbinder.

Verbinderkonstruktionen, bei denen die Leitungsenden neben- oder übereinander angeordnet sind und der Kontaktdruck mittels einer einzigen Schraube erzeugt wird, sind in Bild 8.29 dargestellt.

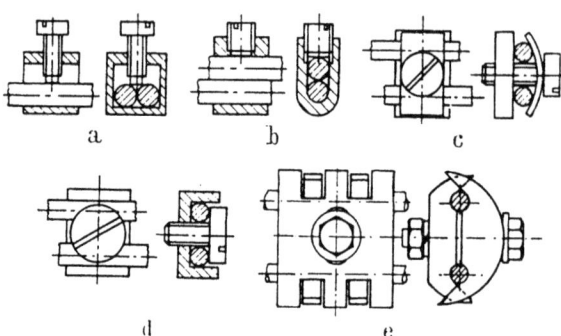

Bild 8.29. Schraubverbinder mit neben- bzw. übereinander angeordneten Leitungsenden.

Bild 8.30 zeigt typische Konstruktionen von Anschlußklemmen an Geräten; übliche Bezeichnungen sind: Anschlußbolzen (a), Nockenklemme (b), Tatzenklemme (c), Schellenklemme (d), Maulklemme (e) und Mantelklemme (f).

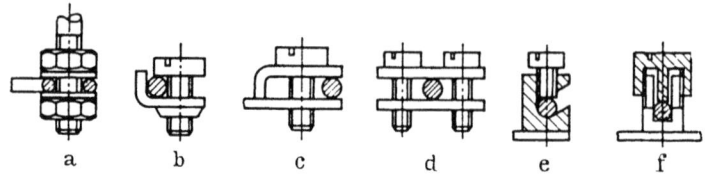

Bild 8.30. Geräteanschlußklemmen.

Für kleinere Betriebsströme finden auch schraubenlose Geräteklemmen Verwendung; hierbei wird der Draht durch ein gefedertes Kontaktglied, ähnlich wie in Bild 8.27e dargestellt, eingeklemmt.

Einige Beispiele für die Gestaltung der Schraub- und Klemmverbindungen von Leitern aus Rund- oder Rohrmaterial befinden sich in Bild 8.31.

Wichtig ist, daß die Kontaktkraft an den stromführenden Verbindungsstellen im Lauf der Zeit nicht nachläßt. Das Gewinde muß weitgehend fremdschichtfrei sein, wenn es gleichzeitig zur Stromführung dienen soll. Einen zuverlässigen Kontakt erhält man bei den Ausführungen a—i, wenn die Kontaktstellen vor der Montage verzinnt und beim

8.8. Gestaltung stets geschlossener Kontaktstücke

Zusammenbau auf die Schmelztemperatur des Lotes erwärmt werden. Dies gilt insbesondere für die Verbindungen g—i. Zum Lösen der Verbindungsstelle ist dann eine erneute Erwärmung erforderlich. Einige Beispiele fabrikfertiger Leitungsverbinder sind in Bild 8.31 j—p dargestellt; Bild 8.31 j zeigt den Schnitt durch die Konusklemmen k—m.

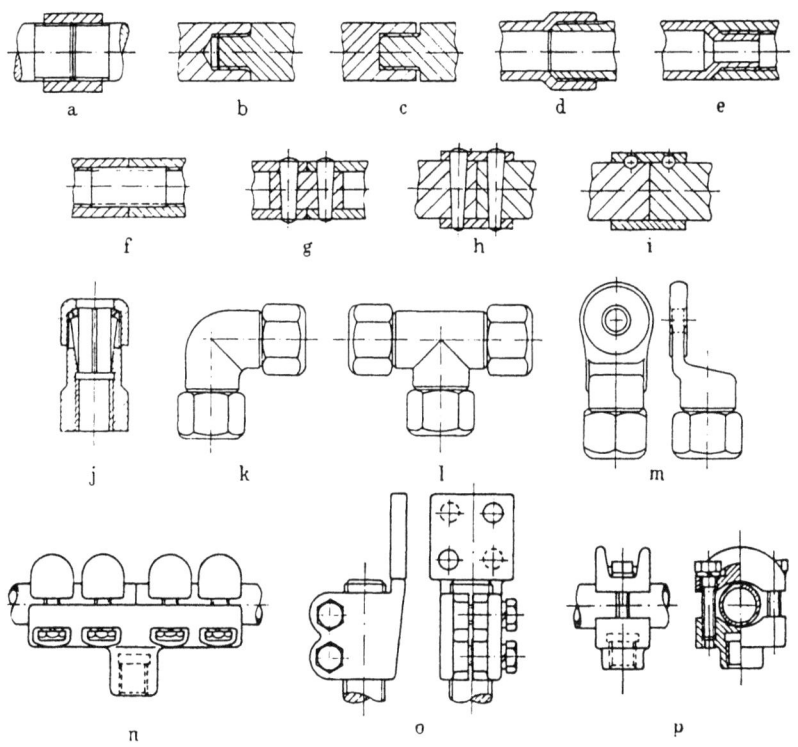

Bild 8.31. Schraub- und Klemmverbinder für Rund- und Rohrleiter.

Flach- oder Profilschienen aus Kupfer und Aluminium werden in der Regel verschraubt (Bild 8.32). Die Abmessungen der Anschlußstellen, die Anzahl der Schrauben und die Schraubenstärke richten sich nach der zu übertragenden Stromstärke. Ihre Bemessung sollte nach DIN 46 209 vorgenommen werden. Bei großen Schienenabmessungen sind die Enden des einen Leiters zu schlitzen (vgl. Bild 8.32g und n), um eine bessere Anschmiegsamkeit der scheinbaren Kontaktflächen zu gewährleisten. Eine möglichst konstante Kontaktkraft kann nur bei einer flachen Kraft-Wegkennlinie der Verschraubung erreicht werden. Diese Forderung wird durch Verwendung zusätzlicher Federelemente (Federringe oder

Tellerfedern, Bild 8.32a und b) erzielt. Beim Einsatz von Stahlschrauben bei Aluminiumschienenverbindungen großer Abmessungen muß darauf geachtet werden, daß bei vorübergehender starker Erwärmung der Kontaktstelle die mechanischen Spannungen in den Aluminiumschienen die Fließgrenze nicht überschreiten. Das kann infolge unterschiedlicher linearer Wärmedehnungs-Koeffizienten der Werkstoffe erfolgen.

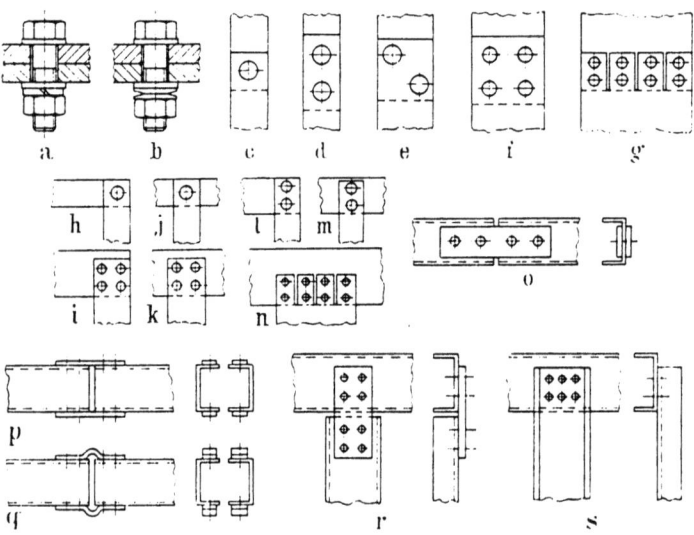

Bild 8.32. Schraubverbindungen für Flach- und Profilleiter.

Bei Leitern, die aus mehreren parallel angeordneten Flachschienen (Bild 8.33a) oder Spezialprofilen (8.33b) aufgebaut sind, kann es wirtschaftlicher sein, die Verbindungsstellen mit Klemmplatten, wie im Bild 8.33 als Beispiel dargestellt, zusammenzupressen.

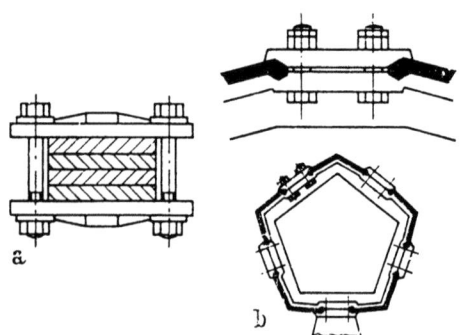

Bild 8.33. Schraubverbindungen mit Klemmplatten.

Bild 8.34 zeigt zwei Anordnungen, bei denen die Kontaktlast durch Federn erzeugt wird. Diese Kontaktverbindungen finden in Transformator-Stufenlastschaltern Verwendung und gestatten das einfache Herausziehen des Lastschalterteiles zu gelegentlichen Revisionen, ohne daß an der schwer zugänglichen Kontaktstelle selbst Montagearbeiten erforderlich sind.

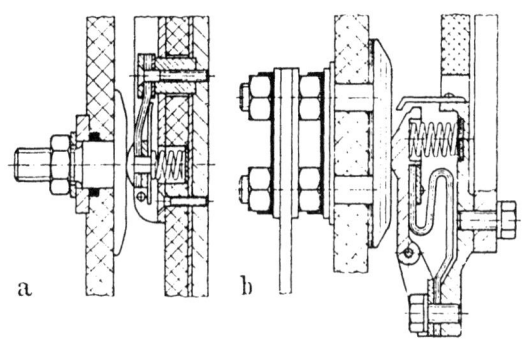

Bild 8.34. Verbindungsstellen mit durch Federn erzeugter Kontaktkraft.

Besondere Maßnahmen sind bei Kontaktstellen aus verschiedenen Werkstoffen wegen unterschiedlicher spezifischer Materialkennwerte zu treffen.

c) *Stets geschlossene Leitungsverbindungen, die eine begrenzte lineare Bewegung der Leitungen gegeneinander gestatten.* Bei Temperaturschwankungen dehnen oder verkürzen sich die Leitungen. Bei großen Querschnitten entstehen daher große Kräfte, die bei unsachgemäßer Leitungsverlegung leicht auf die angeschlossenen Betriebsmittel übertragen werden.

Andererseits können durch die Betriebsmittel, wie beispielsweise Schalter, Erschütterungen in das Leitungssystem gelangen. Dabei besteht die Gefahr, daß Isolatoren oder andere Isolierteile zerstört werden. Zum Ausgleich der Wärmedehnungen werden, wenn es die räumlichen Verhältnisse gestatten, die Leitungen an einigen Stellen schleifenförmig verlegt (Bild 8.35a). Raumsparender sind flexible Bau-

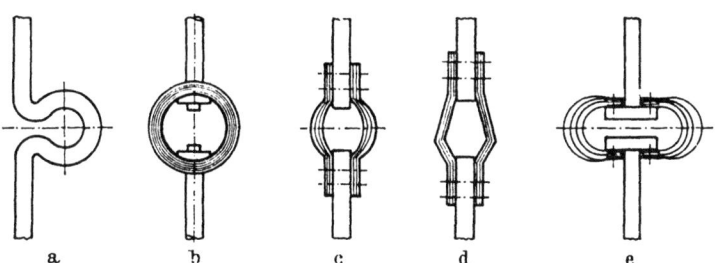

Bild 8.35. Flexible Leitungsverbindungen.

elemente nach Bild 8.35 b—c mit flexiblen Kupfer- oder Aluminiumbändern und Schraubverbindungen.

Etwas größere Längsbewegungen gestatten die beweglichen Leitungsverbinder mit Schraubenkontaktstellen nach Bild 8.36a mit hochflexiblen Litzen oder dünnen Bändern bzw. nach Bild 8.36b mit Faltenbälgen aus gut leitendem Werkstoff. Bei der Konstruktion ist darauf zu achten, daß auch bei großen Beschleunigungen des beweglichen Leiters die flexiblen Bauteile auf ihrer ganzen Länge möglichst gleichmäßig mechanisch beansprucht werden.

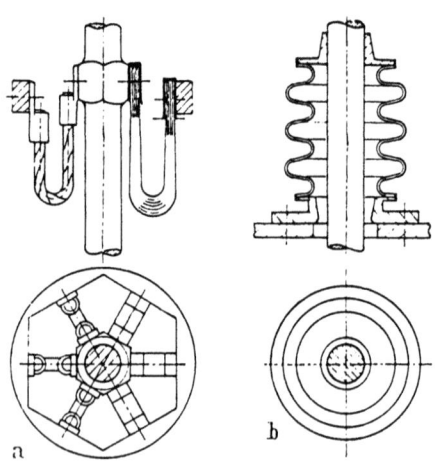 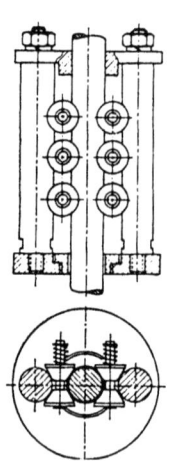

Bild 8.36. Leitungsverbindungen, die eine größere Längsbewegung gestatten.

Bild 8.37. Verbindungsstelle mit konischen Kontaktrollen.

In Bild 8.37 ist eine in Schaltgeräten bewährte Kontaktvorrichtung mit konischen Rollen dargestellt, bei der die Kontaktstücke eine reine Wälzbewegung ausführen. Diese Anordnung kann auch bei sehr großen Beschleunigungen des mittleren zylindrischen Kontaktstiftes eingesetzt werden. Der maximale Kontaktweg des Schaltstiftes wird durch den Anschlag der konischen Rollen am oberen und unteren Quersteg begrenzt.

d) *Kontaktanordnungen, bei denen die lineare Bewegung nur durch die Länge der beweglichen Kontaktglieder* (Schaltstift) *bedingt ist*, zeigt Bild 8.38. Bei den Kontaktanordnungen a und b erfolgt der Stromübergang vom festen zum beweglichen Kontaktglied über einzeln abgefederte Kontaktfinger mit je zwei Kontaktstellen mit punkt- bzw. linienförmigen Berührungsflächen. Bei der Ausführung b (Leopoldkontakt) ist die Feder zwischen zwei Kontaktfingern angeordnet. Bei der

8.8. Gestaltung stets geschlossener Kontaktstücke

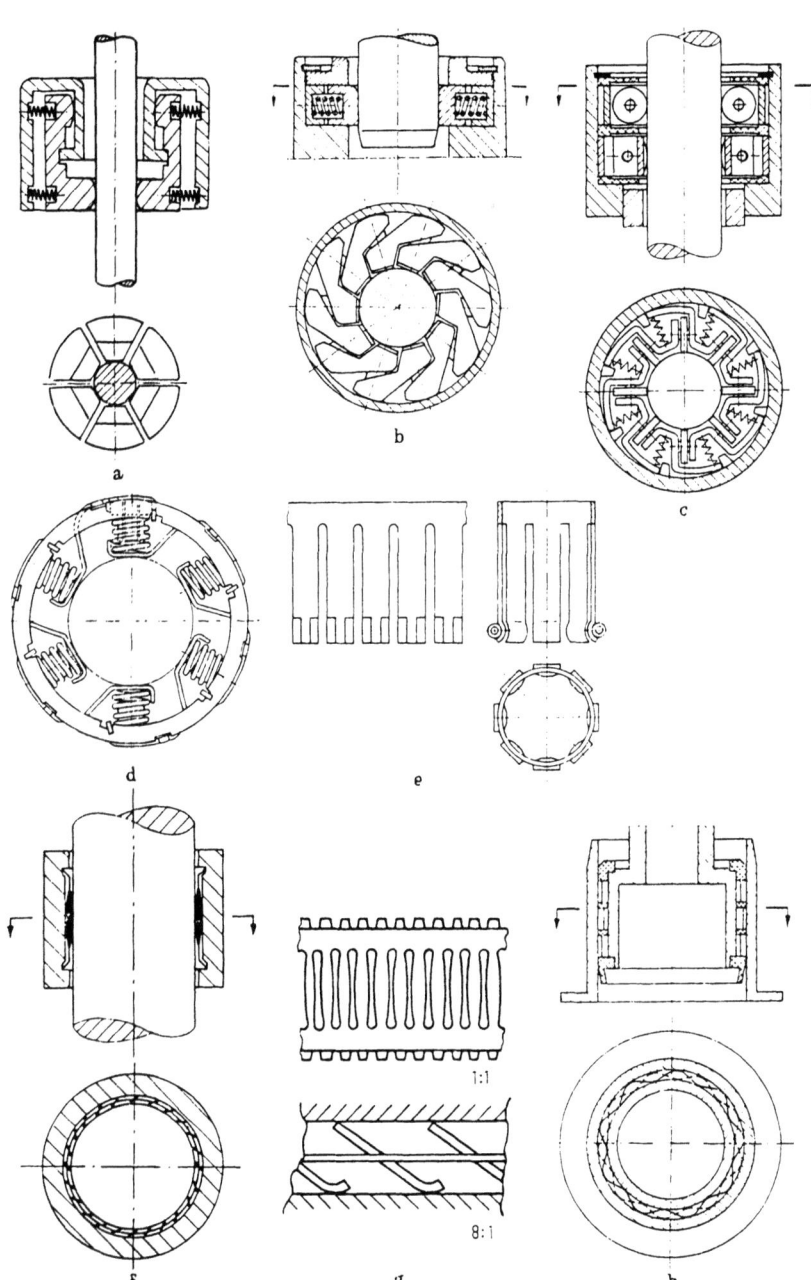

Bild 8.38. Kontaktanordnungen für lineare Bewegung mit Begrenzung durch die Länge des beweglichen Schaltstiftes.

Konstruktion c wird der Strom vom äußeren Ring zum inneren Stift über abgefederte Kontaktbleche und Kontaktrollen geleitet. Bei dieser Anordnung ist die Reibung gegenüber den Konstruktionen a und b geringer; dagegen ergeben sich höhere elektrische Verluste. Bei der Ausführung d werden die Kontaktbleche unmittelbar zur Stromübertragung auf den zylindrischen Stift verwendet. Ähnlich in ihrer elektrischen und mechanischen Wirkung ist die Kontakttulpe e; anstelle einzelner

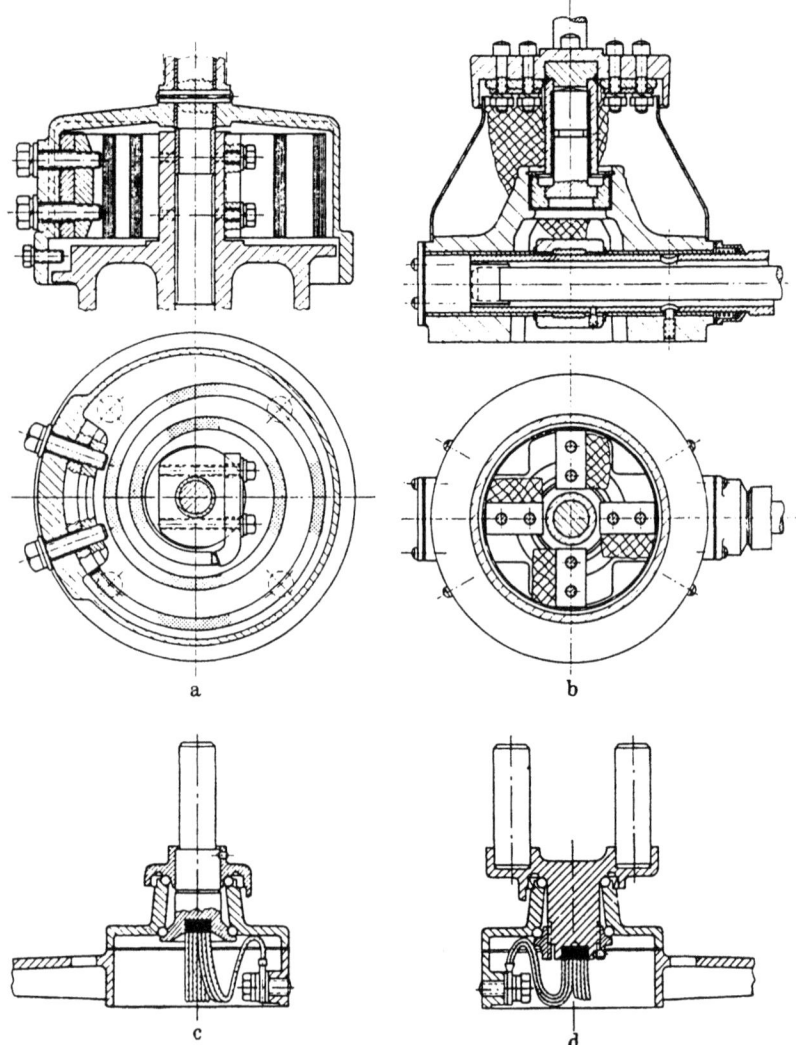

Bild 8.39. Kontaktanordnungen mit flexiblen Leitern für eine begrenzte Drehbewegung.

Schraubenfedern wird dabei eine einzige zum Ring geformte Schraubenfeder eingesetzt.

Besonders einfach und raumsparend sind die Konstruktionen f (Multikontakt) und h (Wellkontakt). Durch geeignete Formgebung dünner Bänder, beim Multikontakt aus Berylliumbronze (Form s. Bild 8.36 g) und beim Wellkontakt aus Silberbronze, wird ein Mehrpunktkontakt zwischen Ring und Stift gewährleistet. Bei höheren Stromstärken können mehrere Bänder parallel angeordnet werden (s. Bild 8.36 h).

e) *Kontaktanordnungen für eine begrenzte rotierende Bewegung des einen Kontaktpartners*, wie sie beispielsweise bei allen Schaltgeräten mit einer Unterbrechungsstelle des Stromkreises benötigt werden, sind in den Bildern 8.39, 8.40 und 8.41 dargestellt.

Bild 8.39 zeigt das Gelenkteil eines Hochspannungs-Drehtrenners mit Kupferbändern (a), mit Kupferdrahtgeflecht (b) und aus mehreren parallel angeordnetnen Kupferlitzen (c und d) als Stromleiter zwischen festen und beschränkt drehbaren Kontaktgliedern. Die Kontaktstellen sind als Schraub- oder Lötverbindungen ausgeführt.

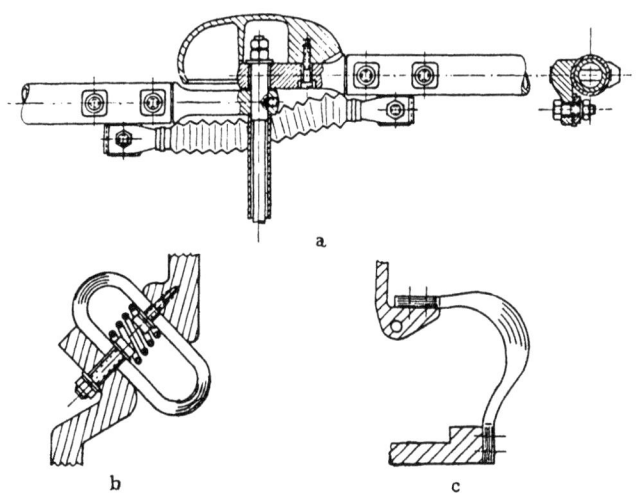

Bild 8.40. Flexible Stromverbindung für eine Schwenkbewegung.

Eine freiliegende, flexible Stromverbindung der Gelenkstelle eines Hochspannungs-Drehtrenners zeigt Bild 8.40 a.

Ein Gummi- oder Kunststoffschlauch schützt die feinen Drähte der Kupferlitze gegen Umwelteinflüsse. Die Konstruktionen Bild 8.40 b und c werden häufig in den Drehgelenken von Niederspannungs-Leistungsschaltern verwendet.

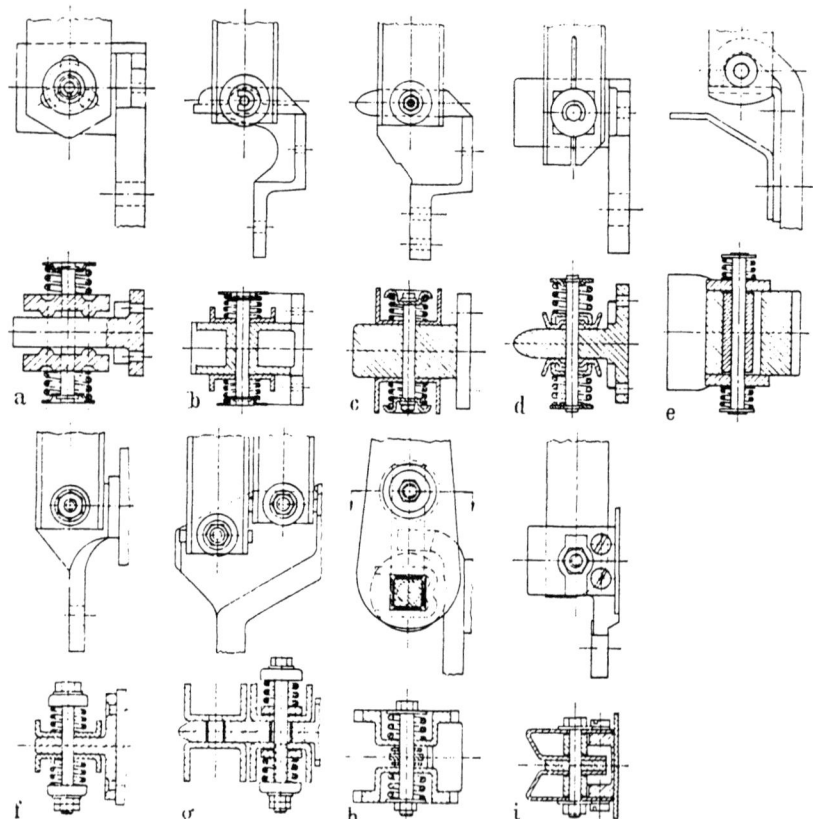

Bild 8.41. Kontaktstellen von Nieder- und Mittelspannungstrennern, die eine Schwenkbewegung erlauben.

Sehr vielfältig sind die Ausführungsformen der nicht lösbaren Kontaktstellen der Nieder- und Mittelspannungs-Trenner. Bild 8.41 zeigt einige Beispiele ausgeführter Konstruktionen.

f) *Kontaktanordnungen für eine unbegrenzte rotierende Bewegung des einen Kontaktpartners* können entsprechend den Konstruktionen in Bild 8.38 ausgeführt werden; außerdem werden die in den Bildern 8.42 bis 8.47 dargestellten Anordnungen verwendet. Rotierende Maschinen besitzen die in Bild 8.42a und b gezeigten Schleifkontaktstücke (Bürstenstromabnehmer). Bild 8.42c stellt die früher oft bei Stellern verwendeten Bronze-Kontaktbürsten dar. An ihrer Stelle verwendet man heute im allgemeinen Klotzkontakte.

Bild 8.43 zeigt eine Schleifkontaktvorrichtung, wie sie bei elektrischen Bahnen zur Stromabnahme von der rotierenden Radnabe verwendet wird.

8.8. Gestaltung stets geschlossener Kontaktstücke

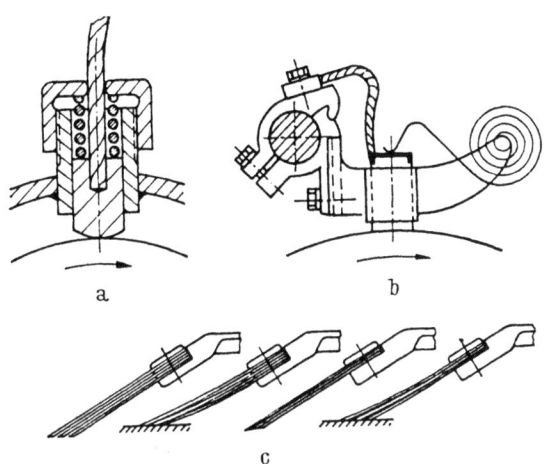

Bild 8.42. Schleifkontaktstücke für eine unbegrenzte Drehbewegung.

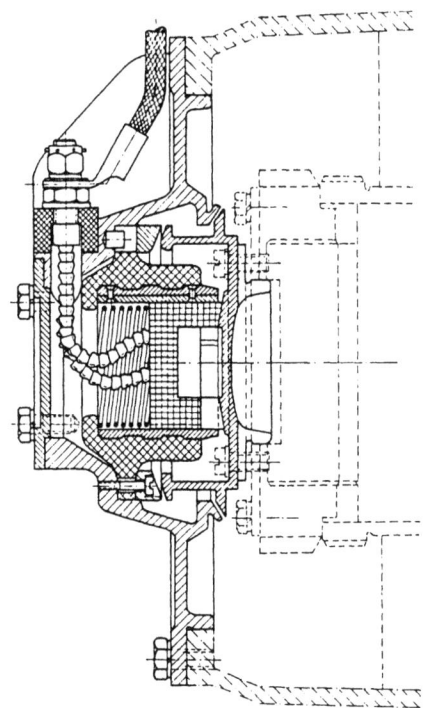

Bild 8.43. Schleifkontaktanordnung zur Stromabnahme von der rotierenden Radnabe bei elektrischen Bahnen.

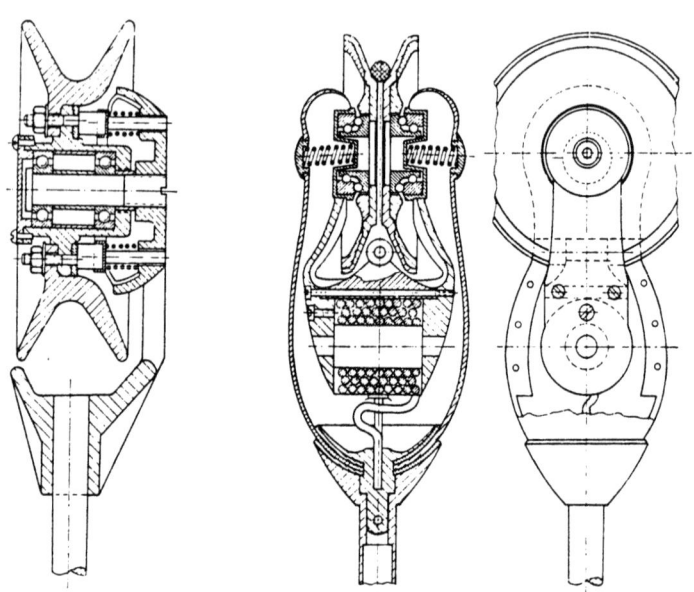

Bild 8.44. Rollstromabnehmer von elektr. Straßenfahrzeugen.

In Bild 8.44 sind zwei Konstruktionen von Rollenstromabnehmern dargestellt, wie sie früher bei Straßenbahnen eingesetzt wurden. Heute benutzt man an ihrer Stelle Bügelstromabnehmer.

Bild 8.45 zeigt eine weitere Rollkontaktanordnung für hohe Drehzahlen bestehend aus zwei Bauteilen mit Rollbahnen, von denen das untere Teil feststeht und das obere rotiert. Die Stromverbindung zwischen der oberen und unteren Rollbahn erfolgt über Kontaktrollen, die mittels Kontaktfedern an die Rollbahnen angepreßt werden. Die Kontaktrollen bestehen aus elastischen Hartsilberringen, die von Silikonkautschuk-

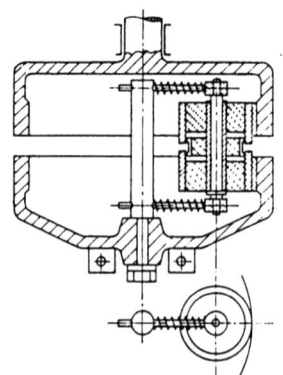

Bild 8.45. Doppel-Kontaktrollen-Stromabnehmer.

ringen getragen werden. Sie sind durch metallische Brücken, die ebenfalls auf einem Silikonkautschukring aufvulkanisiert sind, leitend miteinander verbunden.

In Bild 8.46 sind drei Kontaktanordnungen von Schaltgeräten mit Konusrollen oder Kugeln dargestellt. Sie erlauben zwar eine unbeschränkte Drehung der beweglichen Bauteile, jedoch nur geringe Drehgeschwindigkeiten, da die beweglichen Kontaktteile eine Wälz-Gleitbewegung ausführen.

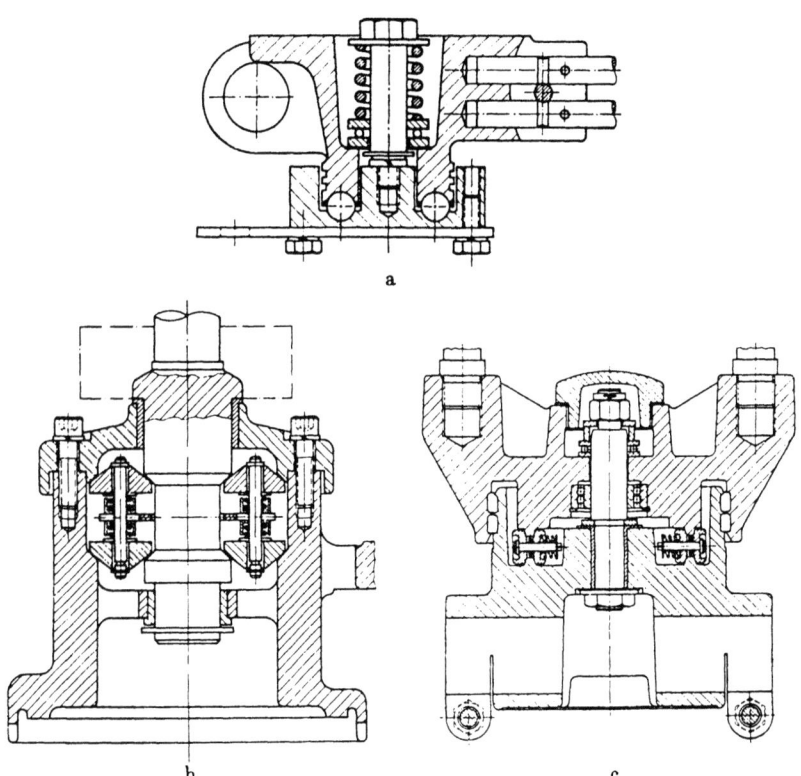

Bild 8.46. Kontaktanordnungen mit Kugeln bzw. Konusrollen für geringe Drehgeschwindigkeiten.

Für große Umfangsgeschwindigkeiten und große Ströme eignen sich Quecksilberstromabnehmer (Bild 8.47). Das Quecksilber wird bei Drehbewegung des Bolzens in einen Ringspalt gedrückt und schmiegt sich fest an die kontaktgebenden Flächen an. Das Quecksilber darf nicht mit Kupfer oder Aluminium in Verbindung kommen, da diese Werkstoffe vom Quecksilber leicht aufgelöst werden. Bewährt hat sich ein Oberflächenschutz durch aufgelötete Hülsen, Ringe bzw. Platten geringer Dicke aus Nickel oder Eisen.

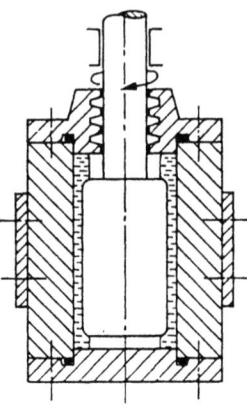

Bild 8.47. Quecksilberstromabnehmer.

8.9. Bemessungsrichtlinien

Für die Bemessung der elektrischen Kontakte gibt es unterschiedliche Gesichtspunkte, die von der konstruktiven Ausführung der Kontaktstelle und den jeweiligen Betriebsbedingungen abhängen. Das vorliegende Kapitel soll eine Zusammenstellung der wichtigsten Bemessungsrichtlinien für die einzelnen Kenngrößen bringen.

a) Schraubverbindungen

Bei dieser Kontaktart handelt es sich vorwiegend um Schienenverbindungen und Geräteanschlüsse, die als Dauerkontakte angesehen werden können. Die Dimensionierung derartiger Verbindungen hat so zu erfolgen, daß die Temperatur in den wirksamen Kontaktflächen $A_{w\mu}$ während des Betriebs mit Nennstrom nicht Werte erreicht, bei denen die Fremdschichtbildung wesentlich beschleunigt wird. Dies kann dadurch erreicht werden, daß der Durchgangswiderstand R_{d0} so niedrig gemacht wird, daß sich bei Belastung mit Nennstrom bei Betriebstemperatur ein Kontaktspannungsabfall <10 bis 20 mV ergibt. Für überlappende Schienenverbindungen soll R_{d0} kleiner oder gleich dem Widerstand des massiven Leiters sein, dessen Länge gleich der Überlappungslänge ist [4, S. 384].

Richtwerte nach Babikow [5] für die erforderliche Kontaktlast bei Flachanschlüssen für unterschiedliche Werkstoffe sind Bild 8.48 zu entnehmen.

Anhaltswerte für die scheinbare Stromdichte J_{Cu} bei Flachkontakten aus Kupfer und unterschiedliche Nennströme finden sich in Bild 8.49 [5]. Hieraus lassen sich Richtwerte für die zulässige Stromdichte J_x für

8.9. Bemessungsrichtlinien

andere Werkstoffe mit dem spezifischen Widerstand ϱ_x berechnen [5]:

$$\frac{J_x}{J_{Cu}} = \frac{\sqrt{\varrho_{Cu}}}{\sqrt{\varrho_x}}. \tag{8.56}$$

Küster [17] gibt bei Aluminiumverbindungen für den Kontaktdruck 10 N/mm² als mittleren Wert (unter Grenze 5 N/mm², obere Grenze 20 N/mm²) und für die Stromdichte Werte von 0,15 bis 0,2 A/mm² an.

Werkstoff	F_k/A_s N/mm²
Kupfer versilbert oder verzinnt	5–10
Aluminium geschmirgelt u. gefettet	20–30
Kupfer/Messing	6–12

Bild 8.48. Richtwerte für die Kontaktlast bei Flachanschlüssen.

I_N A	J_{Cu} A/mm²
< 200	0,31
200–2000	$0,31 - 1,05 \cdot 10^{-4} (I_N - 200)$
> 2000	0,12

Bild 8.49. Richtwerte für die Stromdichte J_{Cu} von Flachanschlüssen aus Kupfer.

b) Im Betrieb stets geschlossene, bewegliche Kontaktverbindungen

Für im Betrieb stets geschlossene, bewegliche Kontaktverbindungen gelten die gleichen Anforderungen wie an Schraubverbindungen. Hinzu kommt jedoch die Forderung, daß solche Kontaktstellen bei auftretenden Kurzschlußströmen weder verschweißen noch abheben dürfen. Weiterhin sollte der Materialverlust durch die Bewegung möglichst klein bleiben.

Die Kontaktlast F_k ist so groß zu wählen, daß die Kontaktstelle den Nennstrom ohne unzulässige hohe Temperaturen führt und im Kurzschlußfall kein Verschweißen oder gar Abheben auftritt. Dabei spielt die konstruktive Gestaltung der Kontaktanordnung eine nicht unerhebliche Rolle. Bei gleicher Kontaktlast können beispielsweise mehr oder weniger große Nennströme getragen werden, je nachdem wie die Wärmeabfuhr durch die Konstruktion begünstigt oder erschwert wird. Ähnliches gilt für das dynamische Verhalten. Geeignete konstruktive Maßnahmen können bewirken, daß die abhebenden Kräfte in der Engestelle durch magnetische Kräfte auf die Kontaktglieder mehr oder minder stark kompensiert werden.

Die folgende Tabelle (Bild 8.50) gibt Anhaltswerte über die Größe der spezifischen Kontaktlast in ausgeführten Schaltgeräten. Dabei ist zu berücksichtigen, daß im allgemeinen mehrere Kontaktstellen parallel liegen. Richtwerte für die Stromstärke je Kontaktstelle sind in der

Kontaktlast	F_k/I_N N/A	I_N/Kontaktstelle A
Roll- oder Wälzkontakt	0,7—2,6	120—210
Schiebekontakt	0,3—0,5 (1)	(50) 130—210

Bild 8.50. Richtwerte für die Bemessung von Roll-, Wälz- und Schiebekontaktstellen.

Tabelle ebenfalls angegeben. Werte, die erheblich aus dem üblichen Streubereich herausfallen, sind in Klammern gesetzt.

Die Kontaktstücke bestehen in der Regel aus Kupfer mit Silber-, Nickel- oder Zinnüberzug; in selteneren Fällen kommen versilbertes Aluminium bzw. Messing zum Einsatz.

Zur Abschätzung der höchsten Übertemperatur ΔT_{max} in den wirksamen Kontaktflächen $A_{w\mu}$ von punkt- oder linienförmigen Berührungsstellen aus der Kontaktspannung U_k können die Gleichungen (8.50) und (8.54) aus Abschnitt 8.4 oder die folgenden Näherungsgleichungen nach Höft [6, S. 84] benutzt werden:

$$\frac{\Delta T_{max}}{K} \approx 1{,}75 \cdot 10^{-2} \left(\frac{U_k}{mV}\right)^2, \quad (U_k = 0 \text{ bis } 50 \text{ mV}), \quad (8.57\text{a})$$

$$\frac{\Delta T_{max}}{K} \approx 0{,}11 \left(\frac{U_k}{mV}\right)^{1{,}5}, \quad (U_k = 50 \text{ bis } 600 \text{ mV}). \quad (8.57\text{b})$$

Für die Berechnung der maximalen Übertemperatur aus der Größe der scheinbaren kreisförmigen Kontaktberührungsfläche A_s und des Scheitelwertes des Belastungsstromes wird von Westhoff [14, S. 52] folgende Gleichung angegeben:

$$\Delta T_{max} = \frac{1}{\frac{32}{\pi} \cdot \frac{\lambda_0}{\varrho_0} \cdot \frac{A_s}{\hat{I}^2} - \frac{2 \cdot \alpha}{3}}. \quad (8.58)$$

Darin bedeuten:

ϱ_0 spezifischer elektrischer Widerstand des Kontaktwerkstoffes bei Umgebungstemperatur T_0.
λ_0 thermische Leitfähigkeit des Kontaktwerkstoffes bei T_0.
α Temperaturkoeffizient des spez. elektrischen Widerstandes,
A_s scheinbare Kontaktfläche.
$\hat{I}$ Scheitelwert des Belastungsstromes.

Um ein Verschweißen der Kontaktstelle im Kurzschlußfall sicher zu vermeiden, muß die mögliche Maximaltemperatur (Summe aus der Ausgangstemperatur vor der Kurschlußbelastung und der maximalen

Übertemperatur) unterhalb der Schmelztemperatur des Kontaktwerkstoffes liegen.

Kesselring [15] gibt zur Berechnung der Stromstärke $\hat{I}_{sg}$, bei der eine geringfügige Verschweißung in der Kontaktstelle auftritt, für punktförmige Berührungsstellen folgende Gleichung an:

$$\hat{I}_{sg} = \frac{2 \cdot U_{sch}}{\sqrt{\pi} \cdot \varrho \cdot \sqrt{H_s}} \cdot \sqrt{F_k}. \qquad (8.59)$$

U_{sch} ist die Schmelzspannung des Kontaktwerkstoffes und H_s die Kontakthärte.

Für Kupferkontakte ergibt sich durch Einsetzen der entsprechenden Werte

$$\frac{\hat{I}_{sg(Cu)}}{kA} = 1{,}04 \cdot \sqrt{\frac{F_k}{N}} = 3{,}26 \sqrt{\frac{F_k}{kp}}. \qquad (8.60)$$

In Kurzschlußversuchen wurde folgende Gleichung ermittelt [15]:

$$\frac{\hat{I}_{sg(Cu)}}{kA} = 1{,}28 \sqrt{\frac{F_k}{N}} = 4 \sqrt{\frac{F_k}{kp}}. \qquad (8.61)$$

Aus beiden Gleichungen folgt, daß für große Kurzschlußströme auch große Kontaktlasten erforderlich sind oder eine Aufteilung auf mehrere Kontaktstellen erfolgen muß. Ist der maximale Kurzschlußstrom bekannt, ergibt sich aus Gl. (8.61) für die notwendige Mindestkontaktlast

$$\frac{F_k}{N} = 0{,}61 \left(\frac{\hat{I}_{sg(Cu)}}{kA}\right)^2; \quad \frac{F_k}{kp} = 0{,}0625 \left(\frac{\hat{I}_{sg(Cu)}}{kA}\right)^2. \qquad (8.62)$$

Die Kontaktlast muß bei normalen, nicht strombegrenzenden Schaltgeräten stets größer als die im Kurzschlußfall auftretenden Abhebekräfte sein, die sich durch die Einengung der Stromlinien auf die wirksamen Kontaktflächen ergeben.

Nach Holm [1, S. 56] ist die Abhebekraft F_a an zylindrischen Kontaktstücken mit dem Radius r_a und einer Engestelle mit dem Halbmesser r_s (Radius der scheinbaren Berührungsfläche) in Abhängigkeit vom Strom $\hat{I}$ nach folgender Gleichung zu berechnen:

$$\frac{F_a}{N} = 0{,}1 \left(\frac{\hat{I}}{kA}\right)^2 \cdot \ln \frac{r_a}{r_s}; \quad \frac{F_a}{kp} = 1{,}02 \cdot 10^{-2} \left(\frac{\hat{I}}{kA}\right)^2 \cdot \ln \frac{r_a}{r_s}. \qquad (8.63)$$

Die Gleichung gilt unter der Annahme, daß die gesamte scheinbare Kontaktberührungsfläche leitend ist.

Bei Flachkontaktstücken mit auf der scheinbaren Kontaktfläche gleichmäßig verteilten wirksamen Kontaktflächen kann die Abhebekraft F_a ermittelt werden zu

$$\frac{F_a}{N} = 0.5 \left(\frac{I}{kA}\right)^2; \quad \frac{F_a}{kp} = 0.051 \left(\frac{I}{kA}\right)^2. \tag{8.64}$$

Gl. 8.64 wurde empirisch ermittelt [3, S. 155] und gilt näherungsweise unabhängig von der Art des Flachkontaktes bei üblichen mittleren Verhältnissen.

Schrifttum

1. Holm, R.: Electric Contacts, Berlin—Heidelberg—New York: Springer 1967.
2. Hütte, Bd. 1, Theoretische Grundlagen, Berlin: W. Ernst u. Sohn 1955.
3. Rziha, E. v.: Starkstromtechnik, Taschenbuch für Elektrotechniker Bd. 2, Berlin: W. Ernst u. Sohn 1960.
4. Mau, H.-J.: Elektrische Apparate. In Taschenbuch Elektrotechnik (hrsg. von E. Philippow), Bd. 2 Berlin: VEB Verlag Technik 1968.
5. Babikow, M. A.: Wichtige Bauteile elektrischer Apparate, Berlin: VEB Verlag Technik 1954.
6. Höft, H.: Physikalische Untersuchungen an ruhenden Starkstromkontakten. Diss. TH Ilmenau 1963.
7. Finke, H.: Der Engewiderstand und sein Einfluß auf die Erwärmung und Potentialverteilung in Starkstromkontaktstücken. Forschungsarbeit im Institut für elektrische Energieanlagen der TU Braunschweig (noch nicht veröffentlicht).
8. Dietrich, B.: Zum Verhalten geschlossener Kontaktstücke mit Fremdschichten bei Stromfluß. 5. Int. Tagung über el. Kontakte München 1970, Berlin: VDE-Verlag (1970) 19—22.
9. Lemelson, K.: Beitrag zur Klärung des Verhaltens geschlossener Starkstromkontaktstellen unter Isolieröl im Dauerbetrieb. Diss. TU Braunschweig 1973.
10. Williamson, J. B. P., Greenwood, J. A.: Contact of nominally flat surfaces. 2. Int. Tagung über el. Kontakte Graz (1964) 24—38.
11. Williamson, J. B. P.: Basic properties of electric contacts. Electrical Contacts 1965, Illinois Institut of Technologie, Chicago, 1—14.
12. Greenwood, J. A.: Constrictions resistance and the real area of contact. Brit. Journal Appl. Phys. Bd. 17 (1966) 1621—1632.
13. Kohlrausch, F.: Über den stationären Temperaturzustand eines elektrisch geheizten Leiters. Ann. d. Phys. (1900) 132—158.
14. Westhoff, H.: Über das Verschweißen von ruhenden Starkstromkontaktstücken bei hohen Wechselströmen. Diss. TH Braunschweig 1963.
15. Kesselring, F.: Theoretische Grundlagen zur Berechnung der Schaltgeräte, 4. Aufl., Berlin: Walther de Gruyter 1968.
16. Hilgarth, G.: Über die Grenzstromstärke ruhender Starkstromkontakte. ETZ-A 78 (1957) 211—217.
17. Küster, W.: Stromschienen aus Aluminium. Vereinigte Aluminium-Werke, Berlin, Bonn 1969.
18. Dietrich, B.: Über die Frittung von Fremdschichten in ruhenden elektrischen Kontakten. Diss. TU Braunschweig 1973.

19. Merl, W.: Der elektrische Kontakt. Dr. E. Dürrwächter-Doduco-KG, Pforzheim, 1959.
20. Fehling, H.: Über die Kontaktbeanspruchung an Schnellschaltern bei hohen Spitzenströmen. AEG-Mitt. Bd. 48 (1958) 191—196.
21. Heiner, H.: Verschweißfestigkeit und Gefügeausbildung an der Berührungsstelle ruhender Starkstromkontakte bei hohen Strömen. XI. Intern. Wiss. Koll. TH Ilmenau 1966.
22. Barkan, P., Tuohy, E.: On the force-resistance relationship for butt contacts under both film and film-free conditions. Electrical Contacts 1962, University of Maine, Orono, Paper 4.
23. Höft, H.: Die wahre Berührungsstelle punktförmiger Kontakte. 2. Int. Tagung über el. Kontakte Graz (1964) 150—158.
24. Dräger, H.-J.: Einfluß der in aggressiven Atmosphären entstehenden Fremdschichten auf den Kontaktwiderstand schaltender Abhebekontaktstücke. Forschungsarbeit am Institut für elektrische Energieanlagen der TU Braunschweig (noch nicht veröffentlicht).

9. Schließende und öffnende Kontaktstücke

Kontaktstücke elektrischer Schaltgeräte unterliegen beim Ein- und Ausschalten sehr unterschiedlichen Beanspruchungen. Sofern der Schaltvorgang nicht im spannungslosen Zustand erfolgt, sind diese in erster Linie von den elektrischen Eigenschaften des jeweiligen Stromkreises abhängig. Wesentlich ist daher, ob es sich um einen Gleich- oder Wechselstromkreis handelt und welche ohmschen, induktiven und kapazitiven Belastungen darin enthalten sind; ob Leerlauf-, Nenn-, Über- oder Kurzschlußströme zu schalten sind und bei welcher treibenden Spannung und zu welchem Zeitpunkt dies erfolgt. Entscheidend sind weiterhin die mechanischen Eigenschaften des Schalters, wie Schließ- und Trenngeschwindigkeit sowie das Prellverhalten, konstruktive Merkmale der Schaltglieder sowie die Lichtbogenlöschsysteme mit ihren Löschmitteln, wie Luft, SF_6, Öl, Vakuum und dgl. Schließlich sind auch die betrieblichen Anforderungen, insbesondere die Schalthäufigkeit zu berücksichtigen.

Die hier genannten Beanspruchungsgrößen können selbstverständlich nicht unabhängig voneinander betrachtet werden; sie beeinflussen sich vielmehr gegenseitig. So ist beispielsweise die konstruktive Gestaltung der Schaltglieder und des Löschsystems abhängig sowohl von der Spannung als auch von der zu schaltenden Stromstärke. Die Beanspruchungen sind somit sehr vielschichtig und müssen von Fall zu Fall sehr genau untersucht werden, um für einen speziellen Anwendungsfall zu einer optimalen Ausführung zu gelangen, wobei im wesentlichen folgende Anforderungen erfüllt werden müssen:

a) sichere Kontaktgabe in geschlossenem Zustand trotz Abbrandes infolge Lichtbogeneinwirkung und Fremdschichten auf den kontaktgebenden Oberflächen;

b) Einhaltung der zulässigen Erwärmung auch bei Über- und Kurzschlußströmen;

c) kein durch die Rückstellkräfte unlösbares Verschweißen beim Führen und Einschalten von Über- und Kurzschlußströmen;

d) geringer Materialverschleiß beim Ein- bzw. Ausschalten, insbesondere von Über- oder Kurzschlußströmen.

9.1. Einschalten der Kontaktstücke

9.1.1. Schließen im spannungslosen Zustand

Beim Einschalten eines Schaltgerätes prallt das bewegliche Schaltstück mit einer vom Antriebssystem bestimmten Geschwindigkeit auf das feststehende Kontaktstück. Der ersten Kontaktberührung folgt eine elastische Verformung der Schaltglieder sowie eine elastische und plastische Verformung der Berührungsstellen der Kontaktstücke. Ein Teil der Bewegungsenergie wird dabei in Wärme umgesetzt. Die Restenergie wird infolge einer Rückbildung der elastischen Verformung bei der Anordnung nach Bild 9.1a das bewegliche Kontaktstück gegen

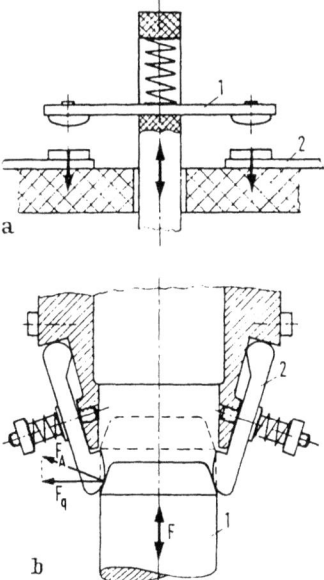

Bild 9.1. Zur Erklärung des Kontaktverhaltens beim Einschaltvorgang.

1 → bewegliches Schaltglied
2 → feststehendes Schaltglied

die Kraft der Kontaktlastfelder beschleunigen. Bei der Anordnung nach Bild 9.1b werden die Kontaktfinger bereits durch die Querkomponente F_q der Aufschlagkraft F_A gegen die Kraft ihrer Federn beschleunigt.

In beiden Fällen werden die Kontaktstücke dadurch soweit geöffnet, bis ihre kinetische Energie durch Spannen der Federn in potentielle Energie umgesetzt worden ist. Die gespannten Kontaktfedern beschleunigen nun ihrerseits die Kontaktstücke in entgegengesetzter

Richtung bis zur erneuten Kontaktberührung; ein weiteres Abheben beginnt. Der Prellvorgang wiederholt sich so lange, bis die gesamte kinetische Energie in Wärme umgesetzt ist. Das Prellen gilt als beendet, wenn keine Abhebungen mehr vorliegen. Dem letzten Prellvorgang folgen jedoch Kontaktlastschwankungen, bevor der stationäre Zustand erreicht ist.

Die rechnerische Erfassung des Prellvorganges erweist sich als recht kompliziert, da im allgemeinen mehrere schwingungsfähige Systeme daran beteiligt sind. Ein vereinfachtes Feder-Masse-Ersatzssystem zur Berechnung des Prellens einer Kontaktanordnung, das die praktischen Verhältnisse in guter Näherung wiedergibt, zeigt Bild 9.2. Es besteht

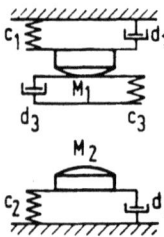

Bild 9.2. Vereinfachtes Feder-Masse-Ersatzsystem einer Kontaktanordnung zur Berechnung des Prellvorganges.

aus den Ersatzmassen M_1 und M_2 der Schaltglieder, ihren Ersatzfederkonstanten c_1 und c_2 und den Dämpfungen d_1 und d_2. Die Federkonstante c_3 und die Dämpfung d_3 berücksichtigen die elastischen Eigenschaften des Kontaktwerkstoffes.

Die Bilder 9.3a—c zeigen die zeitlichen Verläufe des Prellvorganges bei unterschiedlichen Masse-Federsystemen. Ein Prellverlauf nach Bild 9.3a, bei dem die Amplitude jeder nachfolgenden Abhebung infolge Dämpfung kleiner ist als die der vorhergehenden, ergibt sich nur dann, wenn die Ersatzmasse des feststehenden Kontaktstückes M_2 unendlich groß ist. Bei Schaltgeräten ist das jedoch nicht der Fall. So werden z. B. bei der Kontaktanordnung nach Bild 9.1a beim ersten Zusammenprall der Kontaktstücke beide Kontaktsysteme zum Schwingen angeregt.

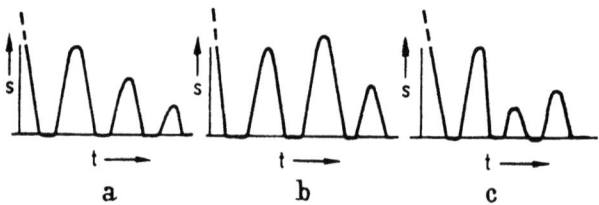

Bild 9.3. Unterschiedliche, rechnerisch ermittelte Prellvorgänge.

Das feststehende untere Kontaktsystem schwingt infolge seiner großen Federsteifigkeit mit einer sehr viel höheren Eigenfrequenz als das bewegliche. Der zeitliche Verlauf der zweiten und aller folgenden Abhebungen hängt nun ganz davon ab, in welchem Zeitpunkt die Kontaktstücke sich wieder berühren und der sich daraus ergebenden Richtung und Größe des resultierenden Stoßimpulses. Eine genaue Ermittlung der Bewegungsabläufe prellender Kontaktstücke erfordert einen großen Rechenaufwand. Ein Programm zur Nachbildung des Prellvorganges von Kontaktstücken auf einer Analogrechenmaschine ist in [1] beschrieben.

Zur näherungsweisen Berechnung des Prellvorganges genügen häufig einfachere Ersatzsysteme, wie sie beispielsweise von Kesselring [2, 3] angegeben werden. Unter Annahme, daß die Masse des feststehenden Kontaktgliedes unendlich groß ist, ermittelt sich die zur Verhinderung des mechanischen Prellens erforderliche Kontaktkraft zu [2]:

$$F_k > \varkappa^2 \sqrt[5]{\frac{0{,}51}{(1-\varkappa^2)^3}} \, G^{0{,}4} \cdot r^{0{,}2} \left(\frac{M_1 \cdot v^2}{2}\right)^{0{,}6}. \tag{9.1}$$

F_k Kontaktkraft,
$\varkappa$ Stoßfaktor,
G Gleitmodul,
r Abrundungsradius der Kontaktstücke,
M_1 Masse des beweglichen Kontaktstückes,
v Auftreffgeschwindigkeit des beweglichen Kontaktstückes.

Für Kupfer mit $\varkappa^2 \approx 0{,}2$ bis $0{,}3$ und $G = 4{,}5 \cdot 10^6$ N/cm² ($\approx 0{,}45 \cdot 10^6$ kp/cm²) ergibt sich aus Gl. 9.1 angenähert [2]

$$\frac{F_k}{N} > 450 \left(\frac{r}{cm}\right)^{0{,}2} \left[\frac{1}{2} \cdot \frac{M_1}{kg} \cdot \left(\frac{v}{cm/s}\right)^2\right]^{0{,}6}. \tag{9.1a}$$

Einfache rechnerische Abschätzungen sind auch für das Ersatzsystem nach Bild 9.4 möglich, darin sind M_1 und M_2 die Ersatzmassen der Kontaktglieder, F_k die Kraft, die das bewegliche Kontaktstück längs des Weges s beschleunigt, v die Auftreffgeschwindigkeit des be-

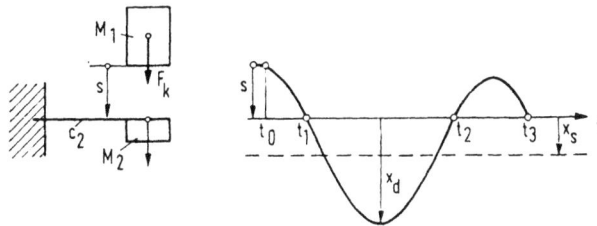

Bild 9.4. Zur rechnerischen Abschätzung des Prellverhaltens von Kontaktanordnungen.

weglichen Kontaktstückes auf das feststehende, c_2 die Federkonstante des feststehenden Kontaktstückes, x_d die dynamische und x_s die statische Auslenkung.

Um ein Prellen der Anordnung nach Bild 9.4 zu verhindern, muß folgende Bedingung erfüllt sein [3]:

$$c_2 \leqq 2 M_2 \left(\frac{F_k}{M_1 v}\right)^2 \cdot \left(1 + \frac{M_2}{2 M_1}\right). \tag{9.2}$$

Bei gegebenen Werten von M_1, M_2, c_2 und v kann daraus die zur Vermeidung des mechanischen Prellens erforderliche Kontaktkraft F_k ermittelt werden.

Zusätzliche Prellvorgänge können bei Schaltgeräten auch durch mechanische Erschütterungen beim Abbremsen des Antriebes auftreten, insbesondere bei Schützen, wenn der Magnetanker auf das Joch aufprallt.

9.1.2. Schließen unter Spannung stehender Kontaktstücke

Bei hohen Betriebsspannungen erfolgt zwischen den sich mit Einschaltgeschwindigkeit nähernden Kontaktstücken ein elektrischer Vordurchschlag, sobald die Durchschlagfestigkeit der sich verringernden Trennstrecke überschritten wird. Der sich ausbildende Lichtbogen wird

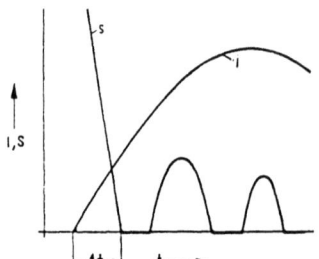

Bild 9.5. Einschaltvorgang mit Vordurchschlag und Prellvorgang.

bei der ersten Kontaktberührung kurzgeschlossen. Bei einem schnellen Anstieg des Stromes (Bild 9.5) kommutiert somit nach dem Zeitintervall Δt ein großer Strom auf die ersten Berührstellen. Auch bei Niederspannung kann kurzzeitig ein kurzer Lichtbogen beim Schließvorgang auftreten und zwar dann, wenn die Spannung zwischen den Kontaktstücken höher ist als die Glimmspannung oder wenn der Strom nach der ersten Kontaktberührung so rasch ansteigt, daß die zuerst in Berührung kommenden leitenden Kontaktpunkte überhitzt werden, verdampfen und verspratzen. Hohe Stromanstiege ergeben sich beim Einschalten auf Kurzschlüsse und beim Schalten von Kondensatorbatterien.

9.1. Einschalten der Kontaktstücke

Durch entsprechende Formgebung wird bei Hochspannungsleistungsschaltern, wie Bild 9.6 zeigt (a als Tastkontakt, b mit Kontakttulpe im Flüssigkeitsschalter), erreicht, daß die Stellen, an denen die Kontaktberührung im eingeschalteten Zustand der Schaltglieder erfolgt, nicht durch die Einschaltlichtbögen beschädigt werden. Bei Schaltern mit flüssigem Schaltmedium können bei stromstarken Vorentladungs-

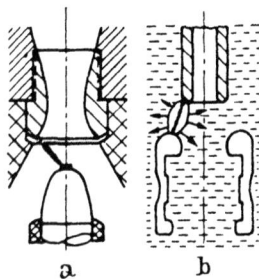

Bild 9.6. Vordurchschlag beim Schließen von Hochspannungsschaltern.

lichtbögen durch intensive Verdampfung der Schaltflüssigkeit auf die Schaltstange (vgl. Bild 9.6b) Kräfte wirken, die verhindern, daß diese in ihre normale Endstellung gelangt. Bei der Auslegung des Andruckes muß diese Gegenkraft berücksichtigt werden.

Wesentlich unangenehmer als Vordurchschläge und Spratzerscheinungen vor und bei der allerersten Kontaktberührung sind Abhebungen der einschaltenden Kontaktstücke infolge Prellens, die auch bei Niederspannungsschaltern auftreten. Der rein mechanische Prellvorgang (s. Abschnitt 9.1.1.) wird dabei zusätzlich durch dynamische Abhebungen infolge von Stromkräften sowie durch Druckkräfte beim Verdampfen des Kontaktwerkstoffes beeinflußt.

Bei Mittel- und Hochspannungsschaltern wird im allgemeinen versucht, ein Prellen durch geeignete konstruktive Maßnahmen zu verhindern. Dies wird bei Schaltern mit Tastkontaktstücken (Bild 9.6a) durch entsprechende Bemessung der Masse-Federsysteme der Schaltstangenantriebe und durch Dämpfungseinrichtungen erreicht und bei Kontaktanordnungen mit Kontakttulpen (Bild 9.6b) durch geeignete Ausführung der Kontaktfinger und Federn der Tulpe; falls erforderlich, werden Kontaktfinger mit Dämpfungseinrichtungen versehen.

Bei Niederspannungsschaltern, insbesondere bei Schützen mit direktem Magnetantrieb der Kontaktstücke, lassen sich Kontaktprellungen beim Einschalten nicht immer vermeiden, weil zusätzliche Dämpfungseinrichtungen bei diesen billigen Schaltern wirtschaftlich nicht tragbar sind.

Die Vorgänge beim Prellen unter Strombelastung sollen anhand des Bildes 9.7 erläutert werden. Dabei wird ein sinusförmiger Stromverlauf und ein zweimaliges Prellen — entsprechend Bild 9.7a — zugrunde gelegt. Unter der Annahme, daß bei der ersten Kontaktberührung über die Kontaktstücke, wie in Bild 9.7a dargestellt, ein sinusförmiger Strom zu fließen beginnt, wird der Bewegungsablauf der Prellschwingung gegenüber dem Verlauf ohne Strombelastung stark verändert. Während der Abhebungen entstehen kurze Lichtbögen. Durch die hohe Tempera-

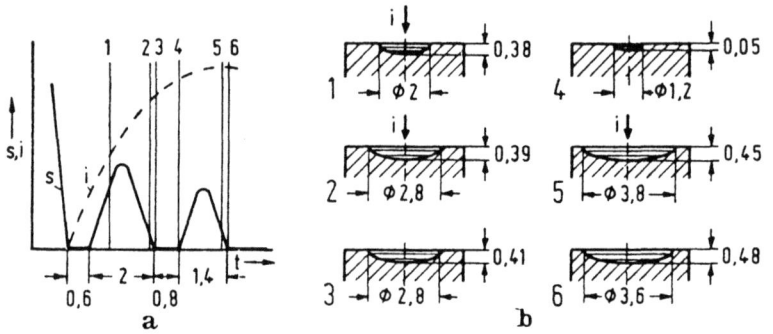

Bild 9.7. Eindringtiefe der Schmelzzone beim Einschalten mit Prellichtbögen.

tur ihrer Fußpunkte werden die Fußpunktgebiete stark erwärmt, der Kontaktwerkstoff wird an diesen Stellen entfestigt und geschmolzen. Bei der nachfolgenden Wiederberührung treffen Kontaktstellen aufeinander, die im Fußpunktgebiet flüssig, in der nächsten Umgebung entfestigt sind und nur am Rand der mechanischen Berührungsstelle noch aus elastischem Material bestehen. Während der Schließzeit setzt die Wärmezufuhr durch den Lichtbogen aus. Die Temperatur in den Kontaktstellen sinkt, weil ein Teil der Wärme in die Kontaktstücke abfließt: Teile der Schmelzzone erstarren und verschweißen. Die Abhebung der Kontaktstücke findet nur dann statt, wenn die sich durch Rückbildung der Verformung der elastischen Restflächen ergebenden Kräfte größer sind als die zum Aufreißen der verschweißten Zonen erforderlichen Kräfte. Der zeitliche Verlauf des Prellvorganges wird durch diese Vorgänge sowie durch die dynamischen Wirkungen des Stromes und die Kräfte, die infolge des Verdampfens des Werkstoffes entstehen, im Vergleich zum stromlosen Einschalten erheblich verändert.

Maßgebend für die Erwärmung der Fußpunktgebiete auf den Kontaktstellen ist in erster Linie die Wärmemenge, die vom Lichtbogen während der Abhebung erzeugt wird. Die Größe der Lichtbogenspannung hängt bei den vorliegenden kurzen Lichtbögen praktisch nur von den ver-

9.1. Einschalten der Kontaktstücke

wendeten Kontaktwerkstoffen ab. Sie hat bei allen Abhebungen einen nahezu rechteckförmigen Verlauf und erreicht Werte zwischen ca. 10 und 20 V.

Entscheidend für den Prellvorgang mit Strombelastung ist sicherlich der Durchmesser und die Eindringtiefe der Schmelzzone am Ende jeder Abhebung, d. h. zu dem Zeitpunkt, in dem die Kontaktstücke sich wieder berühren. Anhaltswerte für diese Größen bei einem Prellvorgang mit zwei Abhebungen zeigt Bild 9.7b (S. 192). Bei der Berechnung dieser Größen wurde angenommen, daß die im Lichtbogen erzeugte Energie bei den sehr kurzen Prellichtbögen zu etwa gleichen Teilen von der Kathode und von der Anode aufgenommen wird. Weiterhin wurden folgende vereinfachende Annahmen gemacht: Kupferkontaktstücke mit ebenen Stirnflächen, auf denen der Lichtbogen einen kreisförmigen Fußpunkt mit einer konstanten Stromdichte von 150 A/mm^2 bildet. Die Grenzfläche zwischen Lichtbogen und Schaltstück wird auf Siedetemperatur des Kupfers von 2230 °C aufgeheizt. Das Kontaktstück soll nur über die kreisförmige Lichtbogenfußpunktfläche aufgeheizt werden. An den übrigen Oberflächen der Kontaktstücke soll keinerlei Wärmeaustausch stattfinden. Wie Bild 9.7b (S. 192) zeigt, beträgt die Eindringtiefe der Schmelzzone bei diesem Beispiel im Maximum nur 0,5 mm. Während der Schließzeit von 0,8 ms (Zeitpunkt 3 und 4) erstarrt ein großer Teil der geschmolzenen Fläche, was zum Verschweißen der Kontaktstücke führen kann. Infolge der raschen Abkühlung müssen in diesen Stellen aber sehr hohe mechanische Spannungen vorliegen, welche die Festigkeit der Schweißverbindung herabsetzen. Von einem schweißfesten Kontaktwerkstoff muß demnach gefordert werden:

a) hohe Siedetemperatur bei guter Wärmeleitfähigkeit;

b) geringer Kathoden- und Anodenfall der Prellichtbögen;

c) hoher Wärmebedarf bei Erwärmung von normaler Betriebstemperatur bis zur Siedetemperatur;

d) geringe Zerreißfestigkeit der Schweißverbindung.

Zur Ermittlung des Schweißverhaltens einschaltender Kontaktstücke aus neuen Kontaktwerkstoffen werden Versuchs-Einschalter benutzt, mit denen Einschaltversuche mit unterschiedlichen Beanspruchungen reproduzierbar durchgeführt werden können. In Bild 9.8 sind die Kontaktglieder einer solchen Einschalteinrichtung im Prinzip dargestellt [1], mit der die eingetragenen Meßwerte ermittelt wurden. Sie zeigen den Scheitelwert der Stromstärke I_{sg}, bei der das Verschweißen einsetzt (Schweißgrenzstromstärke), in Abhängigkeit von der Spannung der Prellbögen für verschiedene Kontaktwerkstoffe. Die Meßwerte wurden bei gleichen mechanischen Versuchsbedingungen aufgenommen. Die Ergebnisse be-

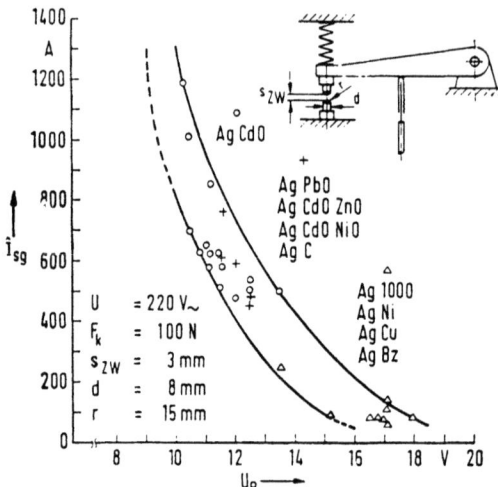

Bild 9.8. Zusammenhang zwischen der Schweißgrenzstromstärke $\hat{I}_{sg}$ und der Spannung U_B der Prellichtbögen.

stätigen die obige Forderung, daß mit wachsender Lichtbogenspannung U_B die Schweißgrenzstromstärke abnimmt, zeigen aber auch, daß die Schweißgrenzstromwerte sehr stark von der Zusammensetzung des Werkstoffes und dem Herstellungsverfahren abhängen.

Eine Zusammenstellung der Schweißgrenzstromstärken $\hat{I}_{sg}$ sowie der Spannungen U_B der Prellichtbögen für verschiedene Kontaktwerkstoffe enthält Bild 9.9 (Versuchsschalter und Versuchsbedingungen s. Bild 9.8). Zusätzlich zur Schweißgrenzstromstärke mit ihrem Streubereich ist angegeben, bei welcher Stromstärke 25, 30 und 75% der unter gleichen Versuchsbedingungen geschalteten Kontaktstücke verschweißen [16].

Weitere Ergebnisse von Untersuchungen über die Schweißeigenschaften einschaltender Kontaktstücke aus unterschiedlichen Werkstoffen sind in [17—21] beschrieben.

9.2. Ausschalten der Kontaktstücke

Im geschlossenen Zustand berühren sich (vgl. Abschnitt 8.2) die Kontaktstücke in mehreren tragenden Kontaktflächen, die unter Einwirkung der Kontaktkraft unterschiedlich stark elastisch und plastisch verformt sind. Zu Beginn des Öffnungsvorganges wird sich infolge der nachlassenden Kontaktkraft die elastische Verformung rückbilden. Dadurch werden zunächst die Querschnitte der tragenden Kontakt-

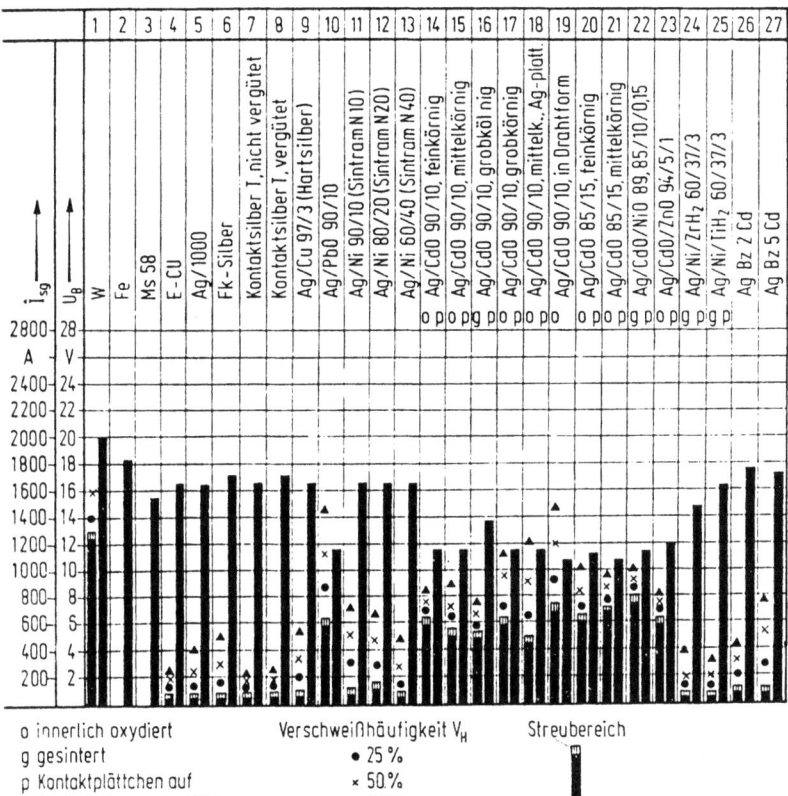

Bild 9.9. Zusammenstellung der Schweißgrenzstromstärken $\hat{I}_{sg}$, der Verschweißhäufigkeiten V_H und der Lichtbogenspannung U_B für verschiedene Kontaktwerkstoffe.

flächen kleiner, dann ihre Zahl. Im letzten Augenblick wird die mechanische Kontaktberührung nur noch von einer oder nur ganz wenigen metallischen Brücken aufrechterhalten, bis auch diese aufgetrennt werden.

Beim Öffnen stromdurchflossener Kontaktstücke wird bei Abnahme des Querschnitts der tragenden, auch der Gesamtquerschnitt der wirksamen Kontaktflächen verringert, so daß die Stromdichte in den Kontaktflächen während des Öffnungsvorganges stark ansteigt und ihren höchsten Wert unmittelbar vor der Auftrennung der letzten metallischen Verbindung erreicht.

Es hängt von der Größe des Trennstromes und dem Querschnitt der letzten metallischen Kontaktbrücken, also von der Stromdichte in diesen ab, ob sie im erwärmten, aber noch festen Zustand aufgetrennt werden oder aber die Auftrennung durch ihr vorhergehendes Schmelzen oder gar durch ein explosionsartiges Verdampfen erfolgt.

9.2.1. Kontakttrennung ohne Lichtbogen

Beim Öffnen stromdurchflossener Kontaktstücke entsteht kein stationärer Lichtbogen, wenn entweder die Spannung an den Kontaktstücken unter 10 bis 20 V bleibt und damit nicht ausreicht, den vom Kontaktwerkstoff abhängigen Kathoden- und Anodenfallbedarf eines stationären Lichtbogens zu decken oder wenn bei höheren Spannungen der Entladungsstrom einen Mindestwert, der in der Größenordnung <1 A liegt, nicht überschreitet.

Beim Öffnen der Kontaktstücke bei *sehr kleinen Strömen* (<1 A), wie sie in der Nachrichtentechnik üblich sind, reicht die Stromdichte in der letzten metallischen Brücke gerade aus, um sie auf ihre Schmelztemperatur aufzuheizen. Nach Auftrennung dieser sogenannten Schmelzbrücke wird der Stromkreis unterbrochen. Bei sehr häufigem Schalten solcher Stromkreise tritt bei den meisten Kontaktwerkstoffen eine Materialüberführung von der Anode zur Kathode mit den in Bild 9.10

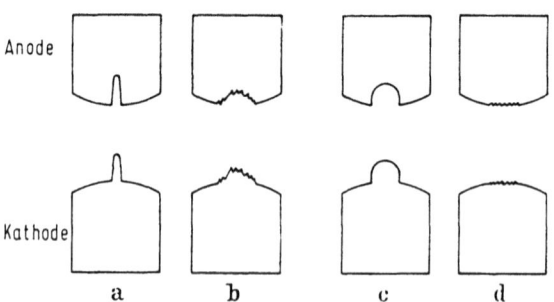

Bild 9.10. Materialwanderung bei Kontakttrennung ohne Lichtbogen.

dargestellten Formen auf [4]. Bei einigen wenigen Kontaktwerkstoffen ergibt sich die umgekehrte Richtung der Materialfeinwanderung. Die Materialfeinwanderung wird durch unsymmetrische Erwärmung der letzten Schmelzbrücke erklärt, wobei als Ursache unterschiedliche Theorien angegeben werden (Thomson-, Peltier-, Benedicks-, Tunneleffekt, chemische oder elektrolytische Effekte) und durch Vorgänge im Zusammenhang mit plasmalosen Lichtbögen (s. S. 89) [4].

Bei *Strömen von 1 bis 100* A muß damit gerechnet werden, daß die gesamte Schmelzbrücke infolge der hohen Stromdichte in diesen Engstellen flüssig wird. Sie zerfällt in Schmelztröpfchen, die sich nach Llewellyn-Jones [5] mit einer elektrischen Doppelschicht umgeben und durch das elektrische Feld zwischen den beiden Kontaktstücken in eine bevorzugte Richtung beschleunigt werden.

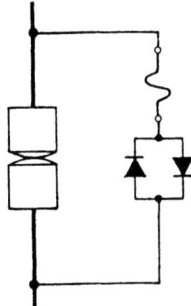

Bild 9.11. Experimentelle Anordnung zum weitgehend lichtbogenfreien Ausschalten.

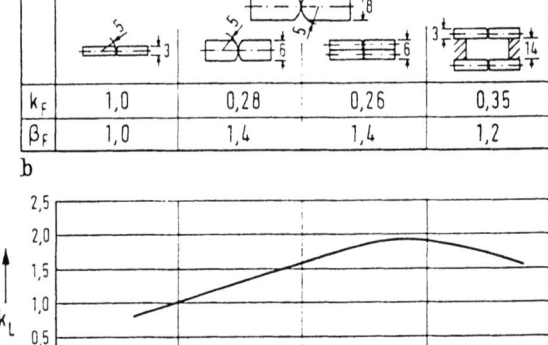

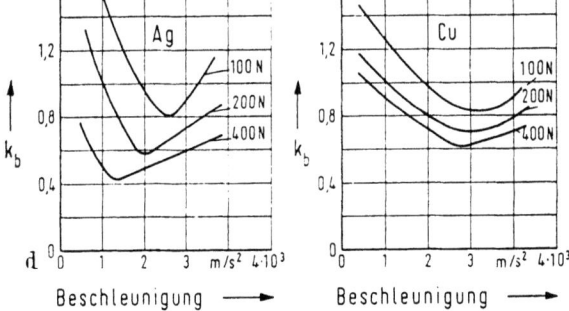

Bild 9.12. Zur Berechnung des Materialverlustes beim lichtbogenfreien Ausschalten (1 N ≈ 0,1 kp).

Melchert [6] untersuchte die Materialwanderung bei praktisch lichtbogenfreiem Schalten von *sehr großen Strömen* (5 bis 30 kA). Durch Parallelschalten von Halbleitergleichrichtern zur Schaltstrecke (s. Bild 9.11) wurde das Auftreten von Lichtbögen weitgehend verhindert. Es ergab sich, daß an beiden Elektroden ein Materialverschleiß auftritt, der an der Anode in der Regel etwas größer als an der Kathode ist. Der Materialverlust entsteht durch Verspratzen und Verdampfen des Kontaktwerkstoffes infolge einer raschen Aufheizung der Schmelzbrücken und des Engegebietes durch die darin erzeugte Joulesche Wärme. Die Größe des Verschleißes hängt wesentlich von der zu schaltenden Stromstärke sowie von Werkstoff, Form und Abmessungen der Kontaktstücke, der Kontaktkraft und der Trenngeschwindigkeit ab.

Nach Melchert [6] kann der Materialverschleiß ΔV_{A+K} an beiden Elektroden abgeschätzt werden aus:

$$\frac{\Delta V_{A+K}}{cm^3} = 2 \frac{mg/cm^3}{\varrho} \cdot k_M \cdot k_F \cdot k_L \cdot k_b \left(\frac{1}{10} \cdot \frac{I}{kA}\right)^{3 \cdot \beta_M \cdot \beta_F}. \qquad (9.3)$$

I ist der Strom im Augenblick der Kontakttrennung und ϱ die Dichte. Die Konstanten k und β können für Silber und Kupfer den Tabellen und Kurven des Bildes 9.12 entnommen werden.

9.2.2. Kontakttrennung mit Lichtbogen

Der Materialverschleiß ist bei Kontakttrennung mit Lichtbögen sehr viel größer als ohne Lichtbögen, weil zum Aufheizen der Kontaktstücke zu der Jouleschen Wärme, die in den Engegebieten im Inneren der Kontaktstücke erzeugt wird, ein sehr viel größerer Anteil von außen durch den Lichtbogen hinzukommt. Wie groß die Anteile der im Lichtbogen erzeugten Energie $\int u_B(t) \cdot i(t) \cdot dt$ sind, die an die Kathode und an die Anode abgeführt werden, hängt ab von der Geometrie der Kontaktstücke, der Länge der Lichtbögen, dem Schaltmedium und von der Größe des Stromes. Die Aufteilung wird wesentlich von den Plasmastrahlen beeinflußt. Solange sie nicht auftreten, kann bei kurzen Lichtbögen und großflächigen Elektroden angenähert angenommen werden, daß die im Lichtbogen erzeugte Wärme jeweils zur Hälfte von der Anode und Kathode aufgenommen wird.

Bis zum Auftrennen der letzten metallischen Kontaktberührung laufen die Vorgänge in den Schmelzbrücken in der gleichen Weise ab, wie sie im Abschnitt 9.2.1. beschrieben wurden. Der nach dieser Auftrennung entstehende Schaltlichtbogen verursacht eine Kontakterosion, für deren Größe folgende Gesichtspunkte maßgebend sind:

a) Anteil der Wärmemenge, der über die Lichtbogenfußpunkte direkt und durch Plasmastrahlen auf die Kontaktstücke übertragen wird;

b) Einwirkdauer des Lichtbogens auf die beanspruchten Stellen der Kontaktstücke sowie Form, Größe und Werkstoff der beiden Kontaktpartner.

Sowohl die im Lichtbogen erzeugte Wärmemenge als auch die übrigen Einflußgrößen richten sich nach dem Schaltvermögen der Schalter, nach der Art der Lichtbogenlöschung und ganz wesentlich nach der konstruktiven Ausbildung der Kontaktglieder. Im Bild 9.13 sind die heute bei modernen Schaltgeräten üblichen Kontaktanordnungen im Prinzip dargestellt, wobei die Lichtbögen teilweise zu verschiedenen Zeitpunkten eingezeichnet sind.

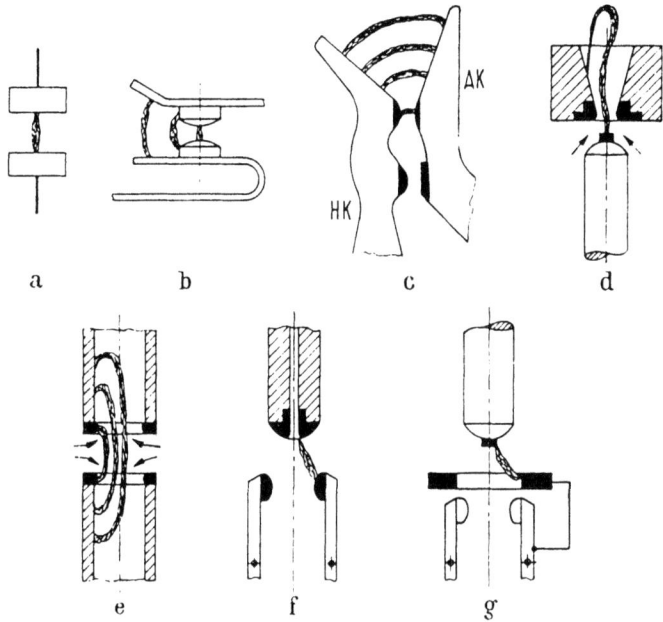

Bild 9.13. Schematische Darstellung der Ausschaltlichtbögen bei unterschiedlichen Kontaktanordnungen.

Die Anordnungen (a bis c) werden hauptsächlich bei Niederspannungs- und (d bis g) bei Mittel- und Hochspannungsschaltern verwendet. Bei der Anordnung (a) verbleiben die Lichtbogenfußpunkte während der gesamten Lichtbogendauer auf den Kontaktstirnflächen, während sie bei den Anordnungen (b) und (c) durch selbsterregte Magnetfelder von ihren Entstehungsstellen auf die Abbrandhörner abgelenkt werden. Die Anordnung (c) besitzt zwei Kontaktstellen, die Haupt- (HK) und die Abbrandkontaktstücke (AK). Die Hauptkontaktstücke trennen beim Öffnen der Schaltglieder zuerst praktisch lichtbogenfrei. Der Strom kommutiert auf die noch geschlossenen Abbrandkontaktstücke, zwischen denen dann nach ihrer Trennung der Lichtbogen entsteht. Bei den Tastkontaktstücken (d) verbleibt der eine Lichtbogenfußpunkt während seiner gesamten Brenndauer auf dem abbrandfesten Kontaktstück der Schaltstange, während der zweite Fußpunkt am unteren Rand der Düse entsteht und durch die Gasströmung an der Wand der Düsenbohrung zum Wandern veranlaßt wird. Ähnlich wie in der Düse verhalten sich die Lichtbogenfußpunkte bei rohrförmigen Schaltstangen der Anordnung (e), allerdings treten hier Rückzündungen auf, falls der Lichtbogen eine gewisse Länge überschreitet. Die Kontaktanordnungen (f) und (g) besitzen Kontakttulpen; zum Schutz der Kontaktfinger ist bei (g) noch ein zusätzlicher Abbrandring vorgesehen. Der Lichtbogen entsteht zwischen den Kontaktfingern und dem Schaltstift. Solche Anordnungen werden hauptsächlich bei Flüssigkeitsschaltern verwendet. Die durch die Schaltstiftbohrung (f) beim Schaltvorgang entweichende Flüssigkeit bewirkt, daß der Lichtbogenfußpunkt von den Außenwandungen des Kontaktstiftes zum Rand der Bohrung gelenkt wird. Bei der Anordnung (g) soll der Lichtbogenfußpunkt von Kontaktfingern auf den Abbrandring kommutieren. Bei den zuletzt genannten Kontaktanordnungen verbleiben die Fußpunkte während der Lichtbogenbrenndauer praktisch auf ihrer Entstehungsstelle.

Die *Lichtbogendauer* moderner *Wechselstrom-Schaltgeräte* ohne strombegrenzende Eigenschaften liegt in der Größenordnung von wenigen Stromhalbschwingungen. Bei strombegrenzenden Schaltgeräten ist sie kleiner als eine Halbschwingung. Bei Kontaktanordnungen, bei denen die Lichtbogenfußpunkte abgelenkt werden, muß der Materialverschleiß während der Verweildauer des Lichtbogens auf den Kontaktstücken berücksichtigt werden. Kurzzeitbelastungen ähnlicher Art treten auch bei Kontaktanordnungen auf, bei denen der Strom von einem Kontaktpaar auf das andere kommutiert, beispielsweise bei den Anordnungen Bild 9.13b und g.

Die *Lichtbogendauer* der *Gleichstromschalter* hängt von der Größe der Differenz der im Schalter erzeugten Lichtbogenspannung U_B und der treibenden Spannung U_q sowie von den Konstanten des Stromkreises L und R und der Größe des Gleichstromes bei Kontakttrennung ab (s. Kap. 2). Da diese Werte je nach Anwendungszweck sehr stark variieren, muß die Lichtbogendauer für die Bemessung der Kontaktstücke von Fall zu Fall berechnet werden.

Zur Abschätzung der Kontaktstückerosion unter Lichtbogeneinwirkung sind eine große Zahl von Untersuchungen durchgeführt worden [7—14]; sie können in drei Gruppen eingeteilt werden:

a) Untersuchungen an betriebsmäßigen Schaltern;

b) Untersuchungen unter speziellen Versuchsbedingungen zur Entwicklung einer bestimmten Schaltertype;

c) grundsätzliche Kontaktuntersuchungen mit dem Ziel, allgemeingültige Gesetzmäßigkeiten zu erarbeiten, die zur Entwicklung neuer Kontaktwerkstoffe und Schaltgerätetypen herangezogen werden können.

Nachfolgend wird im wesentlichen auf die Ergebnisse der Untersuchungen der Gruppe c eingegangen, obwohl sie teilweise unter stark idealisierten Bedingungen durchgeführt wurden. Die Versuchsergebnisse der Gruppen a und b werden lediglich zum Vergleich herangezogen.

Ganz allgemein muß festgestellt werden, daß Meßwerte, die im Rahmen von Abbranduntersuchungen ermittelt werden, außerordentlich stark streuen. Versuchsergebnisse können nur dann zur Deutung des Verhaltens herangezogen werden, wenn unter gleichen Bedingungen eine große Zahl von Meßwerten aufgenommen wird und diese nach statistischen Methoden ausgewertet werden.

Zum besseren Vergleich des Abbrandverhaltens wird der absolute Materialverschleiß nicht wie in der Literatur vielfach üblich in Gewichts-, sondern in Volumendifferenzen ΔV_K (an der Kathode) und ΔV_A (an der Anode) bzw. ΔV_{A+K} (Gesamtabbrand) angegeben. Anstelle der absoluten Größe können auch bezogene Größen herangezogen werden, wie der spezifische Abbrand $w = \Delta V / \int i\, dt$ [mm³/As] und die sogenannte Abbrandrate $\Delta V / t_B$ [mm³/ms], wobei t_B die Lichtbogenbrenndauer darstellt.

a) Materialverschleiß bei unterschiedlichen Querschnitten in Luft, Öl und im Hochvakuum

Zur grundsätzlichen Klärung der Frage, wie sich der Materialverschleiß von zylindrischen Kontaktstücken entsprechend Bild 9.13a in Abhängigkeit vom Strom bei unterschiedlichen Elektrodendurchmessern ändert, können die Untersuchungen in Luft und Öl von Abdel-Asis [7] und im Hochvakuum 10^{-5} Pa von Althoff [8] herangezogen werden. Die Versuche wurden mit Kontaktstücken aus Kupfer und Wechselstrombelastung (ca. 1 Halbschwingung, 50 Hz) durchgeführt. Bild 9.14 zeigt die idealisiert dargestellten Verläufe in Luft und Öl (Trenngeschwindigkeit 2,2 m/s, Abstand der geöffneten Kontaktstücke 20 mm) und Bild 9.15 im Hochvakuum (Trenngeschwindigkeit 1,2 m/s, Abstand der geöffneten Kontaktstücke 8 mm).

Bei kleinen Strombelastungen nimmt der Materialverschleiß in Luft zunächst etwa proportional mit dem Strom zu. Je größer der Elektrodenquerschnitt (Durchmesser d), um so geringer ist die Materialerosion. Beim Überschreiten einer vom Querschnitt abhängigen Grenzstromstärke bewirkt eine relativ geringe Erhöhung des Stromes einen starken Zuwachs des Materialverschleißes. Der steile Anstieg der Abbrandkurven hört beim Überschreiten einer zweiten vom Elektrodenquerschnitt

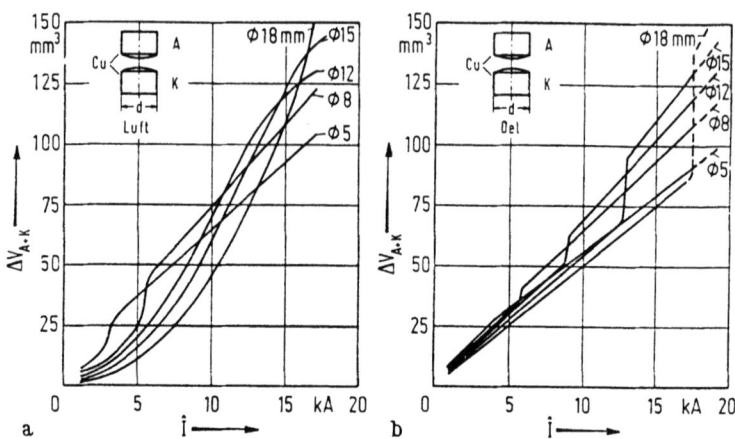

Bild 9.14. Schematische Darstellung des Summenabbrandes ΔV_{A+K} von in Luft und Öl geschalteten zylindrischen Kontaktstücken nach Abdel Asis [7].

abhängigen Stromgröße auf und geht in einen flacheren Verlauf über. Bei kleinen Elektrodendurchmessern genügt zum Durchlaufen des steilen Abbrandbereiches eine nur geringe Stromänderung ΔI (bei $d = 5$ mm ist $\Delta I \approx 0$). Mit wachsendem Elektrodendurchmesser nimmt die erforderliche Stromänderung zu. Interessant ist, daß im zweiten flachverlaufenden Kurvenbereich bei hohen Belastungsströmen Elektroden mit größerem Querschnitt stärker abbrennen als diejenigen mit kleinem Querschnitt. Ähnlich verlaufen auch die Abbrandkurven unter Öl; der Bereich des verstärkten Abbrandes wird hier jedoch bei allen untersuchten Elektrodendurchmessern nahezu sprunghaft durchlaufen.

Die Ursachen für den Verlauf der Abbrandkurven sind noch nicht restlos geklärt. Nach dem derzeitigen Stand der Kenntnisse dürften jedoch die im folgenden beschriebenen Vorgänge bestimmend sein.

Bei einer Lichtbogendauer von nur 10 ms wird bei kleinen Abschaltströmen unter Öl und Luft nur ein Teil der Stirnflächen durch die Lichtbogenfußpunkte aufgeschmolzen. Mit wachsender Stromstärke nehmen die Schmelzflächen in ihrer Größe zu. Der Materialverschleiß im Bereich des ersten flachen Verlaufes der Abbrandkurven, d. h. bei kleinen Strömen, ist hauptsächlich auf ein Verspritzen von schmelzflüssigem Material zurückzuführen. Im kontrahierten Fußpunktgebiet des Lichtbogens ist das flüssige Material auf Siedetemperatur aufgeheizt; außerdem herrscht gegenüber der Umgebung infolge des Pincheffektes ein Überdruck. Die aus diesem Gebiet austretenden Dämpfe reißen flüssige Teilchen mit und bewirken damit das Verspritzen eines Teils der Schmelze. Die aufgeschmolzenen Flächen sind bei gleicher Stromstärke im allgemeinen um so größer, je dicker die Kontaktstücke sind. Dies dürfte darauf zurückzuführen sein, daß die Lichtbogenfußpunkte auf großflächigen Elektroden (s. Abschnitt 6.2.5.) weniger stark stabilisiert werden. Die Wärmeabfuhr über eine größere Fläche ergibt nun aber eine geringere Eindringtiefe der Schmelzzone. Aus diesem Grunde ergeben sich um so kleinere Abbrandwerte, je größer der Elektrodendurchmesser ist. In Luft kommt noch hinzu, daß sich ein mit dem Durchmesser zunehmender Teil des verspritzten Werkstoffes erneut auf den Kontaktstücken, insbesondere auf der Gegenelektrode anlagert. Bei unter Öl geschalteten Kontaktstücken haften die angelagerten Metallspritzer nur sehr lose auf den Elektrodenoberflächen. Außerdem weist die aufgeschmolzene und nach dem Ausschaltvorgang wieder erstarrte Schmelze ein schwammiges Gefüge auf. Beim Reinigungsprozeß vor dem Wiegen lassen sich die erstarrten Spritzer und vielfach auch große Teile der wieder erstarrten Schmelze leicht entfernen. Der Materialverschleiß ist daher in diesem Strombereich unter Öl höher als in Luft.

Mit wachsender Stromstärke nehmen die Schmelzflächen auf den Kontaktstücken — abhängig von der Polarität — in ihrer Größe unterschiedlich zu. Bei Kupfer beispielsweise sind die Schmelzflächen auf der Anode stets kleiner als auf der Kathode. Bei Schaltungen unter Öl ergeben sich kleinere Schmelzflächen als in Luft; außerdem ist der Unterschied zwischen der anodischen und kathodischen Fläche geringer. Dies kann auf die stärkere Kontraktion und auf die bessere Stabilisierung des Lichtbogens und seiner Fußpunkte in Öl zurückgeführt werden; jede Abweichung des Lichtbogens und seiner Fußpunkte von der zentrischen Lage in der Dampf-Gasblase bedeutet, wie im Abschnitt 6.3.3. erläutert, einen höheren Energieentzug. Da sich der Lichtbogen stets so einstellt, daß sein Energiegehalt ein Minimum ist, werden sich die Lichtbogenfußpunkte auf der Kupferschmelze unter Öl nur geringfügig hin- und herbewegen (ähnlich wie bei heterogenen Werkstoffen, s. S. 216). Dagegen ergibt sich in Luft eine sehr viel stärkere Fußpunktbewegung.

Die unterschiedlich starke Kontraktion der anodischen und katodischen Fußpunktgebiete eines Lichtbogens führt zu Plasmastrahlen unterschiedlicher Intensität. Bei Kupferkontaktstücken sind die von der Anode ausgehenden Plasmastrahlen stärker. Von der im Lichtbogen erzeugten Energie wird daher der Kathode ein größerer Teil zugeführt als der Anode.

Mit wachsender Strombelastung nimmt die Größe der Schmelzflächen auf den Elektroden und das schmelzflüssige Volumen zu. Dadurch wird mehr Material verspritzt, so daß der Abbrand steigt. Solange die Schmelze von einem Rand festen Werkstoffes umgeben und damit gehalten wird, wächst der Materialverschleiß etwa proportional mit der Stromstärke. Wird jedoch der feste Rand ganz oder teilweise aufgeschmolzen, kann der schmelzflüssige Werkstoff in verstärktem Maße abfließen. Dies erfolgt, wenn bei zentrischer Lage der Schmelzflächen 95 bis 100% und bei exzentrischer Lage etwa 80% der Kontaktstirnflächen flüssig sind. Damit setzt ein verstärkter Materialverschleiß ein (Beginn der Unstetigkeitsstelle in den Abbrandkurven), der bei Kupferkontaktstellen durch die Stromstärke bestimmt wird, bei der auf der Kathode die Schmelzfläche die genannten, kritischen Größen überschreitet.

Der Abbrand wird in diesem Bereich bestimmt von dem Volumen der zu diesem Zeitpunkt vorhandenen Schmelze, von der pro Zeiteinheit erzeugten Menge flüssigen Werkstoffes und von der Intensität der von Anoden ausgehenden und auf die Kathodenoberfläche auftreffenden Plasmastrahlen. Je größer das Schmelzvolumen und je intensiver die Plasmastrahlen sind, um so mehr schmelzflüssiges Material wird von den Kathodenstirnflächen weggeblasen. Dieser verstärkte Materialverschleiß hört auf, sobald auch auf den Gegenelektroden — bei Kupfer also der Anode — die gesamte Stirnfläche verflüssigt ist oder wenn die Energiezufuhr aus dem Plasma so groß wird, daß das Kontaktmaterial beim Übergang vom festen in den dampfförmigen Zustand nur sehr kurzzeitig die schmelzflüssige Phase durchläuft, so daß nur wenig Material verspritzt werden kann. Unter Öl beschränkt sich der verstärkte Materialverschleiß nur auf einen kleinen Strombereich, da sich, wie bereits erwähnt, die anodischen und kathodischen Schmelzflächen hier nur wenig unterscheiden. In Luft dagegen muß die Stromstärke ganz beträchtlich ansteigen, damit nach Aufschmelzen der gesamten Kathodenstirnfläche auch die Anodenoberfläche voll schmelzflüssig wird. Damit erklärt sich der große Strombereich, in dem ein verstärkter Materialverschleiß in Luft vorliegt.

Der Beginn des verstärkten Materialverschleißes liegt deshalb bei um so höheren Strömen, je größer der Durchmesser der Kontaktstücke ist. Die Größe des Unstetigkeitssprunges in den Abbrandkurven wächst ebenfalls mit dem Durchmesser, weil die Menge des schmelzflüssigen Materials im Augenblick des Aufschmelzens der letzten festen Kontaktstückränder mit dem Durchmesser der Kontaktstücke steigt. Bei 5 mm starken Kontaktstücken tritt sogar anstelle eines Sprunges nur ein Knick in den Abbrandkurven ein.

Bei Ausschaltströmen, die den Strombereich des verstärkten Materialverschleißes übersteigen, erfolgt der Abbrand sowohl durch Verspritzen des Werkstoffes als auch durch Verdampfen. Sowohl in Luft als auch unter Öl haben die Abbrandkurven bei Belastungen mit Strömen unterhalb und oberhalb der verstärkten Abbrandwerte etwa den gleichen flachen Verlauf, obwohl bei großen Stromstärken die Stirnflächen der Kontaktstücke voll aufgeschmolzen sind und das flüssige Material leicht abfließen kann. Dieses Verhalten ist damit zu erklären, daß im Bereich großer Strombelastungen der dampfförmige Materialverschleiß gegenüber dem schmelzflüssigen überwiegt. Bei Kupfer wird beispielsweise zum Verdampfen einer Volumeneinheit eine etwa zehnmal größere Wärmemenge benötigt als zum Schmelzen. Bei gleicher, an die Elektroden abgegebener Wärmemenge wird daher bei reinem Verdampfen des Werkstoffes ein sehr viel geringerer Materialverschleiß auftreten als bei Verlust durch Verspritzen im schmelzflüssigen Zustand. Dadurch ist auch der niedrigere Verschleiß von Kontaktstücken mit kleinem Durchmesser erklärbar. Bei kleinen Kontaktstücken wird der Werkstoff bei gleicher zugeführter Wärmemenge sehr viel rascher vom festen in den dampfförmigen Zustand übergeführt, als dies bei großen Durchmessern der Fall ist; bei geringerem, schmelzflüssigem Materialvolumen geht der Anteil an verspritztem Werkstoff zurück.

Da in Luft die Lichtbogenfußpunkte auf den Stirnflächen von Kupferkontaktstücken sich laufend bewegen, unter Öl dagegen die Bewegung durch den Stabilisierungseffekt der Gas-Dampfblase begrenzt wird, ist der Anteil des verspritzten Materials in Luft bei höherer Strombelastung größer als unter Öl. Deshalb ist der Materialverschleiß schaltender Kontaktstücke bei großen Strömen in Luft größer als unter Öl.

Abbranduntersuchungen an Kontaktstücken unter Hochvakuum (Bild 9.15) ergeben ähnliche Abbrandkurven wie in Luft, allerdings mit dem großen Unterschied, daß die absolute Größe des Volumenabbrandes im Hochvakuum etwa ein Zehntel des Wertes in Luft beträgt. Die Abbrandkurven sind im Bild 9.15 nur in ihrem unteren Strombereich dargestellt; bei den Vakuumschaltern ist ein höherer Verschleiß nicht zulässig, weil die Kontaktstücke nicht ausgewechselt werden können.

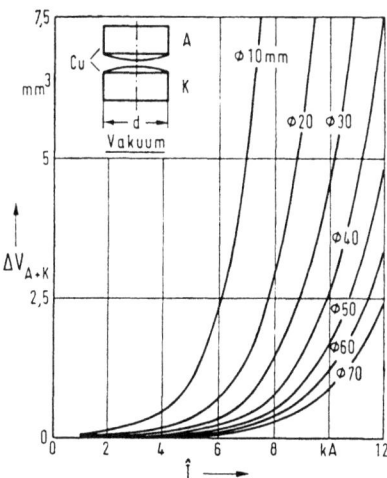

Bild 9.15. Materialverschleiß ΔV_{A+K} im Hochvakuum bei unterschiedlichen Stromstärken $\hat{I}$ und Elektrodendurchmessern nach Althoff [8].

Bei sehr starker Erhöhung des Schaltstromes ergeben sich ähnliche s-förmige Abbrandkurven wie in Luft.

Im Hochvakuum bilden sich in diesem Strombereich Kathodenflecken mit Stromdichten von 10^5 bis 10^6 A/cm². Sie teilen sich, sobald die Stromstärke je Kathodenfleck einen Wert von 150 bis 200 A übersteigt. Da sie sich alle mit hoher Geschwindigkeit auf den Stirn- und sogar Seitenflächen der meist zylindrischen Elektroden hin- und herbewegen, wird das Material an der Kathode auf der ganzen Oberfläche praktisch gleichmäßig verteilt verdampft. Erst beim Überschreiten der Grenzstromstärke bilden sich etwa in der Mitte der Elektroden größere Schmelzkrater, aus denen der Kontaktwerkstoff auch in schmelzflüssigem Zustand verspratzt.

An den Anoden der Vakuumschalter tritt demgegenüber ein Aufschmelzen bei sehr viel kleineren Stromstärken auf als an den Kathoden, weil die in unmittelbarer Nähe der Kathode gebildeten Ladungsträger auf dem Weg zur Anode — durch ihr Eigenmagnetfeld fokussiert — auf eine begrenzte Anodenfläche aufprallen und diese stark aufheizen.

Für zylindrische Kontaktstücke (s. Bild 9.15) mit dem Durchmesser d kann nach Althoff [8] der Abbrand an Anode und Kathode bei einer Halbschwingung (50 Hz) Strombelastung berechnet werden zu

$$\frac{\Delta V_{A+K}}{mm^3} = 0{,}77 \,\frac{\hat{I}/kA}{d/mm} + 0{,}0039 \,\frac{(\hat{I}/kA)^6}{(d/mm)^2} \qquad (9.4)$$

Weiterhin wurde hauptsächlich an Kontaktstücken in Luft und im Hochvakuum festgestellt, daß bei Schaltungen mit kleinen $\int i\,dt$-Werten eine Materialgrobwanderung von der einen zur anderen Elektrode auftritt, die durch den Niederschlag von Metalldämpfen oder schmelzflüssigen Materialtropfen verursacht wird, so daß auf der einen Elektrode statt eines Materialverlustes eine Materialzunahme stattfinden kann. Bei Schaltungen mit großen $\int i\,dt$-Werten tritt stets an beiden Elektroden ein Volumenverlust auf. Es konnte bei kleinen Strömen ferner festgestellt werden, daß bei übereinander angeordneten Elektroden der Materialverlust der oberen infolge leichteren Abtropfens der Schmelze in der Regel größer ist als der des unteren Kontaktstückes.

b) Materialverschleiß bei unterschiedlichen Querschnitten der Kontaktpartner

Bei den meisten im Bild 9.13 schematisch dargestellten Anordnungen besitzen die Kontaktglieder in Form und Größe unterschiedliche Kontaktstücke. Welchen Einfluß die verschiedene Größe zweier Kontaktpartner aus gleichem Werkstoff auf den Materialverschleiß ausübt, wird in den Bildern 9.16 in Luft und 9.17 unter Öl verdeutlicht. Die angegebenen absoluten Abbrandwerte können nicht auf alle praktischen Schalterkonstruktionen übertragen werden, weil der Anteil der vom Lichtbogen auf die Kontaktstücke übertragenen Wärmemenge sich von Fall zu Fall ändert. Die Untersuchungen wurden mit Kupferkontaktstücken bei einer Trenngeschwindigkeit von 2,2 m/s und einem Kontaktabstand von 20 mm im geöffneten Zustand ohne Luft- oder Ölströmung ausgeführt. Die Beanspruchungsdauer mit Wechselstrom betrug bei allen Versuchen 10 ms [7].

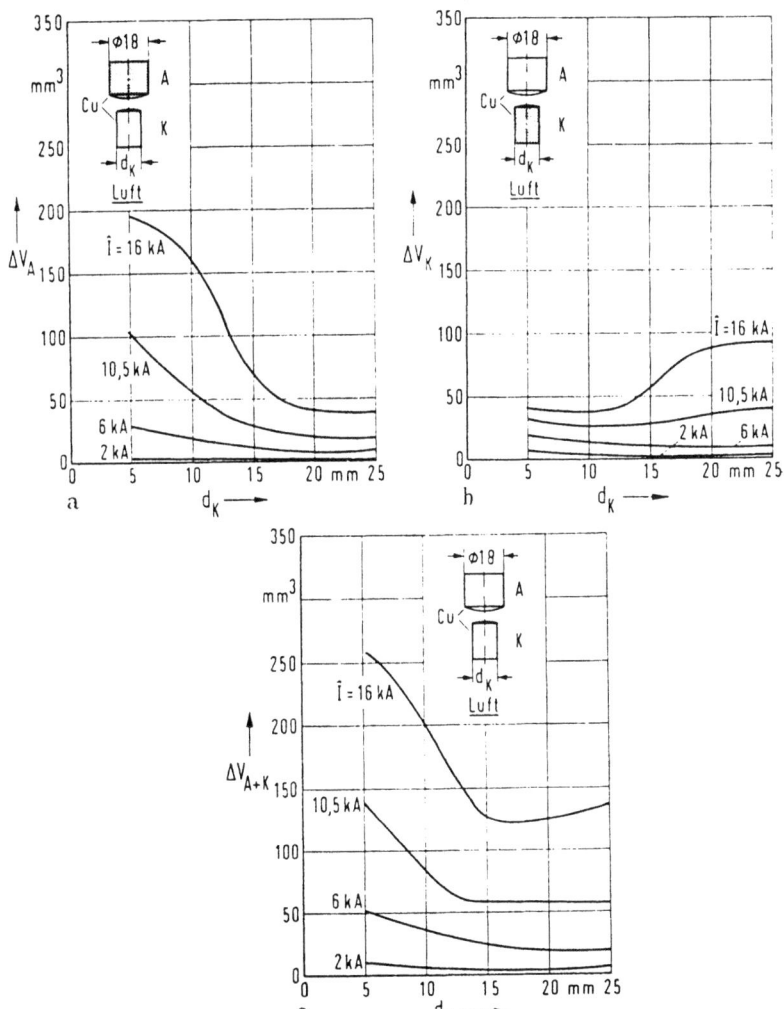

Bild 9.16. Materialverschleiß ΔV_{A+K} bei unterschiedlichen Stromstärken $\hat{I}$ und Durchmessern d_K der Kontaktpartner in Luft nach Abdel-Asis [7].

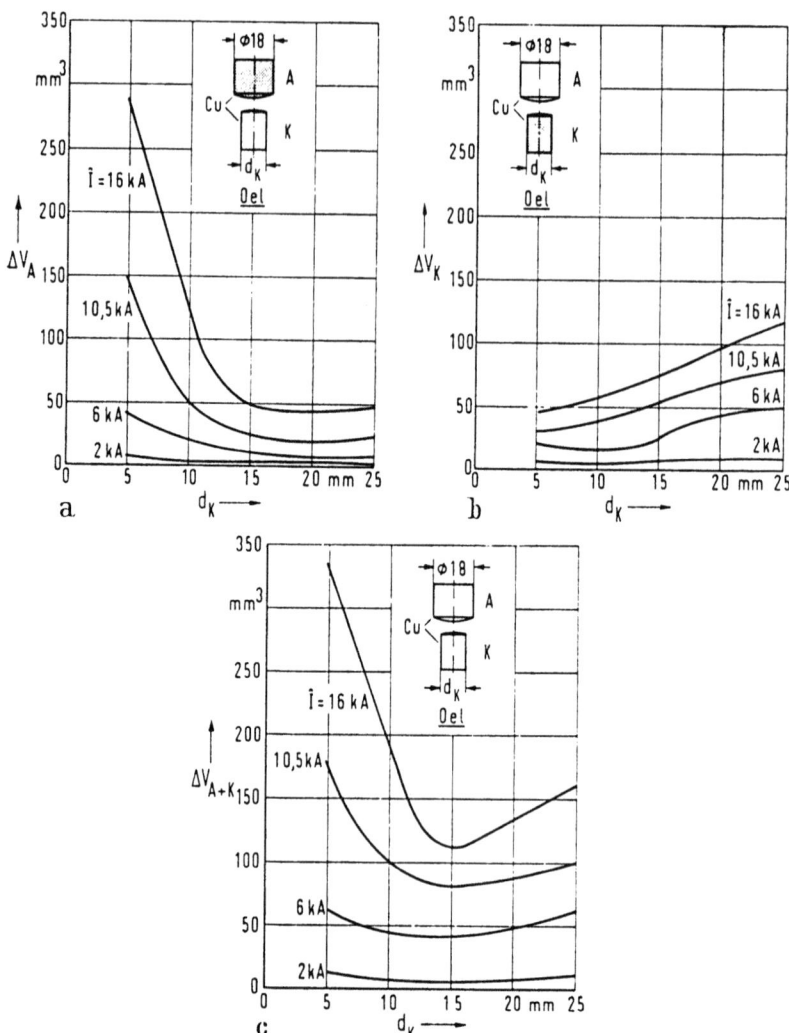

Bild 9.17. Materialverschleiß ΔV_{A+K} bei unterschiedlichen Stromstärken $\hat{I}$ und Durchmessern d_K der Kontaktpartner in Öl nach Abdel-Asis [7].

In den Bildern 9.16a und 9.17a ist jeweils das Abbrandvolumen ΔV_A der oben angeordneten zylindrischen Anode A mit konstantem Querschnitt ($d_A = 18$ mm ⌀) bei Veränderung des Querschnitts der darunter angeordneten zylindrischen Kathode K im Bereich von $d_K = 5$ bis 25 mm ⌀ dargestellt. Die Bilder 9.16b und 9.17b zeigen die dabei auftretenden Materialverluste ΔV_K an den Kathoden, deren Durchmesser im Bereich von $d_K = 5$ bis 25 mm geändert wurde und die Bilder 9.16c und 9.17c den jeweiligen Summenabbrand ΔV_{A+K}.

9.2. Ausschalten der Kontaktstücke

Die Ergebnisse zeigen, daß sowohl in Luft als auch unter Öl der Summenmaterialverschleiß von Kontaktpartnern mit unterschiedlich großen Durchmessern immer dann besonders hoch wird, wenn die Differenz der Durchmesser groß ist; ferner brennt die Elektrode mit dem größeren Durchmesser stärker ab als diejenige mit dem kleinen Durchmesser. Dieser Effekt ist unabhängig von der Polarität der Elektroden und unabhängig von der geometrischen Anordnung. Etwa gleich große Kontaktstücke ergeben den geringsten Materialverschleiß.

Parallel zu den Abbranduntersuchungen in Luft hergestellte Schnellkameraaufnahmen der Lichtbögen lassen erkennen, daß ein enger Zusammenhang zwischen dem Abbrandverhalten bei verschiedenen Elektrodendurchmessern und den von den Elektroden ausgehenden Plasmastrahlen besteht [7]. Der Vergleich der Schnellkameraaufnahmen mit den Abbrandwerten ergibt, daß immer dann bei einer Elektrode ein stark erhöhter Abbrand auftritt, wenn diese durch von der gegenüberliegenden Elektrode ausgehende Plasmastrahlen getroffen wird. Zur Erläuterung zeigt Bild 9.18 Beispiele von Lichtbogenaufnahmen bei unterschiedlichen Kontaktanordnungen während einer Stromhalbschwingung von 5 kA Scheitelwert. Ist — wie bei den zwei oberen Aufnahmereihen — die eine Elektrode kleiner als die andere und der Strom so hoch, daß deren gesamte Stirnfläche vom Lichtbogen beansprucht wird, so entsteht durch die verstärkte Kontraktion des Bogens ein sehr intensiver, von der kleineren Elektrode ausgehender Plasmastrahl, der ähnlich wie eine Schweißbrenner-Flamme auf die größere Elektrode aufprallt und dort radial abströmt. Dabei wird geschmolzenes Material von der Elektrodenoberfläche weggeblasen, was zu einem hohen Abbrand des größeren Kontaktstückes führt.

Je geringer der Durchmesser einer Elektrode ist, um so größer ist die Kontraktion im Fußpunktgebiet des Lichtbogens und um so intensiver der Plasmastrahl. Liegen die Durchmesser von Anode und Kathode in der gleichen Größenordnung, so gehen von beiden Elektroden Plasmastrahlen aus, die aufeinandertreffen und einen Plasmateller bilden. Dies zeigt die untere Reihe der Schnellkameraaufnahmen im Bild 9.18. Durch die Entstehung eines Plasmatellers wird eine Beströmung der Elektrodenstirnflächen mit Strahlen der gegenüberliegenden Elektrode weitgehend verhindert, und der Abbrand bleibt hierdurch gering. Es wird vermutet, daß mit zunehmendem Strom der Plasmateller sich mehr der Kathode nähert und bei Stromstärken oberhalb der Unstetigkeitsstelle eine Beströmung der Kathode durch von der Anode ausgehende Strahlen stattfindet. Hiermit kann der bei großen Elektroden und Stromstärken hauptsächlich an der Kathode (s. Bild 9.16b und 9.17b) stark ansteigende Abbrand erklärt werden.

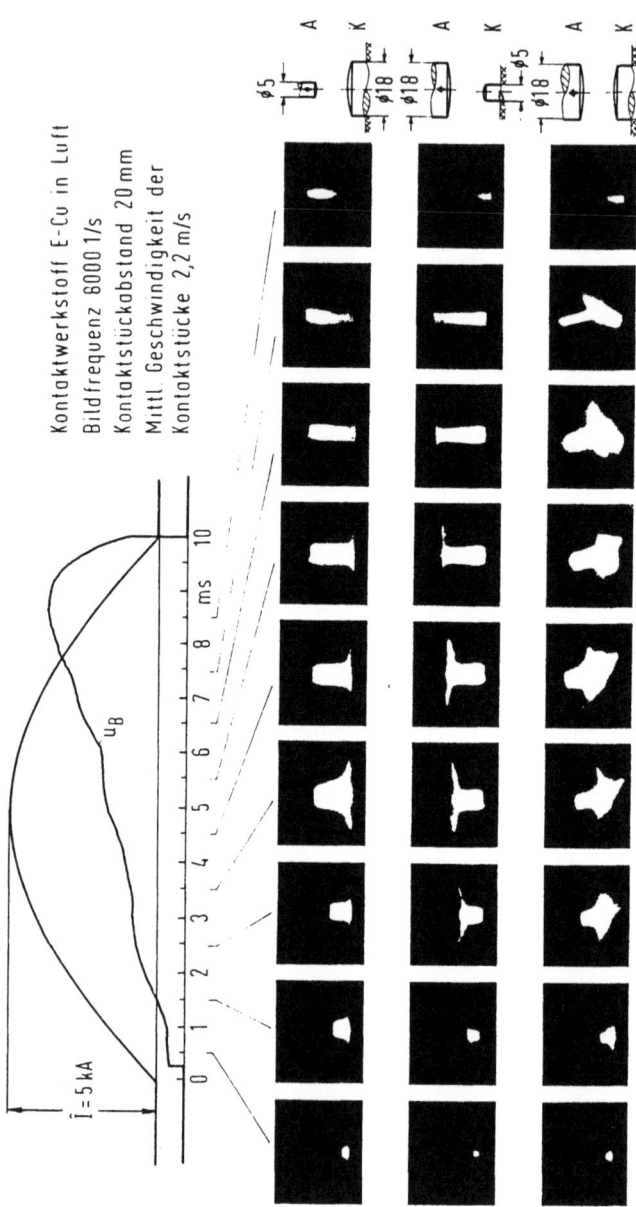

Bild 9.18. Ausbildung von Plasmastrahlen bei unterschiedlichen Kontaktanordnungen in Luft.

c) Materialverschleiß von Kontaktstücken bei unterschiedlichen Werkstoffen

Über den Materialverschleiß von Kontaktstücken aus unterschiedlichen Werkstoffen der Anordnung nach Bild 9.13a in Luft berichten Wilson [9], Turner und Turner [10] und Gremmel [11]. Wilson [9] untersuchte den Materialverschleiß an zylindrischen Kontaktstücken mit 12,7 mm (1/2 Zoll) Durchmesser, balligen Stirnflächen (Balligkeitsradius 50,8 mm) und einem Kontaktabstand von etwa 0,8 mm (1/32 Zoll). Die Stromstärke und Lichtbogenbrenndauer waren versuchstechnisch bedingten Schwankungen unterworfen. Die Lichtbogenbrenndauer betrug im Mittel 42 ms (6 Halbwellen, 72 Hz). Die durch den Lichtbogen während des Versuchs hindurchgeflossene Elektrizitätsmenge entsprach der einer Stromhalbschwingung (60 Hz) mit einem Effektivwert von 12 kA.

Bei den reinen Metallen ergaben sich die im Bild 9.19 dargestellten Werte. Diese Ergebnisse wurden später durch Gremmel [11] bei Versuchen unter ähnlichen Bedingungen bestätigt.

Material	Zinn	Aluminium	Zink	Silber	Kupfer	Titan	Eisen	Nickel	Molybdän	Wolfram
spez. Abbrand w_{A+K} mm³/As	4,1	3,7	2,2	1,6	1,6	1,5	1,1	0,9	0,7	0,2

Bild 9.19. Spezifischer Abbrand w_{A+K} für reine Metalle nach Wilson [9].

Weiterhin wurden von Wilson bei einem Kontaktabstand von 50,8 mm (Zündung des Lichtbogens durch einen Kupferdraht), Lichtbogenzeiten von mehreren unmittelbar aufeinander folgenden 60-Hz-Halbwellen und Stromstärken mit einem gemittelten Scheitelwert bis 25 kA (Speisung des Prüfkreises aus einer Kondensatorbatterie) zusätzliche Versuche durchgeführt, um den Abbrandverlauf $\Delta V_{A+K} = f(\hat{I})$ einiger Materialien festzustellen. Für die Abbrandrate von Anode und Kathode in Abhängigkeit vom gemittelten Scheitelwert des Stromes gibt Wilson folgende Beziehung an:

$$\frac{\Delta V_{A+K}}{t_B} = c \cdot \hat{I}^n; \tag{9.5}$$

c und n sind werkstoffabhängige Konstanten, t_B die Lichtbogenbrenndauer (s. Bild 9.20).

	n	c mm³/As
E-Cu	1	0,84
Eisen	1	0,5
Ag/Mo 50/50	0,98	0,4
Graphit	1,03	0,15

Bild 9.20. Konstanten zur Berechnung des Abbrandes aus Gl. (9.5) nach Wilson [9].

Turner und Turner [10] fanden bei ihren Untersuchungen in *Luft* bei Gleich- und Wechselströmen bis 40 kA (arithmetischer Mittelwert) die Gl. (9.5) (mit $\bar{I}$ statt I) bestätigt, stellten jedoch bei Kupferkontaktstücken einen diskontinuierlichen Sprung der Abbrandrate bei etwa 1000 A ($\bar{I}_{disk}$) fest. Dabei verändert sich die Konstante c um etwa den Faktor 15; für die Konstanten c und n geben Turner und Turner die Werte im Bild 9.21 an.

	n	$\bar{I}_{disk}$ kA	c_1 mm³/As $\bar{I} < \bar{I}_{disk}$	c_2 mm³/As $\bar{I} > \bar{I}_{disk}$
E-Cu	1,6	1,0	0,27	
Ag	1,6	1,6	0,76	$c_2 = 15 c_1$
Ag/CdO (90/10)	1,6	5,6	0,39	

Bild 9.21. Konstanten zur Berechnung des Abbrandes aus Gl. (9.5) nach Turner [10].

Gremmel [11] ermittelte den Materialverschleiß von zylindrischen Elektroden, die in einem festen Abstand (s. Bild 9.22) in Luft angeordnet waren. Der Durchmesser der Kontaktstücke wurde zwischen 3 und 20 mm, der Kontaktabstand zwischen 0,3 und 4 mm verändert. Der Lichtbogen wurde durch einen Hochspannungsimpuls eingeleitet. Der Lichtbogenstrom hatte einen weitgehend rechteckförmigen Verlauf. Die Stromstärken wurden zwischen 2 und 24 kA, die Lichtbogendauer zwischen 1 und 4 ms variiert. Bestimmt wurde der spezifische Volumenabbrand w_{A+K} beider Kontaktpartner

$$w_{A+K} = \frac{\Delta V_{A+K}}{\int_0^{t_B} i \, dt}. \tag{9.6}$$

t_B ist die Lichtbogendauer und i der zeitliche Verlauf des Stromes. Bild 9.22 zeigt als Beispiel die Größe des spezifischen Summen-Abbrandvolumens einiger Kontaktwerkstoffe in Abhängigkeit des Stromes $\hat{I}$ bei einer Belastungsdauer von 2,2 ms.

Zur Abschätzung des Materialverschleißes zylindrischer Kontaktstücke unter *Öl* aus unterschiedlichen Kontaktwerkstoffen liegen bisher keine Ergebnisse systematischer Untersuchungen vor, die unter Beanspruchungen durchgeführt wurden, wie sie bei Schaltgeräten vorliegen.

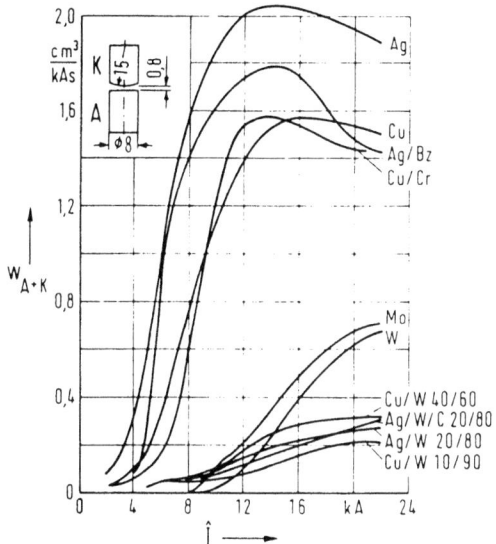

Bild 9.22. Spezifischer Abbrand w_{A+K} für verschiedene Kontaktwerkstoffe nach Gremmel [11].

An fabrikfertigen ölarmen Leistungsschaltern wurden dagegen sowohl von Meljkumov und Slejfman [12] als auch von Pucher [13] Messungen durchgeführt. Nach Meljkumov und Slejfman [12] ergibt sich im Bereich von $I_{eff} = 0{,}9 - 20$ kA, $f = 50$ Hz und Lichtbogenzeiten $t_B = 8 - 60$ ms für die Abbrandrate:

$$\frac{\Delta V}{t_B} = c \cdot I_{eff}^n. \qquad (9.7)$$

Für Wolfram–Kupfer 70/30 gilt $n = 1{,}7$ und $c = 0{,}0268$ mm³/As für die Kontaktfinger bzw. 0,0325 mm³/As für den Schaltstift.

Das gleiche Potenzgesetz fand Pucher [13] bei einem ölarmen Schalter im Bereich $I_{eff} = 0{,}1$ bis 40 kA, $f = 50$ Hz und t_B bis 60 ms; es wurden die im Bild 9.23 genannten Konstanten ermittelt.

	n	c mm³/As
E-Cu	1,58	0,24
W/Cu 70/30	1,81	0,0194

Bild 9.23. Konstanten zur Berechnung des Abbrandes aus Gl. (9.7) nach Pucher [13].

Zum Vergleich des Abbrandes einiger Materialien in Luft und Öl bei einer Stromstärke von $I_{eff} = 12$ kA (60 Hz) und einer Lichtbogendauer von 10 Halbschwingungen sind die im Bild 9.24 enthaltenen Werte angegeben worden [9].

	Volumenabbrand ΔV_{A+K} mm³	
	Luft	Öl
Ag	192,86	201,33
Cu	167,42	146,07
W/Cu (70/30)	27,82	23,87

Bild 9.24. Abbrand in Luft und Öl nach Wilson [9].

d) Materialverschleiß an Kontaktstücken durch magnetisch abgelenkte Lichtbögen

Im Vorstehenden wurden die Abbrandprobleme bei Beanspruchungen durch Lichtbögen besprochen, wie sie in etwa bei den Anordnungen der Kontaktglieder nach Bild 9.13a und gegebenenfalls noch bei dem Schaltstift (Bild 9.13d) sowie den Anordnungen nach Bild 9.13f und g auftreten. Bei allen anderen Schaltgliedanordnungen wird der Lichtbogen durch magnetische Felder (Bild 9.13b und c) oder durch eine Gasströmung (Bild 9.13d und e) nach seiner Entstehung von den Kontaktstücken auf Abbrandstücke abgelenkt.

Maßgebend für den Materialverschleiß der Kontaktstücke ist die *Verweildauer* der Lichtbogenfußpunkte auf den Kontaktstücken und der *Anteil der Wärme*, der den Kontaktstücken vom Lichtbogen während seiner Brenndauer zugeführt wird. Unter dem Einfluß des magnetischen Feldes bzw. einer Gasströmung wird die Lichtbogensäule, wie im Bild 9.13 dargestellt (vgl. auch Kap. 6.2), schleifenförmig aufgeweitet. Mit wachsender Aufweitung nimmt der Anteil der Wärme, der von der Säule auf die Kontaktstücke übertragen wird, ab.

Die Verweildauer wird außer vom Lichtbogenstrom und der Ablenkkraft auch sehr stark vom Stabilisierungseffekt der Kontaktwerkstoffe bestimmt. Neben den elektrischen und thermischen Eigenschaften der Grundwerkstoffe (Kupfer, Silber, Nickel, Wolfram und dgl.) ist dafür maßgebend, ob der Kontaktwerkstoff homogen (Grundwerkstoff oder eine Legierung) oder heterogen (Verbundwerkstoffe) ist. Bei heterogenen Werkstoffen ist das Material der Werkstoffkomponenten, ihr Mischungsverhältnis sowie das Herstellungsverfahren von Einfluß. Der Lichtbogen bildet auf den Kontaktstückoberflächen mehrere Fußpunkte, deren Zahl mit wachsender Stromstärke zunimmt (maximal in etwa 200 A/Fußpunkt). Im Fußpunktbereich schmilzt der Kontaktwerkstoff und die Schmelze wird infolge der hohen Temperatur des Lichtbogens rasch auf Siedetemperatur aufgeheizt.

Bei Kontaktstücken aus *homogenen Werkstoffen* und heterogenen Werkstoffen, deren Materialkomponenten etwa gleich hohe Siedetemperatur besitzen, bildet sich im Bereich der Lichtbogenfußpunkte ein Schmelzsee, aus dem der Kontaktwerkstoff ausdampft. Die elektrodennahen Lichtbogenteile mit Temperaturen von 8000 bis 16000 K, deren Fußpunkte in diesem siedenden Schmelzsee ansetzen, werden durch die heraustretenden Dämpfe mit Temperaturen von nur einigen 1000 K stark abgekühlt (Bild 9.25). Die Lichtbogenansätze versuchen,

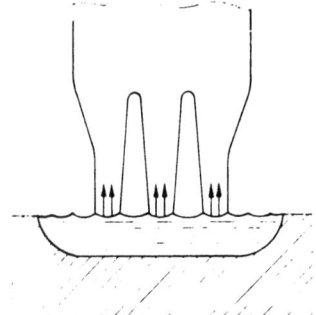

Bild 9.25. Beeinflussung der Lichtbogenfußpunkte durch Metalldämpfe auf homogenen Kontaktwerkstoffen.

den sie kühlenden Dampfstrahlen auszuweichen; dadurch entsteht eine sehr unruhige Bewegung der einzelnen Lichtbogenfußpunkte auf der Elektrodenoberfläche ähnlich dem Verhalten des Kathodenflecks eines Quecksilberdampfgleichrichters. Durch das rasche Umherwandern der einzelnen Fußpunkte auf der siedenden schmelzflüssigen Oberfläche werden einzelne Materialtröpfchen schon im schmelzflüssigen Zustand aus der brodelnden Schmelze herausgeschleudert. Die Wärmemenge, die zum Verdampfen dieser verspratzten Tröpfchen notwendig wäre, wird dadurch frei, um weiteren Werkstoff der Elektrode zu schmelzen und zu verdampfen. Es entsteht dadurch, wie bereits ausgeführt, ein hoher Materialverschleiß.

Lichtbogenfußpunkte, die sich auf der Schmelze der Kontaktoberfläche laufend bewegen, lassen sich durch verhältnismäßig schwache Gasströmungen und schwache magnetische Felder von der Entstehungsstelle und somit von den Kontaktstücken beispielsweise auf Abbrandhörner ablenken. Die Verweildauer der Lichtbogenfußpunkte auf solchen Kontaktwerkstoffen ist daher relativ kurz.

Anders verhalten sich Lichtbogenfußpunkte auf den *heterogenen Werkstoffen*, deren Materialkomponenten sehr unterschiedliche Siedetemperaturen besitzen, wie z. B. Ag/W oder Ag/CdO. Bei diesen Werkstoffen bilden Lichtbögen wegen des geringen Energiebedarfs bevorzugt Fußpunkte auf den Werkstoffen mit höherer Siedetemperatur, z. B. auf dem Wolframgitter des Verbundwerkstoffes Ag/W (Bild 9.26; W: Schmelztemperatur 3380°C, Siedetemperatur 5527°C; Ag: Schmelztemperatur 960°C, Siedetemperatur 2193°C). Bevor noch die Wolfram-

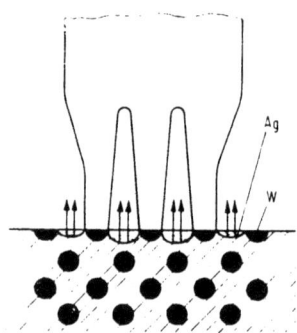

Bild 9.26. Stabilisierung der Lichtbogenfußpunkte durch Metalldämpfe auf heterogenen Kontaktwerkstoffen.

teilchen zu schmelzen beginnen, siedet bereits das Silber. Der ausdampfende Silberanteil kühlt einerseits die Wolframeinschlüsse, andererseits umgeben die Dampfstrahlen rohrförmig die Teillichtbögen und bewirken dadurch eine *Stabilisierung* der Lichtbogenfußpunkte. Bei einer Abwanderung müßten die Teillichtbögen durch die stark kühlenden Silberdampfzonen wandern, wozu sie nur durch sehr starke gasförmige und flüssige Strömungen oder aber starke Magnetfelder gezwungen werden können. Dieser Stabilisierungseffekt der Lichtbogenfußpunkte bewirkt auch, daß ein Verspratzen schmelzflüssiger Tröpfchen auf ein Minimum beschränkt wird. Der Materialverschleiß erfolgt hauptsächlich nur durch Verdampfung und ist daher geringer als bei homogenen Kontaktwerkstoffen.

Schröder [14] ermittelte den Materialverschleiß von Kontaktstücken aus unterschiedlichen Kontaktwerkstoffen während der Ver-

Nr.	Werkstoff	c_A	n_A	c_K	n_K	c_1	c_2	k_2	n_1	n_2
1	Kupfer	0,260	1,25	0,081	1,75	0,50	0,165	$3,20 \cdot 10^{-2}$	2,00	1,75
2	Feinsilber	0,195	1,40	0,076	1,80	4,20	0,230	$3,43 \cdot 10^{-2}$	1,35	1,75
3	Nickel	0,014	2,28	0,004	2,44	zu wenig Meßwerte, da Verschweißen				
4	Wolfram		nicht auswertbar, da zu starke Streuungen und Verschweißen							
5	Kupfer–Aluminiumoxid 97/3	0,360	0,90	0,170	1,30	0,62	0,105	$3,31 \cdot 10^{-2}$	2,10	1,84
6	Silber–Kupfer 97/3	0,280	1,20	0,190	1,39	0,60	0,078	$3,25 \cdot 10^{-2}$	2,30	2,00
7	Silber–Cadmiumoxid 90/10 – Typ A	0,020	1,80	0,003	2,30	0,72	0,096	$2,70 \cdot 10^{-2}$	2,25	2,25
8	Silber–Cadmiumoxid 90/10 – Typ B	0,002	2,14	0,0004	2,46	5,60	0,160	$3,88 \cdot 10^{-2}$	1,64	2,50
9	Silber–Cadmiumoxid 90/10 – Typ C	0,012	1,60	0,0028	1,68	0,62	0,190	$3,75 \cdot 10^{-2}$	3,28	1,87
10	Silber–Cadmiumoxid 85/15 – Typ A	0,0085	1,66	0,0020	1,72	2,00	0,730	$3,31 \cdot 10^{-2}$	1,80	1,11
11	Silber–Cadmiumoxid 85/15 – Typ C	0,008	1,70	0,0006	2,20	2,00	0,022	$4,11 \cdot 10^{-2}$	2,40	4,50
12	Silber–Graphit 95/5	0,370	0,81	0,780	0,60	nicht auswertbar, da keine Lichtbogenwander.				
13	Silber–Nickel 90/10	0,300	1,15	0,240	1,25	1,40	0,350	$3,10 \cdot 10^{-2}$	1,87	1,53
14	Silber–Nickel 83,5/16,5	0,038	1,60	0,022	1,80	0,15	0,680	$4,10 \cdot 10^{-2}$	1,73	2,80
15	Silber–Nickel 70/30	0,0029	2,00	0,0019	2,50	7,00	0,190	$3,57 \cdot 10^{-2}$	1,43	2,20
16	Silber–Wolfram 60/40 – Sinterw.	0,0092	1,60	0,0073	1,70	7,00	0,035	$3,60 \cdot 10^{-2}$	1,60	3,30
17	Silber–Wolfram 40/60 – Sinterw.	0,0082	1,60	0,0082	1,60	nicht auswertbar, da keine Lichtbogenwander.				
18	Silber–Wolfram 30/70 – Sinterw.	0,0022	2,00	0,0022	2,00	8,40	0,100	$3,60 \cdot 10^{-2}$	1,30	4,30
19	Kupfer–Wolfram 30/70 – Sinterw.	0,020	1,20	0,0088	1,40	1,70	0,600	$3,55 \cdot 10^{-2}$	3,45	1,75
20	Silber–Wolfram 30/70 – Tränkw.	0,0059	1,62	0,0053	1,56	nicht auswertbar, da zu wenig Meßwerte				

Kontaktlast vor der Trennung $F = 60$ N, Kontaktstücktrennbeschleunigung $b = 400$ m/s².
Trennabstand $a = 4,0$ mm, Senkrechte Einbaulage der Kontaktstücke (Anode oben). Indizes: A Anode, K Kathode

Bild 9.27. Konstanten zur Berechnung des Abbrandes aus Gl. (9.8) und (9.9) nach Schröder [14].

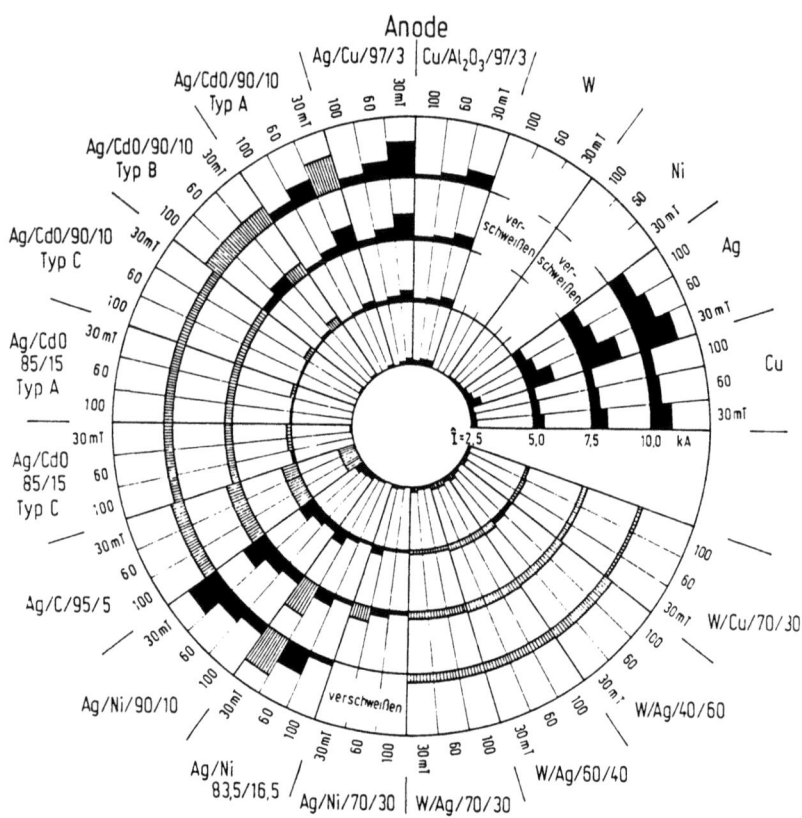

Bild 9.28. Anodischer und kathodischer Abbrand verschiedener Kontaktwerkstoffe nach Schröder [14].
(1 mT = 10 G).

weildauer der Lichtbogenfußpunkte auf den Kontaktstücken bei Wechselstrombelastungen $\hat{I} = 1$ bis 10 kA, 50 Hz und einer Lichtbogendauer von 10 ms.

Die zylindrischen Kontaktstücke von 8 mm Durchmesser wurden mit Abbrandhörnern aus Kupfer versehen (ähnlich Bild 9.13b). Die bei der Trennung der Kontaktstücke entstehenden Lichtbögen wurden mit Hilfe eines fremderregten magnetischen Feldes, dessen Induktion sich im Bereich von 0 bis 100 mT (0 bis 1000 Gauß) verändern ließ, von ihrer Entstehungsstelle auf die Abbrandhörner abgelenkt (maximaler Kontaktabstand im geöffneten Zustand 4 mm, Trennbeschleunigung 400 m/s²).

Der Materialverschleiß von Kontaktstücken, bei denen der Lichtbogen durch selbst- und fremderregte Magnetfelder — wie in Nieder-

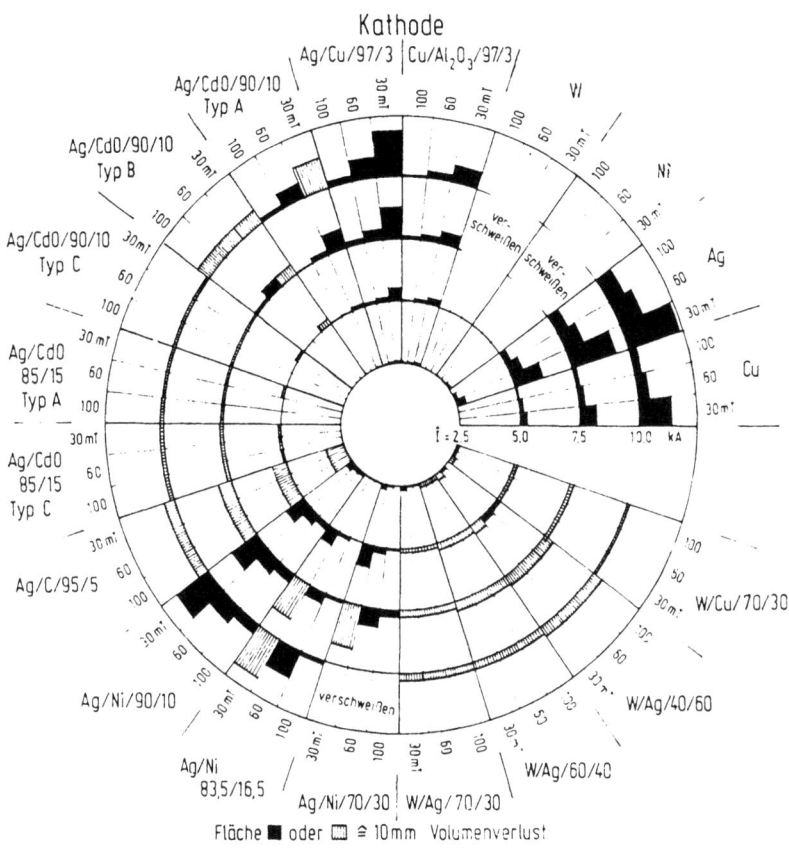

Bild 9.28.

spannungsschaltern üblich — auf Abbrandhörner abgelenkt wird, kann ermittelt werden zu [14]:

$$\frac{\Delta V_\mathrm{A}}{\mathrm{mm}^3} = c_\mathrm{A} \left[c_1 \left(\frac{\hat{I}}{\mathrm{kA}}\right)^{n_1} \cdot \exp\left(-k_2 \frac{B}{\mathrm{mT}}\right) + c_2 \left(\frac{\hat{I}}{\mathrm{kA}}\right)^{n_2} \right]^{n_\mathrm{A}}. \qquad (9.8)$$

$$\frac{\Delta V_\mathrm{K}}{\mathrm{mm}^3} = c_\mathrm{K} \left[c_1 \left(\frac{\hat{I}}{\mathrm{kA}}\right)^{n_1} \cdot \exp\left(-k_2 \frac{B}{\mathrm{mT}}\right) + c_2 \left(\frac{\hat{I}}{\mathrm{kA}}\right)^{n_2} \right]^{n_\mathrm{K}}. \qquad (9.9)$$

Die Koeffizienten c und n für Anode (A) und Katode (K) können Bild 9.27 entnommen werden.

Zur Veranschaulichung ist der nach diesen Gleichungen berechenbare Materialverschleiß in Bild 9.28 grafisch dargestellt.

In diesem Bild ist das Abbrandvolumen an den Katoden und Anoden unterschiedlicher Kontaktmaterialien bei Induktionen eines fremderregten Magnetfeldes von 30, 60 und 100 mT sowie bei einer Belastung der Kontaktstücke mit einer Stromhalbwelle von 50 Hz und Maximalwerten des Stromes von 2,5, 5,0, 7,5 und 10 kA dargestellt. Die Werte wurden bei gleichen Versuchsbedingungen ermittelt. Die Größe des Materialverschleißes ist proportional den in den einzelnen Sektoren schwarz bzw. schraffiert angelegten Flächen (schwarze Flächen: Lichtbogenfußpunkte wandern während der Lichtbogendauer von 10 ms auf die Abbrandhörner; schraffierte Flächen: Lichtbogenfußpunkte verharren während der Lichtbogendauer von 10 ms auf den Kontaktstücken). Wie man aus dieser Zusammenstellung erkennt, wird der Materialverschleiß mit steigender Belastung größer, mit wachsender Induktion — infolge kürzerer Lichtbogendauer — kleiner. Bei großen Strombelastungen überwiegt der kathodische, bei kleineren der anodische Abbrand. Die Werte des gleich großen Abbrandes sind abhängig vom Werkstoff.

Kontaktwerkstoffe mit ausschließlich schwarzangelegten Volumenverlustflächen besitzen keinen Stabilisierungseffekt, daher ist ihr Materialverschleiß bei großen Strömen in der Regel größer als der von Werkstoffen, die auf die Lichtbogenfußpunktgebiete stabilisierend wirken. Man erkennt aus der Zusammenstellung aber auch den großen Einfluß des Herstellungsverfahrens der Kontaktstücke (unterschiedliche Korngröße) auf den Materialverschleiß.

Eine Unstetigkeitsstelle im Verlauf der Abbrandkurven wurde von Schröder [14] nicht beobachtet. Dies ist möglicherweise darauf zurückzuführen, daß infolge der magnetischen Ablenkung der Lichtbögen andere Verhältnisse vorliegen als bei Bögen, die unbeeinflußt zwischen zwei Elektroden brennen.

Bei der Beurteilung der Ergebnisse grundsätzlicher Untersuchungen ist zu berücksichtigen, daß sie mit speziell entwickelten Prüfgeräten unter idealisierten Bedingungen gewonnen wurden und dabei nur eine Werkstoffeigenschaft bei Veränderung bestimmter Parameter betrachtet wurde. In Schaltgeräten liegen dagegen sehr unterschiedliche Beanspruchungen vor; man wird nur Werkstoffe benutzen, die einen optimalen Kompromiß bezüglich aller Anforderungen und Eigenschaften darstellen. Der Wert richtig konzipierter Versuchsanordnungen liegt darin, daß sie gestatten, physikalische Vorgänge zu klären und Gesetzmäßigkeiten zu untersuchen. Auf Grund dieser Ergebnisse lassen sich neue, bessere Werkstoffe ermitteln; diese können sowohl während der Entwicklung als auch während der Produktion mit ähnlichen Versuchseinrichtungen geprüft werden und zwar mit jeweils einer Prüfeinrichtung für jede Beanspruchungsart.

9.3. Konstruktive Gestaltung der Schaltglieder

Die im folgenden dargestellten Bilder ausgeführter Kontaktglieder sollen zeigen, in welcher Weise die in den vorhergehenden Kapiteln behandelten Probleme in der Praxis berücksichtigt werden.

9.3.1. Trennstellen der NH- und HH-Sicherungen

Niederspannungs-Hochleistungssicherungen (NH) besitzen Messer-Kontaktstücke, die in die selbst- oder fremdgefederten Kontaktstücke der Sicherungsträger eingeschoben werden. Erwünscht ist

a) ein sicherer Dauerkontakt bei geringer Betätigungskraft;

b) ausreichende dynamische Festigkeit, damit bei Kurzschluß die Kontaktstellen nicht abheben (kein Verschweißen);

c) durch die Stromschleife bedingte Kräfte dürfen den Sicherungskörper nicht aus seinem Unterteil reißen;

d) geringe Material- und Herstellungskosten, da Sicherungsträger in elektrischen Energieanlagen in sehr großer Zahl benötigt werden.

Bei kleinen Stromstärken genügen Kontaktglieder (s. Bild 9.29) mit selbstgefederten Kontaktstücken (a bis c). Größere Stromstärken erfordern eine Fremdfederung. Dabei werden Schraubenfedern (e, h). Federn besonderer Konstruktion (d, f, g, i, j, k) oder aber handelsübliche Seegerringe (l bis n) verwendet. Bei den Konstruktionen (b, c, d, f, g) wird durch die Form der Stromzuführungen zu den kontaktgebenden Kontaktflächen im Kurzschlußfall erreicht, daß die durch die Stromengen bedingten Kontaktabhebekräfte weitgehend kompensiert werden. Bei der Konstruktion (g) sind die Kontaktbleche in je drei einzelgefederte Kontaktfinger aufgeteilt, die außerdem gewölbt sind; dadurch steigt die Kontaktsicherheit, ohne daß zum Einstecken der Messerkontaktstücke eine größere Kraft gegenüber den Flachkontaktstücken erforderlich wird. Die Kontaktmesser werden häufig gesommert und alle metallischen Teile versilbert, kadmiert, vernickelt oder verzinkt.

Bild 9.30 zeigt Kontaktglieder der Sicherungsträger von Hochspannungs-Hochleistungssicherungen (HH), die zur Aufnahme zylindrischer Kontaktteile ausgebildet sind. Die Kontaktstücke der Sicherungsträger sind in der Regel fremdgefedert, und zwar durch Blattfedern (a bis c) und Schraubenfedern (d, e). Die Kontaktbleche sind häufig als einzelabgefederte Kontaktfinger (a, c) ausgeführt. Gelegentlich werden die Sicherungshalter mit Bügeln versehen (b, c), um ein Herausfallen der Sicherungen zu verhindern. Die metallischen Teile werden in der Regel oberflächenveredelt.

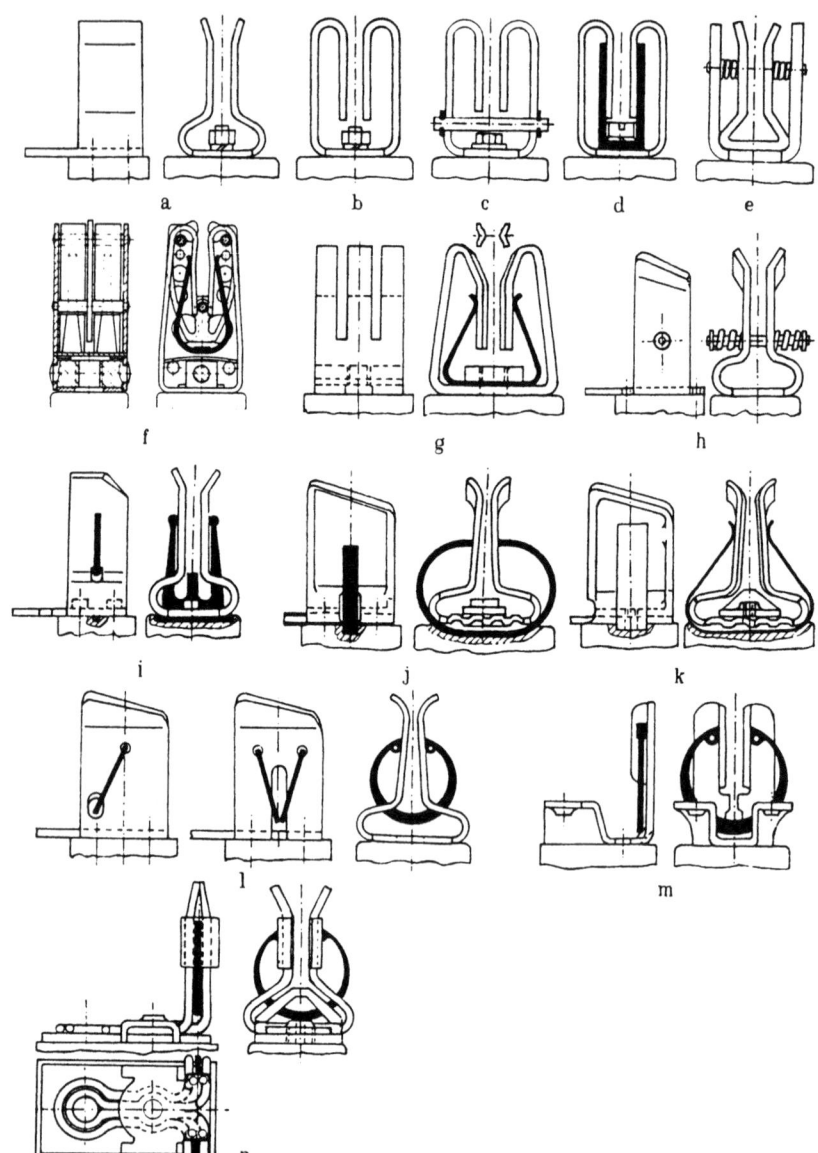

Bild 9.29. Trennstellen von NH-Sicherungen

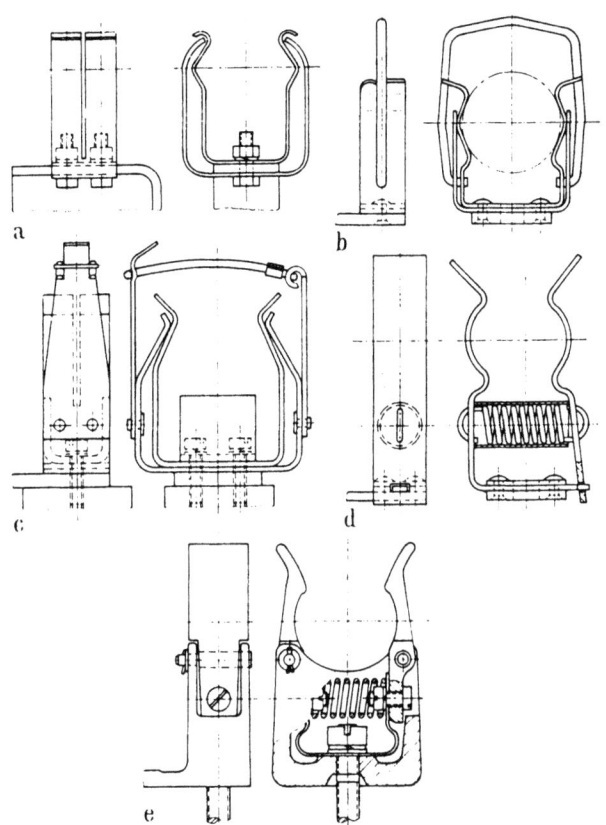

Bild 9.30. Trennstellen von HH-Sicherungen.

9.3.2. Stecker und Steckerhülsen

Stecker und Steckerhülsen für Spannungen unter 1000 V werden bekanntlich in einer außerordentlich großen Zahl zum Anschluß transportabler Haushaltsgeräte und Werkzeuge über Schukosteckdosen für das Niederspannungsnetz verwendet. Man benötigt sie jedoch auch in Labors und in steckbaren Geräteeinheiten zum Verbinden von Hilfsstromkreisen elektrischer Energieanlagen. Trotz geringster Herstellungskosten müssen sie zuverlässig sein, insbesondere dann, wenn sie in den Hilfsstromkreisen wichtiger elektrischer Energieanlagen eingesetzt sind, wo eine außerordentlich hohe Kontaktsicherheit gefordert wird, und zwar auch dann, wenn die Geräte in einer mit aggressiven Gasen verunreinigten Atmosphäre im Dauerbetrieb arbeiten. Außerdem müssen sie leicht eingesteckt und herausgezogen werden können.

Bild 9.31 zeigt zunächst die heute üblichen Steckerkonstruktionen. Bei der Ausführung (a) mit massivem Rundbolzen, wie er heute bei allen Schukosteckern üblich ist, müssen die Steckhülsen gefederte Kontaktglieder besitzen. Die übrigen Konstruktionen besitzen entweder selbstgefederte Kontaktteile (b, d), zusätzliche selbstfedernde Kontaktlamellen (e, f) oder eine Feder, die die Aufgabe hat, das ungefederte zylindrische Kontaktstück an die ungefederte Steckhülsenbohrung zu pressen (c).

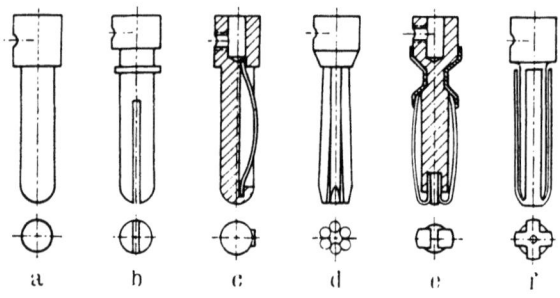

Bild 9.31. Ausführungsformen der Kontaktstücke von Gerätesteckern.

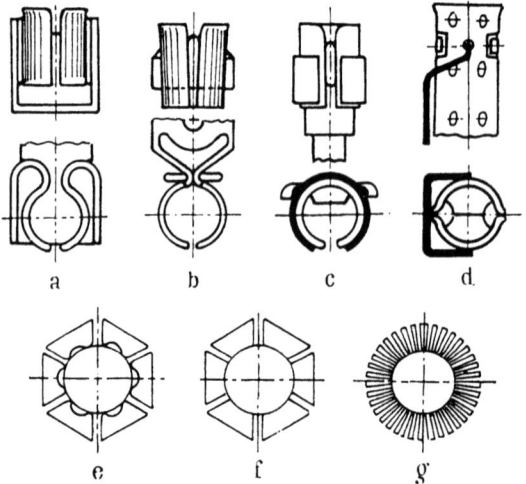

Bild 9.32. Steckerhülsen von Gerätesteckdosen.

Im Bild 9.32 sind die Kontakthülsen mit gefederten Kontaktteilen dargestellt, die bei ungefederten massiven Kontaktstiften nach Bild 9.31a verwendet werden müssen.

Die Ausführungen (a bis d) werden in Schuko- und Gerätesteckdosen eingesetzt; sie werden aus Kupfer- oder Messingblech unter Berücksichtigung geringsten Materialverschleißes ausgestanzt und dann in die dargestellte Form gepreßt. Die Anordnungen (a, b) besitzen selbstgefederte Kontaktbleche, die bei (b) durch eine Klammer zusammengehalten werden. Bei den Anordnungen (c, d) werden zusätzliche Federn verwendet.

Steckhülsen mit mehreren selbstgefederten Kontaktfingern (e bis g), die aus massivem Material gefertigt werden, findet man bei Steckvorrichtungen, bei denen an die Kontaktsicherheit sehr große Ansprüche gestellt werden und dabei ihr höherer Preis gegenüber den Ausführungen (a bis d) in Kauf genommen wird.

Bild 9.33 zeigt noch einige spezielle Steckerkonstruktionen, die als Gerätestecker Anwendung finden. Bei der Anordnung (a) werden die beiden gegeneinander isoliert angeordneten Kontaktteile (a_2) durch

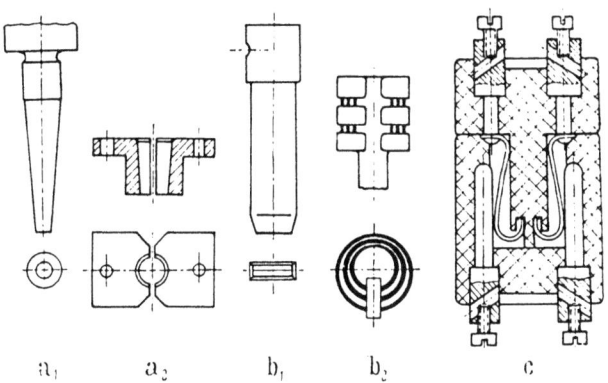

Bild 9.33. Kontaktstücke spezieller Gerätesteckverbindungen.

Einstecken des konischen Bolzens (a_1) metallisch verbunden. Die Kontaktkraft wird durch elastische Verformung des Kontaktmaterials in den Berührungsstellen erzeugt. Der Konusstecker (a_1) ist selbsthaftend. Die Anordnung (b) zeigt den sogenannten „Tuchelkontakt", der infolge der vielen Einzelkontaktstellen eine große Kontaktsicherheit besitzt. Die Konstruktion (c) ist eine Kontaktanordnung, die in den Steckvorrichtungen der Hilfsstromkreise ausfahrbarer Schaltgeräte Verwendung findet.

9.3.3. Hochstromstecker für ausfahrbare Geräte

In elektrischen Schaltanlagen mit ausfahrbaren Geräten werden zum Auftrennen der Hauptstromkreise im stromlosen Zustand Steckvorrichtungen für Nennströme von ca. 100 bis teilweise einige tausend

Ampere benötigt. Bei Belastungen mit Nennströmen darf ihre Erwärmung die vom VDE vorgeschriebenen Maximalwerte nicht überschreiten; im Kurzschlußfall dürfen die Kontaktstellen nicht verschweißen. Außerdem sollen die zum Stecken erforderlichen Kräfte nicht so hoch sein, daß zum Ein- und Ausfahren von beispielsweise sechs Steckern einer dreipoligen Geräteeinheit sehr große und teure Antriebe erforderlich werden.

Im Bild 9.34 sind drei typische Steckerkonstruktionen mit zylindrischen Steckerbolzen dargestellt, die für große Nennströme (400 bis 1 600 A) verwendet werden. Die Zahl der gefederten Kontaktfinger und mit ihr die Durchmesser der Steckerbolzen richten sich dabei nach der Nennstromstärke. Bei der Anordnung (a) sorgt eine Blattfeder in Spezialausführung für einen sicheren Kontakt in der Rille des Kontaktfingerhalters sowie zwischen dem eingesteckten Steckerbolzen. Bei den

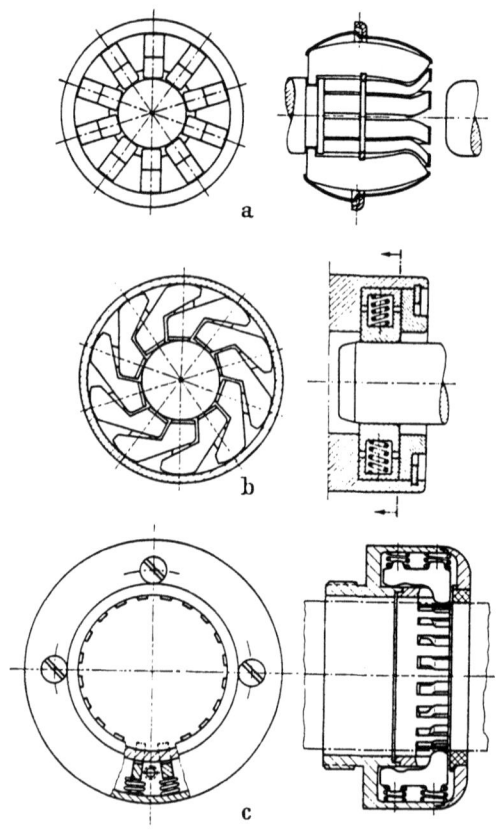

Bild 9.34. Zylindrische Hochstrom-Steckverbindungen.

Konstruktionen (b, c) mit Schraubenfedern werden für jede Kontaktstelle jeweils eigene Federn — zwei je Kontaktfinger — angeordnet, um eine Kontaktunsicherheit durch Verklemmen der einzelnen Finger auszuschließen. Die äußeren Ringe, die diese Konstruktionen zusammenhalten, müssen aus nichtferromagnetischen Werkstoffen bestehen.

Für etwa gleiche Nennströme, jedoch Kontaktbolzen mit rechteckförmigem Querschnitt (Kontaktmesser) werden Konstruktionen nach Bild 9.35 verwendet. Auch bei diesen Hochstrom-Steckern richtet sich die Zahl der nebeneinander angeordneten Kontaktfinger nach der Größe

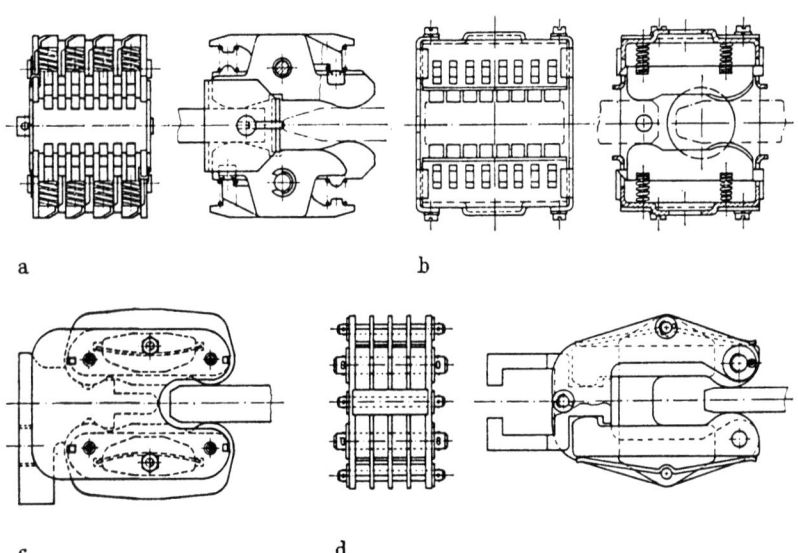

Bild 9.35. Steckverbindungen mit rechteckförmigem Kontaktmesser für hohe Stromstärken.

des Steckernennstromes. Bei Anordnungen mit Schraubenfedern (a, b) werden pro Kontaktfinger zwei Federn vorgesehen, bei den Ausführungen (c, d) mit Blattfedern jeweils nur eine je Kontaktfinger. Die Kontaktfinger bestehen in der Regel aus hartgewalztem oder geschmiedetem Kupfer, das galvanisch veredelt, in der Regel versilbert wird.

Bild 9.36 zeigt einige leichtere Steckerkonstruktionen für Nennströme bis etwa 250 A und für Kontaktbolzen mit rechteckförmigem Querschnitt. Bei der Anordnung (a) werden als Kontaktfinger sechs U-förmig gebogene Kupferbleche mit jeweils einer Schraubenfeder verwendet. Da der Quersteg des U-Profils an der Kontaktstelle beseitigt ist, ergeben sich pro Kontaktfinger vier Berührungspunkte. Die Konstruktion (b) besitzt acht Kontaktfinger aus Kupferblech; jeweils zwei gegenüberstehende werden von zwei Zugfedern zusammengezogen. Die in ihrem Aufbau sehr einfachen Konstruktionen (c) und (d) besitzen Kontaktglieder mit rechteckförmigen Querschnitten, die mit den feststehenden Teilen der Steckvorrichtung bei (c) über Druckkontaktstellen, bei (d) über eine Schraubverbindung elektrisch leitend verbunden werden. An den Kontakttrennstellen besitzen beide Stecker Kontaktniete aus speziellem Werkstoff. Die Kontaktkraft wird mittels einer Schraubenfeder oder einem Tellerfederpaket pro Kontaktgliedpaar erzeugt.

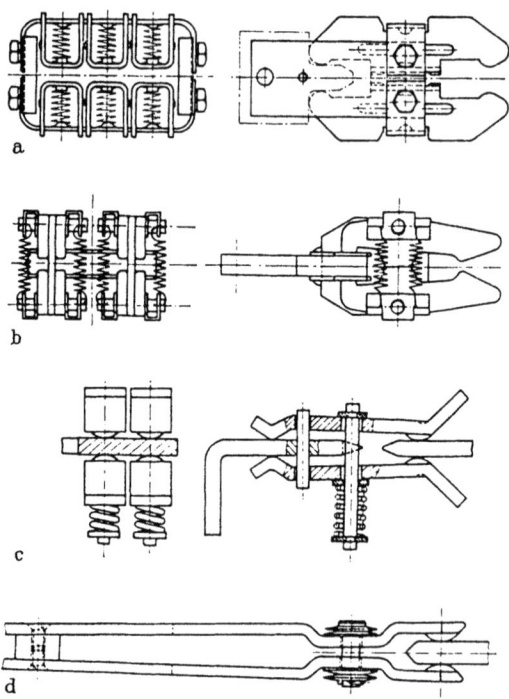

Bild 9.36. Steckverbindungen mit rechteckförmigem Kontaktmesser für mittlere Stromstärken.

9.3.4. Schaltstellen der Trenner

Trenner sollen die Strompfade in der Regel im stromlosen Zustand öffnen und eine Trennstrecke herstellen; jedoch müssen sie in der Lage sein, Leerlaufströme von Leitungen und Transformatoren kleinerer Leistungen zu unterbrechen. Beim Einschalten der Strompfade dürfen ihre Kontaktstücke nicht verschweißen, auch dann nicht, wenn das Einschalten auf einen Kurzschluß erfolgt (ausgenommen davon sind Erdungstrenner). Die schaltenden Kontaktglieder der Trenner müssen diesen Anforderungen genügen; darüberhinaus müssen sie die erforderliche Kontaktsicherheit auch dann noch besitzen, wenn sie über lange Zeit nicht betätigt werden und sich leicht schließen und öffnen lassen. Beim Einschalten auf Kurzschluß muß gewährleistet sein, daß die beweglichen Kontaktglieder in ihre vorgesehene Endstellung gelangen.

Im Bild 9.37 sind einige Konstruktionsbeispiele schaltender Kontaktglieder der Nieder- und Mittelspannungstrenner für Stromstärken bis etwa 630 A dargestellt.

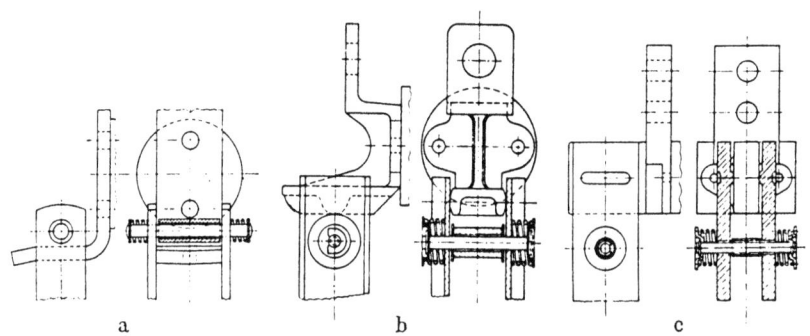

Bild 9.37. Schaltstellen von Trennern.

Man verwendet bei diesen Trennerkonstruktionen als bewegliches Schaltglied zwei Flachkupferprofile (a) und (c) oder zwei U-Profile (b), die von Schraubenfedern auf Distanzhülsen gepreßt werden. Als feststehende Kontaktstücke werden abgewinkelte Flachprofile (a) oder im Gesenk geschmiedete Winkel- (b) oder T-förmige (c) Kupferteile benutzt. Bevorzugt werden punkt- oder linienförmige Kontaktberührungsstellen, die beim Einschalten eine gute Reinigung der Kontaktstellen von Fremdschichten gewährleisten.

Bild 9.38 zeigt eine Konstruktion, bei der das feststehende Kontaktglied aus einer Vielzahl von dünnen Bronzeblechen aufgebaut ist, die

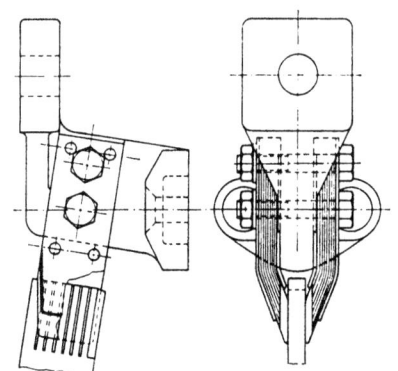

Bild 9.38. Trennerschaltstücke mit geblechtem feststehendem Kontaktstück.

an der kontaktgebenden Stelle hart verlötet sind. Zur Verstärkung der Selbstfederung dienen zusätzliche Blattfedern. Als Gegenkontaktglieder werden ungefederte Kontaktmesser mit rechteckförmigem Querschnitt verwendet, in die zur Verringerung des Kontaktwiderstandes mehrere Nuten eingefräst sind.

Im Bild 9.39 sind Trennstellen für Nennströme über 1 000 A dargestellt. Das bewegliche Schaltglied der Anordnung (a) besteht aus zwei U-förmigen Doppel-Kupferprofilen, die an den Kontaktstellen geschlitzt sind. Die Kontaktkraftfedern sind in unmittelbarer Nähe der Kontakt-

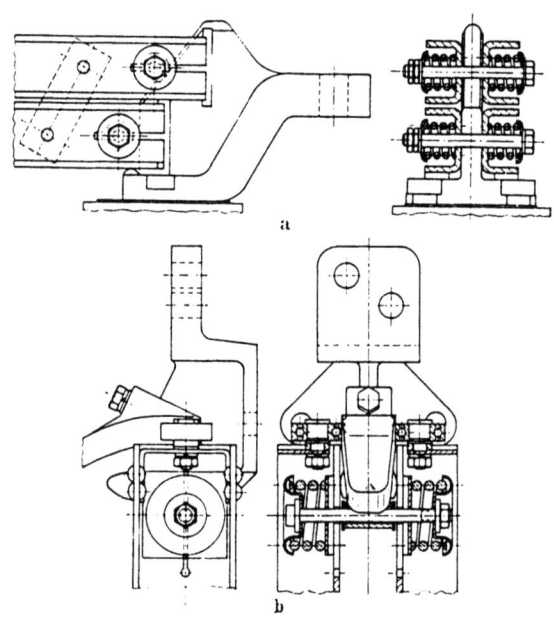

Bild 9.39. Kontaktanordnungen von Trennschaltern für große Stromstärken.

stellen angeordnet. Infolge der großen Kontaktkräfte erfordern Hochstromtrenner große Betätigungskräfte. Die Ein- und Ausschaltkräfte können durch Einrichtungen an den Kontaktstellen reduziert werden. Eine solche Einrichtung zeigt Bild 9.39b. Mittels Kugellager und einer Konusfläche werden die beiden U-förmigen beweglichen Kontaktglieder solange gegen die Kraft der Kontaktfedern gespreizt, bis diese Kontaktglieder in ihre Endstellung gelangt sind. Bei anderen Konstruktionen verwendet man zur Erzielung der erforderlichen Kontaktkraft zusätzliche Verschraubungen.

Eine wesentliche Rolle spielen Trennstellen in Stufenlastschaltern großer Stelltransformatoren. Beispiele hierfür sind im Bild 9.40 dargestellt. Die gewünschte Anzapfung der Transformator-Stufenwicklung wird im stromlosen Zustand angewählt. Derartige Wähler-Kontaktstücke zeigt Bild 9.40a und b. Das bewegliche Teil besteht aus gegenüberliegenden Kontaktfingern; die Kontaktkraft wird mit Schraubenfedern erzeugt. Das feststehende massive Kontaktmesser ist mit der Transformatorwicklung verbunden. Der eigentliche Umschaltvorgang erfolgt in einem Lastschalter, auf den der Laststrom durch kurzzeitiges Öffnen einer parallelen Trennstrecke kommutiert wird. Die Konstruktion einer derartigen Trennstrecke, bei der das bewegliche Schaltstück mit Kontaktrollen bestückt ist, zeigt Bild 9.40c.

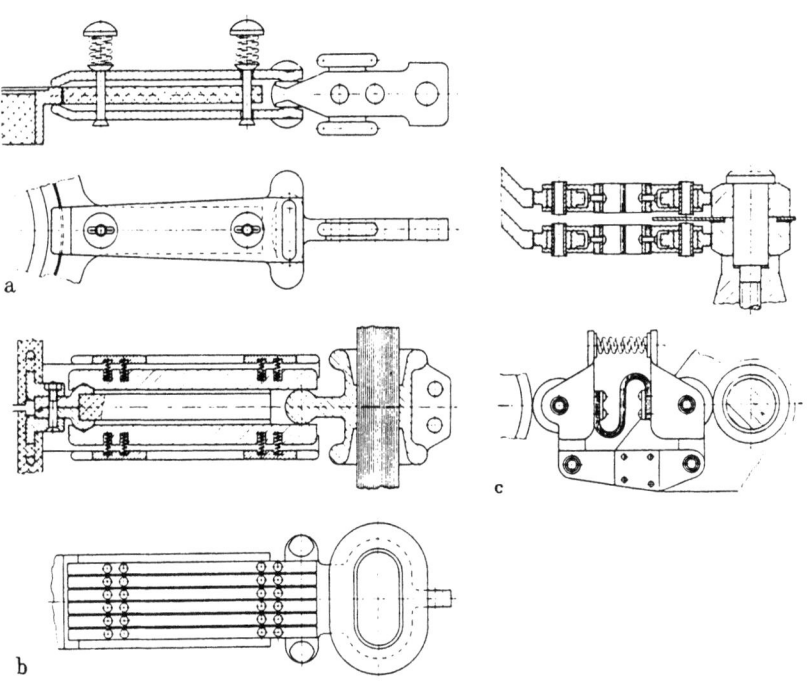

Bild 9.40. Trennschaltstücke von Transformator-Stufenschaltern.

Bei Hochspannungstrennern in Freiluftausführung müssen die schaltenden Kontaktglieder zusätzlich noch so ausgebildet werden, daß sie den Eisbehang beim Ein- und Ausschalten brechen. Im Bild 9.41 sind als Beispiel einige eisbrechende Kontaktglieder der Hochspannungs-Drehtrenner dargestellt.

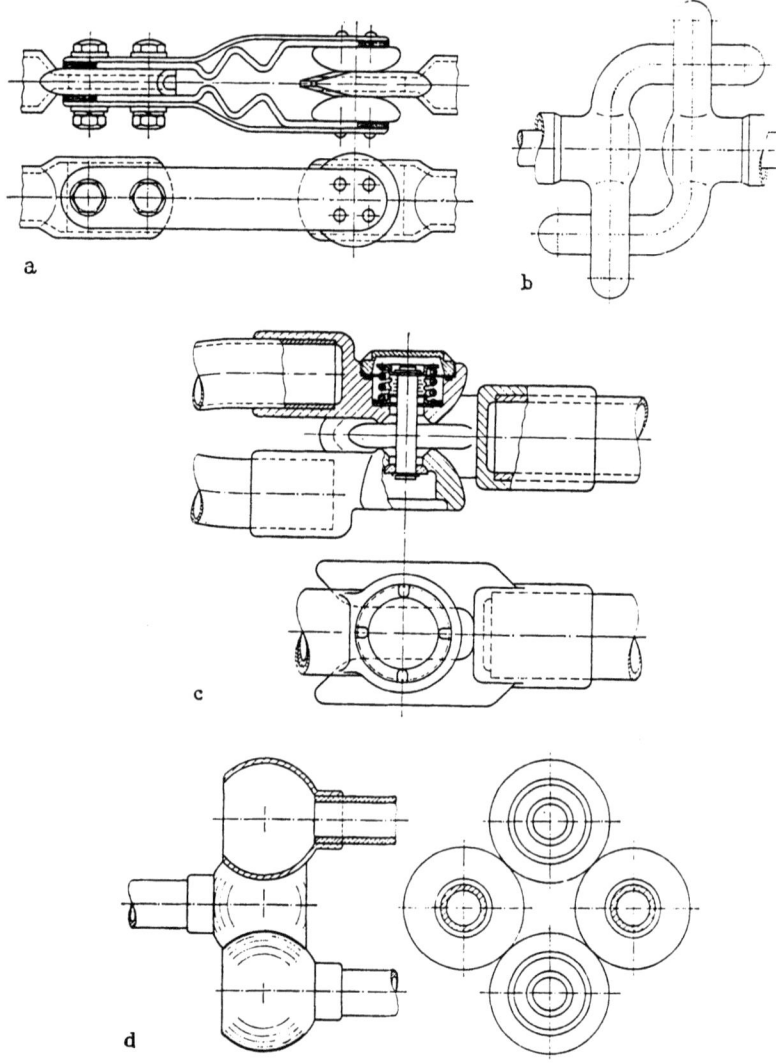

Bild 9.41. Kontaktstücke von Hochspannungs-Freilufttrennern.

9.3.5. Schaltstellen der Last- und Leistungsschalter über 1000 V

Druckgas- und ölarme Hochspannungsschalter (vgl. Kap. 12.) werden in der Regel mit Kontaktgliedern ausgeführt, wie sie in den Bildern 9.42 bis 9.45 dargestellt sind. Da an den Kontaktstellen der Last- und Leistungsschalter beim Schalten Lichtbögen auftreten, müssen sie so ausgebildet werden, daß die Lichtbogenfußpunkte nach der Kontakttrennung von denjenigen Stellen möglichst rasch abgelenkt werden, an denen in ihrem geschlossenen Zustand die Kontaktberührung erfolgt. Dies gilt besonders für Kontaktglieder von Leistungsschaltern mit großer Kurzschluß-Ausschaltleistung.

Bild 9.42 zeigt Kontaktanordnungen, bei denen das feststehende Kontaktglied in Form einer Düse (Ruppeldüse, Kap. 12.) ausgeführt ist.

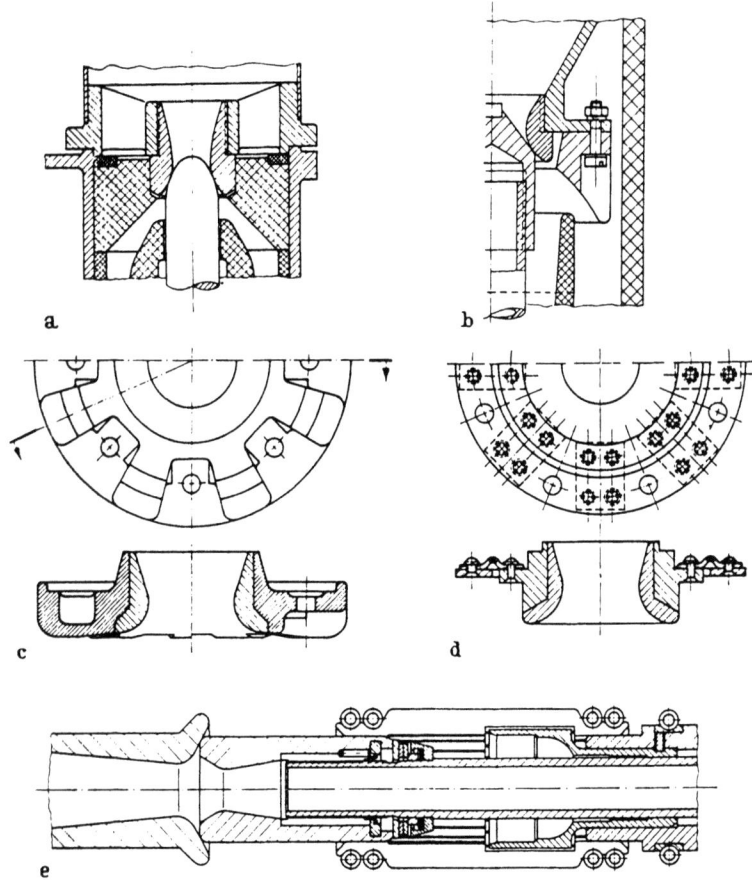

Bild 9.42. Tastkontaktstellen von Druckluft-Leistungsschaltern mit düsenförmigem feststehendem Kontaktstück.

Als bewegliches Schaltglied dienen zylindrische Schaltstangen (a), Schaltrohre mit einer auswechselbaren Kontaktkappe, an deren Spitze ein Abbrandstift aufgelötet ist (b), oder Schaltrohre mit düsenförmiger Öffnung (e). Weitere Konstruktionen von Ruppeldüsen zeigen die Abbildungen (c) und (d), wobei letztere eine flexible Aufhängung besitzt.

Als tragende Kontaktfläche ergibt sich bei diesen sogenannten *Tastkontaktstücken* nur dann eine Ringfläche, wenn die Schaltstange oder die Düse flexibel angeordnet ist. Da das nicht immer möglich ist und außerdem ein Abbrand an den kontaktgebenden Stellen nicht verhindert werden kann, erfolgt die Stromübertragung im allgemeinen nur in einzelnen punktförmigen Kontaktflächen. Tastkontaktstücke werden hauptsächlich bei Druckluft-Leistungsschaltern niedrigerer Nennstromstärken verwendet.

Bild 9.43 zeigt drei weitere Tastkontaktkonstruktionen von Druckluftschaltern, bei denen das bewegliche obere Schaltglied mit dem düsenförmigen Kontaktstück mittels Schraubenfedern auf das feststehende Schaltglied gepreßt wird, das bei den Anordnungen (a) und (c) eine Zylinderform mit ebenen bzw. konischen Stirnflächen besitzt. Bei der Konstruktion (b) ist auch das feststehende Kontaktstück düsenförmig ausgebildet.

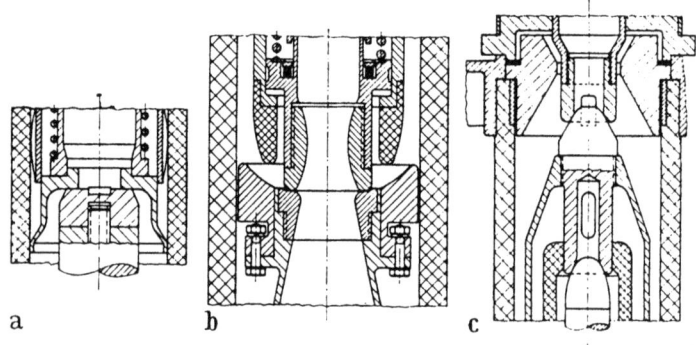

Bild 9.43. Tastkontaktstellen von Druckluftleistungsschaltern, die beim Einströmen des Löschgases selbständig öffnen.

Die unter Einwirkung der Federkraft stehenden beweglichen Kontaktdüsen (sog. Impulskontaktstücke) werden beim Ausschaltvorgang durch eine Kraft geöffnet, die sich aus dem Produkt des Gasdrucks und den in Axialrichtung angeordneten Flächen der beweglichen Kontaktglieder ergibt. Die Kontaktstücke schließen, sobald das Einströmventil des Druckgases nach Verlöschen des Lichtbogens geschlossen wird. Deshalb muß vorher eine mit den Kontaktgliedern der Schaltstrecke in Reihe liegende Trennstrecke geöffnet werden. Bei der Konstruktion Bild 9.43c wird diese Trennstrecke durch die im unteren Teil des Bildes dargestellten Kontaktstücke hergestellt.

Druckgasschalter und Schalter mit flüssigem Löschmittel werden vielfach mit Kontaktanordnungen ausgestattet, die aus einem beweglichen Schaltstift mit oder ohne Bohrung bzw. einem Schaltrohr und einer *Kontakttulpe* als feststehendes Kontaktglied bestehen. Durchmesser der Schaltstifte und Zahl der Kontaktfinger richten sich nach der Größe des Schalternennstromes. Bild 9.44 zeigt einige Konstruktionsbeispiele für Kontakttulpen. Bei der Ausführung (a) bestehen Kontakthalter und die selbstgefederten Kontaktfinger aus einem Bronze- oder Messinggußteil. Diese Konstruktion erfordert ein Minimum an Herstellungskosten. Die Kontaktfinger der Kontakttulpen (b bis e) sind an den Kontaktfingerträger mittels Schraub- bzw. Nietverbindungen befestigt. Die Kontaktkraft wird jeweils nur von einer einzigen Blatt- oder Schraubenfeder pro Kontaktfinger erzeugt. Bei den Kontaktfingern der Tulpen (f bis j) erfolgt der Stromübergang zum Tulpenkörper über eine Druckkontaktstelle. Die erforderliche Kontaktkraft wird entweder von einer einzigen Blattfeder bzw. einem Blattfederpaket je Kontaktfinger (f bis i) oder einer einzigen Schraubenfeder (j) erzeugt. Diese Federelemente sorgen auch beim Einfahren der Schaltstifte in die Tulpe für die Kontaktkraft zwischen den schaltenden Kontaktstücken.

Zum Schutz der Kontaktstücke gegen zu hohen Abbrand werden die Spitzen der Schaltstangen meist mit auswechselbaren Stiften oder Düsen aus abbrandfestem Werkstoff (Ag/W oder Cu/W) versehen. Bei den Kontakttulpen erhalten die Enden der Kontaktfinger teilweise eine Verstärkung durch abbrandfestes Material (e) oder aber man ordnet allen Kontaktfingern gemeinsam einen Abbrandring vor (c) und (i), der induktifitätsarm und gut leitend mit dem Kontaktfingerträger verbunden werden muß, damit die Lichtbogenfußpunkte rasch von den Kontaktfingern zum Abbrandring kommutieren können. Bei der Tulpe (d) ist nur ein Finger mit Abbrandmaterial versehen; er ist im Vergleich zu den anderen Fingern länger ausgeführt. Der Lichtbogen wird deshalb stets zwischen diesem Finger und der Schaltstange gezogen.

Im Bild 9.45 sind Kontakttulpenkonstruktionen dargestellt, bei denen jeder Kontaktfinger mit zwei Kontaktfedern ausgestattet ist. Die eine Feder bewirkt vorwiegend die Kontaktkraft zwischen Kontaktfinger und ihrem Träger, die zweite die Kontaktkraft zwischen Kontaktfinger und der Schaltstange. Sie erfordern allerdings einen höheren Material- und Herstellungsaufwand und sollten nur bei Schaltertypen verwendet werden, bei denen die höheren Herstellungskosten gerechtfertigt sind.

Mittelspannungs-Lasttrennschalter, bei denen die Schaltlichtbögen in engen Isolierstoffspalten beim Öffnungsvorgang erzeugt und gelöscht werden (Kap. 13.), besitzen in der Regel Kontaktstückkonstruktionen, wie sie im Bild 9.44 dargestellt sind, wenn die Löschkammer zylindrisch und die Isolierstoffspalte ringförmig sind. Wenn über sie nur während des Ausschaltvorganges vorübergehend der Ausschaltstrom

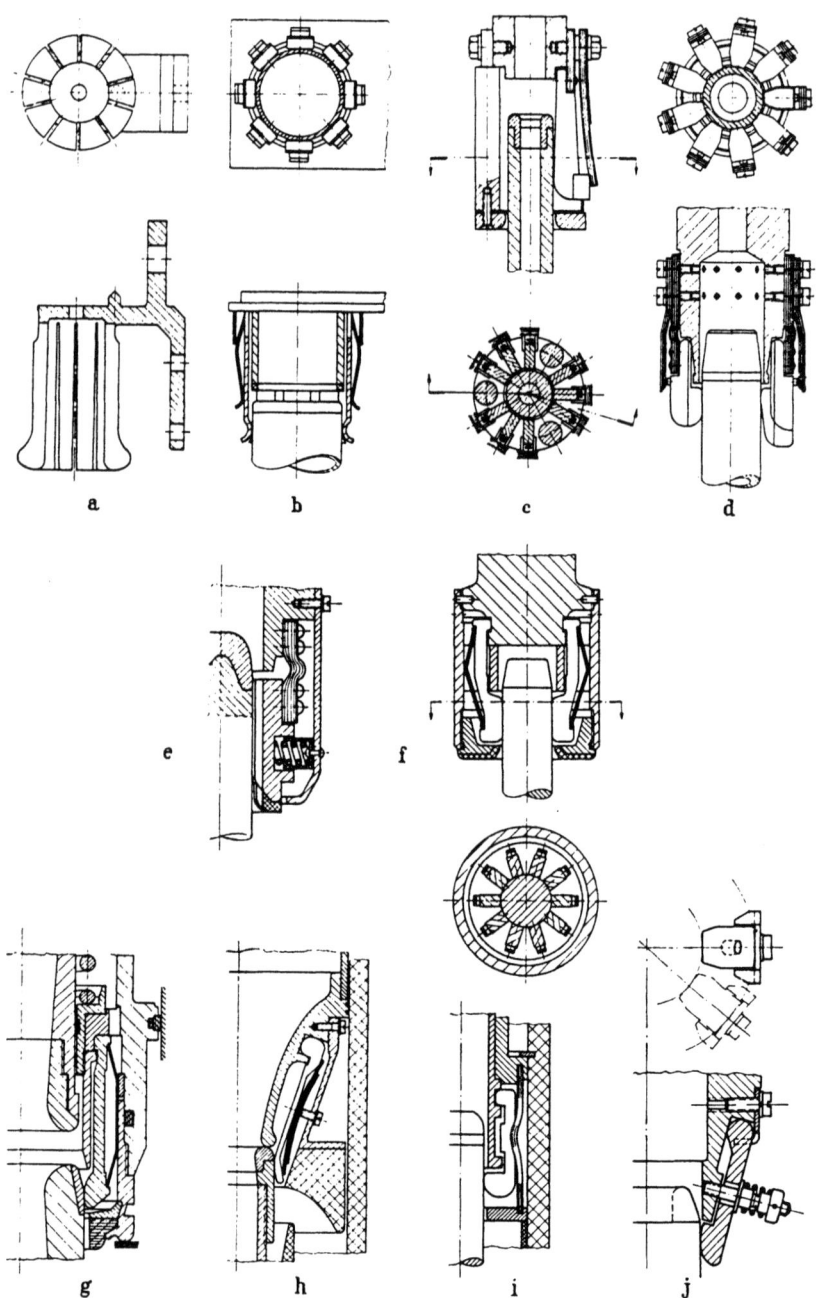

Bild 9.44. Schaltstellen mit Kontakttulpen, bei denen die Kontaktkraft durch Selbstfederung, Blattfedern oder einer Schraubenfeder je Kontaktfinger erzeugt wird.

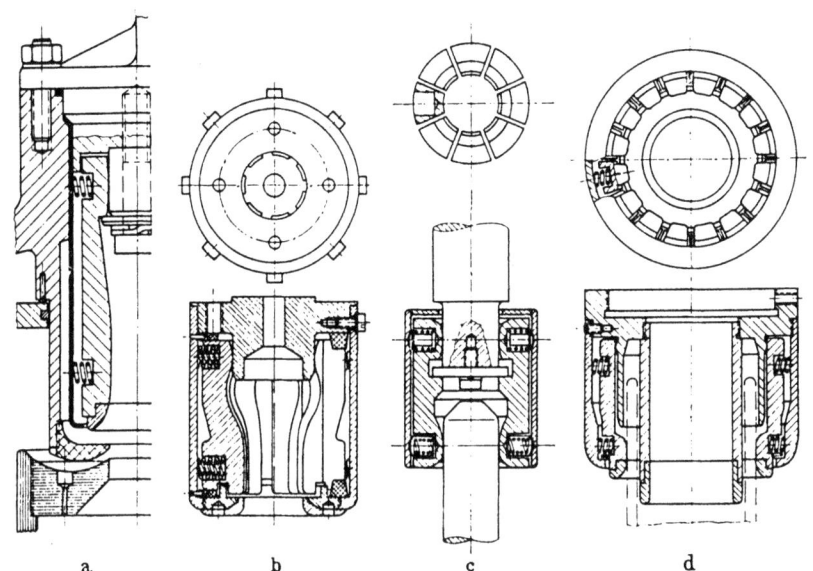

Bild 9.45. Konstruktion von Kontakttulpen mit zwei Schraubenfedern je Kontaktfinger.

fließt, werden sie mit geringen Schaltstiftdurchmessern und Kontakttulpen mit 2 bis maximal 4 Kontaktfingern ausgestattet.

Bei Löschkammern mit ebenen Isolierstoffspalten werden Kontaktstückformen verwendet, wie sie bei den Niederspannungsschaltgeräten üblich sind. Auch Magnetfeld-Mittelspannungs-Leistungsschalter erhalten Kontaktglieder, deren Form den Niederspannungsschaltern ähnelt und deren Konstruktionen im Kapitel 12. besprochen werden.

Die Schalterpole der Vakuumschalter sind auf Lebenszeit evakuiert; die Schaltglieder sind daher nicht auswechselbar. Da im Hochvakuum auf den Kontaktstückoberflächen keine Fremdschichten sind, genügen einfache Tastkontaktstückanordnungen mit großen Elektrodenquerschnitten. Verschiedene Ausführungsformen zeigt Bild 9.46. Bei Lastschaltern sind einfache zylindrische Kontaktstücke (a) aus gasfreiem Wolfram, Molybdän oder Kupfer üblich. In Leistungsschaltern haben sich Spiralelektroden (b) bewährt. Um das Verschweißen der Kontaktstücke beim Einschalten und im geschlossenen Zustand zu verhindern und um das Abreißen stromschwacher Lichtbögen (Chopping) zu reduzieren, sind die Berührungsstellen mit Kupfer/Wismut versehen. Für Schalter sehr großer Ausschaltleistung ($>$ 20 kA) könnte auch eine Elektrodenform (c) mit eigenmagnetisch erzeugter Bogenwanderung auf Ringbahnen in Frage kommen. Ihre Ausführung und ihr Abbrandverhalten werden von Althoff [8] ausführlich beschrieben.

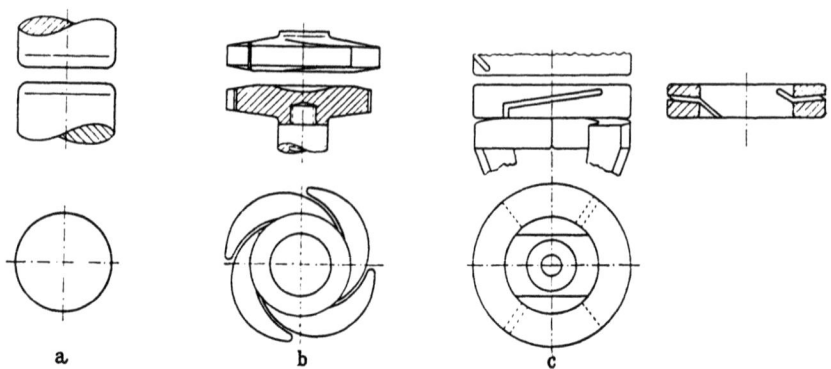

Bild 9.46. Kontaktstücke von Vakuumschaltern.

9.3.6. Schaltstellen der Niederspannungsschalter

Die Löschung des Ausschaltlichtbogens erfolgt bei Niederspannungsschaltern (s. Kap. 10 u. 11) entweder in besonderen Löschkammern aus Keramik, Kunststoffen bzw. Eisenblechen oder aber, speziell bei kleineren Strömen, ohne besondere Löscheinrichtungen; den letztgenannten Fall bezeichnet man als Selbstlöschung.

Die Selbstlöschung der Lichtbögen wird bei Installationsschaltern, Schaltern der Hilfsstromkreise und bei Steuerschützen, insbesondere bei Wechselstrom, ausgenutzt. Es genügt in der Regel eine Doppelunterbrechung des Stromkreises, wie sie im Bild 9.47 (b bis f) dargestellt sind; bei höheren Beanspruchungen werden gelegentlich Kontaktglieder mit Vierfachunterbrechung (a) verwendet.

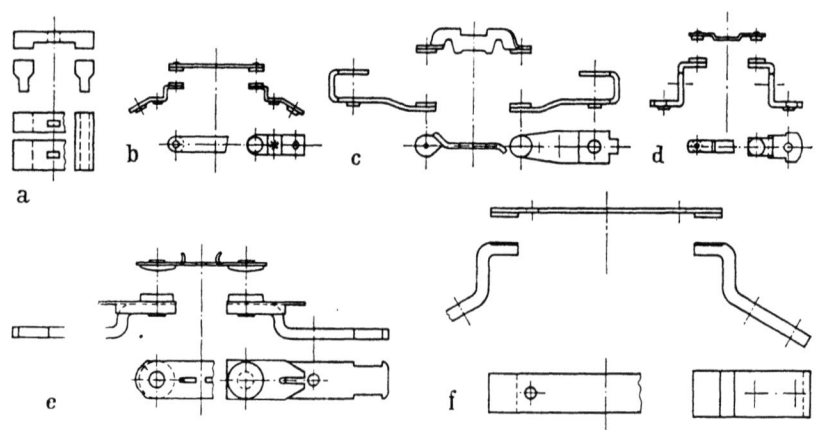

Bild 9.47. Schaltglieder von Niederspannungsschaltern ohne eine gezielte Blaswirkung durch die Stromzuführungen.

Im Gegensatz zu den Kontaktgliedern im Bild 9.47 ergibt sich bei der Anordnung nach Bild 9.48 beim Ein- und Ausschalten eine zusätzliche Wälzbewegung; diese begünstigt die Zerstörung von Fremdschichten und führt damit zu einer Verringerung des Kontaktwiderstandes. Der mechanische Abrieb wird dadurch jedoch erhöht.

Bei Schaltern mit Selbstlöschsystemen werden die Stromzuführungen nach rein wirtschaftlichen Gesichtspunkten ausgebildet. Dabei muß nur darauf geachtet werden, daß beim Fließen großer Ströme in den Stromzuführungen die Kontaktbrücken nicht durch magnetische Kräfte abheben oder eine unzulässige Kontaktkraftminderung auftritt.

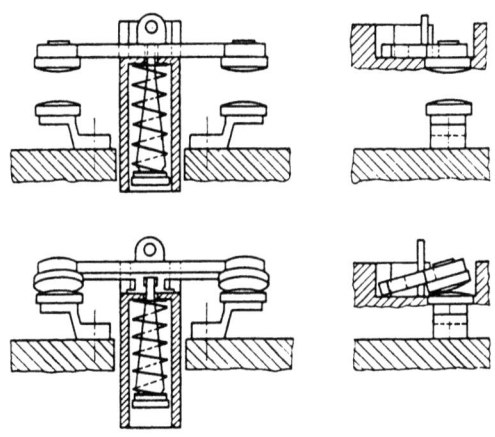

Bild 9.48. Schaltgliedkonstruktionen von Abhebekontaktstücken mit Wälzbewegung beim Schließen und Öffnen.

Bei Schaltern mit Lichtbogenlöschkammern wird der Lichtbogen magnetisch von den Kontaktstücken abgelenkt. Hierbei werden vielfach Kontaktglieder nach Bild 9.49 eingesetzt; sie erzeugen durch die schleifenförmige Leitungsführung der Zuleitungen im Bereich der Kontaktstücke ein magnetisches Feld, das die Lichtbögen nach außen in Richtung der Löschkammern bläst. Bei Schaltern für größere Stromstärken erhalten die beweglichen Kontaktbrücken Abbrandhörner (c, d) und die feststehenden Kontaktglieder Abbrandstücke (c bis f), auf die die Lichtbogenfußpunkte abgelenkt werden.

Durch die schleifenförmige Ausbildung der Kontaktanordnungen (Bild 9.49) entstehen beim Stromfluß magnetische Kräfte, die die Kontaktlast vermindern oder gar zu Abhebungen führen können. Eine interessante Lösung, bei der diese Kräfte zur Verstärkung der Kontaktlast ausgenutzt werden, zeigt Bild 9.50. Die bewegliche Kontaktbrücke

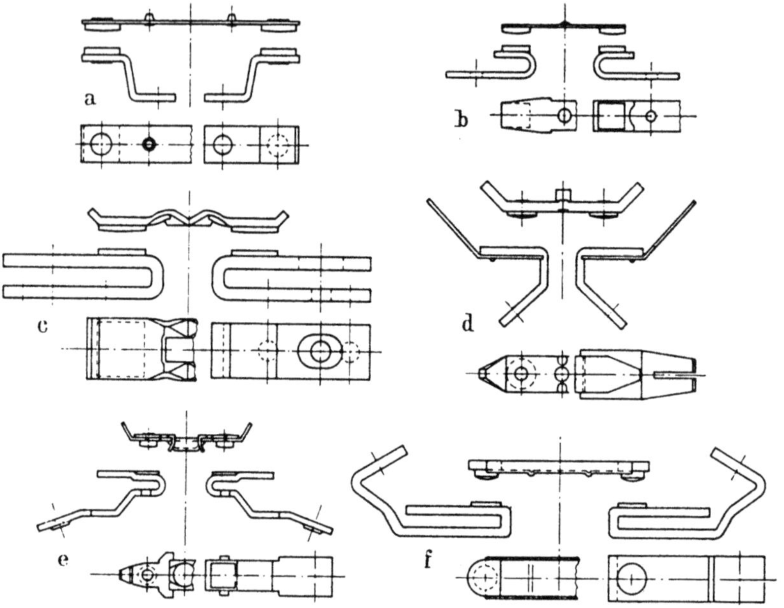

Bild 9.49. Kontaktstücke von Niederspannungs-Schaltern mit schleifenförmiger Strombahn zur Erzeugung eines selbsterregten Blasfeldes.

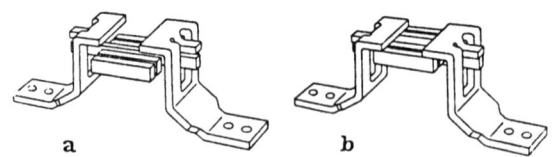

Bild 9.50. Konstruktive Lösung bei gleichzeitiger Verstärkung der Kontaktlast von Schaltgliedern mit gezielter Blaswirkung durch magnetische Kräfte.

wird hier im Gegensatz zu den Anordnungen in Bild 9.49 von unten auf die feststehenden Schaltglieder gedrückt.

Um ein Abheben der Kontaktstücke bei Kurzschlußströmen zu vermeiden, werden bei Schaltern mit Lichtbogenlöschkammern teilweise Kontaktstückanordnungen nach Bild 9.51 gewählt. Die Kontaktglieder sind so geformt, daß durch ihre Stromzuführungen auf die Kontaktstücke bei Kurzschlußbelastung keine zusätzlichen Öffnungskräfte wirken. Die durch die Stromengen in den Kontaktstücken selbst verursachten Abhebekräfte können nicht vermieden werden. Die Ablenkung des Lichtbogens erfolgt bei diesen Kontaktanordnungen durch die ferromagnetische Wirkung der Eisen-Löschbleche (Saugbleche s. Kap. 10).

9.3. Konstruktive Gestaltung der Schaltglieder

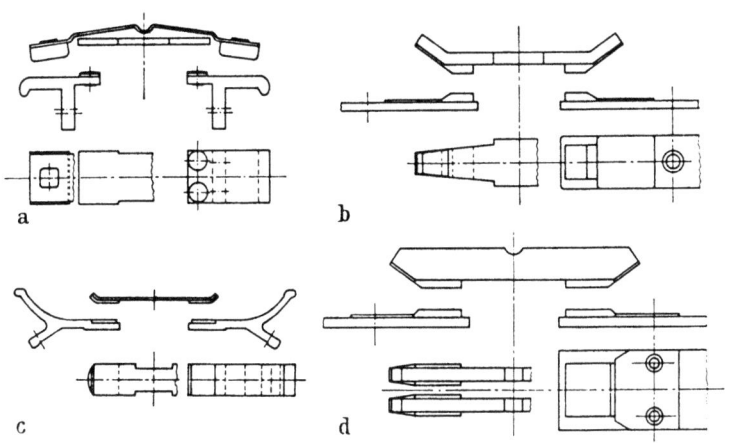

Bild 9.51. Konstruktionen von doppeltunterbrechenden Kontaktanordnungen mit geringen Abhebekräften bei hohen Strömen.

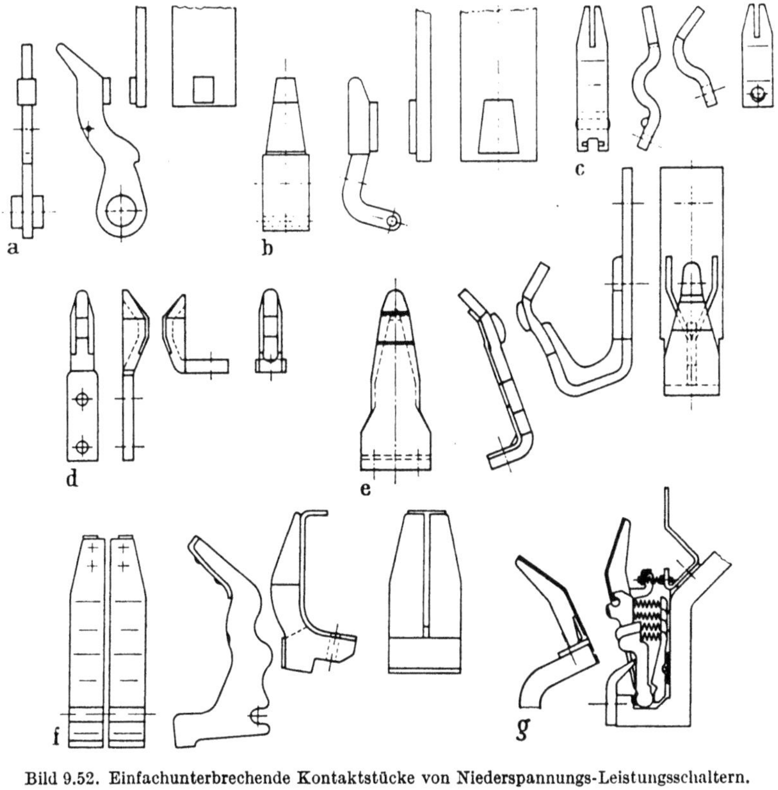

Bild 9.52. Einfachunterbrechende Kontaktstücke von Niederspannungs-Leistungsschaltern.

Bild 9.52 zeigt schließlich einige Konstruktionsbeispiele von Kontaktstücken von Niederspannungs-Leistungsschaltern, die bei jeder Schalterkonstruktion sehr unterschiedliche Formen besitzen. Bei den Ausführungen (a bis e) entsteht der Lichtbogen an den Stellen, die im geschlossenen Zustand den Strom führen. Bei den Konstruktionen (f) und (g) öffnen beim Ausschalten zuerst die Hauptkontaktstücke, die unter dem Gesichtspunkt des günstigsten Dauerkontaktes ausgelegt werden. Der Strom kommutiert auf die Abbrandstücke, an denen bei ihrer Öffnung der Lichtbogen entsteht.

Eine einfach unterbrechende Kontaktanordnung, bei der durch die magnetischen Kräfte des Kurzschlußstromes, die Kontaktlast verstärkt wird, zeigt Bild 9.53 im geöffneten (a) und geschlossenen (b) Zustand. Die

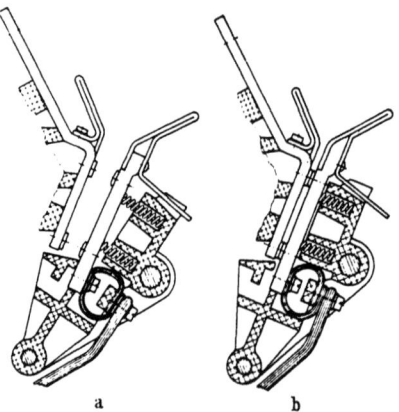

Bild 9.53. Kontaktanordnung mit parallelen Kontaktstellen zur Verstärkung der Kontaktlast im Kurzschlußfall.

magnetische Anziehung wird dadurch erreicht, daß zwischen den beiden Kontaktnieten der Strom in gleicher Richtung jeweils etwa zur Hälfte im beweglichen bzw. feststehenden Schaltglied fließt.

Nähere Einzelheiten über die Gestaltung der Schaltglieder, insbesondere im Zusammenhang mit dem Ausschaltvorgang, werden im Kap. 10 und 11 besprochen.

9.4. Bemessungsrichtlinien

Rationalisierungsmaßnahmen zwingen die Schaltgerätehersteller, in immer kürzeren Zeitintervallen ihre Schalterkonstruktionen kritisch zu überprüfen, um den Entwicklungstendenzen nach größerer Leistungsfähigkeit bei geringen Abmessungen je Geräteeinheit und dgl. folgen zu können. Diese Forderungen sind nur erfüllbar, wenn man die bekannten

Werkstoffe praktisch bis zu ihrer Grenzbeanspruchung ausnutzt und gleichzeitig durch Neuentwicklung die Grenzleistungsfähigkeit der Werkstoffe steigert. Daneben ist man bemüht, die maximalen Beanspruchungen, denen die einzelnen Bauelemente in Schaltgeräten im praktischen Betrieb ausgesetzt sind, möglichst exakt — unter Anwendung moderner wissenschaftlicher Methoden — zu erfassen, damit die Bemessung der Bauelemente nach optimalen Gesichtspunkten vorgenommen werden kann.

Im nachfolgenden werden einige Richtlinien für die Bemessung der Kontaktkräfte und die Auswahl der Kontaktwerkstoffe gegeben. Die Anhaltswerte über die spezifischen Kontaktkräfte bei unterschiedlichen Schaltgeräten wurden auf Grund einer Umfrage bei einer größeren Zahl in- und ausländischer Firmen ermittelt; die Breite der Bereiche zeigt, daß diese Werte in starkem Maße von der konstruktiven Gestaltung eines Gerätes abhängig sind. Weitere Angaben über Werkstoffeigenschaften finden sich im Abschnitt 9.1. und 9.2.

Bei der Bemessung der Kontaktkräfte ist zu beachten, daß die Erwärmung der Kontaktstücke die vom VDE vorgeschriebenen Grenzwerte nicht überschreitet, daß die Kontaktstücke in ihrem geschlossenen Zustand bei Kurzschlußbelastung nicht abheben oder so stark verschweißen, daß sie unter Einwirkung ihrer Rückstellkräfte nicht mehr geöffnet werden können. Ein derartiges Verschweißen beim Einschalten auf Kurzschlüsse muß ebenfalls verhindert werden.

9.4.1. Bemessung auf Erwärmung

Die Bemessung der Kontaktkräfte schaltender Kontaktstücke im geschlossenen Zustand erfolgt nach den gleichen Richtlinien, wie sie im Abschnitt 8.9. für Schiebe- und Wälzkontaktanordnungen beschrieben wurden. Bei den schaltenden Kontaktstücken muß zusätzlich berücksichtigt werden, daß durch den Lichtbogen die Kontaktoberflächen erodieren. Es können sich auf den kontaktgebenden Flächen Metallspritzer oder Metallperlen absetzen, die die Kontaktfläche stark verkleinern. Außerdem können die den Grundstoffen beigemengten Zusätze von z. B. Wolfram, Molybdän und dgl. bei den hohen Lichtbogentemperaturen Fremdschichten bilden, die sich störend auf den Kontakt auswirken (vgl. Kap. 7).

Maßgebend für die Bemessung sind außer dem verwendeten Kontaktwerkstoff und seinen Metallkomponenten sowie der Tatsache, ob bei der Schaltung Lichtbögen an den Kontaktstücken entstehen oder nicht, auch noch die Kontaktlast, die Schalthäufigkeit und die erforderliche Lebensdauer.

Die Bemessung der schaltenden Kontaktstücke auf Erwärmung wird entsprechend folgendem Rechnungsgang durchgeführt:

a) Auswahl des Kontaktwerkstoffes,
b) Festlegung der zulässigen Temperatur entsprechend VDE (s. Kap. 2),
c) Ermittlung der zulässigen Kontaktspannung U_{kmax} aus der $\varphi\vartheta$-Beziehung (s. Abschnitt 8.4.),
d) Ermittlung des maximal zulässigen Kontaktwiderstandes aus U_{kmax} und I,
e) Ermittlung der erforderlichen Kontaktkraft F_k (s. Abschnitt 8.3.).

Danach muß eine Überprüfung im Hinblick auf das dynamische Verhalten und das Verschweißen erfolgen.

Es gelten hier folgende Richtwerte:

Für Kontaktstücke der Sicherungsträger, der Hochstromstecker und der Trenner, die in der Regel aus galvanisch versilbertem Hartkupfer ausgeführt sind, erfolgt bei der Einschaltung eine Schleifbewegung, mit der Fremdschichten leicht beseitigt werden. Lichtbögen entstehen bei diesen Schaltungen im allgemeinen nicht. Da man damit rechnen muß, daß solche Geräte Jahre lang nicht betätigt werden und unter Umständen in chemisch verunreinigter Luft mit ihrer Nennstrombelastung betrieben werden, sollten ihre Kontaktstücke mit hohen Kontaktkräften versehen sein. Bei ausgeführten Geräten liegt die spezifische Kontaktlast F_k/I_N im folgenden Bereich:

$$F_K/I_N = 0.6 \text{ bis } 1.2 \text{ N/A} (\approx 60 \text{ bis } 120 \text{ p/A})$$

Kontaktstücke von Steuerschaltern und Schützen, die eine sehr hohe Schaltstücklebensdauer besitzen sollen, müssen mit möglichst kleinen Kontaktkräften und als reine Abhebekontakte ausgeführt werden. Dies ist notwendig, um einen geringen mechanischen Abrieb und kleine Abmessungen der Elektromagnete zu gewährleisten. Man verwendet darum gut leitendes Material, wie Silber mit nur sehr geringen Anteilen von Cu, Silber-Cadmiumoxid (AgCdO 90/10) und Silber-Nickel (Ag/Ni 90/10). Für die spezifischen Kontaktkräfte gelten folgende Anhaltswerte, wobei I_N dem maximal zulässigen Betriebsstrom entsprechend der Gebrauchskategorie AC3 nach VDE 0660 (Anlassen von Käfigläufermotoren, Ausschalten während des Laufes) entspricht:

$$F_K/I_N = 0.06 \text{ bis } 0.15 \text{ N/A} (\approx 6 \text{ bis } 15 \text{ p/A}).$$

Bei Niederspannungs-Schloßschaltern mit dem Schaltvermögen von Leistungsschaltern werden überwiegend Werkstoffe auf Silberbasis mit Zusätzen aus Graphit, Wolfram, Molybdän, Nickel, Cadmiumoxid und dgl. verwendet. Verschiedentlich bestehen das feststehende und das bewegliche Schaltstück aus unterschiedlichen Werkstoffen. Bei strombegrenzenden Schaltern kleinerer Nennstromstärke kommen auch versilberte Kupferkontaktstücke zum Einsatz. Die erforderlichen Kontaktkräfte sind sehr unterschiedlich; sie werden in starkem Maße von der konstruktiven Gestaltung bestimmt. Leistungsschalter in Kompaktbauweise für Verbraucheranlagen sowie strombegrenzende Schalter können mit etwas kleineren Kontaktkräften ausgeführt werden als staffelbare, dynamisch feste Selbstschalter zum Schutz von größeren Transformatoren und Leitungsnetzen. Bei höheren Nennströmen werden vielfach zwei oder mehr parallele Kontaktstücke je Unterbrechungsstelle verwendet (200 bis 400 A je Kontaktstelle). Als Richtwerte können folgende spezifische Kontaktkräfte dienen:

staffelbare Leistungsschalter: $F_K/I_N = 0{,}15$ bis $0{,}6$ $(0{,}9)$ N/A
(≈ 15 bis 60 (90) p/A),

strombegrenzende Leistungsschalter: $F_K/I_N = 0{,}1$ bis $0{,}16$ $(0{,}22)$ N/A
(≈ 10 bis 16 (22) p/A).

Die in Klammern gesetzten Werte fallen aus dem üblichen Streubereich heraus.

Bei Luft- und Flüssigkeitsschaltern mit Kontaktgliedern, die aus Schaltstift und Kontakttulpen bestehen, sind die Kontaktteile im allgemeinen aus Kupfer mit einem galvanischen Silberüberzug hergestellt; die Stellen, an denen der Lichtbogen brennt, sind meist mit abbrandfesten Werkstoffen auf Kupfer- und Silberbasis mit Zusätzen von Wolfram bzw. Wolframkarbid bestückt. In einigen Fällen wird jedoch auch Messing (teilweise versilbert) sowie Aluminium mit Silberüberzug angewendet. Die spezifischen Kontaktkräfte liegen im folgenden Bereich

$$F_K/I_N = 0{,}3 \text{ bis } 0{,}6 \text{ N/A } (\approx 30 \text{ bis } 60 \text{ p/A}).$$

Die Nennströme je Kontaktfinger liegen in der Größenordnung von 100 bis 200 A.

Bei Hochvakuumschaltern sind Kontaktkräfte zwischen $F_K/I_N = 1$ bis 2 N/A (≈ 100 bis 200 p/A) üblich. Diese Werte sind erforderlich, um die im Kurzschlußfall auftretenden dynamischen Kräfte aufzunehmen; bezüglich der Erwärmung wären kleinere Kräfte ausreichend, da im Hochvakuum keine störenden Fremdschichten vorhanden sind.

Einen Überblick über die bei den verschiedenen Schaltertypen am häufigsten verwendeten Kontaktwerkstoffe gibt eine Tabelle nach Schröder [15] (Bild 9.54).

Gerätetyp	Ein- und Ausschaltstrom	Bevorzugt verwendeter Kontaktwerkstoff
Hilfsstromschalter (auch Relais)	<10 A	Ag 1000, Ag/Cu (3 bis 10% Cu) = Hartsilber, Ag/Ni 99,85/0,15 (Feinkornsilber)
Hilfsstromschalter, Motorschalter, Lastschalter	10 bis 50 A	Ag/Ni 90/10 Ag/Cu (3 bis 10% Cu) = Hartsilber
Motorschalter, (Schütze), Lastschalter Kondensatorschalter, kleine Leistungsschalter (Niederspannung)	50 bis 3000 A	Ag/CdO 90/10 Ag/CdO 88/12 Ag/CdO 85/15 CdO-Gehalt steigt mit größeren Schaltströmen
Leitungsschutzschalter, Fehlerstrom-Schutzschalter	<3000 A	Ag/C (2 bis 5% C) Ag/ZnO 92/8, Ag/PbO 90/10 Seltener eingesetzt: Ag/CdO, Ag/Ni, Ag/W
Niederspannungs-Leistungsschalter	3000 bis 10000 A	Ag/W (50 bis 70% W) — symmetrisch Ag/Mo (50 bis 70% Mo) — symmetrisch Ag/Ni (10 bis 40% Ni) unsymmetrisch gegen Ag/C (3 bis 5% C)
Niederspannungs-Leistungsschalter	>10000 A	Ag/W, Ag/Mo, Ag/WC (50 bis 70% W, Mo oder WC) bei Haupt- und Folgekontakten Ag, Ag/W, Cu/W (70 bis 90% W), W
Hochspannungslast- u. -Leistungsschalter		in Luft: Ag/W (50 bis 90% W), Ag, W unter Öl: Cu/W (50 bis 90% W), Cu, W

Bild 9.54. Übersicht über den Einsatz von Kontaktwerkstoffen in verschiedenen Schaltertypen.

9.4.2. Bemessung der Kontaktkräfte im Hinblick auf die Kurzschlußbelastung

Zur Ermittlung der erforderlichen Kontaktkräfte zur Vermeidung des Abhebens oder des Verschweißens schaltender Kontaktstücke in ihrem geschlossenen Zustand gelten die im Abschnitt 8.9. genannten Richtlinien.

Schrifttum

1. Erk, A., Finke, H.: Über die mechanischen Vorgänge während des Prellens einschaltender Kontaktstücke. ETZ-A 86 (1966) 129—133.
2. Kesselring, F.: Theoretische Grundlagen zur Berechnung der Schaltgeräte, 3. Aufl., Berlin: Walther de Gruyter 1950.
3. Kesselring, F.: Theoretische Grundlagen zur Berechnung der Schaltgeräte, 4. Aufl., Berlin: Walther de Gruyter 1968.

4. Keil, A.: Werkstoffe für elektrische Kontakte, Berlin–Göttingen–Heidelberg: Springer 1960.
5. Llewellyn-Jones, F.: Physics of electrical contacts. Oxford: Clarendon Press 1957.
6. Melchert, F.: Über das Verhalten von Kontakten bei lichtbogenfreiem Schalten sehr großer Ströme. Diss. TH Braunschweig 1957.
7. Abdel-Asis, A. M.: Auswirkung des Schaltlichtbogens auf Kupfer-Kontaktstücke und Schalterflüssigkeiten beim Ausschalten von Wechselströmen von 1 bis 18 kA. Diss. TU Braunschweig 1972.
8. Althoff, D.: Über die Elektrodenerosion beim Schalten großer Wechselströme im Hochvakuum. Diss. TU Braunschweig 1970.
9. Wilson, W. R.: High-current arc erosion of electric contact materials. Trans. AIEE. Power App. & Syst. Bd. 74 (1955) 657–663.
10. Turner, C., Turner, H. W.: Discontinuous contact erosion. Proc. of 3. Symp. on El. Contact Phen. Orono, Maine 1966, 311–320.
11. Gremmel, H.: Das Abbrandverhalten der Elektroden von Starkstromlichtbögen bei kurzer Lichtbogendauer. Diss. TH Braunschweig 1963.
12. Meljkumov, A. M., Slejfman, I. L.: Der Verschleiß von Kontaktstücken in ölarmen Schaltern. Elektrotechnik UdSSR Bd. 39 (1968) 21–24.
13. Pucher, W.: Der Kontaktabbrand in Hochspannungsschaltern. Elektrie Bd. 19 (1965) 362–366.
14. Schröder, K.-H.: Das Abbrandverhalten öffnender Kontaktstücke bei Beanspruchung durch magnetisch abgelenkte Lichtbögen. Diss. TH Braunschweig 1967.
15. Schröder, K.-H.: Elektrische Kontakte der Energietechnik. Vortrag auf der VDE-Tagung 1972 in Köln.
16. Erk, A., Finke, H.: Über das Verhalten unterschiedlicher Kontaktwerkstoffe beim Einschalten prellender Starkstrom-Schaltglieder. ETZ-A 86 (1955) 297–302.
17. Geldner, E., Haufe, W., Reichel, W. u. Schreiner, H.: Prüfschalter zur Messung der Schweißkraft von Kontaktwerkstoffen für die Starkstromtechnik. ETZ-A Bd. 92 (1971) 637–642.
18. Geldner, E., Haufe, W., Reichel, W. u. Schreiner, H.: Schweißkraft von Reinsilber, Reinkupfer und verschiedenen Kontaktwerkstoffen auf Silberbasis. ETZ-A Bd. 92 (1972) 216–220.
19. Schreiner, H., Geldner, E.: Zu den verschiedenen Prüfmethoden der Schweißkraftmessung an elektrischen Kontaktwerkstoffen in der Starkstromtechnik. 5. Int. Tagung über el. Kontakte München 1970, Berlin: VDE-Verlag (1970) 162–165.
20. Walczuk, E.: Über das Schweißverhalten einschaltender Kontakte während des Prellens. Elektrotechn. u. Masch.-Bau Bd. 87 (1970) 111–119.
21. Walczuk, E.: Über den Einfluß der Energie der Prellichtbögen auf das Verschweißen von Kontakten. Elektrotechn. u. Masch.-Bau Bd. 87 (1970) 197–203.

10. Niederspannungs-Wechselstromschalter

In elektrischen Energieanlagen werden Schalter für Wechselspannungen unter 1000 V (Niederspannungsschalter) sowohl zum betriebsmäßigen Schalten als auch zum Schutz der Leitungen, Betriebsmittel und Verbraucher der *Hauptstromkreise* eingesetzt; außerdem finden sie als Befehls-, Melde-, Verriegelungs-, Wahl-, Hilfsstrom-, Steuer- und Grenzschalter in den *Hilfsstromkreisen* Verwendung.

Niederspannungsschalter können als *Rastschalter* (Nocken-, Walzen- oder Hebelschalter) mit oder ohne ein Sprungwerk zur Betätigung der Schaltglieder, als *Tastschalter* (Taster oder Schütz) oder als *Schloßschalter*, in der Praxis auch Selbstschalter oder Automaten genannt, ausgeführt werden. Bei hohen Schalthäufigkeiten und bei Strömen, wie sie bei den meisten elektrischen Maschinen üblich sind, werden Schütze, bei niedrigen Schalthäufigkeiten und hohen Nennströmen Hebel- und Selbstschalter bevorzugt, wobei den Selbstschaltern hauptsächlich die Aufgabe der Ausschaltung großer Kurzschlußströme zufällt.

In diesem Kapitel werden Wechselstromschalter besprochen, deren Löschsystem so ausgebildet ist, daß der Stromverlauf während des Ausschaltvorganges nicht oder nur unwesentlich beeinflußt wird. Sie löschen den Wechselstrom praktisch nach seinem natürlichen Nullwerden (Nullpunktlöscher s. Abschnitt 2.4.1.). Schalter, die den Stromverlauf beim Ausschaltvorgang sehr wesentlich beeinflussen (strombegrenzende Wechselstrom-Schnellschalter, s. Abschnitt 2.4.3.), werden im Kapitel 11 gemeinsam mit den Gleichstromschaltern behandelt.

Zum Löschen von Wechselstromlichtbögen beim natürlichen Nullwerden des Ausschaltstromes werden folgende Löschverfahren verwendet:

a) Löschung ohne eine zusätzliche Löschkammer (Selbstlöschung),
b) Löschung in Isolierstoffkammern,
c) Löschung in Löschblechkammern.

Im nachfolgenden werden diese drei Löschverfahren erläutert und die verwendeten Schaltglieder- und Löschkammerkonstruktionen anhand einiger Bilder veranschaulicht.

10.1. Löschung der Wechselstromlichtbögen ohne Löschkammer

Zur Löschung der Wechselstrom-Lichtbögen werden bei diesem Löschprinzip physikalische Vorgänge ausgenutzt, die sich beim Polaritätswechsel der Spannung (Bild 10.1) an der Schaltstrecke unmittelbar nach dem Nullwerden des Wechselstromes in den elektrodennahen Gebieten abspielen. Wie erstmals von Slepian [1, 2] abgeleitet und von Timoshenko [3] durch Sondenmessungen experimentell nachgewiesen wurde, kann praktisch sofort nach dem Stromnullwerden von einer dünnen Schicht vor der nach dem Polaritätswechsel neuen Kathode eine Spannung bis zu einigen 100 V ohne Wiederzündung aufgenommen werden.

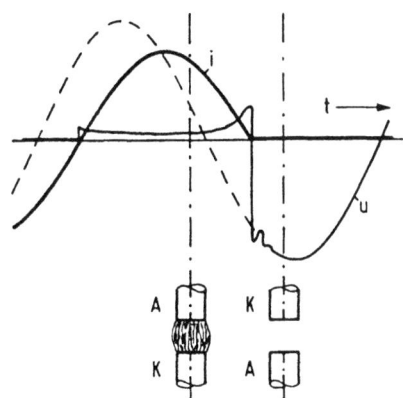

Bild 10.1. Zur Lichtbogenselbstlöschung.

Dieser in der Literatur mit „Sofortverfestigung kurzer Lichtbogenstrecken" bezeichnete Effekt kann wie folgt gedeutet werden:

Vor dem Nullwerden des Wechselstromes befindet sich im Fallgebiet vor der *Anode* eine *negative* Raumladung (Bild 10.2a) und vor der *Kathode* eine *positive* Raumladung. Im kathodenseitigen Grenzgebiet der quasineutralen Bogensäule befindet sich das kontrahierte Ionisationsgebiet (s. Bild 4.7). *Im Stromnullzeitpunkt* ($i = 0$, $u_B = 0$) liegen in den ehemaligen Fallgebieten thermische Gleichgewichtszustände wie im quasineutralen Säulengebiet vor (Bild 10.2b).

Nach dem Nullwerden des Lichtbogenstromes ändert sich die Polarität der Spannung an den Kontaktstücken. Die ehemalige Anode wird zur neuen Kathode. Die an den Kontaktstücken in Form einer gedämpften Schwingung ansteigende Spannung bewirkt nach Slepian [1] eine rasche Abwanderung der leicht beweglichen Elektronen, während die trägen

Ionen in erster Näherung als unbeweglich betrachtet werden können. Nach dieser Vorstellung werden die Elektronen gerade so weit aus einer Schicht der Dicke d vor der neuen Kathode abgezogen, daß die Raumladung der zurückbleibenden Ionen die an diese Schicht angelegte Spannung kompensiert (Bild 10.2c; da der Ionisierungsgrad sehr gering ist, z. B. bei der Siedetemperatur von Cu weit unter 1%, befinden sich

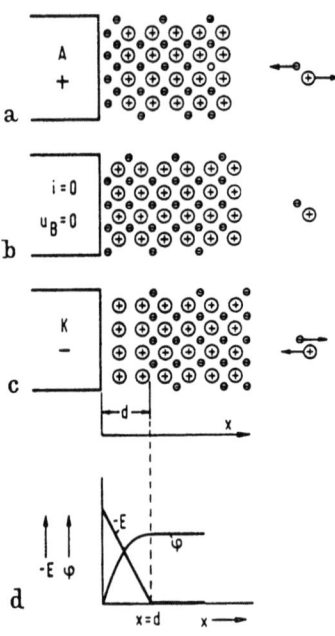

Bild 10.2. Ausbildung einer positiven Raumladungsschicht vor der neuen Kathode nach dem Stromnullwerden bei Vernachlässigung der Ionenbeweglichkeit.

weitaus mehr Neutralteilchen als geladene Teilchen vor der neuen Kathode, was im Bild 10.2 der Übersichtlichkeit halber vernachlässigt ist). Das Modell beinhaltet also ein Anwachsen der Schichtdicke mit steigender Spannung.

Ausgangspunkt zur Berechnung der Potential- und Feldstärkeverteilung innerhalb der Raumladungsschicht ist die Poisson-Gleichung

$$\Delta \varphi = \frac{\partial^2 \varphi}{\partial x^2} + \frac{\partial^2 \varphi}{\partial y^2} + \frac{\partial^2 \varphi}{\partial z^2} = -\frac{\varrho}{\varepsilon} = -\frac{e(N_\mathrm{i} - N_\mathrm{e})}{\varepsilon} \quad (10.1)$$

mit dem Potential φ, der Raumladungsdichte ϱ, der Dielektrizitätskonstanten ε, der Elementarladung e sowie der Ionen- und Elektronendichte N_i und N_e. Für das Kanalmodell $(\partial\varphi/\partial y = 0; \partial\varphi/\partial z = 0)$ lautet Gl. (10.1) mit $N_e = 0$

$$\frac{d^2\varphi}{dx^2} = -\frac{e \cdot N_i}{\varepsilon} \tag{10.2}$$

und nach einfacher Integration über x

$$\frac{d\varphi}{dx} = -\frac{e \cdot N_i \cdot x}{\varepsilon} + C. \tag{10.3}$$

Da voraussetzungsgemäß die gesamte Spannung längs der Raumladungsschicht d abfallen soll, besitzt die Feldstärke an der säulenseitigen Grenze $(x = d)$ den Wert Null $(d\varphi/dx = 0)$. Mit dieser Randbedingung ist

$$C = \frac{e \cdot N_i d}{\varepsilon} \tag{10.4}$$

und damit die Feldstärkeverteilung

$$\frac{d\varphi}{dx} = -E(x) = \frac{e \cdot N_i}{\varepsilon}(d - x). \tag{10.5}$$

Unter der Annahme, daß das Potential an der Kathode Null ist $(x = 0; \varphi = 0)$, ergibt sich nach Integration von Gl. (10.5) für die Potentialverteilung

$$\varphi(x) = \frac{e \cdot N_i \cdot x}{\varepsilon}\left(d - \frac{x}{2}\right). \tag{10.6}$$

Die Feldstärke- und Potentialverläufe sind in Bild 10.2d schematisch dargestellt.

Berücksichtigt man, daß das Potential an der säulenseitigen Grenze $\varphi(x = d)$ unter den getroffenen Annahmen der zwischen den Elektroden anliegenden Spannung u entspricht, läßt sich die Dicke der Raumladungsschicht aus Gl. (10.6) berechnen:

$$d = \sqrt{\frac{2\varepsilon u}{e N_i}}. \tag{10.7}$$

Die Ionendichte ist im wesentlichen von der Temperatur abhängig und nimmt somit nach dem Stromnullwerden mit der Zeit ab.

Nach Slepian [1] erfolgt ein elektrischer Durchschlag der Raumladungsschicht, sobald an der Kathode eine als konstant angenommene, kritische Feldstärke E_d überschritten wird. Die nach dem Stromnullwerden in Form einer gedämpften Schwingung zwischen den Elektroden ansteigende Spannung wird demnach solange von der Raumladungsschicht aufgenommen, bis diese Feldstärke erreicht ist. Die Spannung, bei der die kritische Feldstärke auftritt, wird als Wiederverfestigungsspannung u_F bezeichnet; sie ergibt sich aus Gl. (10.5) und (10.7) mit $E(x = 0) = E_\mathrm{d}$:

$$u_\mathrm{F} = \frac{\varepsilon}{2\,e\,N_\mathrm{i}} E_\mathrm{d}^2. \tag{10.8}$$

Gl. (10.8) besagt, daß bereits unmittelbar nach dem Stromnullwerden eine Wiederverfestigungsspannung endlicher Größe (Sofortverfestigungsspannung) vorliegt. Dieses Ergebnis ist jedoch bereits durch die dem Slepianschen Modell zugrunde liegende Annahme festgelegt, wonach die Elektronen beliebig rasch aus dem Bereich vor der neuen Kathode abgezogen werden können. Das bedeutet, daß im Grenzfall auch in unendlich kurzer Zeit ein positives Raumladungsgebiet aufgebaut werden kann. Da dies auf Grund der endlichen Elektronenbeweglichkeit nicht möglich ist, wird von Franken [4] die Ansicht vertreten, daß bei extrem steilen Anstiegen der Einschwingspannung die Wiederverfestigungsspannung bis auf den Wert der Lichtbogenspannung absinkt. Eine experimentelle Bestätigung hierfür fehlt jedoch bisher.

Das Modell Slepians geht von der Annahme konstanter Ionendichte aus und läßt damit das Temperaturgefälle zwischen Kathode und Säule unberücksichtigt. Nach Untersuchungen von Schmelzle [5] liegen im Augenblick des Stromnullwerdens vor der neuen Kathode die im Bild 10.3a schematisch dargestellten Temperatur- und Ionisierungsverhältnisse vor. Die Temperatur T steigt ausgehend von dem Wert T_KO an der Kathode (maximale Siedetemperatur des Werkstoffes) auf die Säulentemperatur (ca. 5000 K [6]) an. Entsprechend der Temperatur ändert sich der Ionisierungsgrad x_i gemäß der Saha-Gleichung (Gl. (3.7)); er ist im Bereich der Kathode zunächst nahezu Null und steigt oberhalb einer von der Ionisierungsarbeit des Kontaktwerkstoffdampfes abhängigen Temperatur (Größenordnung 3000 K) steil an. Ersetzt man näherungsweise den Verlauf des Ionisierungsgrades durch einen rechtwinkligen Kurvenzug (Bild 10.3a), so liegt vor der Kathode beim Stromnullwerden zunächst ein nicht ionisiertes Gebiet ($x_\mathrm{i} = 0$) der Dicke d, dem sich das hochionisierte Säulengebiet anschließt. Nach dem Stromnullwerden vergrößert sich die Schichtdicke d infolge Wärmeabfuhr zur Kathode hin; gleichzeitig bewegen sich unter dem Einfluß der Einschwingspannung von der Plasmagrenze, die einer ionenemittierenden Fläche entspricht, Ionen zur Kathode hin; es entsteht dadurch ein Raumladungsgebiet (Bild 10.3b), an dem die gesamte Einschwingspannung abfällt. Feldstärke und Potentialverteilung sind im Bild 10.3c dargestellt [5].

Im Gegensatz zum Slepianschen Modell wird hier die Raumladung nicht durch feststehend angenommene Ionen, sondern durch einen Ionenstrom erzeugt. Das Vorliegen einer Sofortverfestigungsspannung kann nach diesem Modell (Bild 10.3) ebenfalls gedeutet werden. Wenn bei sehr schnellen Spannungsanstiegen auf Grund ihrer endlichen Be-

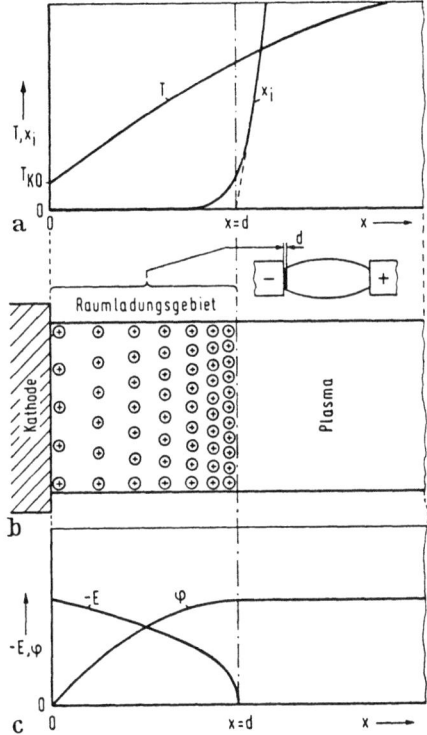

Bild 10.3. Zur Erklärung der Vorgänge vor der neuen Kathode nach dem Stromnullwerden.

weglichkeit zunächst nahezu keine Ionen aus der Plasmagrenzschicht ausgetreten sind, wird die Einschwingspannung vor der nicht ionisierten und damit nicht leitenden Schicht aufgenommen. Im Unterschied zu einem ähnlichen, ebenfalls auf Slepian [2] zurückgehenden Modell, ist diese ladungsträgerfreie Schicht im Augenblick des Stromnullwerdens bereits vorhanden und wird nicht erst unter dem Einfluß der Spannung durch Ladungsträgerabzug gebildet.

Unter Verwendung des Modells nach Bild 10.3 wurde die Wiederverfestigungsspannung für unterschiedliche Werkstoffe und elektrische Beanspruchungen näherungsweise berechnet [5]. Die Wiederzündung wurde dabei als elektrischer Durchschlag der Raumladungsschicht nach der Townsendschen Theorie angenommen.

Bild 10.4a zeigt experimentell ermittelte Werte der Wiederverfestigungsspannung $\bar{u}_F$ (arithmetische Mittelwerte aus 50 Einzelmessungen) in Abhängigkeit von der Frequenz f_E der Einschwingspannung [5]. Man erkennt einen starken Einfluß des Kontaktwerkstoffes. Die Wiederverfestigungsspannung nimmt mit wachsenden Einschwingfrequenzen

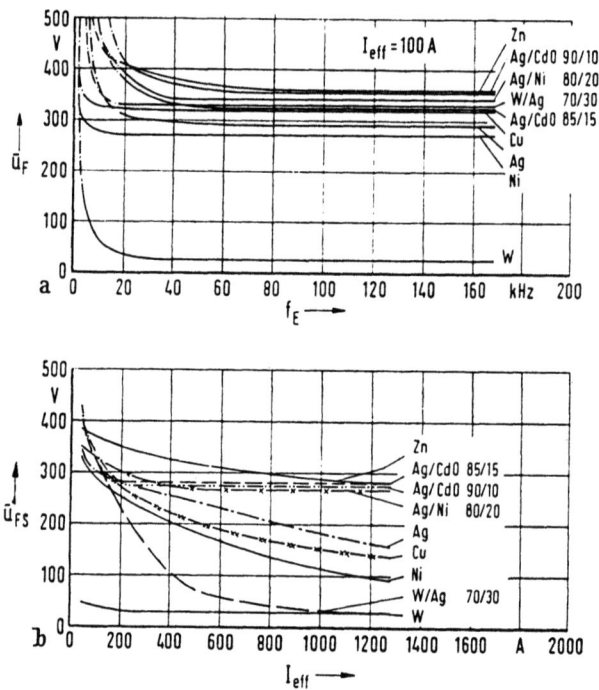

Bild 10.4. Wiederverfestigungsspannung $\bar{u}_F$ und Sofortverfestigungsspannung $\bar{u}_{F_s}$ für verschiedene Werkstoffe.

ab und erreicht schließlich den frequenzunabhängigen Wert der Sofortverfestigungsspannung. Bild 10.4b zeigt die Größe der Sofortverfestigungsspannungen $\bar{u}_{FS}$ in Abhängigkeit des Lichtbogenstromes. Aus diesen Kurven ist deutlich der große Einfluß der Kontaktwerkstoffe auf das Löschverhalten der Schalter ohne zusätzliche Löscheinrichtungen ersichtlich.

Die Sofortverfestigungsspannung ist bei reinen Metallen um so größer, je niedriger die Siedetemperatur, je höher die Austritts- und Ionisierungsspannung und je besser die Wärmeleiteigenschaften des Kontaktwerkstoffes sind. Die relativ hohen Spannungswerte der Silbercadmiumoxidwerkstoffe sind darauf zurückzuführen, daß die Zersetzungstemperatur des Cadmiumoxids niedriger liegt als die Siedetemperatur des Silbers; der unter hohem Druck austretende Cadmiumoxiddampf kühlt das Grundmetall Silber. Vinaricky und Harmsen [7] stellten bei systematischen Untersuchungen mit verschiedenen Silbermetalloxid-Werkstoffen fest, daß Metalloxide mit Zersetzungstemperaturen unterhalb der Siedetemperatur von Silber allgemein eine Erhöhung der Wiederverfestigungsspannung bewirken, während umgekehrt Metalloxide mit höherer Zersetzungstemperatur eine Verringerung zur Folge haben. Bisher nicht geklärt sind die Vorgänge, die das günstige Wiederverfestigungsverhalten von Silber-Nickel hervorrufen.

Unter dem Einfluß gasabgebenden Wandmaterials, das sich in unmittelbarer Lichtbogennähe befindet, kann nach Berndt [8] zusätzlich eine gewisse Erhöhung der Wiederverfestigungsspannung eintreten.

Aus den Kurven des Bildes 10.4b ersieht man, daß die Mittelwerte der Sofortverfestigungsspannung $\bar{u}_{FS}$ bei Ausschaltströmen unter 100 A bei allen untersuchten Kontaktwerkstoffen, außer Wolfram, über 300 V liegen. Bei Betriebsspannungen von 220 V beträgt der Scheitelwert der Einschwingspannung bei einphasiger Abschaltung und einem Überschwingfaktor von 1,3 sowie einem Leistungsfaktor von 0,4 beispielsweise ca. 400 V. Man führt daher Schalter, die nach diesem Prinzip löschen, in der Regel mit Doppelunterbrechung (Bild 10.5a) aus.

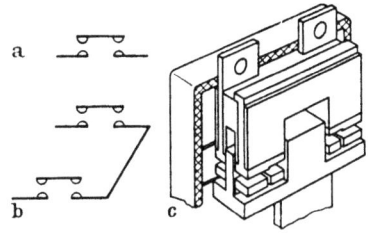

Bild 10.5. Mehrfachunterbrechende Kontaktanordnungen.

Studtmann [9] untersuchte Wiederverfestigungsspannungen von Lichtbogenstrecken mit Einfach- und Doppelunterbrechung bei Stromstärken bis 55 A (Hilfs- und Steuerstromschalter) und stellte dabei fest, daß die Wiederverfestigungsspannung der Doppelunterbrechung im Mittel kleiner als der doppelte Wert der Einfachunterbrechung (Faktor 1,2 bis 1,6 anstatt 2) ist. Diese Tatsache läßt sich damit erklären, daß die Aufteilung der Einschwingspannung auf die beiden Teilstrecken nicht im gleichen Verhältnis wie deren infolge von Streuungen zufällige Wiederverfestigungsspannungen erfolgt.

Es zeigt sich weiterhin, daß dieses Löschprinzip bei Wahl geeigneter Kontaktwerkstoffe auch bei Stromstärken, die höher als nur einige 100 A liegen, angewandt werden kann. Dabei wird teilweise mit einer Vierfachunterbrechung eines Strompfades gearbeitet (Bild 10.5b).

Auf die konstruktive Gestaltung der Kontaktglieder wurde bereits in Abschnitt 9.3.6. näher eingegangen. Im Bild 10.5c ist die Anordnung der Schaltglieder für größere Nennströme bei Vierfachunterbrechung dargestellt.

Die Isolierstoffumhüllungen dienen bei Schaltern mit Selbstlöschung lediglich als Berührungsschutz, zur Isolierung und zur Abtrennung der einzelnen Strombahnen gegeneinander oder aber bei luftdichter Kapselung zum Schutz der Kontaktstellen vor den in der Umgebungsluft eventuell vorhandenen Verunreinigungen (Staub, aggressive Gase und dgl.). Als Isolierstoffe werden sowohl Duroplaste als auch Thermoplaste verwendet. Thermoplaste werden in der Regel bei großen Fertigungsstückzahlen bevorzugt, sofern ihre geringe Temperaturfestigkeit in Kauf genommen werden kann. Häufig verwendet man Thermoplaste auf Polycarbonatbasis, teilweise mit Glasfaserverstärkung (Handelsnamen: Makrolon, Lexan, Merlon u. a.). Als Duroplaste haben sich Phenol-, Melamin-, Polyester- und Epoxidharze mit Füllstoffen, wie Holzmehl, Zellstoff, Glasfaser und Asbest bewährt (Handelsnamen: Bakelite, Hostaset, Supraplast u. a.) [18].

Kontakt- und Isolierwerkstoffe müssen so aufeinander abgestimmt werden, daß Niederschläge der Kontaktmetalldämpfe auf den Oberflächen der Isolierstoffe keine geschlossenen, elektrisch gut leitenden Filme bilden, die die Kriechstromfestigkeit der Isolierstrecken mindern.

Wenn die Isolierstoff-Umhüllung zusätzlich zum Berührungsschutz auch noch die Aufgabe übernehmen soll, die Kontaktglieder gegenüber der Außenluft gas- und staubdicht zu schützen, dann muß außerdem darauf geachtet werden, daß die aus den Isolierstoffen durch Wärmeeinwirkung freiwerdenden Gase die metallischen Kontaktteile nicht angreifen und daß sich auf den Kontaktstücken keine den Kontaktwiderstand stark erhöhenden Fremdschichten bilden [10]. Bei diesen Anforderungen werden am häufigsten die Isolierstoffe aus der Gruppe der Polycarbonate verwendet.

Das Löschprinzip „Sofortverfestigung" wird bevorzugt bei allen Geräten der Hilfsstromkreise von elektrischen Energieanlagen, bei Steuer- und Motorschaltern mit Ausschaltleistungen bis zu einigen 100 A bei 220 und 380 V sowie bei Installationsschaltern mit dem Ausschaltvermögen der Lastschalter verwendet.

10.2. Löschung der Wechselstromlichtbögen in Isolierstoffkammern

Isolierstoffkammern, auch Isolierstoffspaltkammern genannt, werden heute hauptsächlich verwendet:

a) bei Niederspannungs-Wechselstromschaltern kleinerer Ausschaltströme (Ausschaltströme von einigen Kiloampere), bei denen eine Selbstlöschung des Lichtbogens (Abschnitt 10.1) nicht mehr gewährleistet werden kann, die aber aus Wirtschaftlichkeitsgründen nicht mit den in der Herstellung aufwendigeren Löschblechkammern (Abschnitt 10.3.) ausgestattet werden;

b) bei Niederspannungsschaltern, die sowohl Gleich- als auch Wechselströme ausschalten sollen. Derartige Löschkammern erzeugen auch beim Ausschalten von Wechselströmen hohe Lichtbogenspannungen, die den Verlauf der Ausschaltströme stark beeinflussen. Sie werden im Kapitel 11 näher erläutert;

c) bei Niederspannungs-Wechselstromschaltern hoher Ausschaltleistung mit Ausschaltströmen bis etwa 25 kA. Anstelle von Isolierstoffkammern werden in diesem Leistungsbereich in zunehmendem Maß Löschblechkammern eingesetzt.

Unter den in Isolierstoffspaltkammern bei höheren Stromstärken und Spannungen von 380 bis 500 V vorliegenden Verhältnissen ist die Wiederverfestigungsspannung u_F, die bei Einschwingfrequenzen im 100-kHz-Bereich gleich der Sofortverfestigungsspannung u_{FS} ist, im allgemeinen so gering, daß die Kathodenschicht von der Einschwingspannung durchschlagen wird (Bild 10.6). Die Löschung im Anschluß an diesen Kathodenschichtdurchschlag erfolgt durch den sogenannten „energetischen Mechanismus" [8, 11] der Lichtbogensäule, wie er durch die Theorien des dynamischen Lichtbogens (s. Abschnitt 5.3.) beschrieben werden kann. Nach dem Durchbruch fließt über die Schaltstrecke ein Nachstrom, der durch den sich zeitlich ändernden Widerstand der Restsäule bestimmt wird; er bewirkt je nach Größe eine nur schwache

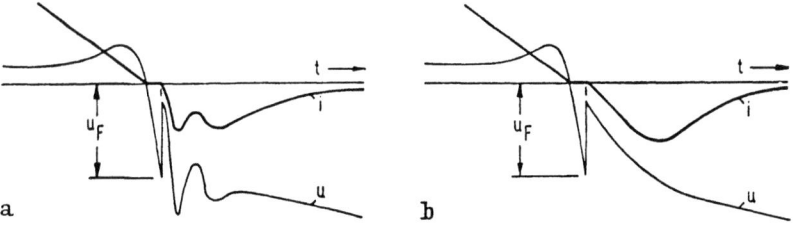

Bild 10.6. Oszillogramme von Stromnulldurchgängen zur Erklärung der Lichtbogenlöschung in Isolierstoffkammern.

(Bild 10.6a) oder aber eine aperiodische Dämpfung (Bild 10.6b) des Einschwingvorganges. (Die Tatsache, daß bereits vor dem Durchschlag ein Vorentladungsstrom über die Kathodenschicht fließt, kann hier vernachlässigt werden.) Eine Löschung (Bild 10.6) erfolgt nur, wenn der Energieentzug aus der Säule größer ist als die Energiezufuhr durch den Nachstrom; in diesem Fall erreicht der Säulenleitwert und damit der Nachstrom nach einiger Zeit den Wert Null.

Die Energieabfuhr aus der Säule geschieht durch Strahlung, Konvektion und in überwiegender Form durch Wärmeleitung, wobei Verdampfungs- und Zersetzungsprozesse an den Isolierstoffoberflächen eine wesentliche Rolle spielen. Dazu ist es notwendig, daß das Lichtbogenplasma möglichst großflächig mit stets neuen kühlen Isolierstoffoberflächen zur innigen Berührung gebracht wird. Verstärkend wirken hier Isolierstoffstege, um die sich die Lichtbögen bei ihrer Aufweitung winden können. Im Bild 10.7 sind zwei solche Isolierstoffstegkammern mit unterschiedlicher Stellung der Stege zu den Kontaktgliedern für Schalter kleinerer Ausschaltleistung dargestellt.

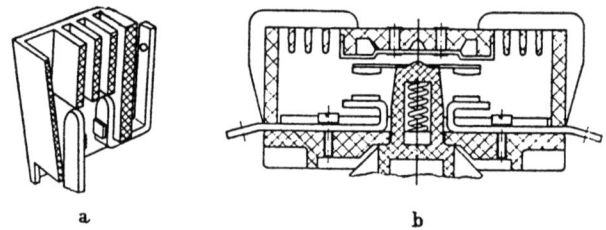

Bild 10.7. Isolierstoffkammern von Niederspannungs-Schaltern kleiner Ausschaltleistung.

Noch wesentlich wirksamer ist die Kühlung in engen Isolierstoffspalten. Allerdings ist, wie in Kap. 6 erläutert wurde, eine relativ hohe Blaskraft erforderlich, um den Bogen in solche engen Spalten zu treiben. Der Selbstschalter mit hohem Schaltvermögen nach Bild 10.8a besitzt eine Kammer (Düsenkammer), die nach diesem Prinzip arbeitet. Bild 10.8b zeigt eine Löschkammer mit Isolierstoffstegen, die so angeordnet sind, daß sich ein mäanderförmiger, nach oben verengender Isolierstoffspalt ergibt, in den das Plasma durch magnetische Felder geblasen wird.

Der Energieentzug aus der Lichtbogensäule und damit im allgemeinen auch das Schaltvermögen ist um so höher, je besser die Berührung mit den kühlenden Wänden, d.h. je geringer die Spaltweite ist. Dies verdeutlichen die im Bild 10.9 wiedergegebenen Versuchsergebnisse von Keitel [11].

Die Versuche wurden mit Lichtbögen durchgeführt, die magnetisch unbeeinflußt zwischen senkrecht angeordneten Elektroden innerhalb

10.2. Löschung in Isolierstoffkammern

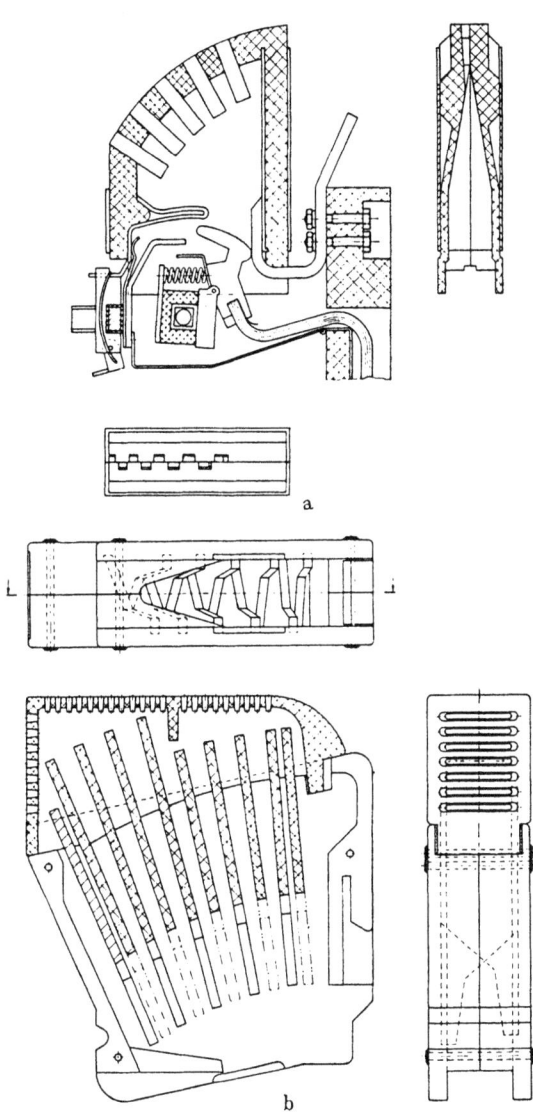

Bild 10.8. Isolierstoffkammern von Niederspannungsschaltern mit hohem Ausschaltvermögen.

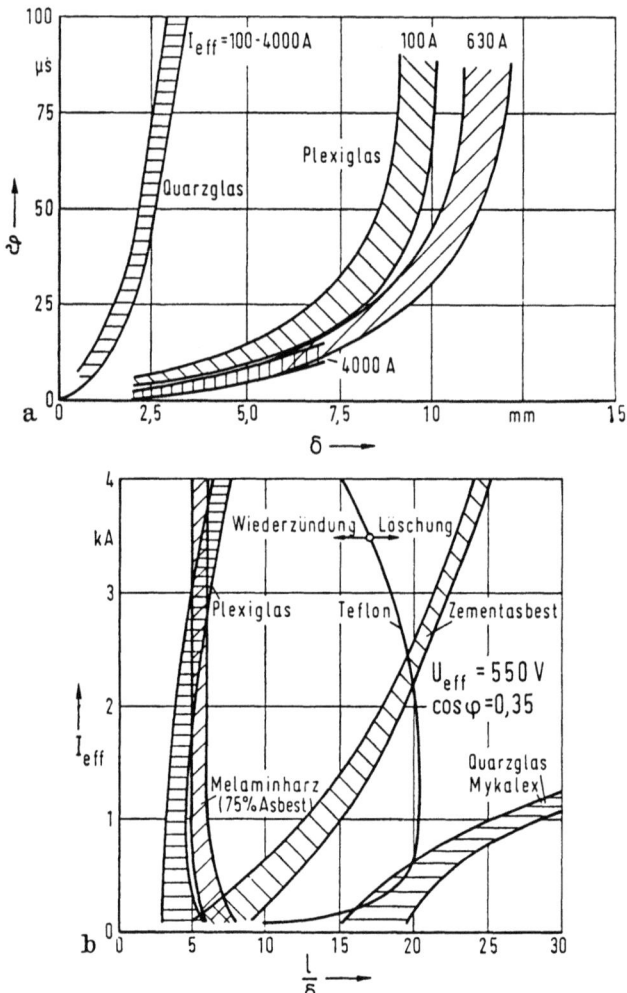

Bild 10.9. Eigenschaften verschiedener Isolierstoffe im Hinblick auf die Lichtbogenlöschung.

einer Kammer aus planparallelen Isolierstoffplatten brannten. Im Bild 10.9a ist die Lichtbogenzeitkonstante ϑ in Abhängigkeit von der Spaltweite δ für Isolierstoffwände aus Quarzglas und Plexiglas aufgetragen. Die wesentlich niedrigeren Zeitkonstanten des gasenden Plexiglases werden von Keitel [11] mit der Verringerung der effektiven Spaltweite durch das an den Wänden erzeugte, den Lichtbogen umgebende Gaspolster und die intensive Oberflächenkühlung infolge der starken Strömung der gasförmigen Zersetzungsprodukte (überwiegend Wasserstoff) erklärt. Diese Effekte sind stromabhängig; bei breiteren Spalten ergeben sich mit abnehmender Stromstärke größere Zeitkonstanten.

Die Auswirkung verschiedener Kammerwerkstoffe auf die Lichtbogenlöschung veranschaulicht Bild 10.9b. Aufgetragen sind, abhängig von der Stromstärke I_{eff} und dem Quotienten aus Lichtbogenlänge l und Spaltweite δ, Kurven, die die Grenze zwischen Löschung und Wiederzündung des Bogens kennzeichnen. Die besten Eigenschaften besitzen die stark gasenden Werkstoffe Plexiglas und Melamin, die eine nahezu stromunabhängige Löschgrenze ergeben. Ungünstig im Hinblick auf die Löschung sind die nichtgasenden Stoffe Quarzglas und Mykalex, während das stark temperaturbeständige Teflon sowie Zementasbest eine Mittelstellung einnehmen.

Als Werkstoffe für Isolierstoffkammern werden in der Regel keramische Materialien, wie Tonsubstanz mit Magnesiumhydrosilikat (Sipa, Ardestan), Magnesiumsilikate (Steatit, Callit), Titanverbindungen (Tempa, Diacond), Aluminiumoxidmassen (Mullit, Pyrolan, Elcuvit, Sucovit) [18] und Porzellan eingesetzt. Isolierstoffkammern mit stark gasenden Materialien finden im Niederspannungsbereich infolge des relativ hohen Materialverschleißes praktisch keine Verwendung. Bei Löschkammern für Schalter kleiner Ausschaltleistung spielt der Preis der Löschkammern bei der Auswahl des Werkstoffes eine wesentliche Rolle. Die Löschkammern der Selbstschalter werden aus hochwertigeren keramischen Materialien mit hoher Hitzebeständigkeit und Temperaturwechselfestigkeit hergestellt. Bei geringen Stückzahlen kommen anstelle formbarer keramischer Massen zum Einsparen der Werkzeugkosten Kammern aus Plattenmaterial, wie Asbestzement, Asbestglimmer und dgl. zum Einsatz.

10.3. Löschung der Wechselstromlichtbögen in Löschblechkammern

Die Löscheinrichtungen von Schützen mit größeren Schaltleistungen, von Lasttrennern, Sicherungslasttrennern sowie von Selbstschaltern in kompakter, nahezu geschlossener sowie in offener Bauweise besitzen Löschblechpakete. Diese bestehen aus 1 bis 4 mm starken Metallblechen, in der Regel aus Eisen, gelegentlich aber auch aus Messing oder Kupfer, die gegeneinander isoliert in einem Abstand von 1 bis 10 mm parallel oder fächerförmig angeordnet sind. Bei kleinen und mittleren Ausschaltströmen werden die Metallbleche von Isolierstoffplatten (Bild 10.10a) oder gebogenen Isolierstoff-Folien (Bild 10.10b) auf Distanz gehalten. Das so gebildete Paket wird in den dafür vorgesehenen Löschkammerraum der Schalterumhüllung eingefügt. Bei Schaltern für hohe Ausschaltströme werden die Löschbleche von druckfesten Isolierstoffgehäusen aufgenommen (Bild 10.10c).

Je nach der Dicke der Löschbleche und ihrem gegenseitigen Abstand können die Löschblechkammern eingeteilt werden in reine *Kühlkammern* und in *Deion-Kammern*. Das Blechpaket der reinen *Kühlkammern* besteht aus relativ dicken Blechen, die in engem gegenseitigem Abstand angeordnet werden. Während des Ausschaltvorganges wird der sich zwischen den öffnenden Kontaktstücken bildende Lichtbogen teils durch das magnetische Feld der Schaltglieder, teils aber auch durch die Saugwirkung des Löschblechpaketes zu den Löschblechen hin geblasen. Durch die großflächige Berührung der Bogensäule mit den Stirnkanten der

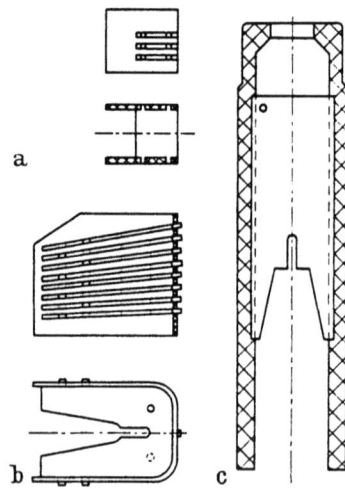

Bild 10.10. Löschblechkammern von Niederspannungs-Schaltern.

metallischen Kühlbleche und teilweises Eintauchen in die Blechzwischenräume erfolgt ein Wärmeentzug. Die heißen Abgase verlassen die Löschkammer durch die Spalte zwischen den Blechen und werden dabei ebenfalls abgekühlt. Von den Kontraktionsgebieten der Lichtbogensäule ausgehende Plasmastrahlen gelangen zwar in die engen Spalten, die Säule selbst verharrt jedoch, insbesondere bei großen Augenblickswerten des Ausschaltstromes, an den Stirnseiten des Blechpaketes. Für die Bogenlöschung ist, wie bei reinen Isolierstoffkammern (Abschnitt 10.2), der energetische Mechanismus verantwortlich, jedoch ist die Kühlwirkung bei gleichem Kammervolumen infolge intensiver Berührung mit den metallischen, gut wärmeleitenden Blechen besser als bei entsprechenden Anordnungen mit keramischem Isoliermaterial.

Das Blechpaket der *Deion-Löschkammern* [1] besteht dagegen aus dünneren, teilweise zur Erhöhung ihrer mechanischen Festigkeit mit Sicken versehenen Blechen, die in einem so großen gegenseitigen Abstand angeordnet werden müssen, daß der Lichtbogen sich möglichst leicht in

Teillichtbögen einteilt, die in die Spalte einwandern. Die Bildung neuer Fußpunkte wird teilweise durch Plasmastrahlen, die von den kontrahierten Stellen der Bogensäule an den Löschblechstirnkanten ausgehen und durch Säulenteile, die sich schleifenförmig in die Löschblechzwischenräume hineinwölben (Bild 10.11), vorbereitet [12, 13]. Der Wärmeentzug aus der Bogensäule ist bei Deion-Kammern gegenüber reinen Kühlkammern bei gleichen äußeren Abmessungen des Blechpaketes infolge des kleineren Füllfaktors geringer; es liegen jedoch mehrere in Reihe

Bild 10.11. Einwandern des Lichtbogens zwischen Löschbleche.

geschaltete kurze Teillichtbögen vor, von denen jeder nach dem Stromnullwerden eine bestimmte Wiederverfestigungsspannung (s. Abschnitt 10.1.) besitzt. Die elektrische Festigkeit der gesamten Strecke steigt jedoch geringer als proportional mit der Zahl der Teillichtbögen N_T an [14, 15].

Eine Wechselstrom-Löschblechkammer nach dem Deion-Prinzip sollte zur Erzielung des geringsten Materialaufwandes und Materialverschleißes möglichst folgende Idealforderungen erfüllen:

a) möglichst rasche Ablenkung der Lichtbogenfußpunkte nach der Kontakttrennung von den teuren Kontaktwerkstoffen auf Abbrennstücke oder Hörner aus billigerem bzw. abbrandfestem Material;

b) der Lichtbogen sollte sich während großer Augenblickswerte des Stromes in einem Raum zwischen den Kontaktstücken und den Stirnflächen des Löschblechpaketes aufhalten, wobei durch geringen Wärmeentzug die Schaltarbeit in dieser Phase möglichst klein zu halten ist;

c) Eintritt des Lichtbogens in das Löschblechpaket und Aufteilung der Teilbögen kurz vor dem Stromnullwerden.

Diese Idealvorstellungen lassen sich in der Praxis nur teilweise realisieren.

Lindmayer [16] untersuchte die Vorgänge bei der Wechselstrom-Lichtbogenlöschung in kompakten, nahezu geschlossenen Löschkammern, wie sie in modernen Schützen höherer Abschaltstromstärken und Leistungsschaltern kleinerer und mittlerer Ausschaltleistung angewandt werden. Die Untersuchungen ($I_{eff} = 2{,}5$ bis $8{,}5$ kA, $U_{eff} \leq 750$ V, $\cos\varphi = 0{,}31$) führten zu folgenden wesentlichen Ergebnissen:

Die Zeit zwischen der synchronen Kontakttrennung im Stromnulldurchgang (die synchrone Trennung wurde zur Erzielung reproduzierbarer Meßergebnisse gewählt) und dem darauf folgenden Stromnullwerden kann in drei Bereiche unterteilt werden:

a) die Zeit zwischen Beginn der Kontakttrennung und Wegwandern des Bogens von den Kontaktstücken, deren Dauer durch die Verweilzeit t_L charakterisiert wird;

b) die Zeit zwischen Verlassen der Kontaktstücke und dem ersten Stromnullwerden nach Kontakttrennung, in welcher die Unterteilung in Teilbögen erfolgt;

c) die Zeit kurz vor und insbesondere nach dem Stromnullwerden, in der sich die Löschung oder Wiederzündung der Schaltstrecke entscheidet.

Die Zeit t_L ist im wesentlichen nur vom Kontaktmaterial (Bild 10.12), der magnetischen Blasung (Bild 10.13) und der Stromstärke abhängig,

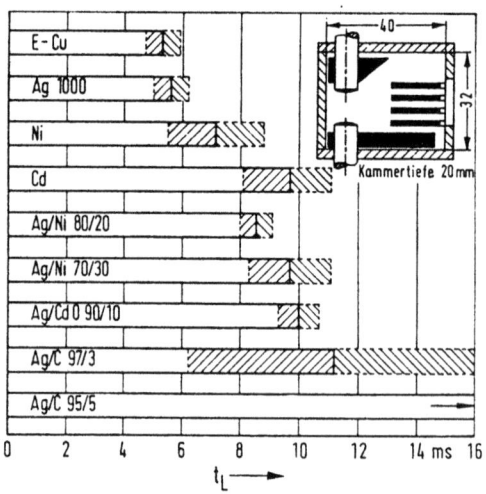

Bild 10.12. Lichtbogenverweilzeit t_L bei unterschiedlichen Kontaktwerkstoffen und einem Belastungsstrom von $I_{eff} = 5$ kA.

wobei sich t_L mit zunehmender Blasinduktion und abnehmender Stromstärke verringert. Im Bild 10.13 ist die Verweilzeit in Abhängigkeit von der auf die Stromstärke bezogenen Induktion B' dargestellt. Bei den Versuchen wurden Kupferkontaktstücke verwendet; die Löschkammer entsprach Bild 10.12. Die Variation der Induktion erfolgte durch eine selbsterregte Blasspule. Bei Lichtbogenhörnern und Löschblechen aus Eisen zeigte sich nur eine geringe Abhängigkeit der Verweilzeit t_L von der Induktion der Zusatzblasung, da bereits die Saugwirkung der ferromagnetischen Teile eine erhebliche Blasung bewirkt. Hingegen tritt bei nicht ferromagnetischen Werkstoffen ein starker Blasfeldeinfluß auf (Bild 10.14).

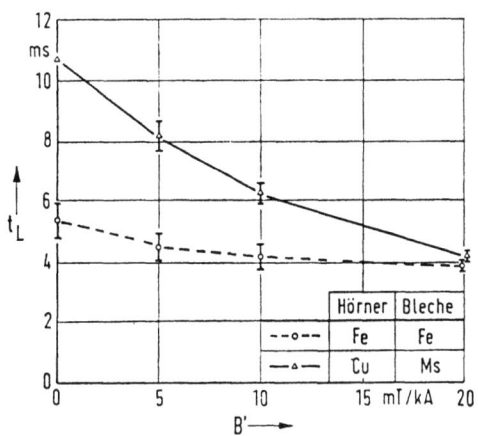

Bild 10.13. Abhängigkeit der Verweilzeit t_L von der bezogenen Blasfeldinduktion B' bei einem Belastungsstrom von $I_{eff} = 5$ kA (1 mT $\triangleq$ 10 G).

Die Unterteilung in N_T Teilbögen hängt erwartungsgemäß von zahlreichen konstruktiven Parametern ab. Magnetische Blasung hat bei ferromagnetischen Löschblechen in den untersuchten Anordnungen nur geringen Einfluß auf die Bogenunterteilung, während bei nicht ferromagnetischem Material (Messing) die Teilbogenzahl N_T mit der Blasfeldstärke zunimmt (Bild 10.14). Einen sehr wesentlichen Einfluß auf die Größe von N_T übt unter sonst gleichen Bedingungen der Kammerwandwerkstoff aus, wobei gasendes Material (Plexiglas) eine starke Verbesserung der Unterteilung gegenüber nichtgasendem Werkstoff (Glas/Keramik) bewirkt. Es konnte gezeigt werden, daß hierfür das Wand-

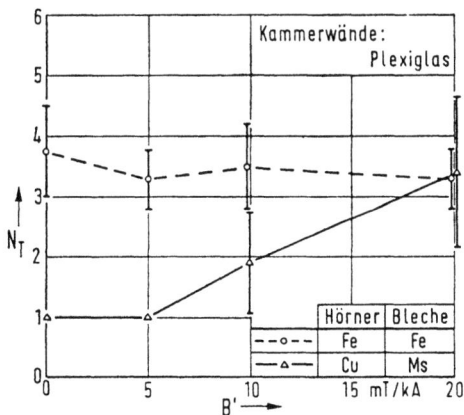

Bild 10.14. Einfluß der bezogenen Blasfeldinduktion B' auf die Zahl der Teillichtbögen N_T bei einem Belastungsstrom von $I_{eff} = 5$ kA (1 mT $\triangleq$ 10 G).

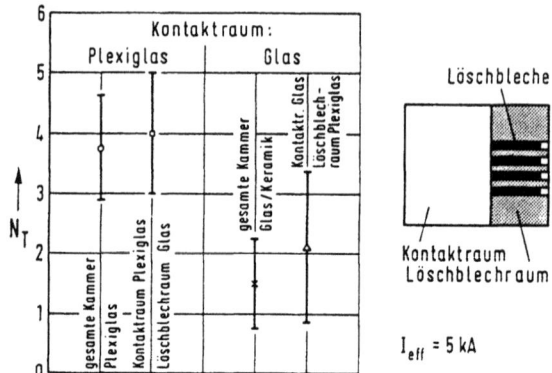

Bild 10.15. Einfluß des Kammerwerkstoffes auf die Unterteilung des Bogens durch Löschbleche.

material im Kontaktbereich verantwortlich ist (Bild 10.15). Das Kontaktmaterial übt mittelbar ebenfalls einen starken Einfluß auf die Bogenunterteilung aus, da nur bei rechtzeitigem Verlassen der Kontaktstücke (kurzer Verweildauer) eine Aufteilung erfolgt.

Die Verhältnisse, wie sie in kompakten Löschblechkammern unmittelbar nach dem Stromnullwerden vorliegen, können durch ein im Bild 10.16 dargestelltes Modell veranschaulicht werden. Sowohl die Säulenteile der einzelnen Teilbögen als auch deren neue Kathodengebiete, über die bereits vor dem Durchschlag ein Vorentladungsstrom fließen kann, sind durch je einen Widerstand R ersetzt. Ein Kathodenschichtdurchschlag entspricht einer plötzlichen Überbrückung des Widerstandes, der diese Schicht versinnbildlicht. Die Möglichkeit des elektrischen Durchschlags der Kathodenschichten ist durch Funkenstrecken (F) symbolisiert. Neben den im Löschblechpaket befindlichen Teilbögen können auch die im Kontaktraum vorhandenen heißen Plasmagebiete durch entsprechende Widerstände ersetzt werden. Der Ersatzwiderstand R_W berücksichtigt, daß auch die erhitzten Kammerwände eine nennenswerte Leitfähigkeit besitzen können [17]. Eine nicht erwünschte Wiederzündung wird stets durch eine plötzliche Widerstandsverringerung, entsprechend einem Kathodenschichtdurchschlag, eingeleitet. Bei mehreren Serienteilbögen erfolgt zunächst der Zusammenbruch nur einer Kathodenschicht, worauf die restlichen Strecken die Spannung zunächst für kurze Zeit übernehmen und weitere, zur Wiederzündung führende Zusammenbrüche erst später erfolgen. Die als Wiederverfestigungsspannung bezeichnete Größe u_F ist gleich der Summe aus der Durchschlagfestigkeit der zuerst durchschlagenen Kathodenschicht und den Spannungsabfällen an den restlichen Ersatzwiderständen im Zeitpunkt unmittelbar vor dem Zusammenbruch.

10.3. Löschung in Löschblechkammern

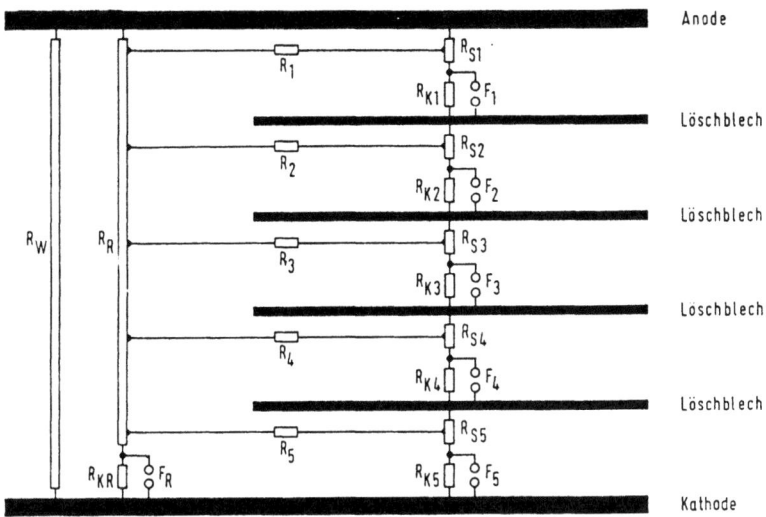

Bild 10.16. Ersatzschaltbild eines Löschblechkammermodelles.

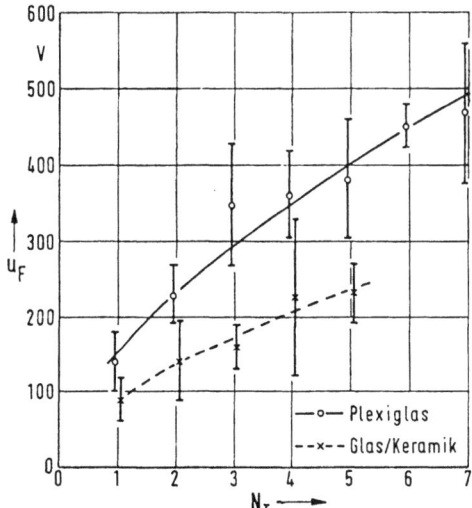

Bild 10.17. Abhängigkeit der Wiederverfestigungsspannung u_F von der Zahl N_T der Teillichtbögen.

Bei verschiedenen Transformatorspannungen wurden die Löschhäufigkeiten gemessen und mit theoretisch aus Mittelwerten und Standardabweichungen von gemessenen u_F-Werten berechneten Löschhäufigkeiten verglichen, wobei gute Übereinstimmung festgestellt wurde. Es konnte hieraus abgeleitet werden, daß unter den vorliegenden Bedingungen der durch u_F charakterisierte Mechanismus des Kathodenschichtdurchschlags und nicht der energetische Mechanismus für Wiederzündung und Löschung verantwortlich ist.

Wie bei Lichtbögen ohne Löschkammern (vgl. Abschnitt 10.1) nimmt die Wiederverfestigungsspannung u_F, die zur Erzielung einer Löschung von der Einschwingspannung nicht überschritten werden darf, mit der Einschwingfrequenz zunächst ab und bleibt oberhalb einer bestimmten Frequenz konstant („Sofortverfestigungsspannung"); sie nimmt mit der Zahl N_T der entstandenen Teilbögen schwächer als proportional (Bild 10.17) zu. Bezogen auf die gleiche Teilbogenzahl, wird sie im wesentlichen durch folgende Faktoren beeinflußt:

Gasendes Wandmaterial ergibt eine deutliche Erhöhung von u_F (Bild 10.17). Die Festigkeit ist bei Verwendung von Messing-Blechen wesentlich höher als bei Eisen-Blechen, solange eine ständige Bogenbewegung im Blechpaket erfolgt. Die Wiederverfestigungsspannung u_F nimmt mit der Löschblechgröße zu und sinkt mit steigender Stromstärke.

Bild 10.18 zeigt Beispiele für die konstruktive Anordnung der Schaltglieder und Löschblechkammern ausgeführter Schaltgeräte (Schütze) mit dem Schaltvermögen der Motorschalter. Bei den Konstruktionen (a) und (b) sind die Bleche parallel, bei (c) und (d) schräg und bei (e) und (f) senkrecht zu den Kontaktgliedern angeordnet.

Im Bild 10.19 sind einige, bei Motorschaltern gebräuchliche Formen der Löschbleche dargestellt. Die Stirnflächen der Löschbleche werden meist mit Aussparungen und Schlitzen versehen, um eine höhere Kühl- und Saugwirkung zu erzielen. Die Blechformen (f bis h) üben auf den kreisförmig dargestellten Lichtbogen eine stärkere Saugkraft aus als die Blechformen (a bis e), jedoch erfordern sie bei gleicher Form der beweglichen Kontaktglieder ein größeres Löschkammervolumen.

Löschblechkammern für Last- und Leistungsschalter in Kompaktbauweise, wie sie bevorzugt in Verbraucheranlagen für Nennströme bis 630 A und einem Schaltvermögen von einigen kA bis 25 kA eingesetzt werden, sind häufig ähnlich dem in Bild 10.20 gezeigten Beispiel ausgeführt. Diese Schalter, deren Löschsysteme nach außen hin bis auf kleine Entlüftungsöffnungen nahezu geschlossen sind, besitzen je Strompfad meist nur eine Unterbrechungsstelle. Das bewegliche Schaltstück ist so schmal, daß die Kontakttrennung im V-förmigen Schlitz der fächerförmig angeordneten Löschbleche stattfinden kann.

Um leichte sowie billige Schlösser und Antriebe der Schalter zu er-

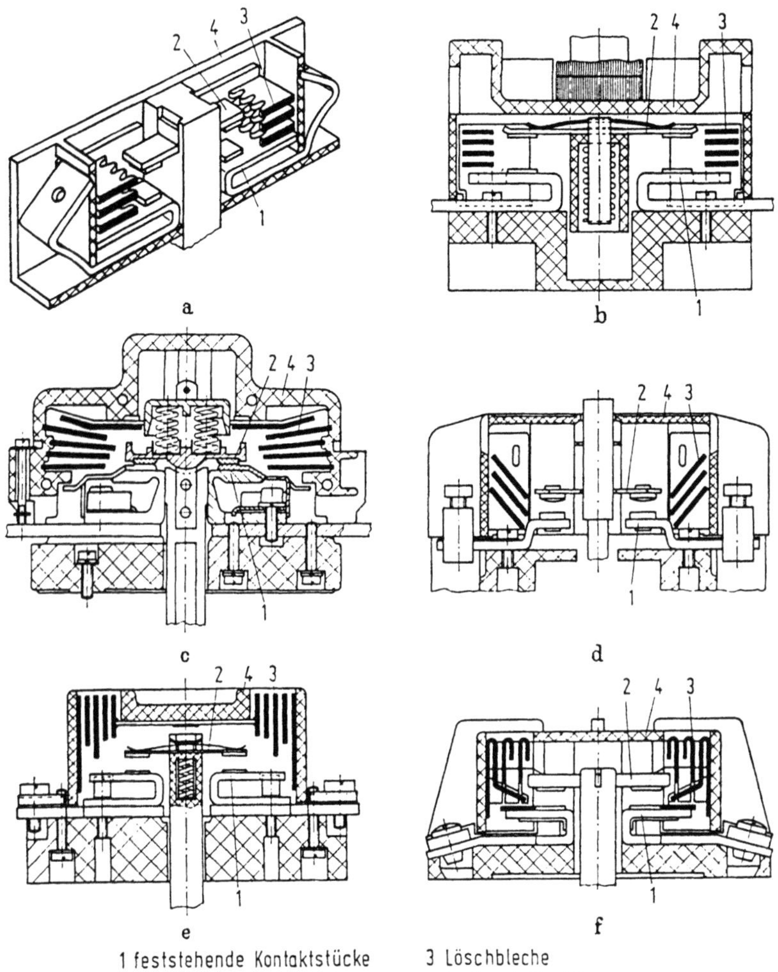

10.3. Löschung in Löschblechkammern

1 feststehende Kontaktstücke
2 bewegliche Kontaktstücke
3 Löschbleche
4 Isolierstoffgehäuse

Bild 10.18. Schaltglieder und Löschblechkammern von Niederspannungs-Schützen.

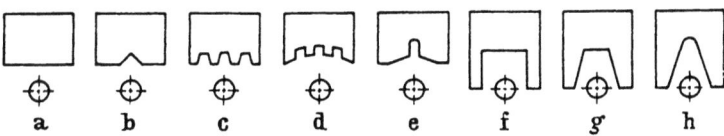

Bild 10.19. Übliche Löschblechformen von Niederspannungs-Motorschaltern.

halten, werden ihre Kontaktglieder mit möglichst niedrigen Kontaktkräften ausgestattet. Beim Schalten von Kurzschlußströmen nimmt man teilweise ein dynamisches Abheben des beweglichen Kontaktgliedes in Kauf. Bei Verwendung geeigneter Kontaktwerkstoffe (z. B. Ag/Ni 90/10 gegen Ag/C 97/3) bleibt der Abbrand in zulässigen Grenzen, und man vermeidet ein Verschweißen der Kontaktstücke. Die Kammerwände bestehen häufig aus Vulkanfiber oder anderen organischen Isolierstoffen.

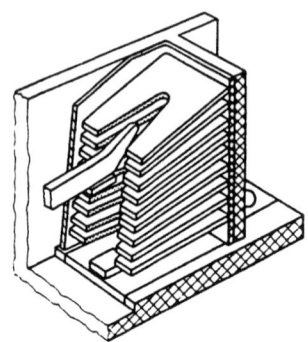

Bild 10.20. Löschblechkammer eines Niederspannungs-Leistungsschalters in Kompaktbauweise.

Löschblechkammern für größere Leistungsschalter, wie sie als Transformator- oder Sammelschienenschutzschalter für Nennströme bis einige tausend A (bis ca. 6000 A) und Ausschaltströme von 25 bis 100 kA bei 500 V benötigt werden, sind in der Regel in einer nach einer Seite offenen Bauweise ausgeführt. Die Löschkammern bestehen aus dickwandigen und druckfesten Isolierstoffgehäusen, die auf jeden Pol des Schalters leicht aufgesteckt werden können. Vielfach sind die Isolierstoffgehäuse außen mit Eisenblechen zur Verstärkung der Induktion des Blasfeldes umgeben. Die Löschbleche werden bei einigen Konstruktionen im Innern der Löschkammern so befestigt, daß sie leicht ausgewechselt werden können.

Die Löschkammeröffnungen, aus denen die heißen und z. T. noch ionisierten Gase beim Ausschaltvorgang herausgeblasen werden, erhalten teilweise aus Isolierstoff oder Metall bestehende, gitter- oder rippenförmige Anordnungen zur weiteren Abkühlung der Gase.

Form und Querschnitt der Löschbleche müssen so bemessen werden, daß

a) der Lichtbogen sich leicht aufteilt und auf möglichst vielen Blechen Fußpunkte bildet;

b) die Teillichtbögen bis zum Ende der Lichtbogendauer zwischen den Blechen verbleiben, das Blechpaket nicht zu schnell durchlaufen und sich nicht an ihrem oberen Rand wieder zu einem Gesamtbogen vereinigen;

c) auf einzelne zurückbleibende Teillichtbögen keine magnetische Kraft ausgeübt wird, die die Teillichtbögen zurück in den Lichtbogenentstehungsraum drückt;

d) der Materialverschleiß durch Lichtbogenerosion an Blechen und Kammerwänden in wirtschaftlich tragbaren Grenzen bleibt.

Diese Forderungen gelten allgemein für Löschblechkammern unabhängig von ihrem Schaltvermögen. Bei sehr hohen Ausschaltströmen müssen sie jedoch besonders sorgfältig beachtet werden, da sich sonst sehr große und teure Schaltkammerkonstruktionen ergeben.

Es gibt verschiedene Möglichkeiten der Löschblechgestaltung, die die gestellten Forderungen unterschiedlich gut erfüllen. Im Bild 10.21 sind einige dieser Prinzipien im Schnitt gegenübergestellt. Bei Einfachblechen wird auf zurückbleibende Teillichtbögen eine elektromagnetische Kraft in Richtung des Lichtbogenentstehungsraumes ausgeübt (Bild 10.21 a).

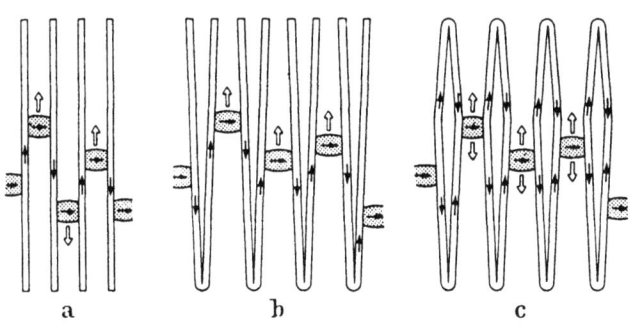

Bild 10.21. Magnetische Beeinflussung der Teillichtbögen bei unterschiedlicher Gestaltung der Löschbleche.

Bei Verwendung V-förmiger, gefalzter Löschbleche (Bild 10.21 b) wird diese Rückkraft vermieden. Bei langen Lichtbogendauern durchlaufen jedoch die Teillichtbögen die Kammer zu schnell und vereinigen sich oberhalb des Blechpaketes wieder zu einem einzigen langen Lichtbogen. Durch flache geschlossene Löschblechformen, wie sie Bild 10.21 c zeigt, werden die vorgenannten Nachteile vermieden; die Kraft, die die Lichtbogenteile aus dem Blechpaket zu treiben versucht, ist geringer als bei Bild 10.21 a und b, da sich die Wirkungen der Stromfäden in den eng nebeneinanderliegenden Löschblechhälften schwächen. Die Teillichtbögen verbleiben etwa in der Mitte des Löschblechpaketes und verursachen dort großen Materialabbrand. Von den drei im Bild 10.21

dargestellten Löschblechformen wird am häufigsten die einfache Form nach Bild 10.21a verwendet, die mit V-förmigen Schlitzen versehen wird, wie im Bild 10.22a dargestellt ist. Im Bild 10.22 sind weitere, heute bei Löschblechen der Hochleistungsschalter übliche Schlitzformen abgebildet. Bei der in Bild 10.22d dargestellten Löschblechform sind die Bleche so geschichtet, daß der schräge Schlitz abwechselnd links und rechts steht und der Bogen außer der starken Einengung, wie sie auch bei der Blechform (c) erfolgt, eine zusätzliche mäanderförmige Verlängerung erfährt.

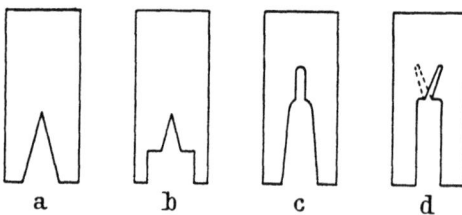

Bild 10.22. Übliche Löschblechformen von Niederspannungs-Leistungsschaltern.

Die konstruktive Gestaltung der Schaltglieder und Löschkammern ausgeführter Schalter mit hohem Schaltvermögen veranschaulichen die Beispiele im Bild 10.23a—f. In den meisten Fällen besitzen die Geräte Hauptschaltstücke, die den Strom im eingeschalteten Zustand weitgehend führen, und Abbrennstücke, auf die der Strom beim Ausschalten kommutiert und zwischen denen der Lichtbogen entsteht (a bis e). Zur Erhöhung der dynamischen Festigkeit besitzt die Anordnung (f) zwei Hauptkontaktstellen je Schaltstück (s. auch Abschnitt 9.3, Bild 9.53); die untere Kontaktstelle öffnet zuerst, so daß der Lichtbogen zwischen den oberen Kontaktstücken eingeleitet und zu den Abbrandhörnern abgelenkt wird. Ähnlich aufgebaut ist die Konstruktion (e), die jedoch zusätzlich Abbrennschaltstücke besitzt.

Die Kammerumhüllungen bestehen aus Asbestzementplatten (c, d, e) oder Halbschalen aus Gießharz- oder Keramikwerkstoffen (a, b, f) (Werkstoff s. Abschnitt 10.2.). Mit Ausnahme der Ausführung (a) mit U-förmigen Löschblechen werden einfache Bleche eingesetzt, die in einem Fall (e) durch eingestanzte Sicken mechanisch verfestigt sind. Die Länge der Löschbleche eines Paketes ist teilweise unterschiedlich (a, b, f). Die Löschkammer (d) enthält zwei getrennte Blechpakete. Außer der Länge können auch die Aussparungen in den Löschblechen variiert werden (f), um die Lichtbogenform zu beeinflussen. Zur Kühlung der austretenden heißen Gase und um die Vereinigung der Teillichtbögen bei Austritt aus dem Blechpaket zu erschweren, sind in den Kammern

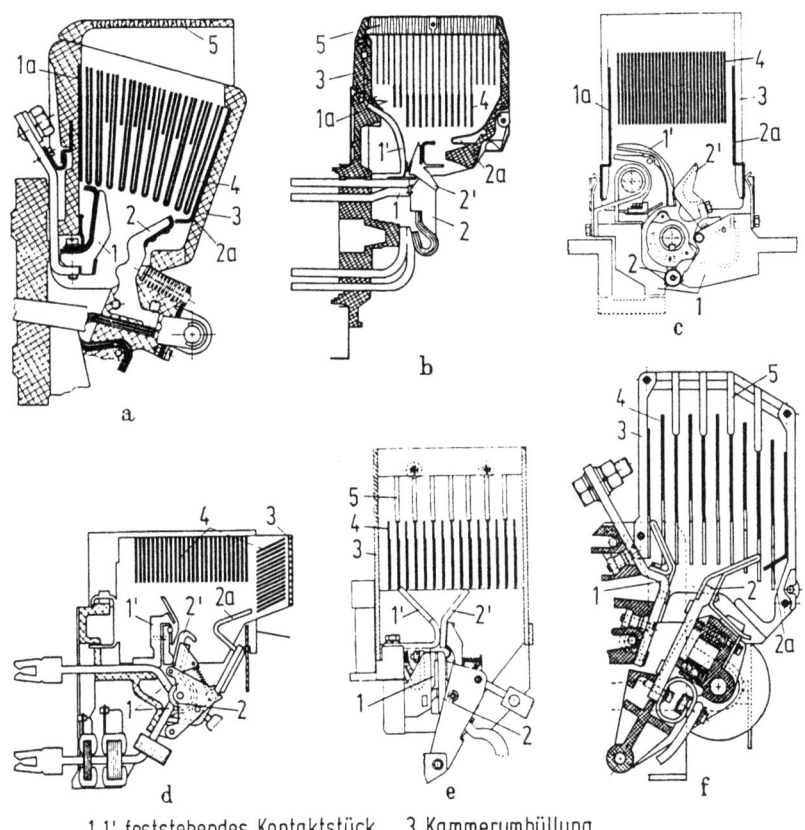

1,1' feststehendes Kontaktstück
2,2' bewegliches Kontaktstück
1a,2a Lichtbogenleitblech
3 Kammerumhüllung
4 Löschbleche
5 Isolierstoffstege, Isolierstoffgitter

Bild 10.23. Kontaktglieder und Löschkammern von Niederspannungs-Leistungsschaltern mit hohem Ausschaltvermögen.

verschiedentlich Isolierstoffstege oder Isolierstoffgitter angeordnet. Teilweise erhalten die Bleche im oberen Teil eine Beschichtung mit hitzefestem Isolierstoff, was in den Bildern nicht erkennbar ist. Lichtbogenleitbleche an den Stirnseiten der Kammern, die mit den Kontaktstücken leitend verbunden sind (b, c), ermöglichen ein schnelles Abwandern des Lichtbogens von den Abbrandhörnern und vermindern deren Abbrand. Ähnliche Leitbleche, jedoch ohne galvanische Verbindung mit den Schaltgliedern, besitzen die Löschkammern (a) und (f); diese werden durch den Lichtbogen mit den Abbrandhörnern verbunden, die damit jedoch nicht entlastet werden.

Schrifttum

1. Slepian, J.: Extinction of an a. c. arc. Trans. AIEE. Bd. 47 (1928) 1398—1407.
2. Slepian, J.: Theory of the deion circuitbreaker. Trans. AIEE. Bd. 48 (1929) 523—527.
3. Timoshenko, G.: Die Lichtbogenwiederzündung als Durchschlag in stark ionisierten Gasen. Z. Phys. Bd. 84 (1933) 783—793.
4. Franken, H.: Niederspannungs-Leistungsschalter. Berlin—Heidelberg—New York: Springer 1970.
5. Schmelzle, M.: Grenzen der Selbstlöschung kurzer Lichtbogenstrecken bei Wechselstrombelastung. Diss. TU Braunschweig 1968.
6. Weinzierl, G.: Temperaturmessungen an Lichtbogen-Entladungsstrecken nach der Stromunterbrechung. Elektrie Bd. 19 (1965) 359—362 u. 448—452.
7. Vinaricky, E., Harmsen, U.: Einfluß der Silber-Metalloxid-Kontaktwerkstoffe auf die Löschung kurzer Wechselstromlichtbögen. Z. Metall Bd. 25 (1971) 749—754.
8. Berndt, H.: Untersuchungen über das Löschverhalten des Niederspannungs-Wechselstrom-Schaltlichtbogens in Kammern aus Isolierstoffwänden mittels Stromnulldurchgangsmessungen. Diss. TH Ilmenau 1965.
9. Studtmann, G.: Über die Wiederverfestigung der Lichtbogenstrecken von Steuerschaltern mit Einfach- und Doppelunterbrechung. Elektr. Ausrüstung Bd. 5 (1969) 19—25.
10. Neumeyer, V.: Die Beeinflussung der Isolierstoffe durch Lichtbögen sowie die Veränderung des Kontaktwiderstandes durch aus Isolierstoff austretende Gase. Forschungsarbeit am Institut für elektrische Energieanlagen der TU Braunschweig (erscheint demnächst).
11. Keitel, J.: Über die Löschvorgänge des Niederspannungs-Wechselstrom-Lichtbogens in Isolierstoffspaltkammern. Diss. TH Ilmenau 1970.
12. Burkhard, G.: Über das Lichtbogenverhalten in Löschkammern und deren Bemessung. Diss. TH Ilmenau 1962.
13. Gessner, K. L.: Die Unterteilung wandernder Gleichstromlichtbögen durch Bleche quer zur Bogenachse. Diss. TH Darmstadt 1962.
14. Taev, I. S., Nesterov, G. G.: Alternating current suppression processes in deion grid (engl. Übersetzung). Vestnik Elektropromyshlennosti Bd. 32 (1961) 55—60.
15. Lindmayer, M.: Über den Einfluß des Kammerwandmaterials auf die Lichtbogenlöschung in Löschblechkammern. Int. Symp. on Switching Arc Phen., Lodz, Polen (1970) 82—87.
16. Lindmayer, M.: Über die Vorgänge bei der Lichtbogenlöschung in kompakten Löschblechkammern bei Wechselströmen zwischen 2,5 und 8,5 kA. Diss. TU Braunschweig 1972.
17. Browne jr., T. E., Strom, A. P.: A study of conduction phenomena near current zero for an a. c. arc adjacent to refractory surfaces. Trans. AIEE. Bd. 70 (1951) 398—409.
18. Biederbick, K.-H.: Kunststoffe. Vogel Verlag Würzburg 1970.

11. Strombegrenzende Gleich- und Wechselstromschalter

Schalter, die durch die Lichtbogenspannung und durch Eigenimpedanzen den Stromverlauf während des Ausschaltvorganges beeinflussen, sind zum Ausschalten von Gleich- und Wechselströmen geeignet. Rasch wirkende Schalter dieser Art (Schnellschalter) mit einem Schaltvermögen der Leistungsschalter sind im Kurzschlußfall in der Lage, den Stromkreis so zu beeinflussen, daß der Ausschaltstrom geringere Maximalwerte erreicht als der Kurzschlußstrom im unbeeinflußten Stromkreis.

Wie bereits in den Abschnitten 2.4.2. und 2.4.3. ausgeführt, müssen zur Erzielung einer wirksamen Strombegrenzung an die Schalter folgende Anforderungen gestellt werden: frühzeitige Erfassung der Kurzschlußströme, rasche Einleitung des Ausschaltvorganges, kurzer Ausschaltverzug, geringe Lichtbogenentwicklungszeit sowie Begrenzung der Schaltspannung auf eine für elektrische Energieanlagen zulässige Höhe. Bei Gleichstrom-Schnellschaltern kommt die Forderung nach einer während des gesamten Ausschaltvorganges möglichst konstanten Lichtbogenspannung hinzu. Wechselstromschalter müssen zur wirksamen Begrenzung der Kurzschlußströme mit kürzeren Zeiten arbeiten als Gleichstromschalter, da der unbeeinflußte Kurzschlußstrom bei einer Netzfrequenz von 50 Hz innerhalb 5 bis 10 ms nach seinem Einsetzen die volle Höhe erreicht.

Die konstruktive Gestaltung der strombegrenzenden Schalter hängt in starkem Maß von ihrer Nennstromstärke ab. Mit wachsendem Nennstrom nehmen die Querschnitte der Strombahnen und damit auch die Massen der beweglichen Schaltglieder zu, die bei dieser Schalterart in möglichst kurzer Zeit geöffnet werden müssen. Obwohl bei strombegrenzenden Schaltern infolge des geringeren Nennkurzzeitstromes I_{th} höhere Stromdichten als bei normalen Leistungsschaltern zulässig sind, bedingen Öffnungszeiten im Bereich einer Millisekunde bei Nennströmen von einigen 1000 Ampere Beschleunigungskräfte in der Größenordnung von mehreren 10000 N ($\approx$ 1000 kp).

Nach ihrer Wirkungsweise lassen sich die Schalter in drei Arten einteilen; in allen drei Fällen handelt es sich um Schloßschalter mit Federkraftspeichern und schnellwirkenden elektromagnetischen Auslösern sowie thermischen Auslösern zur Erfassung von Überströmen.

Bei der *Ausführung* A mit Nennstromstärken bis ca. 100 A sind die Kontaktglieder so leicht ausgeführt, daß die Kraft eines hauptstromerregten Auslösers mit einem magnetischen Schlaganker ausreicht, sie sehr rasch zu öffnen und den Lichtbogen einzuleiten. Der durch den Schlaganker zusätzlich entklinkte Federkraftspeicher bewirkt die Bewegung des gesamten beweglichen Kontaktteiles in die Ausschaltstellung. Der Kurzschlußstrom wird durch die meist relativ hohe Impedanz der Auslöser und die hohe Lichtbogenspannung begrenzt.

Bei der *Ausführungsart* B werden die auf die beweglichen Schaltglieder einwirkenden elektrodynamischen Kräfte zur raschen Öffnung und Einleitung des Lichtbogens ausgenutzt; geeignete Konstruktionsmaßnahmen verstärken diese Kräfte. Mechanische Einrichtungen verhindern ein Zurückprallen der Kontaktstücke, bevor der durch einen elektromagnetischen Schnellauslöser entklinkte Federkraftspeicher die Aus-Stellung der gesamten beweglichen Kontaktanordnung bewirkt hat.

Bei der *Ausführungsart* C, die bei Schalternennströmen > 2000 A und insbesondere bei Gleichstromschaltern üblich ist, öffnen die Kontaktstücke erst nach Freigabe eines genügend stark ausgelegten Federkraftspeichers.

Bei den Ausführungsarten B und C wird die Strombegrenzung nahezu ausschließlich durch die Lichtbogenspannung erreicht; der Einfluß der Auslöser ist gering.

11.1. Erfassung der Kurzschlußströme

Ist der Kurzschlußstrom in Gleich- oder Wechselstromnetzen an der Einbaustelle des Schalters groß im Verhältnis zu seinem Nennstrom, dann erreicht der Augenblickswert des Kurzschlußstromes in kurzer Zeit den Ansprechwert der Auslöser. Der Ansprechstrom liegt beispielsweise bei Leitungsschutzschaltern der Auslösecharakteristik L bei 3,5 bis 5 · I_N (I_N = 10 bis 32 A) und bei Schaltern der Auslösecharakteristik H (Haushalt) bei 2 bis 3 · I_N (I_N = 6 bis 25 A). Bei Schaltern größerer Nennstromstärke werden die magnetischen Auslöser für einen Ansprechwert von etwa 10 · I_N ausgelegt.

Bild 11.1 zeigt als Beispiel die strombegrenzende Wirkung eines 63-A-Schalters [1]. Ein unbeeinflußter Kurzschlußstrom mit einem Gleichstromglied von 50% (entsprechend cos φ = 0,25) würde Scheitelwerte nach Kurve (a) und ohne Gleichstromglied nach Kurve (b) erreichen. Die inneren Impedanzen des Schalters bewirken eine Begrenzung der Scheitelwerte entsprechend Kurve (c); bei Leitungsschutzschaltern kleinerer Nennstromstärke ist die begrenzende Wirkung der Auslöser stärker. Durch die Lichtbogenspannung des Schalters wird der Scheitelwert des Kurzschlußstromes weiter reduziert, so daß sich Maximalwerte entsprechend Kurve (d) ergeben.

Man erkennt aus Bild 11.1 sehr deutlich, daß die begrenzende Wirkung mit abnehmendem Kurzschlußstrom I_k, d. h. mit kleiner werdendem Verhältnis I_k/I_N abnimmt. Zur schnelleren Erfassung eines Kurzschlußstromes werden deshalb bei Schaltern mit Nennströmen über 2000 A häufig elektronische Relais verwendet. Diese messen laufend die zeitliche Änderung des Betriebsstromes $(\mathrm{d}i/\mathrm{d}t)$; sie geben beim Überschreiten eines $\mathrm{d}i/\mathrm{d}t$-Grenzwertes den Auslöseimpuls an die Auslöseorgane des Schalters.

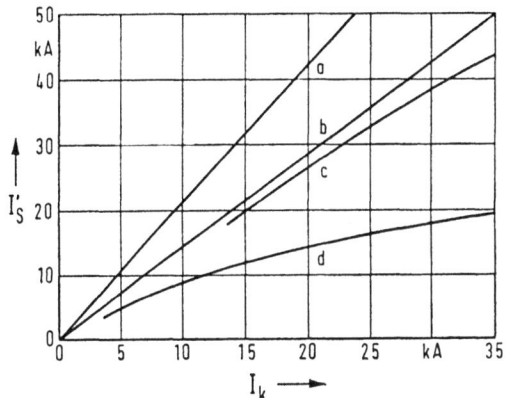

Bild 11.1. Strombegrenzende Wirkung eines Niederspannungs-Leistungsschalters.

Liegen in einem Netz mehrere strombegrenzende Leistungsschalter in Reihe, dann werden sie bei einem Kurzschluß am Ende des Netzes sowohl bei Maximalstrom- als auch bei $\mathrm{d}i/\mathrm{d}t$-Auslösung alle etwa zur gleichen Zeit ausschalten; eine Zeitstaffelung würde die Vorteile der Strombegrenzung aufheben. Die selektive Ausschaltung muß durch andere Maßnahmen gewährleistet werden [2, 3]. Eine von diesen Maßnahmen ist der Kurzunterbrechungs-Zeitschutz. Nach der Ausschaltung aller in Reihe angeordneten Schalter erfolgt eine automatische zeitgestaffelte Einschaltung. Die stromlose Pause ist um so größer, je weiter der Schalter von der Einspeisestelle entfernt ist. Tritt beim Einschalten in einem Schalter erneut ein Kurzschluß auf, dann wird er endgültig gesperrt; alle übrigen schalten zum zweiten mal ein.

11.2. Schnellauslöser

Die Auslöser der strombegrenzenden Schalter müssen eine Auslösekraft erzeugen, deren Größe und Dauer von der konstruktiven Ausbildung der Klinken, Kniegelenke und anderen Sperren des Schalterschlosses bestimmt werden. Bei Schaltern geringerer Nennstromstärken

278   11. Strombegrenzende Gleich- und Wechselstromschalter [Lit. S. 294

genügen einfache magnetische Schlaganker (s. Bild 11.9 und 11.10); bei größeren Nennströmen müssen Sonderkonstruktionen verwendet werden mit extrem kurzen Auslösezeiten. Bild 11.2 und 11.3 zeigen einige Ausführungsbeispiele.

Bei dem magnetischen Schlaganker-Auslöser [4] nach Bild 11.2 steht dem Auslösemagneten *1* ein in gleicher Ebene liegender und als magnetischer Nebenschluß ausgebildeter gleichstromerregter Haltemagnet *2* gegenüber, der an seinen freien Polflächen den Schlaganker *3* festhält. Zur Auslösung wird über die Wicklungen *4* und *5* der Auslösestrom i_A geleitet; dadurch wird das Feld Φ_A im Kern des Auslösemagneten

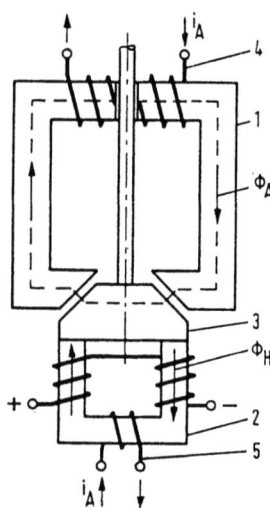

Bild 11.2. Prinzipieller Aufbau eines Schlaganker-Auslösers.

aufgebaut und das Feld Φ_H des Haltemagneten geschwächt. Nach Unterschreiten der Haltekraft wird der Schlaganker in Richtung der Polflächen des Auslösekerns beschleunigt. Die Kraft kann entweder zum Entriegeln des Schlosses oder zur unmittelbaren Betätigung der Schaltglieder ausgenutzt werden.

Bei den Auslösern nach Bild 11.3a wird der Stößel *1* von einem Gleichstrommagneten *3* gehalten [5]. Zur Schnellentregung des Gleichstrommagneten dient eine dem Erregerstrom entgegengerichtete Kondensatorentladung. Bei dem Auslöser nach Bild 11.3b hält den Stößel *1* ein Sperrmagnet [6]. Der Fluß des permanenten Magneten *6* wird zum Auslösen durch einen Stromimpuls in der Windung *4* umgeleitet. Der elektrodynamische Auslöser im Bild 11.3c besteht aus einem Aluminiumring *11*, der auf der Spule *12* ruht. Durch den raschen Stromanstieg des

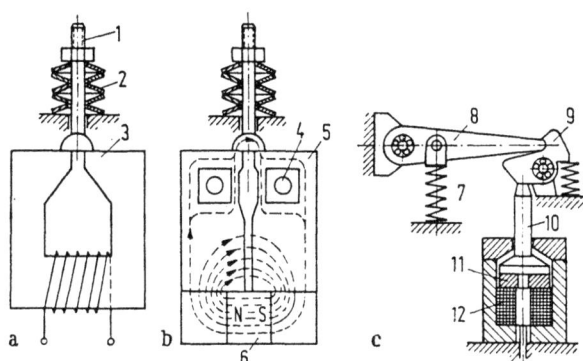

Bild 11.3. Auslöser für Schnellschalter.

1 Stößel; *2* Tellerfedern; *3* Gleichstrommagnet; *4* Auslösewindung; *5* Sperrmagnet; *6* permanenter Magnet; *7* Schraubenfeder; *8* Schwenkhebel; *9* Sperrklinke; *10* Stößel; *11* Metallring; *12* Spule.

Auslöseimpulses in der Spule wird in dem Ring ein Strom induziert, der dem Spulenstrom entgegengerichtet ist. Der Ring wird mit großer Kraft von der Spule abgestoßen und dadurch der Stößel *10* stark beschleunigt. Nach diesem Prinzip lassen sich kurzzeitig sehr hohe Kräfte bei kleinen Auslöserabmessungen erzielen [7].

11.3. Kraftspeicher und ihre Schlösser

Die Kraftspeicher für den Antrieb von strombegrenzenden Schaltern bestehen hauptsächlich aus Federsystemen. Bei Schaltern mit Nennströmen über 2000 A kommen auch Kolben in Betracht, die mit hohem Druck beaufschlagt sind. Die in der Schaltertechnik üblicherweise verwendeten pneumatischen, hydraulischen und elektromagnetischen Antriebe scheiden aus, weil sie zu träge sind. Von den bekannten Federarten haben Zugstab-, Drehstab- und Tellerfedern bei geringer Eigenmasse eine große Federsteifigkeit. Untersuchungen über die Eigenfrequenzen dieser Federsysteme mit einer Zusatzmasse [8] führten zu dem Ergebnis, daß die kürzesten Betätigungszeiten mit Drehstabfedern erreicht werden. Es folgen die Zugstabfedern und die Tellerfedern; Kraftspeicher mit Schraubenfedern ergeben die längsten Betätigungszeiten. Dabei wurde vorausgesetzt, daß das Verhältnis der Massen- bzw. Massenträgheitsmomente der Federn zu denen der Kontaktanordnung bei den untersuchten Federsystemen gleich ist und daß ihr Federwerkstoff voll ausgenutzt wird.

Bei Schaltern der Ausführungsarten A und B (s. S. 275) genügen Schraubenfedern, weil der Zeitpunkt der Kontaktöffnung bei größeren Kurzschlußströmen nicht vom Kraftspeicher, sondern von der durch den Kurzschlußstrom erzeugten Kraft bestimmt wird. Als Kraftspeicher für Schalter nach Ausführungsart C werden zum Erreichen eines kurzen Schaltverzuges Drehstab- oder Tellerfedern gewählt. Zugstabfedern ergeben bei den erforderlichen Kontaktwegen zu hohe Federlängen.

Die Antriebskräfte müssen im eingeschalteten Zustand des Schalters von dem Verriegelungsmechanismus des Schalterschlosses dauernd gehalten und im Kurzschlußfall innerhalb ca. einer Millisekunde freigegeben werden. Derartige Anforderungen werden von den üblichen Schlössern herkömmlicher Leistungsschalter nicht erfüllt, insbesondere dann, wenn die Federkräfte in der Größenordnung von 10 kN und mehr liegen. Im Bild 11.4 sind verschiedene für strombegrenzende Schalter geeignete Verriegelungsarten dargestellt.

Die Anordnungen im Bild 11.4a bis f erfordern zur Freigabe einer großen Antriebskraft F_F eine verhältnismäßig geringe Auslösekraft F_M. Zum raschen Auslösen der dargestellten Verriegelungen muß die Auslösekraft F_M impulsartig auftreten und ein mechanisches Verdrehen der Klinken und des Kniegelenkes oder ein Verschieben der Rollen erzwingen.

Bei dem Halbwellenschloß (Bild 11.4a) ergeben sich bei hohen Kräften meist unzulässige Flächenpressungen und ein Werkstoffverschleiß an der Auflagestelle. Die unbestimmte Haftreibung führt

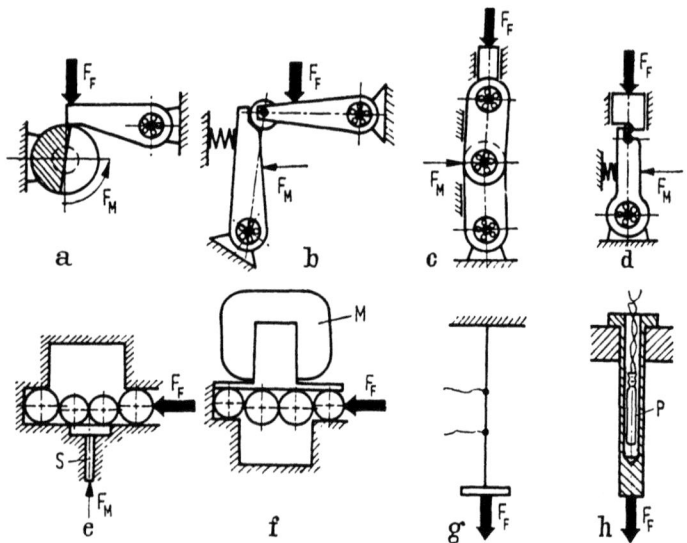

Bild 11.4. Verriegelungsarten für Schloßschalter.

a Halbwellenschloß; *b* Hebelschloß; *c* Kniegelenkschloß; *d* Nadelschloß; *e* Rollenschloß; *f* Rollenschloß; *g* Verriegelung durch einen Stahldraht; *h* Verriegelung durch eine aufsprengbare Metallhülse; F_F Antriebskraft; F_M Auslösekraft; *M* Magnet; *S* Stößel; *P* Sprengladung.

zu Streuungen des Schaltverzuges. Zum Vermeiden dieses Nachteils kann man an der Auflagestelle ein Wälzlager anordnen (Bild 11.4b). Bei großen Antriebskräften werden die Abmessungen der Wälzlager jedoch so groß, daß infolge ihrer Masse dieser Verklinkungsmechanismus zu träge wird. Das gleiche gilt auch für das Kniegelenk nach Bild 11.4c. Bei der Verklinkung nach Bild 11.4d wird die Antriebskraft von zwei nadelförmigen Rollen aufgenommen, die sich beim Entklinken aufeinander abwälzen. Diese Verriegelungsart eignet sich für Schaltgeräte, deren Kontaktglieder nur kleine Wege zurücklegen (z. B. Kurzschließer). Besonders geeignet zur Aufnahme großer Antriebskräfte und zu ihrer raschen Freigabe nach der Auslösung sind die Rollenschlösser (Bilder 11.4e und f). Vier nebeneinander angeordnete Wälzkörper nehmen Antriebskräfte von mehreren Tonnen leicht auf. Die beiden mittleren Rollen haben im Bild 11.4e einen kleineren, im Bild 11.4f einen größeren Durchmesser als die äußeren, so daß auf sie eine kleine Querkomponente der Antriebskraft wirkt. Im Bild 11.4e entsteht dadurch von selbst eine stabile Lage; im Bild 11.4f werden die mittleren Rollen von dem Magneten gehalten, der bei Auslösung durch einen Stromimpuls entregt wird.

Zwei weitere Anordnungen, mit denen große Antriebskräfte rasch freigegeben werden können, zeigen die Bilder 11.4g und h. Die Antriebskraft wird von einem Draht oder einer Hülse aufgenommen, die auf Zug beansprucht werden. Beim Auslösen wird der Draht durch einen hohen Stromimpuls aus einem Kondensator verdampft bzw. die Metallhülse durch Sprengmittel zerlegt. Diese Anordnungen ergeben infolge der sehr kleinen Restmasse nach der Zerstörung der Halteglieder einen sehr kurzen Schaltverzug; sie haben jedoch den Nachteil, daß nach jeder Schaltung Teile ersetzt werden müssen. Den Aufbau einer Sprengkapsel, deren äußerer Durchmesser ca. 7 mm beträgt, zeigt Bild 11.5a. Die von Koch [9] ermittelten Zeiten zur Zerlegung der Sprengkapsel (t_{KZ}) bei unterschiedlicher Kapazität C und Ladespannung U_C des Zündkondensators sowie zur Zerlegung der die Kapsel umgebenden Hülse (t_{HZ}) bei verschiedenen Abmessungen und Werkstoffen sind in den Bildern 11.5b und c enthalten.

Ein geringer Schaltverzug bei Schaltern für große Nennbetriebsströme kann auch mit chemischen Energiequellen, wie Treibladungen oder Fettpatronen [10], als Antrieb erzielt werden.

Jedoch ist auch hier eine Wiederholung des Ausschaltvorganges wie bei den Verklinkungen nach Bild 11.4g und h erst nach einem Ersatz der Ladung möglich. Chemische Energiequellen in Form von Sprengladungen werden in der Schaltgerätetechnik bisher nur bei Schutzgeräten verwendet, die sehr selten schalten und von denen Schaltzeiten unter 1 ms gefordert werden wie bei Kurzschließern [9] und den im Abschnitt 11.6. besprochenen I_S-Begrenzern.

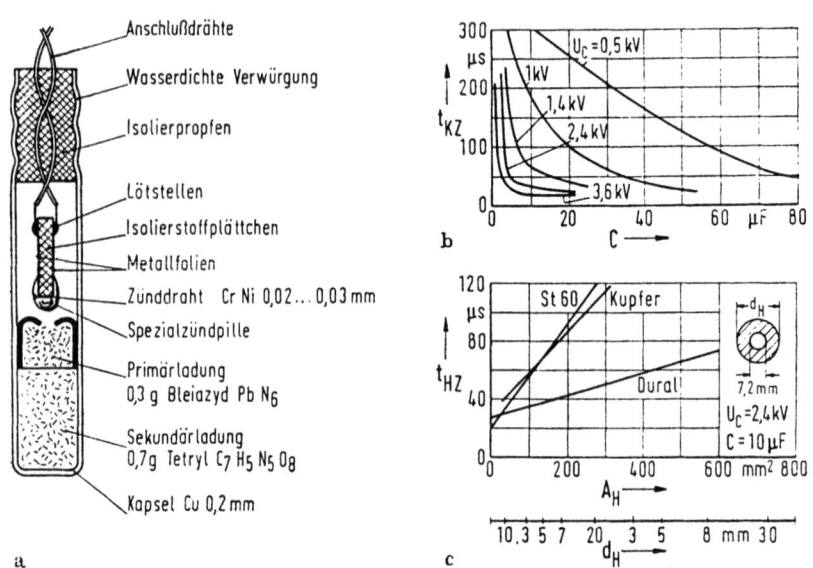

Bild 11.5. Aufbau und Kenndaten von Sprengkapseln zur Entriegelung von Schnellschaltern.

11.4. Kontaktglieder

Zur Erzielung der bei strombegrenzenden Schaltern erforderlichen kurzen Lichtbogenentwicklungszeit muß an die Kontaktglieder die Forderung gestellt werden, daß sie im Kurzschlußfall mit großer Geschwindigkeit öffnen, so daß der Lichtbogen möglichst rasch von seiner Entstehungsstelle magnetisch abgelenkt werden kann (s. Abschnitte 6.1. und 6.2.); dies kann durch konstruktive Maßnahmen und die Wahl geeigneter Kontaktwerkstoffe erreicht werden.

Die Kontaktglieder von Schaltgeräten mit Nennströmen bis ca. 400A können mit Einfach- oder Doppelunterbrechung (Bilder 11.9 und 11.10) der Strombahnen ausgeführt werden; sie besitzen vielfach nur Hauptschaltstücke, zwischen denen der Lichtbogen beim Öffnen gezogen wird. Der Kontaktwerkstoff muß einen niedrigen Kontaktwiderstand besitzen und weitgehend abbrandfest sein. Als Kontaktwerkstoffe verwendet man Silbercadmiumoxid, Silber-Nickel, Silber-Kohlenstoff, Kupfer und Silberbronze; teilweise kommen Kombinationen dieser Werkstoffe zum Einsatz.

Bei Nennströmen über 400 A werden üblicherweise die Kontaktglieder mit Haupt- und Abbrandkontaktstücken (Bilder 11.11 bis 11.14, S. 288 bis 291) aus unterschiedlichem Werkstoff versehen; durch diese Trennung kann insbesondere die Forderung nach geringem Durchgangswiderstand und hoher Abbrandfestigkeit besser erfüllt werden. Für die

11.4. Kontaktglieder

Hauptschaltstücke finden die gut leitenden Werkstoffe Silber—Cadmiumoxid, Silber—Nickel und Silber—Kohlenstoff Verwendung; als Abbrandkontaktstücke werden die abbrandfesten Werkstoffe Silber—Wolfram und Kupfer—Wolfram oder aber die billigeren Materialien Kupfer und Eisen, die nach starkem Verschleiß leicht auszuwechseln sind, eingesetzt. Bei Schalternennströmen von etwa 400 A aufwärts werden die Hauptschaltstücke zur Erzielung eines geringen Kontaktwiderstandes und zur Beherrschung der im Kurzschlußfall auftretenden elektrodynamischen Kräfte in mehrere einzelabgefederte Kontaktfinger aufgeteilt. Dadurch ergeben sich relativ große, mit dem Nennstrom des Schalters wachsende Abmessungen der Hauptkontaktstücke, die nicht mehr in engen Löschkammerspalten unterzubringen sind und außerhalb der Löschkammer angeordnet werden. Beim Ausschaltvorgang kommutiert der Strom auf die in der Kammer angeordneten Abbrandstücke, die erst nach Abschluß des Kommutierungsvorganges getrennt werden. Bei strombegrenzenden Schaltern muß diese Kommutierungsdauer sehr kurz sein; bei der Konstruktion ist deshalb darauf zu achten, daß die Induktivität des Kommutierungskreises (Hauptschaltstücke — Abbrandstücke) möglichst klein wird. Dies gilt insbesondere bei Schnellschaltern für sehr große Nennströme (einige Kiloampere). Eine derartige Anordnung zeigt Bild 11.6 am Beispiel eines Gleichstromschnellschalters [9] mit Drehstabfederantrieb 6 und Sprengentriegelung 5. Durch die Drehbewegung der Feder öffnen zunächst die Hauptschaltstücke 4 und der Ausschaltstrom kommutiert auf den Nebenweg mit den Abbrandkontaktstücken 2. Die nach deren Trennung entstehenden beiden Teillichtbögen vereinigen sich sehr rasch zu einem Bogen, der magnetisch in die Löschkammer 1 geblasen wird. Der Aufbau der Löschkammer ist im Bild 11.16 (S. 293) dargestellt. Die C-förmige Kontaktbrücke ermöglicht ein schnelles Abwandern der Lichtbögen, wenn sie so gestaltet ist, daß sich enge Stromschleifen ergeben und wenn dieser Teil der Kontaktglieder zur Verstärkung des Magnetfeldes im isolierten Spalt eines Eisenpaketes angeordnet ist (ähnlich Bild 6.16, S. 105). Der Schalter wird über einen nicht dargestellten Trenner eingeschaltet.

Schalter für Nennströme $I_N \geqq 400$ A, die zur Einleitung des Ausschaltvorganges im Kurzschlußfall die auf die Schaltglieder einwirkenden elektrodynamischen Kräfte ausnutzen, zeigen die Bilder 11.12 bis 11.14 (S. 289 bis 291). Um einen möglichst geringen Schaltverzug zu erreichen, werden auf diese Weise nur Teile des beweglichen Schaltgliedes mit möglichst geringer Masse geöffnet. Gleichzeitig wird das Schaltschloß entklinkt, das den relativ langsamen Federantrieb freigibt, der den gesamten beweglichen Schalterteil in die Ausschaltstellung bewegt. Zusätzlich besitzen diese Schalter elektromagnetische Schnellauslöser, die das Schaltschloß entriegeln, wenn bei kleinen Kurzschlußströmen eine

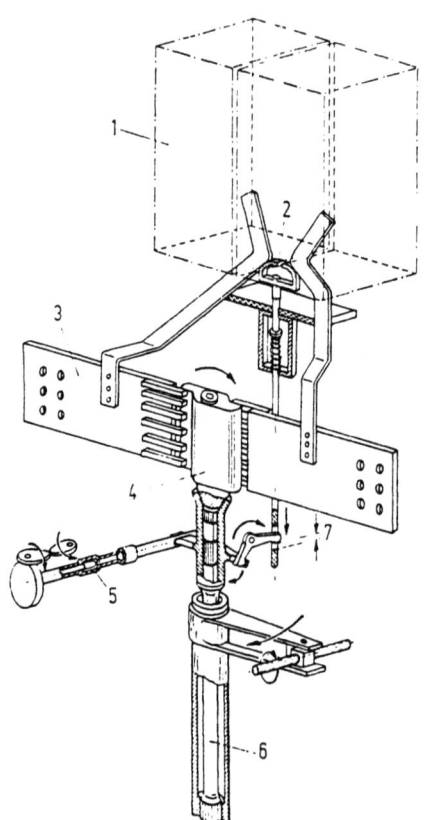

Bild 11.6. Haupt- und Abbrandkontaktstücke eines Gleichstrom-Schnellschalters für sehr große Nennströme.

1 Löschkammer; *2* Abbrandkontaktstücke; *3* Anschlußschiene; *4* Hauptkontaktstücke; *5* Entriegelungshülse mit Sprengkapsel; *6* Drehstabfeder; *7* Nachlaufweg.

elektrodynamische Abhebung der Kontaktstücke nicht erfolgt; in diesem Fall wirken diese Geräte nicht mehr strombegrenzend.

Die elektrodynamische Kraft auf die Schaltglieder setzt sich aus zwei Anteilen zusammen (Bild 11.7). Der eine Teil (F_{A1}) entsteht durch die Einengung der Stromfäden im Bereich der Kontaktstelle; der andere Teil (F_{A2}) wird hervorgerufen durch die parallele Anordnung von gegensinnig stromdurchflossenen Teilen der Kontaktglieder. Die Kräfte steigen quadratisch mit dem Strom an; ihre Größe ist weitgehend von der Konstruktion abhängig; sie nimmt während des Öffnungsvorganges ab.

Die Öffnung der Schaltstücke durch die elektrodynamischen Kräfte setzt nach Überschreiten eines bestimmten, konstruktionsbedingten Augenblickswertes des Kurzschlußstromes i_A ein. Ein erneutes Schließen bei abnehmendem Strom oder durch Zurückprallen wird durch mechanische Sperren (Klinken, Kniegelenke u. ä.) verhindert [11]. Ein kritischer Bereich liegt vor, wenn der Maximalwert des Kurzschlußstromes im Bereich des Abhebestromes i_A liegt. Die Kontaktkraft kann hier auf den Wert Null absinken, ohne daß es jedoch zur endgültigen Öffnung kommt. Da dabei ein Verschweißen der Kontaktstücke sowie ein hoher

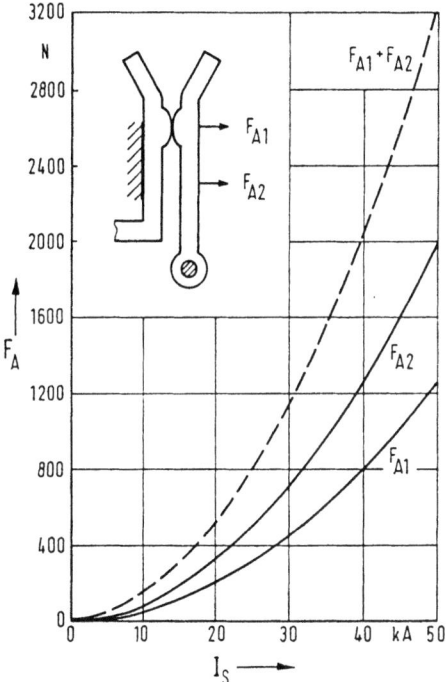

Bild 11.7. Elektrodynamische Abhebekraft F_A in Abhängigkeit von der Stromstärke I_S einer schleifenförmigen Kontaktanordnung.

Materialverschleiß durch Verspratzen auftreten kann, muß ein derartiger Bereich mit ungenügender Kontaktlast durch geeignete konstruktive Maßnahmen möglichst ausgeschlossen werden. Elektrodynamische Schnellstauslöser, die die Kontaktstücke sicher innerhalb der ersten Halbschwingung des Kurzschlußstromes auftrennen, können ein Verschweißen im kritischen Strombereich und darunter ebenfalls verhindern [12].

11.5. Löschkammern

Strombegrenzende Schalter erfordern Lichtbogenlöschkammern, die in der Lage sind, unmittelbar nach der Kontakttrennung steile Lichtbogenspannungsanstiege (s. Abschnitt 2.4.2.) zu erzeugen. Die erforderliche Höhe der Lichtbogenspannung ist bei Gleich- und Wechselstromschaltern unterschiedlich.

Bei Gleichstromschaltern muß die Lichtbogenspannung u_B die Höhe der treibenden Spannung U_d überschreiten. Je rascher die Lichtbogenspannung den Wert der Gleichspannung nach Eintritt des Kurzschlusses erreicht, um so stärker ist die Strombegrenzung. Die Lichtbogendauer ist um so kürzer, je größer das Verhältnis der Spannungen u_B/U_d und je kleiner die Zeitkonstante ($T = L/R$) des Stromkreises ist. Beim Ausschaltvorgang dürfen keine die Isolation der Gleichstromanlage gefährdenden Schaltüberspannungen entstehen. Angestrebt wird ein möglichst rechteckförmiger zeitlicher Lichtbogenspannungsverlauf.

Bei Wechselstromschaltern kann auch dann eine Strombegrenzung erreicht werden, wenn die Lichtbogenspannung unter dem Maximalwert der Netzspannung liegt. Die Auswirkung der Lichtbogenspannung auf die Strombegrenzung und die Schaltarbeit zeigt als Beispiel Bild 11.8 [13];

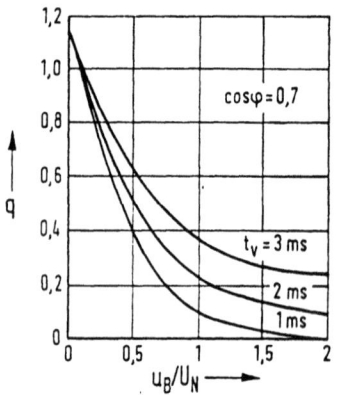
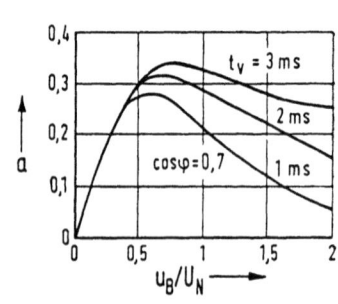

Bild 11.8. Auswirkung der bezogenen Lichtbogenspannung u_B/U_N auf den relativen Wärmedurchlaßwert q und die relative Schaltarbeit a.

die Kurven wurden berechnet für $\cos \varphi = 0{,}7$ und unter der vereinfachenden Annahme, daß die Bogenspannung nach Ablauf einer Gesamtverzugszeit t_V auf einen konstanten Wert u_B springt. Aufgetragen sind die größtmöglichen Werte des relativen Wärmedurchlaßwertes

$$q = \frac{\int i^2 \, dt}{I_k^2 \cdot T/2} \tag{11.1}$$

und die relative Schaltarbeit

$$a = \frac{\int u_B \cdot i \, dt}{U_N \cdot I_k \cdot T/2} \tag{11.2}$$

in Abhängigkeit des Verhältnisses u_B/U_N mit der Verzugszeit als Parameter. U_N ist der Effektivwert der Netzspannung, I_k der Effektivwert des unbeeinflußten Kurzschlußstromes und T die Periodendauer des Netzes. Man erkennt aus den Kurven den großen Einfluß des Schaltverzuges auf die Strombegrenzung; weiterhin ergibt sich, daß eine Steigerung des Spannungsverhältnisses u_B/U_N über 1 hinaus zumindest auf die thermische Wirkung des Kurzschlußstromes keine wesentliche Wirkung mehr hat.

Bild 11.9a zeigt den Schnitt durch einen *Leitungsschutzschalter* [13] mit Schlaganker für Nennströme bis 25 A und Spannungen bis 380 V. Der Schalter besitzt, wie nahezu alle modernen Konstruktionen dieser Art, eine Löschblechkammer (Bild 11.9b); zur Vermeidung von Neu-

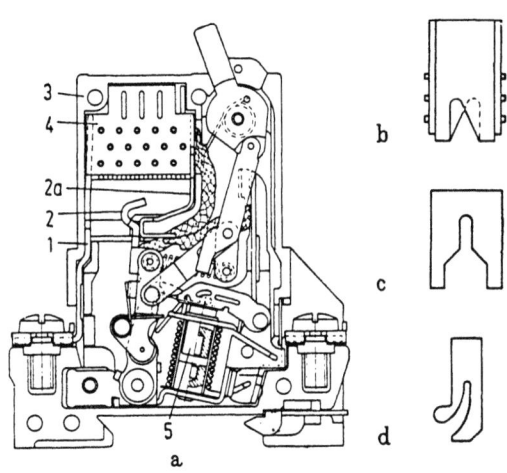

Bild 11.9. Leitungsschutzschalter.
1 Feststehendes Kontaktstück; *2* bewegliches Kontaktstück; *2a* Lichtbogenleitblech; *3* Isolierstoffgehäuse; *4* Löschkammer; *5* Schlaganker.

zündungen im Lichtbogenentstehungsraum ist dieser Bereich seitlich mit stark gasenden Isolierstoffplättchen ausgekleidet. Löschblechformen anderer Leitungsschutzschalter sind im Bild 11.9c und d dargestellt.

Der strombegrenzende *Wechselstromschalter* (Bild 11.10; 63 und 100 A, 500 V) mit Schlaganker besitzt eine Doppelunterbrechung der Strombahnen und Isolierstoffkammern. Die feststehenden Schaltglieder *1* sind nebeneinander angeordnet. In ihren Stromzuführungen liegen die Erregerwindungen für das Blasfeld *3* und für den Schnellauslöser *4* mit dem Schlaganker *5*. Die bewegliche Kontaktbrücke *2* ist U-förmig ausgeführt. Je Phase besitzt der Schalter zwei nebeneinander liegende

288 11. Strombegrenzende Gleich- und Wechselstromschalter [Lit. S. 294

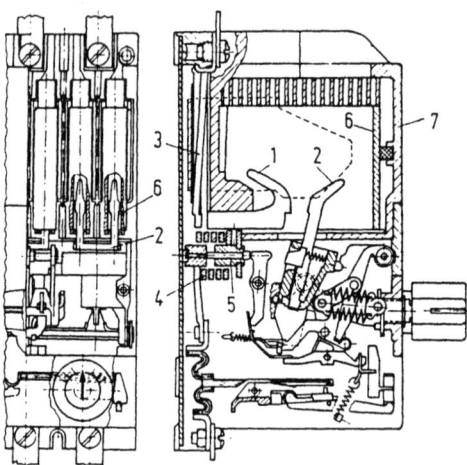

Bild 11.10. Strombegrenzender Wechselstrom-Leistungsschalter mit Schlaganker und Doppelunterbrechung.
1 Feststehendes Kontaktstück; *2* bewegliche Kontaktbrücke; *3* Blasfeldspule; *4* Auslöserspule; *5* Schlaganker; *6* Löschkammer; *7* Isolierstoffgehäuse.

keramische Isolierstoffkammern *6* mit parallelen Wänden; die Abströmöffnungen sind mit keramischen Siebplatten versehen.

Eine weitere Konstruktion eines strombegrenzenden *Wechselstromschalters* (100, 250 und 400 A, 500 V) mit Doppelunterbrechung zeigt Bild 11.11a [14]. Die beweglichen Kontaktstücke *2* öffnen infolge elektrodynamischer Kräfte, die durch die Einengung der Stromfäden in der Engestelle sowie durch die schleifenförmige Ausführung der Strombahn erzeugt werden. Dabei klappen die beiden Teile der Kontaktbrücke nach oben (Bild 11.11b); ein einseitiges Öffnen wird mechanisch verhindert. Während der Bewegung in die endgültige Ausschaltstellung durch den Federkraftspeicher werden die beiden Brückenteile wieder in eine waagerechte Lage gebracht. Ein Aufklappen der Brückenteile beim

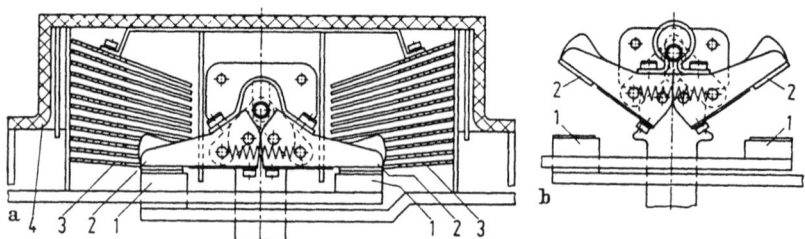

Bild 11.11. Kontakt- und Löschsystem eines strombegrenzenden Wechselstromschalters mit elektrodynamischer Öffnung der Schaltstücke und Doppelunterbrechung.
1 Feststehende Kontaktstücke; *2* bewegliche Kontaktbrücke; *3* Löschbleche; *4* Isolierstoffgehäuse.

Einschaltvorgang im störungsfreien Fall wird durch konstruktive Maßnahmen ausgeschlossen. Zur Erzeugung der hohen Lichtbogenspannung dienen zwei Löschblechkammern; die Bleche 4 mit V-förmigen Schlitzen sind in dichtem gegenseitigem Abstand angeordnet (Kühlkammer).

Bild 11.12a bis c veranschaulicht den Aufbau von drei Löschanordnungen von strombegrenzenden *Wechselstromschaltern* [4, 15, 16]

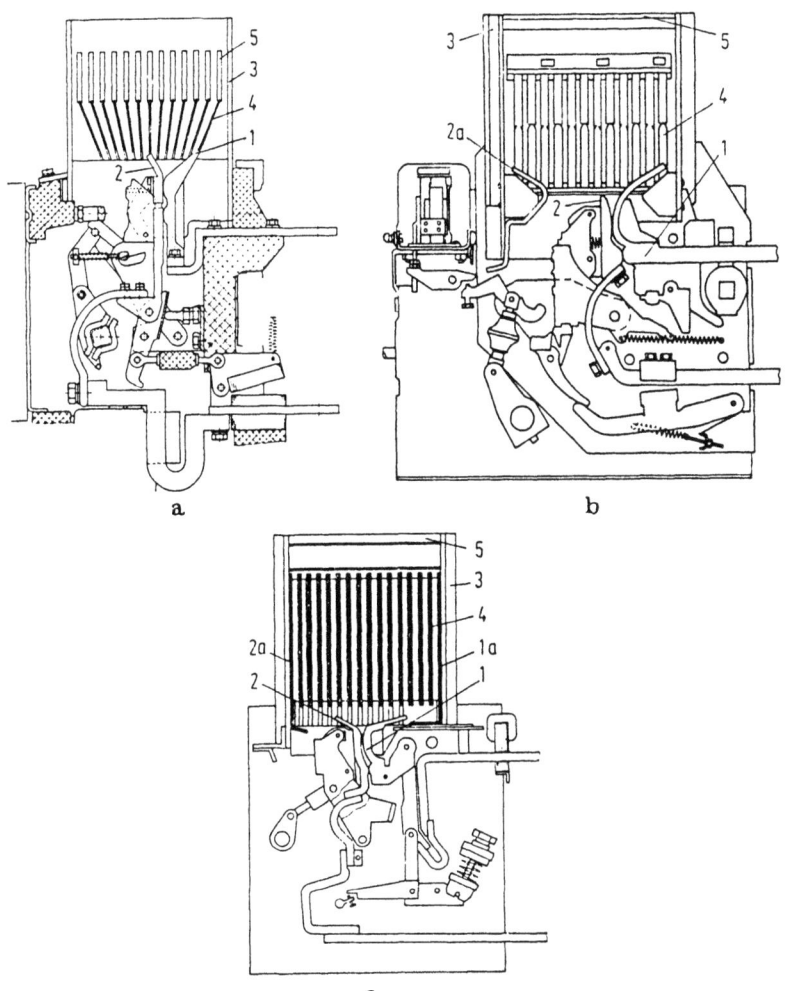

Bild 11.12. Strombegrenzende Wechselstromschalter mit elektrodynamischer Öffnung der Schaltstücke und Einfachunterbrechung.

1 Feststehendes Kontaktstück; *2* bewegliches Kontaktstück; *1a, 2a* Lichtbogenleitbleche; *3* Kammerumhüllung; *4* Löschbleche; *5* Kühleinrichtung für austretende Gase.

für Nennströme von 400, 1000 und 2000 A und Spannungen von 500 V (teilweise bis 1000 V). Die Kontaktglieder öffnen vorzeitig durch elektrodynamische Kräfte. Im Gegensatz zu der Konstruktion im Bild 11.11 besitzen sie Einfachunterbrechung und Kontaktglieder mit Haupt- und Abbrandkontaktstücken. Die Schalter besitzen Löschblechkammern, bei denen die im Kapitel 6. genannten Möglichkeiten zur raschen Verlängerung des Lichtbogens und Erhöhung seiner Feldstärke konsequent angewandt werden. Die Löschbleche der Löschkammer nach Bild 11.12b sind in ihrem oberen Teil allseitig mit temperaturfesten isolierenden Belägen versehen.

Bild 11.13 zeigt die Konstruktion eines strombegrenzenden *Wechselstromschalters* (6000 A, 500 V) [17, 18], bei dem die Kontaktstücke erst nach Freigabe durch das Schloß öffnen. Die Schaltglieder befinden sich unter Öl in einem druckfesten Stahlgefäß. Bei Auslösung des Rollenschlosses *1* durch den Auslöser *2* werden unter der Einwirkung des nicht dargestellten Tellerfederkraftspeichers mit einer durch Pfeil gekennzeichneten Kraft über das Gestänge *3* und *4* zunächst die Hauptkontaktstücke *5* geöffnet. Der Strom kommutiert auf die Abbrandstücke *6*, die kurze Zeit später geöffnet werden. Trotz der geringen Länge entsteht durch die intensive Kühlung des Lichtbogens eine hohe Licht-

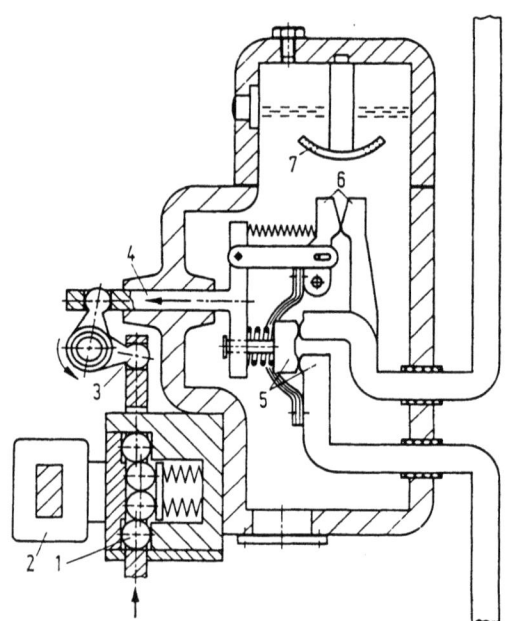

Bild 11.13. Strombegrenzender Wechselstrom-Flüssigkeitsschalter.
1 Rollenschloß; *2* Auslöser; *3* Schaltkurbel; *4* Gestänge; *5* Hauptschaltstücke; *6* Abbrandkontaktstücke; *7* Siebblech.

bogenspannung, die den Kurzschlußstrom wirksam begrenzt. Unter Öl sind geringere Kontaktabstände als in Luft zulässig, ohne daß zwischen den Kontaktstücken Wiederzündungen auftreten. Das Siebblech 7 dient zur Begrenzung der Lichtbogenlänge. Die maximale Lichtbogenspannung kann durch Änderung des Abstandes zwischen Siebblech und den Kontaktstücken auf bestimmte wählbare Werte eingestellt werden.

Die Schaltstückanordnung und die Düsenlichtbogenkammer aus keramischem Isolierstoff eines *Gleichstromschalters* (400 A, 600 V) [19] ist im Bild 11.14 dargestellt. Die Löschkammer und die Schaltstücke sind ähnlich aufgebaut wie bei Wechselstromschaltern (Nullpunktlöschern) nach Bild 10.8a (Kap. 10). Die Gleichstromkammer besitzt

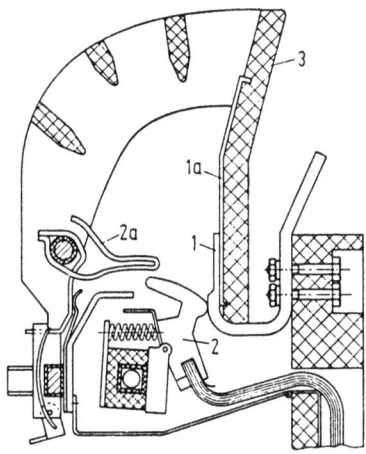

Bild 11.14. Gleichstromschalter mit Isolierstoff-Düsenkammer.
1 Feststehendes Kontaktstück; *2* bewegliches Kontaktstück; *1a*, *2a* Lichtbogenleitbleche; *3* Keramikkammer.

jedoch zusätzliche Isolierstoffquerstege im engen Teil des Spaltes, die zur stärkeren Verlängerung des Bogens dienen. Beim Übergang des Lichtbogens vom beweglichen Kontaktstück *2* auf das Lichtbogenleitblech *2a* wird zusätzlich ein Blasmagnet eingeschaltet, dessen Polbleche an den äußeren Seitenwänden der Kammer anliegen.

Die Schaltstückanordnung eines *Gleichstrom-Schnellschalters* (300 bis 3000 A, 1000 bis 3000 V) [20] zeigt Bild 11.15. Die in diesem Bild durch eine strichpunktierte Linie angedeutete Löschkammer besteht im wesentlichen aus zwei parallel angeordneten Isolierstoffplatten, über die von außen die Polbleche des Blasmagneten greifen. Im Innern sind quer zur Lichtbogenachse Isolierstoffstege angeordnet. Der Betriebsstrom fließt von dem Anschluß mit dem festen Schaltstück *9* über den beweglichen

Schaltstückhebel *4* und über die Blasspule *3* zum Anschlußstück *2*. Dabei werden sowohl der Auslösemagnet *1* als auch die Haltemagnete *8* erregt. Übersteigt der Strom einen bestimmten wählbaren Wert, so überwiegt die Kraft des Auslösemagneten; der Schlaganker *5* wird von dem Haltemagneten zum Auslösemagneten hin stark beschleunigt und schlägt direkt den beweglichen Schaltstückhebel *4* auf. Dadurch wird gleichzeitig die Schloßmechanik entriegelt. Der Strom kommutiert von den Haupt- auf die Folgekontaktstücke. Der dort entstehende Lichtbogen wird durch magnetische Blasung in die Lichtbogenkammer getrieben

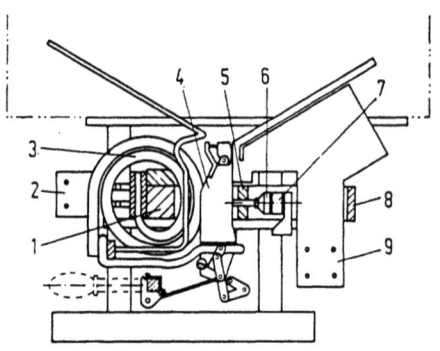

Bild 11.15. Schaltstückanordnung eines Gleichstrom-Schnellschalters.
1 Auslösemagnet; *2* Anschlußstück; *3* Blasspule; *4* Schaltstückhebel; *5* Schlaganker; *6* Kurzschlußring; *7* Impulsspule; *8* Haltemagnet; *9* Anschlußstück.

und gelöscht. Zur Schnellauslösung des Schalters dient der elektrodynamische Auslöser mit dem Kurzschlußring *6* und der Impulsspule *7*, dessen Wirkungsweise anhand des Bildes 11.3c (S. 279) bereits erläutert wurde. Der bei seiner Auslösung entstehende starke Kraftimpuls wird zur Beschleunigung des Schaltstückhebels *4* ausgenutzt.

Im Gegensatz zu den reinen Isolierstoffkammern (Bilder 11.14 und 11.15) besitzt die Kammer nach Bild 11.16, die zu einem *Gleichstromschnellschalter* (6000 A, 1000 V) [21, 22] gehört, Löschbleche *3*. Die beiden nach Trennen der Abbrandkontaktstücke *1, 2* (Hauptschaltstücke s. Bild 11.6, S. 284) entstehenden Teillichtbögen vereinigen sich rasch zu einem sich schleifenförmig aufweitenden Lichtbogen. Die mittlere Bogensäule erreicht sehr schnell den Kurzschlußbügel *4*. Es verbleiben zwei senkrecht stehende Lichtbogenäste, deren Teilabschnitte durch die Saugwirkung der Löschbleche in die engen, mit temperaturfesten (Keramikglimmer) Isolierstoffen ausgekleideten Schlitze, hineingezwängt werden. Je zwei Löschbleche werden gegeneinander durch Asbestzementplatten isoliert. Die Länge der beiden senkrecht stehenden Licht-

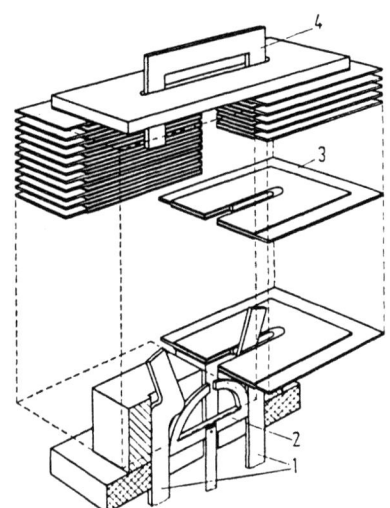

Bild 11.16. Löschblechkammer eines Gleichstrom-Schnellschalters.
1 Feststehende Kontaktstücke; *2* bewegliches Kontaktstück; *3* Löschbleche; *4* Kurzschlußbügel.

bögen, die eine Mäanderform annehmen, kann durch Verstellung des Kurzschlußbügels verändert und dadurch die Höhe der Schaltüberspannung in gewünschter Weise eingestellt werden.

11.6. I_s-Begrenzer

Der Schaltverzug strombegrenzender Schnellschalter mit Nennstromstärken von einigen Kiloampere liegt bei Verwendung mechanischer Schlösser zwischen 2 und 3 ms; bei Verwendung von Schloßteilen, die bei dem Entriegelungsvorgang zerstört und nach jedem Ausschaltvorgang ausgewechselt werden müssen (Bild 11.4g und h), läßt sich die zu beschleunigende Masse so stark reduzieren, daß sich ein Schaltverzug in der Größenordnung von 0,5 bis 1 ms ergibt. Eine Möglichkeit, diese Zeiten noch weiter zu reduzieren, ist nur noch das rasche Auftrennen der Hauptstromleiter selbst mittels detonierender Sprengmittel. Von dieser Möglichkeit wird bei dem I_s-Begrenzer Gebrauch gemacht.

I_s-Begrenzer [23] sind Schaltgeräte, die Stromkreise in sehr kurzer Zeit (ca. 0,1 ms) nach ihrer Auslösung auftrennen, den Strom auf eine parallel angeordnete Quarzsandsicherung in Spezialausführung kommutieren und dort löschen.

Der Hauptteil des I_s-Begrenzers ist, wie Bild 11.17a und b zeigt, ein mit Längsschlitzen versehener rohrförmiger Stromleiter *1*, die sogenannte Sprengbrücke, die in einem druckfesten Isolierstoffgehäuse *3* untergebracht ist, und deren Enden mit den Stromanschlüssen verbunden sind. Die Sprengbrücke ist in der Mitte durchgesägt und wieder verlötet, damit eine genau definierte schwache Stelle vorliegt. Im Inneren der Brücke befindet sich eine Sprengkapsel 2, die mittels eines Zündgerätes durch Entladung eines Kondensators gesprengt wird. Der Aufbau der Sprengkapsel ist im Bild 11.5a dargestellt. Aufgrund des bei der Sprengung auftretenden hohen Druckes spreizen sich die Kontaktfinger (Bild 11.17c)

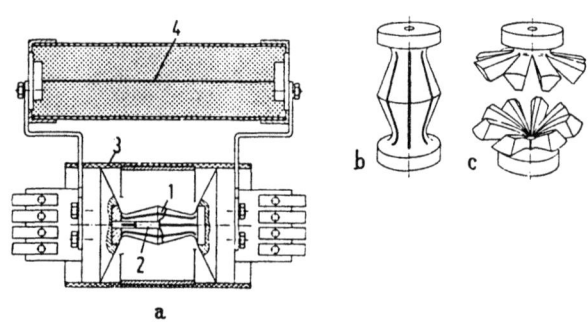

Bild 11.17. I_S-Begrenzer.
1 Rohr; 2 Sprengkapsel; 3 Isolierstoffgehäuse; 4 Sicherung.

und unterbrechen dadurch den Hauptstromkreis. Der Kurzschlußstrom kommutiert auf die parallel liegende Sicherung 4. Diese ist für eine kleine Nennstromstärke ausgelegt und löscht den Strom noch weit vor Erreichen seines unbeeinflußten Maximalwertes. Da der Ausschaltverzug der I_S-Begrenzer wesentlich unter 1 ms liegt, ist ihr Durchlaßstrom klein und somit ihre strombegrenzende Wirkung sehr groß.

Schrifttum

1. Ebel, H., Velten, W.: Neue Leitungsschutzschalter. BBC-Nachr. Bd. 48 (1966) 646—651.
2. Brückner, P., Keders, Th.: Selektives Schalten in äußerst kurzen Zeiten mit I_S-Begrenzern. ETZ-A 81 (1960) 741—744.
3. Stolpp, H.: Selektiver Zeitschutz mit Kurzunterbrechung in Niederspannungsanlagen der Petrochemie. ETZ-B 19 (1967) 713—715.
4. Fehling, H.: Die neue Reihe strombegrenzender AEG-Niederspannungs-Leistungsschalter Typ MY für 400 bis 2000 A Nennstrom. AEG-Mitt. Bd. 54 (1964) 270—274.
5. Erk, A.: Strombegrenzende Schnellschalter für Starkstromanlagen. ETZ-B 14 (1962) 169—174.
6. Duffing, P.: Der Sperrmagnet. ETZ-A 74 (1953) 343—346.
7. Einsele, A., Kesselring, F.: Rückstromsperre und Sicherungsreduktor mit elektrodynamischem Antrieb. ETZ-A 79 (1958) 137—143.

Schrifttum zu Kapitel 11   295

8. Brückner, P., Erk, A.: Federkraftspeicher für Schaltgeräte mit kurzen Schaltzeiten. ETZ-A 81 (1960) 741—744.
9. Koch, W.: Über die Verwendung von Sprengstoffen in der Schaltertechnik und die dabei erreichbaren Schaltzeiten. Diss. TH Braunschweig 1958.
10. Kesselring, F.: Theoretische Grundlagen zur Berechnung der Schaltgeräte, Berlin: Walther de Gruyter 1968.
11. Franken, H.: Niederspannungs-Leistungsschalter, Berlin—Heidelberg—New York: Springer 1970.
12. Treptow, A., Wulf, O.: Strombegrenzende Ausschaltungen mit dem neuen AEG-Leistungsschalter Typ MY. AEG-Mitt. Bd. 54 (1964) 275—280.
13. Drubig, H.: Entwicklung der strombegrenzenden Niederspannungs-Leistungsschalter GRH 63 und GRH 100. BBC-Nachr. Bd. 50 (1968) 84—90.
14. Murai, Wasaburo: Ausschalter. Offenlegungsschrift 1563842 Deutsches Patentamt, 1970.
15. Burkhard, G.: EBL 1000 — ein strombegrenzend wirkender Niederspannungs-Leistungsschalter. Elektrie Bd. 21 (1967) 45—50.
16. Begrenzungsschalter DL. Delle-Druckschrift Nr. 233.
17. Schaper, J.: Über die rasche Erzeugung hoher Lichtbogenspannung an Lichtbögen unter Flüssigkeiten zum Zwecke der Kurzschlußstrombegrenzung in Starkstromanlagen mit Betriebsspannungen unter 1000 V. Diss. TH Braunschweig 1957. ETZ-A 84 (1963). 140—144.
18. Brückner, P.: Die wachsenden Kurzschlußleistungen und ihre Beherrschung in Niederspannungsanlagen. ETZ-B 14 (1962) 511—519.
19. Siemens-Schutzschalter R 921 für Nennströme von 100 bis 1000 A. Siemens-Druckschrift SSW 442/227a.
20. Gleichstrom-Schnellschalter Gearapid S 302 bis 3002. AEG-Druckschrift TLA 57114.
21. Wegmann, F.: Untersuchungen an Gleichstromlichtbögen hoher Stromstärke in neuartigen Löschkammern für Gleichstromschnellschalter. Diss. TH Braunschweig 1957. ETZ-A 80 (1959) 289—295.
22. Marx, E., Schmitz, L.: Starkstrom-Schalteinrichtungen mit Sprengkapseln für sehr kurze Schaltzeiten. ETZ-A 76 (1955) 765—769.
23. Brückner, P.: Ein neuartiges Schaltgerät mit äußerst kurzen Schaltzeiten. ETZ-A 79 (1958) 33—40.

12. Drehstromschalter für Spannungen über 1000 V

Trenner, die das Schaltvermögen der Leerschalter besitzen, benötigen keine Lichtbogenlöscheinrichtungen. Die konstruktive Ausführung ihrer nichtschaltenden und schaltenden Kontaktstellen wurde in den Kapiteln 8 und 9 behandelt. Im nachfolgenden wird auf den konstruktiven Aufbau und die Wirkungsweise der Löscheinrichtungen der Mittel- und Hochspannungs-*Last*- und *Leistungsschalter* eingegangen. Die modernen Konstruktionen der Last- und Leistungs*trenner* werden im Kapitel 13 beschrieben.

Bei *Lastschaltern* werden zum Löschen der Wechselstromlichtbögen Löscheinrichtungen verwendet, bei denen die Lichtbogensäule in engen, ebenen oder ring- bzw. rohrförmigen Isolierstoffspalten gekühlt wird. Andere Konstruktionen benutzen zur Kühlung der Lichtbogensäule strömende Gase, wie Luft oder SF_6.

Bei *Leistungsschaltern* erfolgt das Löschen der Wechselstromlichtbögen in ebenen Isolierstoffspalten, in die der Schaltlichtbogen durch starke Magnetfelder geblasen wird, in strömendem Gas (Luft oder SF_6), unter Schaltflüssigkeiten (hauptsächlich unter Öl) und im Hochvakuum.

Leistungsschalter für Spannungen bis etwa 60 kV werden stets mit *einfacher Schaltstrecke* gebaut, bei Spannungen über 110 kV kommen in der Regel *mehrere* in Reihe angeordnete *Schaltstrecken* zum Einsatz. In den letzten Jahren wurde das Schaltvermögen der Leistungsschalterkammern soweit erhöht, daß auch Schalter für Spannungen im Bereich von 110 bis 220 kV nur mit einer einzigen Schaltstrecke gebaut werden können.

12.1. Löschen des Wechselstromlichtbogens bei Mittel- und Hochspannungsschaltern

Bei Mittel- und Hochspannungsschaltern wird der Lichtbogen beim Polaritätswechsel des Lichtbogenstromes durch rasche Wiederverfestigung der *Schaltstrecke* gelöscht (s. Abschnitt 2.4.); die Vorgänge in den elektrodennahen Gebieten (s. Abschnitt 10.1. und 10.3.) haben bei Schaltern über 1000 V praktisch keinen Einfluß und können vernachlässigt werden. Maßgebend für den Löschvorgang ist die zeitliche Änderung der Leitfähigkeit der Plasmasäule kurz vor dem Nullwerden des Stromes und die Größe der Leitfähigkeit unmittelbar danach. Innerhalb

12.1. Löschen bei Mittel- und Hochspannungsschaltern

von einigen Mikrosekunden muß die Schaltstrecke sich aus einem relativ gut leitenden in einen isolierenden Zustand umwandeln, wenn eine Neuzündung des Lichtbogens vermieden werden soll.

Die zeitliche Änderung der elektrischen Leitfähigkeit erfolgt mit einer Lichtbogen-„Zeitkonstanten", die sich aber in diesem Zeitbereich laufend, abhängig vom Augenblickswert des Lichtbogenstromes und der Intensität der Kühlung (zugeführte und abgeführte Energie), verändert. Der zeitliche Verlauf des Lichtbogenstromes wird von verschiedenen Parametern, wie Aufbau des Netzes, Netzspannung, Art und Größe der parallel zu der Schaltstrecke angeordneten kapazitiven und ohmschen Widerstände u. dgl. bestimmt. Dies soll anhand der Bilder 12.1 bis 12.4 näher erläutert werden.

Bild 12.1 zeigt das vereinfachte Ersatzschaltbild des Kurzschlußkreises mit der Spannung u, der Impedanz Z und dem Schalter mit der Parallelkapazität C. Ohne zusätzliche Beschaltungselemente parallel zur Schaltstrecke ergibt sich die Kapazität C durch die Eigenkapazität des

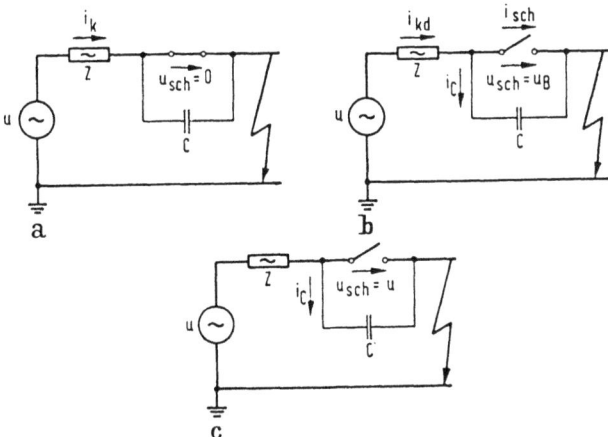

Bild 12.1. Ersatzschaltbild zur Erläuterung der zeitlichen Strom- und Spannungsverläufe im Bereich des Nulldurchganges bei Wechselstrom-Hochspannungsschaltern.

Schalters und der übrigen Betriebsmittel des Netzes. Hauptsächlich bei Hochspannungsschaltern mit mehreren hintereinander geschalteten Teilstrecken sind parallel zu den Schaltstrecken zusätzliche kapazitive und ohmsche Widerstände angeordnet; sie dienen je nach Bemessung zur Verbesserung des Schaltvermögens, zur Begrenzung der Schaltspannungen oder zur Steuerung der Potentialverteilung auf die einzelnen Teilstrecken. Ohmsche Parallelwiderstände bleiben zur Vereinfachung in Bild 12.1 unberücksichtigt.

Die zeitlichen Verläufe der Ströme und Spannungen sind in den Bildern 12.2 bis 12.4 dargestellt. Bei geschlossenen Kontaktgliedern des Schalters (Bild 12.1a) treibt die Spannungsquelle den Kurzschlußstrom i_k. Während der Lichtbogendauer wirkt die Lichtbogenspannung u_B der treibenden Spannung entgegen. Bei intensiver Kühlung des Lichtbogens kann bei kleinen Augenblickswerten des Stromes die Lichtbogenspannung so hohe Werte annehmen, daß sie den Verlauf des Kurzschlußstromes i_k beeinflußt. Der unmittelbar vor seinem Nullwerden deformierte Kurzschlußstrom i_{kd} fließt über die Parallelschaltung von Lichtbogen und Kapazität; er setzt sich zusammen aus dem Strom über die Schaltstrecke i_{sch} und dem Strom i_C über einen Strompfad parallel zur Lichtbogenstrecke. Bis zum Nullwerden des Lichtbogenstromes bestimmt die zeitliche Änderung der Lichtbogenspannung (du_B/dt) die Größe des Ladestromes i_C der Parallelkapazität. Nach dem Stromnullwerden steigt die Spannung u_{sch} an der Parallelschaltung Schaltstrecke-Kapazität in Form einer gedämpften Schwingung mit der Eigenfrequenz des Kurzschlußkreises auf den Augenblickswert der treibenden Spannung (wiederkehrende Spannung) an.

Die Bilder 12.2 und 12.3 zeigen idealisierte zeitliche Strom- und Spannungsverläufe von Ausschaltungen, bei denen die Schaltstrecken

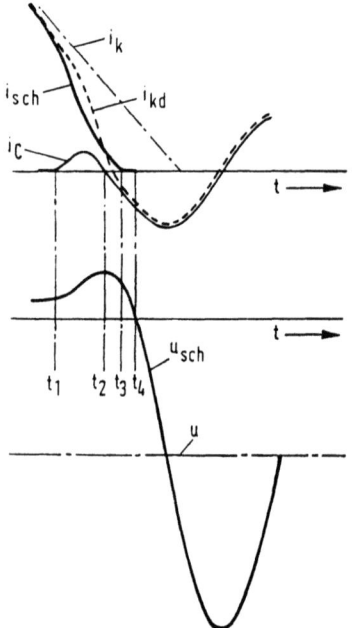

Bild 12.2. Lichtbogenlöschung ohne Nachstrom.

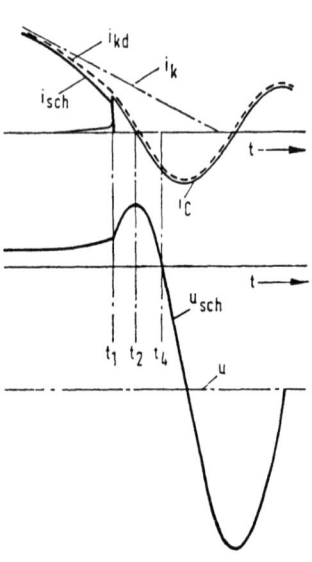

Bild 12.3. Lichtbogenlöschung mit Stromabriß.

ihre elektrische Leitfähigkeit vor dem Polaritätswechsel der Spannung an der Parallelschaltung von Schaltstrecke und Kapazität vollständig verlieren [1]. In beiden Fällen erfolgt zum Zeitpunkt t_1 ein merklicher Anstieg der Lichtbogenspannung, die zur Zeit t_2 ihren Maximalwert erreicht, dann abnimmt und anschließend ihre Polarität ändert (t_4). Im Bild 12.2 fällt der Lichtbogenstrom zum Zeitpunkt t_3 auf sehr geringe Werte ab, erreicht jedoch erst zur Zeit t_4 etwa den Wert Null. Bei den im Bild 12.3 dargestellten Strom- und Spannungsverläufen reißt der Bogenstrom beispielsweise infolge eines zu starken Energieentzugs zur Zeit t_1 ab (Bogenabriß, Chopping). Der Strom kommutiert vollständig auf die Parallel-

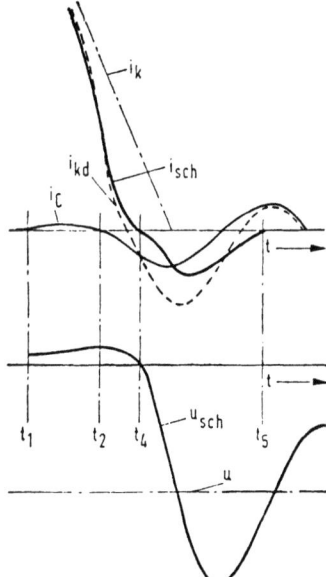

Bild 12.4. Lichtbogenlöschung mit Nachstrom.

kapazität. In beiden Fällen kann eine Wiederzündung der Schaltstrecke nur noch durch einen elektrischen Durchschlag eingeleitet werden. Bild 12.4 zeigt im Gegensatz dazu die Strom- und Spannungsverläufe [1] für einen Ausschaltvorgang, bei dem nach dem Polaritätswechsel der Spannung u_{sch} die Schaltstrecke noch eine endliche elektrische Leitfähigkeit besitzt und darüber ein sogenannter Nachstrom fließt.

Charakteristisch ist bei solchen Ausschaltungen das Fehlen einer ausgeprägten Löschspitze im Verlauf der Lichtbogenspannung. Der schwache Anstieg der Lichtbogenspannung u_B vom Zeitpunkt t_1 bis zum Maximalwert (t_2) bewirkt nur einen geringen Strom über die Parallelkapazität; der Kurzschlußstrom wird nur wenig deformiert. Zur Zeit t_4

ändert die Spannung u_{sch} am Schalter die Polarität, und es fließt über die noch leitfähige Schaltstrecke unter dem Einfluß der Einschwingspannung ein Nachstrom, der erst zur Zeit t_5 praktisch Null wird. Voraussetzung hierfür ist, daß die Wärmeabfuhr aus dem Restplasma größer ist als die Energiezufuhr durch den Nachstrom; andernfalls erfolgt eine Wiederzündung des Lichtbogens.

Die Netzparameter haben folgenden Einfluß auf die Grenzausschaltleistung einer Schaltstrecke [2]:

a) Bei einer Verminderung der Netzimpedanz wächst der Kurzschlußstrom an; das Grenzausschaltvermögen der Schaltstrecke wird überschritten;

b) Durch eine Vergrößerung der Parallelkapazität wird die Abschaltung erleichtert;

c) Bei Anordnung eines ohmsch-kapazitiven Strompfades parallel zur Schaltstrecke erleichtert ein kleinerer Widerstand das Löschen. Ein großer Widerstand dämpft zwar die Einschwingspannung und vermindert die Einschwingfrequenz; er verhindert aber auch das Ausweichen des Lichtbogenstromes auf den R,C-Parallelzweig und diese Wirkung scheint wesentlich zu überwiegen;

d) Die Einschwingfrequenz $(f_e = 1/(2\pi\sqrt{L \cdot C})$ ist allein kein Maß für die Löschfähigkeit des Schalters (vgl. Einflüsse nach a und b);

e) Während der Nachstrom bei Niederspannungsschaltern die Einschwingspannung stark dämpfen kann, ist dies bei Hochspannungsschaltern nicht der Fall.

Wie aus den Bildern 12.2 bis 12.4 zu ersehen ist, weicht der zeitliche Verlauf des Stromes i_{sch} über den Schalter im Bereich des Stromnulldurchganges sehr stark von einem sinusförmigen Verlauf ab, wie er in den Bildern 5.8 (S. 83) und 5.9 (S. 85) bei Erläuterung der Theorien von Cassie [3] und Mayr [4] angenommen wurde (angenähert durch einen linearen Verlauf). Bei Anwendung dieser Theorien auf die Lichtbogenlöschung ist eine derartige Annahme nicht mehr möglich. Die eingehendere Behandlung des Löschvorganges führt im allgemeinen auf Gleichungen, die nicht mehr geschlossen integrierbar sind; nähere Einzelheiten hierüber können der Fachliteratur entnommen werden [2, 6—10]. Den Theorien liegt meist ein Kanalmodell zugrunde; es ist zu beachten, daß dies nicht bei allen Schaltern zutrifft.

Bei Schaltlichtbögen, die dem Kanalmodell genügen, kann das dynamische Verhalten bei großen Augenblickswerten des Stromes am zutreffendsten durch die Theorie von Cassie und im Bereich des Nulldurchganges durch die Theorie von Mayr beschrieben werden. Teilweise wurde versucht, beide Theorien zu vereinigen bzw. zu erweitern [2, 6—10]. Trotz aller Anstrengungen wird es kaum möglich sein, die Vorgänge im Bereich des Nullwerdens des Lichtbogenstromes exakt zu berechnen, weil, wie eingangs erwähnt wurde, die Lichtbogenzeitkonstanten keine Konstanten sind und sich mehrere Einflußgrößen im Mikrosekundenbereich ändern. Möglich ist dagegen die Klärung der physikalischen Vorgänge im Stromnullbereich ausgehend von experimentell ermittelten Strom- und Spannungsverläufen [42]. Hierfür sind die Theorien von Cassie und Mayr von großem Nutzen.

12.2. Löschanordnungen mit Kühlung der Schaltlichtbögen durch aus Isolierstoffen austretende Gase

Bei vielen Lastschalterkonstruktionen und einigen Leistungsschaltern (sog. Magnetfeldschalter) bis Reihe 20 wird der Wechselstrom-Schaltlichtbogen durch die im Abschnitt 6.3.2. beschriebene Kühlung in engen Isolierstoffspalten gelöscht. Der Löscheffekt ist ähnlich wie bei Niederspannungsschaltern mit Isolierstoffkammern (Abschnitt 10.2.). Bei Niederspannungsschaltern werden jedoch in der Regel keramische Isolierstoffe verwendet; bei Mittelspannungsschaltern dagegen kommen Isolierstoffe zum Einsatz, die unter Einwirkung des Lichtbogens möglichst viel Gas abgeben. Der höhere Isolierstoffverschleiß kann bei Schaltern über 1000 V in Kauf genommen werden, weil sie für eine geringere Schaltspielzahl (20 Schaltspiele) gebaut werden als Schalter unter 1000 V.

Bei *Lastschaltern werden Löschkammern* mit engen Spalten oder Bohrungen verwendet, in denen der Lichtbogen unmittelbar durch Trennung der Kontaktstücke erzeugt wird. Die Schalter besitzen sprungbetätigte Schaltglieder.

Bild 12.5 zeigt den prinzipiellen Aufbau der Schaltkammern mit ebenen Isolierstoffspalten (Scheuklappe) (a), mit einer Bohrung (Rohrkammer) (b) sowie mit ringförmigem Isolierstoffspalt (Ringspaltkammer)

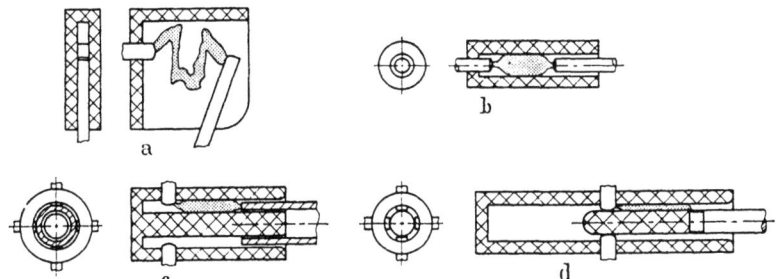

Bild 12.5. Prinzipieller Aufbau von Isolierstoff-Löschkammern für Mittelspannungs-Lastschalter.

und zwar mit feststehendem (c) und mit beweglichem Isolierstoffinnenteil (d).

Angestrebt werden Löschkammerformen, bei denen das Volumen des Lichtbogenraumes durch das Herausziehen des beweglichen Schaltgliedes nicht zu stark vergrößert wird. Bei großen Schaltgliedquerschnitten sind daher die Löschkammerformen (a), (c) und (d) günstiger als die Form (b). Der Einfluß der Spaltweite auf den Energieentzug aus der Lichtbogensäule wurde bereits im Kapitel 10 besprochen (vgl. auch Bilder 10.9a und b, S. 260).

Von den Isolierstoffen wird gefordert, daß sie geeignetes Gas abgeben, keine elektrisch leitenden Rückstände bilden, wenig verschleißen und eine ausreichende Wärmeleitung gewährleisten. In Lastschalterlöschkammern haben sich Polyamide, Acetalharze, Plexiglas und Plexigum mit 6% Bohrsäureanhydrid, Delrin und bei geringeren Anforderungen auch Fiber bewährt.

Die aus dem Isolierstoff austretende Gasmenge ist abhängig von der Größe des Lichtbogens. Um eine sichere Löschung zu gewährleisten, wird bei einigen Konstruktionen der Schaltlichtbogen zusätzlich von einer Luftströmung gekühlt, die bei der Ausschaltbewegung des beweglichen Schaltgliedes erzeugt wird. Bild 12.6 zeigt als Beispiel den Pol eines solchen Lastschalters [11] einer ausfahrbaren gießharzisolierten Schaltanlage für Reihe 10.

Im eingeschalteten Zustand (Bild 12.6a) fließt der Betriebsstrom über den oberen Leitungsanschluß *1*, das feststehende Kontaktrohr *4*, die bewegliche Kontakttulpe *6* und das Gleitkontaktstück *7* zum unteren Leitungsanschluß *8*.

Beim Ausschalten wird durch die Ausschaltfeder (im Bild 12.6 nicht dargestellt) die Schaltstange mit der Kontakttulpe *6* und die damit gekoppelte Löschkammer *5* nach unten bewegt. Der entstehende Schaltlichtbogen brennt zwischen den Kontaktfingern der Tulpe und dem Abbrennring am Ende des Kontaktrohres in der Bohrung der Isolierstoff-Löschkammer aus gasabgebendem Material (Bild 12.6b). Die aus dem Isolierstoff austretenden Gase sowie die durch die Bewegung der Löschkammer aus dem darunter liegenden Raum entweichende Luft strömen vorbei und entweichen durch die Bohrung des Kontaktrohres und den Auspuffkühler *2* nach außen. Dadurch wird der Lichtbogen auch bei kleinen Strömen intensiv gekühlt und gelöscht, noch bevor die Löschkammer das Ende des feststehenden Kontaktrohres freigibt. Beim Ausschaltvorgang füllt sich der Raum zwischen der Löschkammer und dem Polrohr über die Einlaßschlitze *3* mit Frischluft. Umgekehrt wird beim Einschaltvorgang durch diese Öffnungen Luft abgeblasen. Bild 12.6c zeigt den Schalter in der Ausschaltstellung.

Weitere Konstruktionsbeispiele ausgeführter Lastschalter-Lösch-

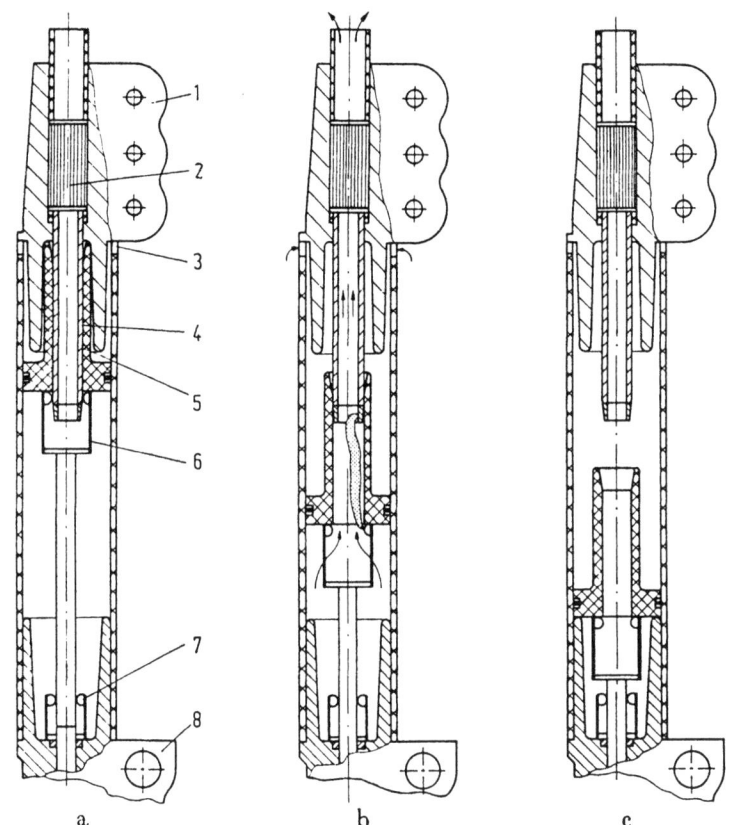

Bild 12.6. Pol eines Mittelspannungs-Lastschalters mit Isolierstoff-Löschkammer und zusätzlicher Luftbeblasung des Lichtbogens.
1 Oberer Leitungsanschluß; *2* Auspuffkühler; *3* Lufteinlaßschlitze; *4* festes Kontaktrohr; *5* Löschkammer (gasabgebend); *6* bewegliche Kontakttulpe; *7* Gleitkontaktstücke; *8* unterer Leitungsanschluß.

kammern mit Löschung der Schaltlichtbögen infolge Kühlung durch aus Isolierstoffen austretende Gase werden im Kapitel 13 beschrieben.

Bei *Leistungsschaltern*, die nach diesem Löschprinzip arbeiten, sind die Löschkammern ähnlich aufgebaut wie die Isolierstoffkammern der Niederspannungs-Leistungsschalter. Der nach Kontakttrennung entstehende Schaltlichtbogen wird mittels starker magnetischer Blasfelder in die engen Isolierplatten hineingetrieben. Die Isolierstoffkammern besitzen bei einigen Konstruktionen mäanderförmige, sich nach außen verengende Isolierspalte ähnlich Bild 10.8b. Bei anderen Konstruktionen ist eine Vielzahl von Isolierstoffspalten nebeneinander angeordnet, zwischen die Teilabschnitte des Schaltlichtbogens eintreten. Bild 12.7

zeigt als Beispiel die Löschkammer eines solchen Schalters (Solenarc-Schalter). Es erfolgt eine Aufteilung des Lichtbogens durch Metallbügel in viele Teilbögen, die sich, um 90° geschwenkt, in den Spalten zu Schleifen aufweiten. Da die Schleifen in einer Achse angeordnet sind, wirkt, wie bei einer Spule, ein starkes Magnetfeld.

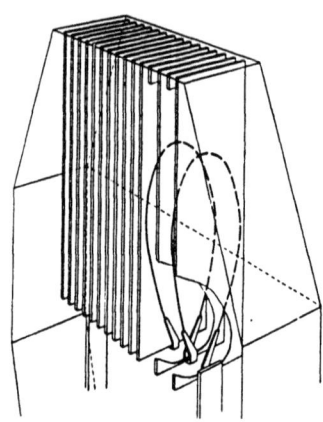

Bild 12.7. Isolierstoff-Löschkammer eines Mittelspannungs-Leistungsschalters.

Infolge der raschen Ablenkung der Lichtbogenfußpunkte von den Kontaktstücken auf die Abbrandhörner, die bei einigen Ausführungen durch eine selbsterzeugte Luftströmung unterstützt wird, ist der Kontaktverschleiß gering. Die Kontaktglieder und der mechanische Antrieb erfordern jedoch einen relativ hohen konstruktiven Aufwand, weil im Falle schleifenförmiger Kontaktanordnungen bei Kurzschlüssen höhere dynamische Kräfte wirken als bei axial angeordneten Schaltgliedern (z. B. Kontakttulpe-Schaltstift).

12.3. Löschanordnungen mit Kühlung des Schaltlichtbogens durch strömendes Gas

Zur Verhinderung des Wiederzündens ist der Bogensäule durch intensive Kühlung mit einer entsprechenden Gasströmung so viel Wärme zu entziehen, daß die Schaltstrecke ihre Leitfähigkeit verliert und die nach dem Stromnullwerden zwischen den Kontaktstücken ansteigende Einschwingspannung halten kann. Da der Beginn der Gasströmung mit wirtschaftlichen Mitteln nicht mit dem Nulldurchgang des Lichtbogenstromes synchronisiert werden kann, setzt sie in der Regel etwa gleichzeitig mit der Trennung der Schaltkontaktstücke ein. Bei einigen

12.3. Löschanordnungen mit Kühlung durch strömendes Gas

Konstruktionen beginnt die Gasströmung erst, nachdem die Kontaktstücke eine für die Löschung erforderliche Distanz erreicht haben.

Die Abnahme der elektrischen Leitfähigkeit erfolgt hauptsächlich durch Wärmeentzug aus der Plasmasäule durch Diffusionsvorgänge (s. Kap. 3). Hinzu kommt, daß in einem Teil der Schaltstrecke bei starker Gasströmung noch teilweise ionisierte und heiße Gasreste durch frisches Gas ersetzt werden, was sich auf die Rückzündsicherheit des Schalters günstig auswirkt.

12.3.1. Löschgase

Zum Löschen der Schaltlichtbögen werden bei Last- und Leistungsschaltern für Reihenspannungen unter 30 kV hauptsächlich Luft und darüber Luft oder Schwefelhexafluorid (SF_6) verwendet. Schwefelhexafluorid hat gegenüber Luft bessere Lichtbogen-Löscheigenschaften. Daher besteht die Tendenz auch im Mittelspannungsbereich, Luft durch SF_6 zu ersetzen.

Die Vorteile von SF_6 gegenüber Luft sind:

a) Infolge der höheren Wärmeleitfähigkeit des bei hohen Temperaturen zersetzten SF_6-Gases (s. Bild 3.4) und des geringeren Lichtbogengradienten (s. Bild 3.8) gegenüber Luft (N_2) wird während der Lichtbogenbrenndauer die in der Schaltstrecke erzeugte Schaltarbeit ($\int u_B \cdot i \cdot dt$) kleiner und die Gefahr des Lichtbogenabrisses (Chopping) beim Ausschalten kleiner Ströme geringer.

b) Unmittelbar vor dem Nullwerden des Bogenstromes nimmt die elektrische Leitfähigkeit durch die im Abschnitt 3.4 beschriebenen

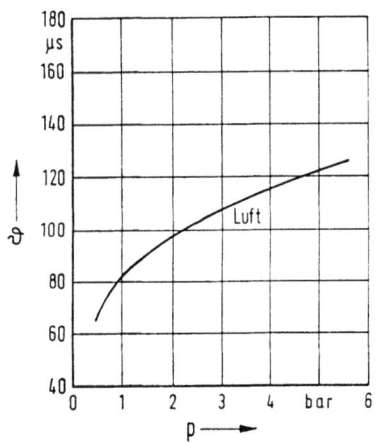
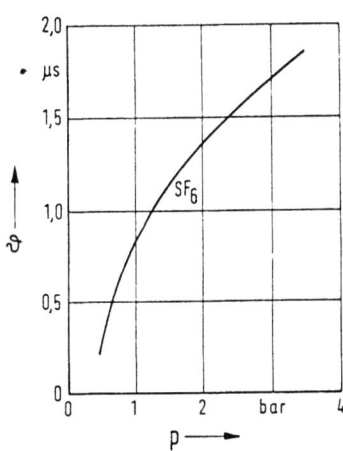

Bild 12.8. Lichtbogenzeitkonstante ϑ in Abhängigkeit vom Gasdruck p für Luft und SF_6.

physikalischen Vorgänge sehr viel rascher ab als bei anderen Gasen. Dies wird aus dem Vergleich der Lichtbogen-Zeitkonstanten ϑ in Abhängigkeit des Druckes besonders deutlich (Bild 12.8) [12]. Die Werte wurden in ruhendem Gas bei 1 A nach dem im Kapitel 5.3 beschriebenen Verfahren ermittelt. Zu beachten sind die unterschiedlichen Zeitmaßstäbe im Bild 12.8.

c) Nach der Löschung des Schaltlichtbogens verfestigt sich eine mit SF_6 beströmte Schaltstrecke infolge der Elektronegativität dieses Gases rascher und auf höhere Werte als eine mit Luft beströmte.

Als Nachteile sind anzuführen:

a) Infolge der hohen Kosten des SF_6-Gases sowie der chemisch aggressiven und giftigen Eigenschaften eines Teils seiner Zersetzungsprodukte darf das Gas nicht ins Freie abströmen. Die Schalterpole müssen mit einem geschlossenen Gaskreislauf arbeiten und so dicht sein, daß die Leckraten gering sind.

b) Obwohl SF_6 bei Temperaturen unter 500 °C keinen einzigen Stoff chemisch angreift, entstehen unter Lichtbogeneinwirkungen, insbesondere bei Anwesenheit von Wasser, chemisch aggressive Zersetzungsprodukte. In den Schaltern können daher nur solche Werkstoffe verwendet werden, die von diesen Zersetzungsprodukten nicht angegriffen werden. Als Isolierstoffe haben sich besonders Teflon, Plexiglas und Epoxydharze ohne silikathaltige Beimengungen am besten bewährt [13, 14]. Außerdem müssen in den Kreislauf Filter mit aktiviertem Aluminiumoxid (Al_2O_3), Natronkalk oder mit Mischungen dieser Stoffe, die störende Zersetzungsprodukte binden, eingebracht werden.

c) SF_6 besitzt eine um den Faktor 3 geringere Strömungsgeschwindigkeit als Luft (Schallgeschwindigkeit in Luft: 300 m/s, in SF_6: 100 m/s). Außerdem geht, wie Bild 12.9 zeigt [15], SF_6 schon bei geringen Drücken

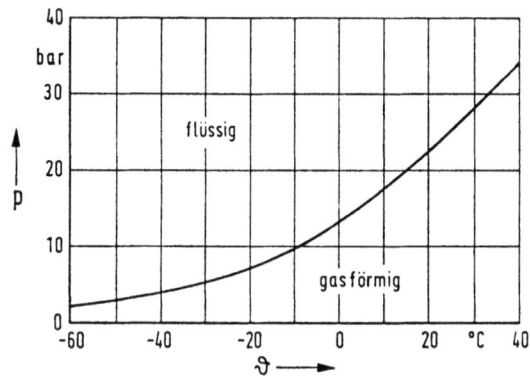

Bild 12.9. Grenze zwischen flüssigem und gasförmigem Zustand von SF_6 in Abhängigkeit von Temperatur und Druck.

und Temperaturen vom gasförmigen in den flüssigen Zustand über. Diese Eigenschaften erfordern bei der Konstruktion des Schalters kürzere Gaszuströmkanäle mit größerem Querschnitt als bei Luftschaltern und eine Zusatzheizung bei tiefen Außentemperaturen.

Bild 12.10 zeigt eine Gegenüberstellung der Ausschaltströme von Schaltern mit Luft und SF_6 als Löschgas [16] (Stand 1971). Wie man daraus ersehen kann, lassen sich mit SF_6 als Löschmittel höhere Ausschaltleistungen pro Schaltkammer erzielen als mit Luft.

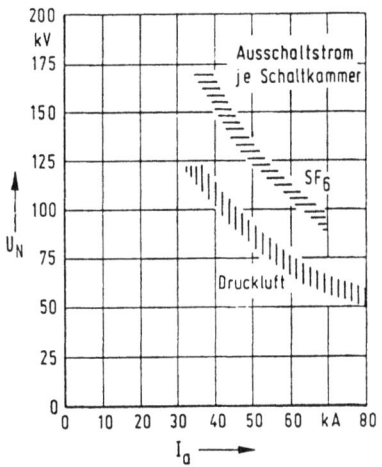

Bild 12.10. Vergleich der Schaltleistung von Druckgasschaltern mit Luft und SF_6 als Löschmittel.

12.3.2. Kontakt- und Löschdüsenformen

Um eine wirksame Wärmeabfuhr aus dem Schaltlichtbogen zu gewährleisten, muß die Gasströmung möglichst dicht an den heißen Kern der Säule herangeführt werden. Je nach der Lage des Strömungsvektors zur Achse des Lichtbogens unterscheidet man zwischen axialer und radialer Löschmittelströmung sowie einer einseitigen Strömung quer zur Lichtbogenachse.

Das Löschgas wird in den Schaltkammern über Zuströmkanäle zu den aus Düsen und Kontaktstücken bestehenden Schaltstellen geführt und verläßt diese durch Abströmkanäle. Bei der Bemessung der Düsen sowie der Zu- und Abströmkanäle muß folgendes beachtet werden:

a) Bei jeder Löschkammeranordnung gibt es eine von der Form der Löschdüsen und der Kontaktstücke, der Größe des Lichtbogenstromes sowie der Höhe des Löschmitteldruckes abhängige Stellung der Kontaktglieder, bei der optimale Löscheigenschaften herrschen. Diese Stellung muß experimentell ermittelt werden. Es ist daher zweckmäßig, die Ausschaltbewegung der beweglichen Kontatkstücke so zu steuern, daß diese in der optimalen Stellung so lange verharren, bis der Schaltlichtbogen verlischt und dann erst anschließend die Endstellung einnehmen.

b) Die Zu- und Abströmkanäle sowie die Düsenform sind so zu bemessen, daß das Gas in der eigentlichen Löschstrecke möglichst mit Schallgeschwindigkeit strömt; dabei ist zu beachten, daß das Löschgas in der Schaltstrecke durch den Lichtbogen stark erwärmt wird. Wichtig ist, daß großräumige Wirbelbildungen sowohl in den Zu- als auch in den Abströmkanälen des Löschgases vermieden werden.

c) Die Größe des engsten Querschnittes der Düsenbohrungen hängt vom maximalen Wert des Lichtbogenstromes und von dem Druck des Löschgases ab. Bei zu geringen Düsenbohrungen kann bei großen Augenblickswerten des Stromes das Lichtbogenplasma die Düse so verstopfen, daß die Gasströmung völlig aufhört. Der Schaltlichtbogen nimmt dann den kürzesten Abstand zwischen den Kontaktgliedern ein. Durch diesen Rückstaueffekt steigt der Kontaktstückabbrand stark an; es besteht weiter die Gefahr, daß sich der Lichtbogen in die Gaszuströmräume hinein aufweitet und dort infolge seiner hohen Temperatur Schäden verursacht [17]. Der Grenzstrom I_v, bei dem eine Düsenverstopfung eintritt, ist druckabhängig $\left(I_{v1}/I_{v2} \approx (p_1/p_2)^{0,5}\right)$ [16].

Die nachfolgenden Bilder veranschaulichen die heute in modernen Schaltgeräten verwendeten Düsen- und Kontaktanordnungen in prinzipieller Darstellung.

Bild 12.11a zeigt eine erstmalig von Ruppel [18] vorgeschlagene Anordnung, bei der der Lichtbogen zwischen einem beweglichen Schaltstift und einer feststehenden Metalldüse entsteht und durch die Gasströmung in die Düsenbohrung hineingetrieben wird. Der obere Lichtbogenfußpunkt wandert dabei vom unteren Rand der Metalldüse über die Düsenbohrung zur Trichterinnenwand des Abströmkanals. Der Lichtbogen wird in der Düse vorwiegend axial in der Nähe des oberen Fußpunktes quer zu seiner Achse von Gas beströmt.

Ähnlich aufgebaut ist die Konstruktion nach Bild 12.11 b mit einem beweglichen Schaltrohr und einem feststehendem Schaltstift als Gegenelektrode. Wenn der Abströmquerschnitt aus konstruktiven Gründen nicht trichterförmig vergrößert werden kann, dann ist das Ausschaltvermögen gering und nur für Hochspannungs-Lastschalter ausreichend.

Die Bilder 12.11 c bis e stellen einige Abwandlungen der Ruppeldüse dar. Sie besitzen zusätzliche Abbrandelektroden, auf der der Lichtbogenfußpunkt ansetzt, sobald der obere Teil des Lichtbogens in seine Nähe kommt. Dadurch entfällt die Querbeblasung des Lichtbogens in seinem

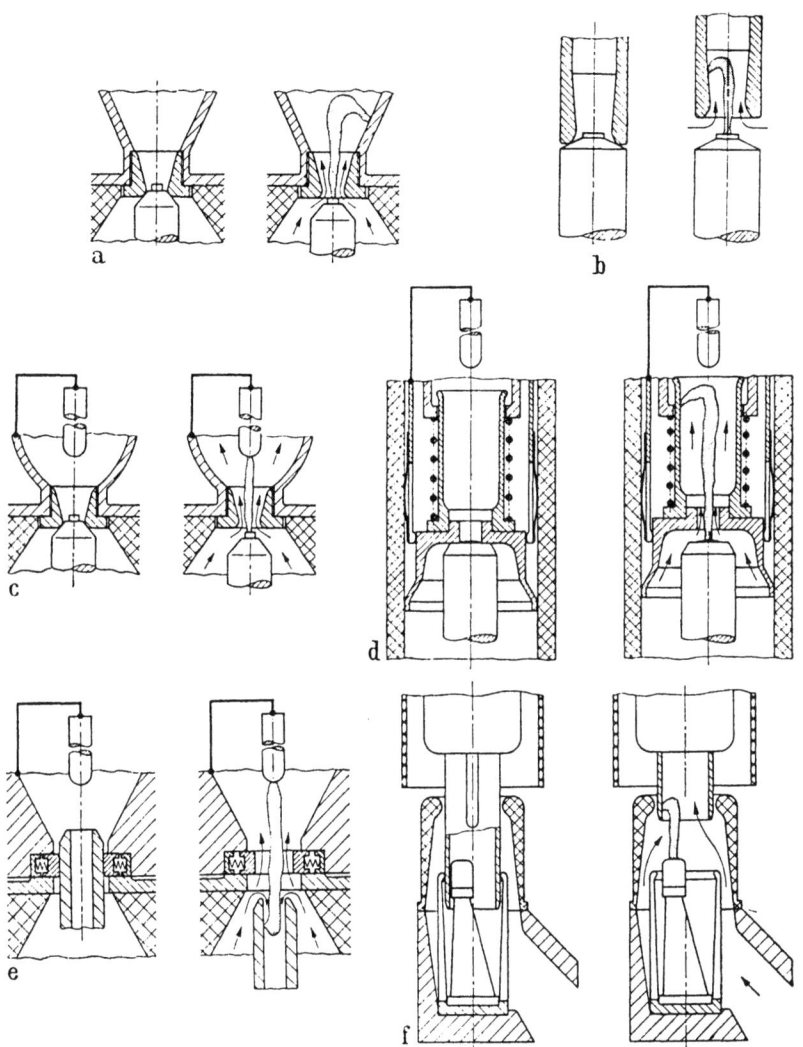

Bild 12.11. Schaltstellen von Druckgasschaltern mit Metalldüsen.

oberen Bereich, auch wird der Materialabbrand in der Düsenbohrung durch den oberen Lichtbogenfußpunkt reduziert. Die Ausführung (d) mit einer beweglichen Düse und einer feststehenden Gegenelektrode öffnet solange, wie sie vom Druckgas durchströmt wird und schließt unter der Wirkung der Feder, sobald der Druck einen bestimmten Wert unterschreitet (Impulskontaktanordnung). Die Beströmung des Lichtbogens durch das Löschgas entspricht den Anordnungen (a) und (c). Die Düsenanordnung (e) ist mit einem beweglichen Schaltrohr, einer feststehenden Metalldüse mit Kontaktfingern und einer Abbrandelektrode ausgestattet. Bei großen Schalternennströmen sind, wie bereits im Kapitel 9.35 erläutert, Kontakttulpen günstiger als Tastkontaktstücke. Das Schaltrohr anstelle eines Stiftes verbessert die Schalteigenschaften der Ruppeldüse, weil auch die Säule im Bereich des unteren Lichtbogenfußpunktes von dem durch die Bohrung des Schaltrohres entweichenden Gas zusätzlich radial beströmt wird.

Die Konstruktion nach Bild 12.11 f mit einem beweglichen Schaltrohr und einer feststehenden Kontakttulpe besitzt einen exzentrisch angeordneten Abbrandstift. Das Abgas tritt über Schlitze im Schaltrohr nach außen; es liegt eine axiale Beströmung vor.

Im Bild 12.12 sind Schalteinrichtungen mit Isolierstoffdüsen dargestellt. Bei der Konstruktion (a) brennt der Schaltlichtbogen nach

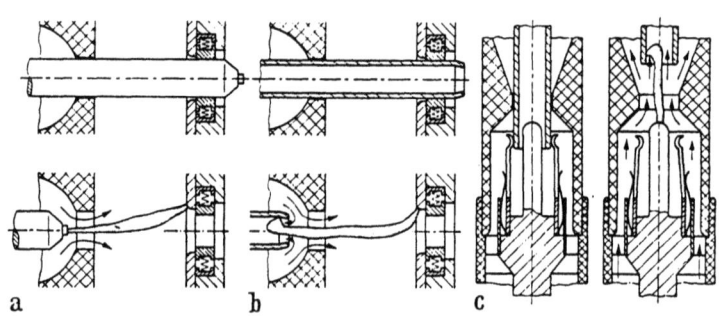

Bild 12.12. Schaltstellen von Druckgasschaltern mit Isolierstoffdüsen.

Kontakttrennung zwischen dem feststehenden Abbrennring vor der Kontakttulpe und der Spitze des bewegten Ausschaltstiftes. Eine wirksame axiale Gasbeblasung der Bogensäule setzt erst ein, wenn der Schaltstift die Bohrung der Isolierstoffdüse freigibt. Dem Lichtbogen wird dabei erst dann Energie entzogen, wenn der Schaltstift in einer für die Löschung günstigsten Stellung steht. Durch Verwendung eines Schaltrohres (Bild 12.12 b) anstelle eines Stiftes werden die Löscheigenschaften wie bei der Düsenanordnung nach Bild 12.11 e verbessert.

Bei der Ausführung mit Kontakttulpe und Abbrandstift, einem Schaltrohr und einer Isolierstoffdüse nach Bild 12.12 c wird das Löschgas durch den Ringspalt zwischen der Tulpe und dem Tragzylinder der Düse zugeführt und beströmt den Schaltlichtbogen im wesentlichen nur axial. Die Abgase verlassen die Löschkammer zum Teil durch die Bohrung des Schaltrohres, zum größten Teil aber auch durch den Ringspalt zwischen Schaltrohr und Isolierstoffdüse. In der praktischen Ausführung sind das

Schaltrohr und die Kontakttulpe mit der Isolierstoffdüse beweglich ausgeführt.

Im Bild 12.13 zeigt die von Read [19] vorgeschlagene Doppeldüsenanordnung (a) sowie zwei Kontaktanordnungen moderner Leistungsschalter für große Nennströme und Abschaltleistungen (b und c). Die Löschmittelströmung ist zwischen den Kontaktrohren radial, in der Bohrung axial und im Fußpunktbereich quer zur Lichtbogenachse. Er-

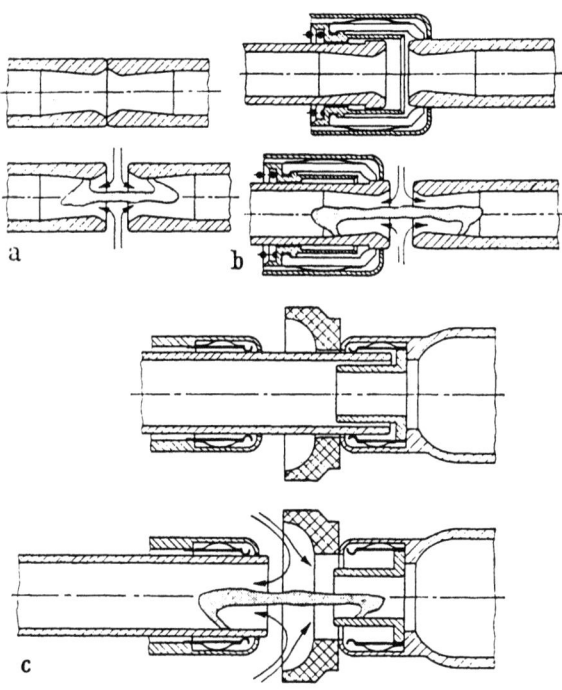

Bild 12.13. Schaltstellen von Druckgasschaltern mit rohrförmigen Schaltstücken.

reicht wird eine schnelle Wiederverfestigung, da die ionisierten Gase und Dämpfe rasch aus der Rückzündzone weggeführt werden. Bei kleineren Strömen genügen Tastkontaktstücke, bei großen Strömen sind Kontakttulpen notwendig. Bei der Anordnung (b) besitzen beide Kontaktrohre gleiche Durchmesser; sie sind feststehend und besitzen einen Abstand, bei dem die Löschung optimal ist. Im eingeschalteten Zustand werden beide Elektroden durch einen Kontaktkorb mit mehreren einzelabgefederten Kontaktfingern überbrückt. Bei der Ausschaltung wird der Kontaktkorb im Falle des Bildes 12.13b nach links betätigt. Dabei entsteht ein Lichtbogen zwischen den Stirnflächen; gleichzeitig wird die

Gasströmung freigegeben, die den Bogen radial beströmt und ihn in die Bohrungen zwingt. Bei dieser Ausführung ist zusätzlich ein Trenner erforderlich, wenn der optimale Löschabstand nicht ausreicht, die Spannung für längere Zeit zu halten und wenn der Kontaktkorb als Impulskontaktglied ausgeführt wird wie der bewegliche Düsenkontakt im Bild 12.11 d, der nach erfolgter Ausschaltung unter Federeinwirkung schließt. Die Konstruktion (c) besitzt Schaltrohre mit unterschiedlichem Durchmesser. Nach der Kontakttrennung setzt der Lichtbogen an den Stirnflächen der Rohre an und wird durch die Gasströmung in die Bohrungen geblasen.

12.3.3. Erzeugung der Gasströmung

Die Erzeugung der Gasströmung zur Kühlung der Lichtbögen erfolgt in Schaltern auf zwei unterschiedliche Arten:

a) Das Gas wird beim Ausschaltvorgang durch einen mit dem beweglichen Schaltglied mechanisch gekoppelten Kolben in einem Zylinder komprimiert und strömt nach Freigabe der Zuströmkanäle über die Schaltstrecke ins Freie oder in einen Niederdruckraum (dynamisches Kompressionssystem);

b) Das Gas wird durch einen Kompressor verdichtet und in einem Druckgasbehälter bei einem Druck von 10 bis 25 bar gespeichert; beim Ausschaltvorgang öffnen die dafür vorgesehenen Ventile, so daß das Gas durch Kanäle über die Schaltstrecke ins Freie oder in einen Niederdruckbehälter strömt.

Zur Diskussion stehen auch SF_6-Schalter, bei denen die Gasströmung durch den Lichtbogen selbst erzeugt wird; bei kleineren Ausschaltleistungen kann die Kühlung eines rotierenden Lichtbogens ohne zusätzliche Strömung zur Lichtbogenlöschung ausreichen [43].

Der Ausschaltvorgang bei einem SF_6-Kompressions-Leistungsschalter [20] (Nennausschaltstrom 40 kA, Nennspannung 145 kV bei einer Schaltkammer) ist in Bild 12.14a—d veranschaulicht. Die beiden feststehenden Löschdüsen (3) innerhalb der mit SF_6 (6 bar) gefüllten Kammer werden im eingeschalteten Zustand (a) von dem Schaltkontaktstück (2) überbrückt, das mit dem Blaszylinder (1) starr verbunden ist. Beim Ausschalten wird der Blaszylinder gegen den feststehenden Kolben (4) bewegt und dabei SF_6 komprimiert (b). Bei Kontakttrennung gibt das als Absperrschieber wirkende Schaltkontaktstück die Strömung frei (c); der Lichtbogen wird in das Innere der Düsen geblasen und gelöscht. Die Ausschaltstellung zeigt Bild 12.14d.

12.3. Löschanordnungen mit Kühlung durch strömendes Gas

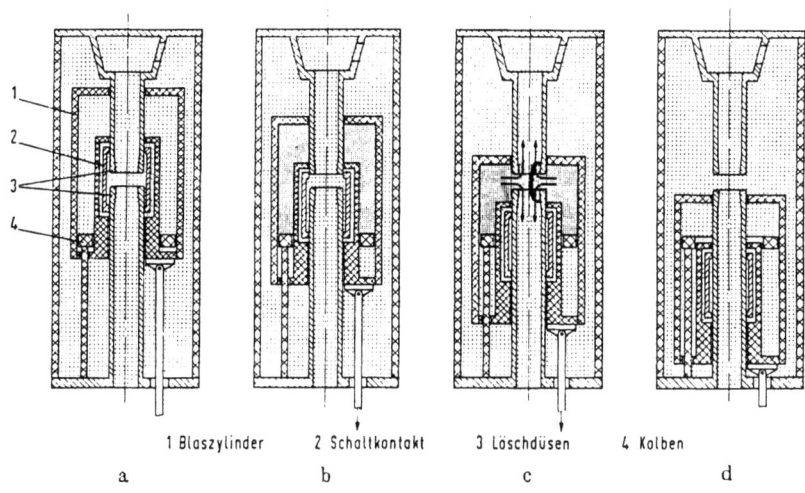

| a | b | c | d |

1 Blaszylinder 2 Schaltkontakt 3 Löschdüsen 4 Kolben

Bild 12.14. Pol eines SF_6-Kompressions-Leistungsschalters.

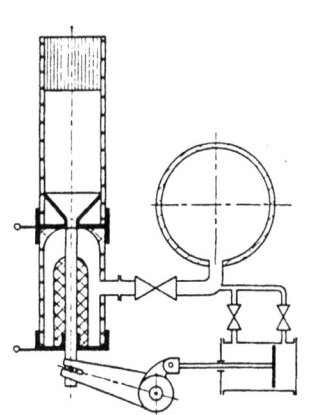

Bild 12.15. Druckluftversorgung eines Mittelspannungs-Leistungsschalters mit beweglichem Schaltstift.

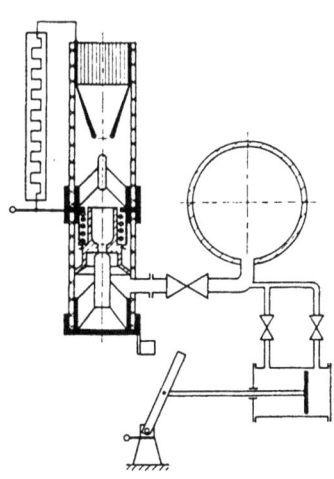

Bild 12.16. Druckluftversorgung eines Mittelspannungs-Leistungsschalters mit Impulsdüse und Trenner.

Bei Schaltern mit Druckgasspeichern können im Hinblick auf die Lage dieser Speicher zu den Schaltstrecken zwei grundsätzliche Ausführungen unterschieden werden.

Bei Mittelspannungs-Druckluftschaltern wird der Kessel, wie die Bilder 12.15 und 12.16 schematisch zeigen, so angeordnet, daß zu allen drei Polen kurze Zuströmkanäle zustande kommen. Die Hauptventile sind dabei entweder, wie dargestellt, in die Zuleitungen oder aber in den

Druckluftkessel eingebaut. Die Betätigung der beweglichen Schaltstangen bei Schaltern mit feststehender Düse (Bild 12.15) oder des Trenners bei Geräten mit Impulsdüse (Bild 12.16) erfolgt pneumatisch. Die Luft wird in einer zentralen Kompressionsanlage verdichtet und mittels Druckluftleitungen den einzelnen Druckluftkesseln zugeleitet. Die Luftmenge einer Kesselfüllung reicht in der Regel für eine KU-Schaltung.

Bei Schaltern für Reihenspannungen von ca. 110 kV an aufwärts würden sich, insbesondere bei SF_6, als Folge der großen Isolationsstrecken bei gleicher Anordnung des Druckgasspeichers zu lange Zuströmkanäle

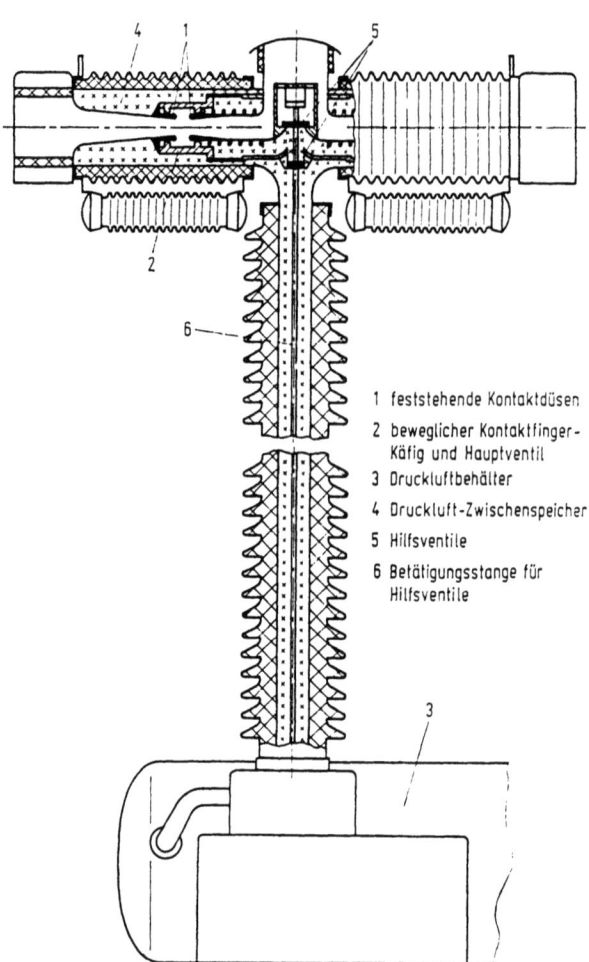

1 feststehende Kontaktdüsen
2 beweglicher Kontaktfinger-Käfig und Hauptventil
3 Druckluftbehälter
4 Druckluft-Zwischenspeicher
5 Hilfsventile
6 Betätigungsstange für Hilfsventile

Bild 12.17. Druckluftversorgung eines Hochspannungsleistungsschalters.

ergeben. Abhilfe schaffen hier Zwischenspeicher, die mit dem Hauptdruckgaskessel über isolierte Leitungen in Verbindung stehen.

Bild 12.17 zeigt als Beispiel den halben Pol eines Druckluftschalters [21] mit einem Zwischenspeicher *4* innerhalb der Isolatoren. Die Druckluft befindet sich dabei in unmittelbarer Nähe der Schaltstrecke. Die beiden feststehenden Kontaktdüsen *1* sind, wie bereits anhand des Bildes 12.13 b erläutert, im günstigsten Löschabstand angeordnet; sie werden im geschlossenen Zustand durch einen Kontaktfingerkäfig *2* metallisch überbrückt, der gleichzeitig die Funktion des beweglichen Teiles des Hauptventiles übernimmt und unter Einwirkung einer Feder gegen den Ventilflansch an eine der feststehenden Elektroden gepreßt wird. Es handelt sich hier um eine Impulskontaktkonstruktion. Die Schaltstrecke öffnet nach Entlüften des Federraumes durch ein Hilfsventil *5* und schließt nach Beendigung des Ausschaltvorganges wieder, so daß zusätzliche in Reihe angeordnete Trennkammern erforderlich sind. Jeder Pol besitzt in seiner Grundform vier in Reihe geschaltete Impulskammern und zwei damit in Reihe liegende Trennkammern (maximale Ausschaltleistung 20 GVA bei 220 kV).

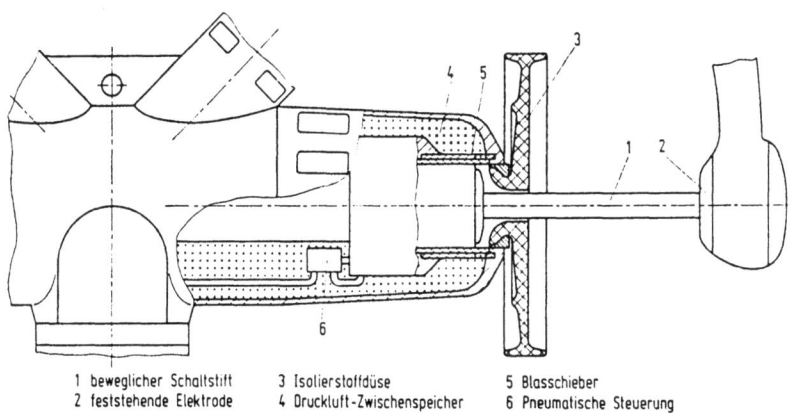

| 1 beweglicher Schaltstift | 3 Isolierstoffdüse | 5 Blasschieber |
| 2 feststehende Elektrode | 4 Druckluft-Zwischenspeicher | 6 Pneumatische Steuerung |

Bild 12.18. Druckluftzwischenspeicherung im Schaltkopf eines Hochspannungs-Freistrahlschalters.

Eine weitere Druckluftschalter-Konstruktion (Freistrahlschalter) [22] ist im Bild 12.18 dargestellt. Die Druckluft reicht in den Schaltköpfen bis an die Löschstrecke heran und wird beim Ausschaltvorgang durch ein als Schieber *5* ausgeführtes Ventil freigegeben. Die volle Beblasung erfolgt erst, nachdem der bewegliche Schaltstift *1* die Kunststoffdüse *3* freigibt. In der Grundausführung besitzt der Schalter zwei in Reihe liegende Schaltstrecken (maximale Ausschaltleistung 5 GVA bei 110 kV).

Der Druckluftbedarf je Schaltstrecke und Ausschaltvorgang liegt in der Größenordnung von 500 l bezogen auf Atmosphärendruck.

Die Bilder 12.19 und 12.20 stellen zwei Konstruktionsbeispiele von SF_6-Schaltern dar. Bei der ersten Ausführung [23] besitzen jeweils zwei Schaltstrecken einen Hochdruckzwischenspeicher 4 (15 bar). Nach Öffnung des Ventils 6 strömt das Gas über die beiden kurzen Rohre zu den Schaltkammern und durch die Düsen in die Niederdruckräume 5 am äußeren Ende der Schaltstrecke sowie in die tragende Säule des Schalters. Nach der Ausschaltung wird das Gas aus den Niederdruckräumen abgesaugt,

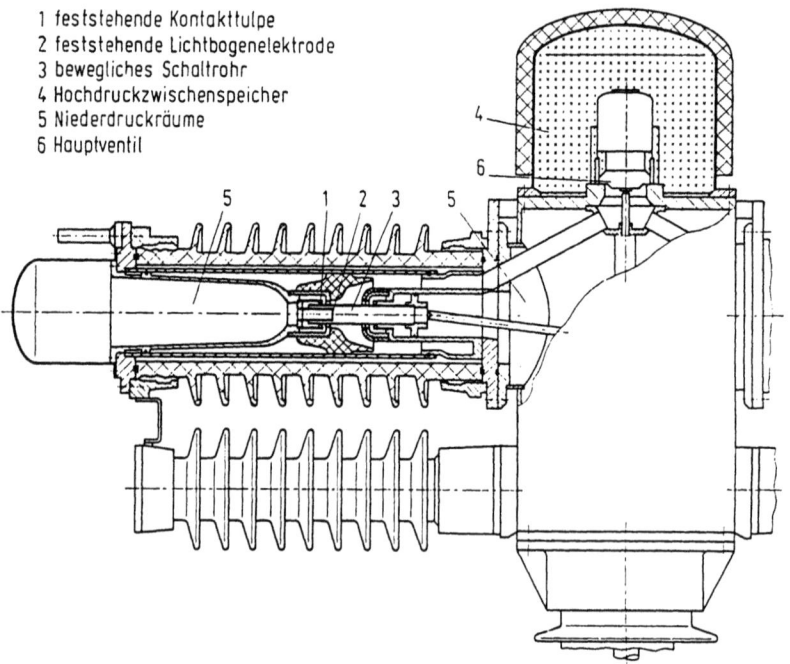

1 feststehende Kontakttulpe
2 feststehende Lichtbogenelektrode
3 bewegliches Schaltrohr
4 Hochdruckzwischenspeicher
5 Niederdruckräume
6 Hauptventil

Bild 12.19. Schaltstelle eines SF_6-Leistungsschalters mit Hochdruckzwischenspeicher.

gefiltert, komprimiert und in dem Hochdruckteil wieder gespeichert. In der Ausschaltstellung herrscht in der geöffneten Schaltstrecke ein SF_6-Druck von 3 bar. Die Spannungsfestigkeit ist höher als bei Druckluftschaltern. Mit vier Schaltstrecken in Reihe beherrscht der Schalter 15 GVA bei 220 kV.

Bei den Löschkammern nach Bild 12.17 bis 12.19 befinden sich die Hauptventile, die die Gasströmung freigeben vor den Schaltstrecken. Die Konstruktion einer SF_6-Löschkammer [24, 25], bei der das Hauptventil in den Abströmkanälen der Schaltstrecken angeordnet ist, zeigt Bild 12.20. Damit wird erreicht, daß sich die Schaltstrecke auch im geöffneten Zustand im Hochdruck-SF_6-Raum (9,5 bar) befindet, so daß man gegenüber den anderen Konstruktionen mit geringeren Kontaktabständen auskommt. Beim Ausschalten bewegt sich das als Nachlaufstift ausgebildete feste Kontaktstück *1* zunächst ein Stück mit der beweglichen Kontaktdüse *2*; gleichzeitig öffnet das ringförmige Ventil. Dadurch wird erreicht, daß im Augenblick der Kontakttrennung bereits eine Gasströmung zum Niederdruckraum *4* (2,5 bar) vorliegt. Nach erfolgter Ausschaltung wird das Ringventil mechanisch entklinkt und bewegt sich unter Federeinwirkung in die Schließstellung zurück. Das abgeströmte

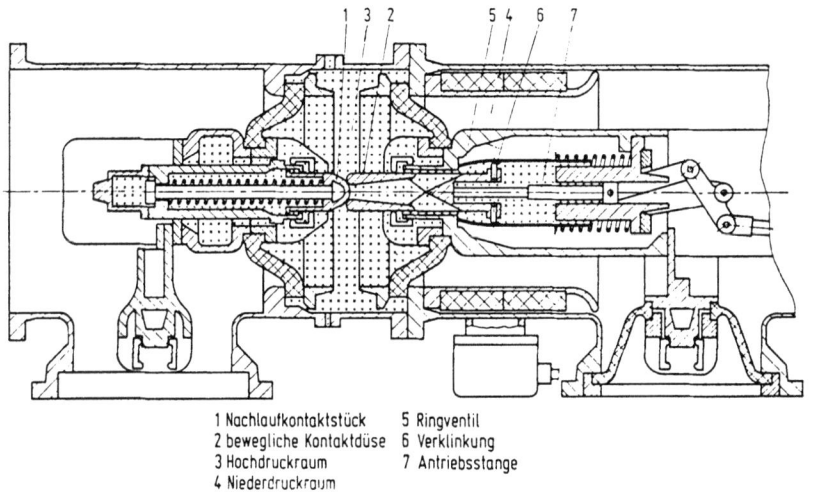

1 Nachlaufkontaktstück 5 Ringventil
2 bewegliche Kontaktdüse 6 Verklinkung
3 Hochdruckraum   7 Antriebsstange
4 Niederdruckraum

Bild 12.20. Pol eines SF_6-Leistungsschalters mit Hochdruckzwischenspeicherung im Bereich der Schaltstelle.

Gas wird nach gründlicher Filterung über einen Kompressor wieder dem Hochdruckraum *3* zugeführt. Der Schalter wird mit Einfachunterbrechung für Spannungen bis 170 kV gebaut (Ausschaltleistung 5 GVA bei 123 kV).

Der Gasbedarf bei SF_6-Schaltern liegt je nach System zwischen 30 und 300 l je Ausschaltung bezogen auf Atmosphärendruck.

12.3.4. Druckgasschalter mit niederohmigem Parallelwiderstand

Zur Erleichterung der Ausschaltung können bei Druckgasschaltern, wie in den Bildern 12.21 a und c dargestellt, parallel zu den Schaltstrecken niederohmige Widerstände angeordnet werden. In beiden Fällen brennt der Lichtbogen nach der Kontakttrennung bis zu seinem ersten Polaritätswechsel zwischen den Schaltgliedern der Hauptschaltstrecken. Bei der

Anordnung 12.21 a zündet nach dem Polaritätswechsel unter dem Einfluß der Einschwingspannung der Lichtbogen zwischen der oberen Elektrodenanordnung, da sie in diesem Zeitpunkt eine geringere Spannungsfestigkeit besitzt als die durch frisches Gas gut entlüftete Hauptschaltstrecke. Durch den Widerstand wird der Strom in der zweiten Halbwelle in seiner Größe stark begrenzt (s. Bild 12.21 b). Dieser Lichtbogen kann nunmehr

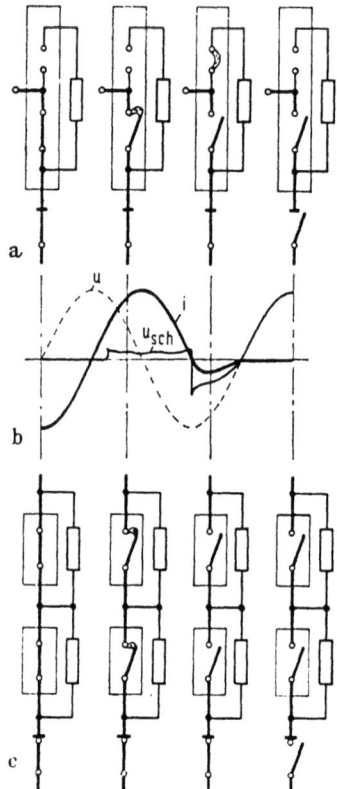

Bild 12.21. Anordnung von niederohmigen Widerständen parallel zu den Schaltstrecken von Druckgasschaltern.

durch die Gasströmung leicht gelöscht werden, zumal die wiederkehrende Spannung infolge des stark ohmschen Kreises nahezu sinusförmig (50 Hz) ansteigt. Besitzt der Schalter eine Impulskammer, dann wird ein Trenner in Reihe angeordnet, der stromlos öffnet, bevor die Hauptschaltstrecke nach erfolgter Ausschaltung wieder schließt.

Eine andere Bauart ist im Bild 12.21 c am Beispiel eines Schalters mit zwei Schaltkammern in Reihenschaltung dargestellt. Parallel zu jeder Schaltstrecke ist ein festangeschlossener niederohmiger Widerstand geschaltet. In diesem Fall ist ein in Reihe liegender Lasttrenner notwendig,

12.3. Löschanordnungen mit Kühlung durch strömendes Gas

der den nach der Lichtbogenlöschung über die Widerstände fließenden Strom unterbricht.

Eine interessante Sonderkonstruktion stellen Druckluft-Generatorschalter [26] dar, die mit Wasserkühlung für Nennströme bis 36 kA (Ausschaltleistung maximal 5 GVA bis 28 kV) lieferbar sind und die ebenfalls mit niederohmigen Parallelwiderständen arbeiten. Bild 12.22a bis c zeigt in prinzipieller Darstellung drei verschiedene Schaltzustände eines derartigen Schalters mit zwei in Reihe liegenden Leistungsschaltstrecken *1*, die in der Ein- und Ausschaltstellung durch einen Korb *6* mit einer Vielzahl von Kontaktfingern überbrückt sind. Parallel dazu liegen die niederohmigen Widerstände *2*; in Reihe geschaltet mit einem

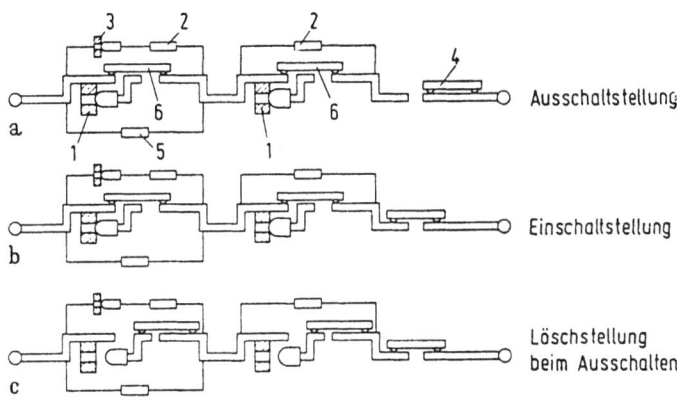

Bild 12.22. Prinzipielle Darstellung der Schaltzustände eines Druckluft-Generatorschalters mit niederohmigen Parallelwiderständen.

dieser Widerstände ist eine Lastschaltstrecke *3*. Zur Aufnahme der Spannung im ausgeschalteten Zustand dient die Trennstelle *4*. Der spannungsabhängige Widerstand *5* dämpft die beim Ausschalten kleiner induktiver Ströme möglichen Überspannungen auf ungefährliche Werte.

Beim Einschalten werden zunächst die Kontaktkörbe *6* zurückgezogen und die Leistungsschaltstellen *1* sowie die Lastschaltstellen *3* geöffnet, so daß der Trenner *4* stromlos schließen kann. Es folgt die Einschaltung des Stromkreises durch die kurzschlußfesten Leistungsschaltstücke *1*; danach schließen die Lastschaltstücke *3* und die Kontaktkörbe *6*. Beim Ausschalten öffnen zunächst die Kontaktkörbe *6*, dann die Leistungsschaltstrecken *1* und nach erfolgter Kommutierung des Stromes auf die Parallelwiderstände *2* die Lastschaltstrecken *3*. Nach anschließendem Öffnen des Trenners *4* bewegen sich Leistungs- und Lastschaltstücke sowie die Kontaktkörbe wiederum in die Schließstellung.

12.4. Flüssigkeitsschalter

In Mittelspannungsanlagen finden Leistungsschalter mit ölarmen Löschkammern am häufigsten Verwendung. Der hohe Entwicklungsstand dieser Geräte bei optimaler Ausnutzung der eingesetzten Werkstoffe und die relativ hohen Herstellungszahlen führten zu leistungsfähigen und wirtschaftlich günstigen Lösungen. Die verhältnismäßig geringe Ölmenge schließt größere Ölbrände als Folge von Störungen aus. In den USA und Japan gewinnen im Mittelspannungsbereich Vakuumschalter immer stärker an Bedeutung; in Europa konnten sie sich dagegen aus preislichen Gründen noch nicht durchsetzen. Auch in Hochspannungsnetzen werden ölarme Leistungsschalter eingesetzt; hier müssen sie sich jedoch den Marktanteil mit den Druckgasschaltern (Luft und SF_6) teilen. Ölkesselschalter mit ihrem großen Volumen an brennbarem Öl werden heute kaum noch hergestellt.

12.4.1. Löschflüssigkeiten

Wie im Abschnitt 3.5. bereits erläutert, werden in Flüssigkeitsschaltern als Löschmittel hauptsächlich Schalteröl und bei besonderen Anforderungen Schaltester, Dioctyl- bzw. Dibutylsebacat, inerte Fluorchemikalien u. a. eingesetzt. Expansin als Löschmittel wird heute bei neuen Schaltern nicht mehr verwendet.

Beim Ausschaltvorgang wird die Löschflüssigkeit durch die hohe Temperatur des Schaltlichtbogens zersetzt. Die Zersetzungsprodukte des Schalteröles bestehen beispielsweise aus ca. 75% Wasserstoff sowie aus Acetylen, Methan, Athylen und niederen Kohlenwasserstoffen in wechselnder Zusammensetzung [28—30]. Diese Stoffe verändern die elektrischen Eigenschaften der Schaltflüssigkeiten nach jeder Schaltung, wie das aus den Bildern 12.23 bis 12.26 der grundsätzlichen Untersuchungen von Abdel-Asis [30] zu ersehen ist. Für die Versuche stand eine Schalterpolnachbildung mit einem Volumen von 2,5 l zur Verfügung, die jeweils 2 l Schaltflüssigkeit enthielt. Der Lichtbogen wurde 5 ms lang vor seinem Nullwerden mit frischer Schaltflüssigkeit axial beströmt (Strömungsgeschwindigkeit 20 m/s). Die Gesamtlichtbogendauer betrug ca. 10 ms und die Schaltstücktrenngeschwindigkeit 2,2 m/s. Die untersuchten Schaltflüssigkeiten und ihre Eigenschaften sind in der Tabelle Bild 12.23 zusammengestellt, soweit sie von den Herstellern angegeben sind.

Bild 12.24 zeigt den Gehalt an festen Zersetzungsprodukten G_Z der Flüssigkeiten in ppm (Gramm G_Z pro 1000 kg Flüssigkeit) in Abhängigkeit von der Anzahl n der Ausschaltungen mit Maximalwerten des Stromes von 1,9 und 15,2 kA. Man erkennt die lineare Abhängigkeit des Gehaltes an festen Zersetzungsprodukten von der Schaltzahl.

Schalterflüssigkeit		Isolieröl Fuchs E7	Isolieröl Shell Diala D	Isolieröl Esso Univolt 62	Wacker-DOS	Wacker-DBS	Wacker-Schaltester T	3 M FC-75	dest. Wasser
chemische Formel		$C_{18}H_{38}$[1]	$C_{18}H_{38}$[1]	$C_{18}H_{38}$[1]	$C_{26}H_{50}O_4$	$C_{18}H_{34}O_4$	$Si(OC_8H_{15})_4$	$C_8F_{16}O$	H_2O
Molekulargewicht		265	—	—	426	314	536	416	18
Naphtengehalt	%	30	48	—	—	—	—	—	—
Paraffingehalt	%	63	47	—	—	—	—	—	—
Aromatengehalt	%	7	5	—	—	—	—	—	—
Estergehalt	%	—	—	—	99	99	> 99	—	—
SiO_2-Gehalt	%	—	—	—	—	—	11	—	—
Gesamtschwefelgehalt	%	0,8	—	—	—	—	—	—	—
korrosiver Schwefel	%	—	0	0	—	—	—	—	—
Dichte ϱ bei 20°C	g/cm³	0,86	0,867	0,856	0,92	0,94	0,87	1,77	0,99
Stockpunkt	°C	−48	—	—	−45	−9	−88	−62	0
Flammpunkt	°C	155	145	158	200−210	173	119	—	—
Siedegrenzen	°C	265−370 (1 bar)	—	—	277−287 (26 mbar)	224−235 (26 mbar)	—	99−107 (1 bar)	100 (1 bar)
kin. Visk. ν bei +20°C	mm²/s	18,5	19,0	19,2	25	10	10	0,85	≈ 1
kin. Visk. ν bei −20°C	mm²/s	—	900	740	—	—	75	2,0	—
Durchschlagspannung U_D	kV	> 50	60	> 60	—	—	60	> 60	—
Preis (Stand 1972)	DM/kg	1,20	1,20	1,20	7	7	8	100	—

[1] Nach [41] kann als Summenformel von Transformatorenöl $C_{18}H_{38}$ angenommen werden.

Bild 12.23. Chemische und physikalische Eigenschaften von Schaltflüssigkeiten.

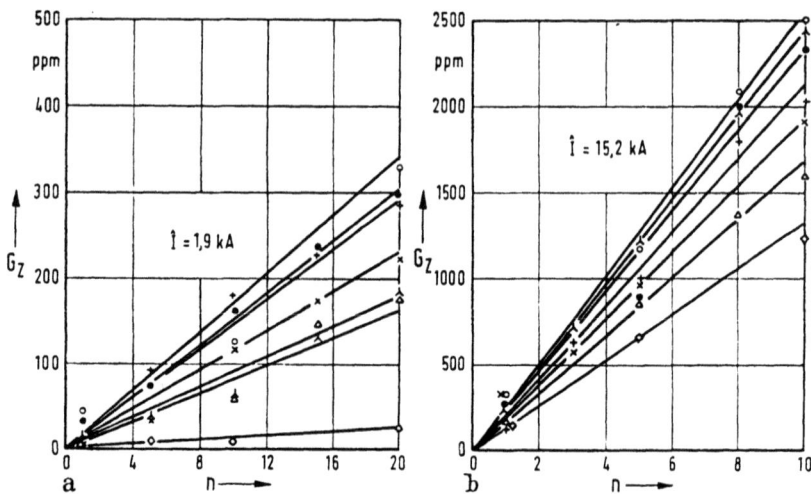

Bild 12.24. Gehalt an festen Zersetzungsprodukten G_Z in Abhängigkeit von der Schaltzahl n für unterschiedliche Schaltflüssigkeiten.

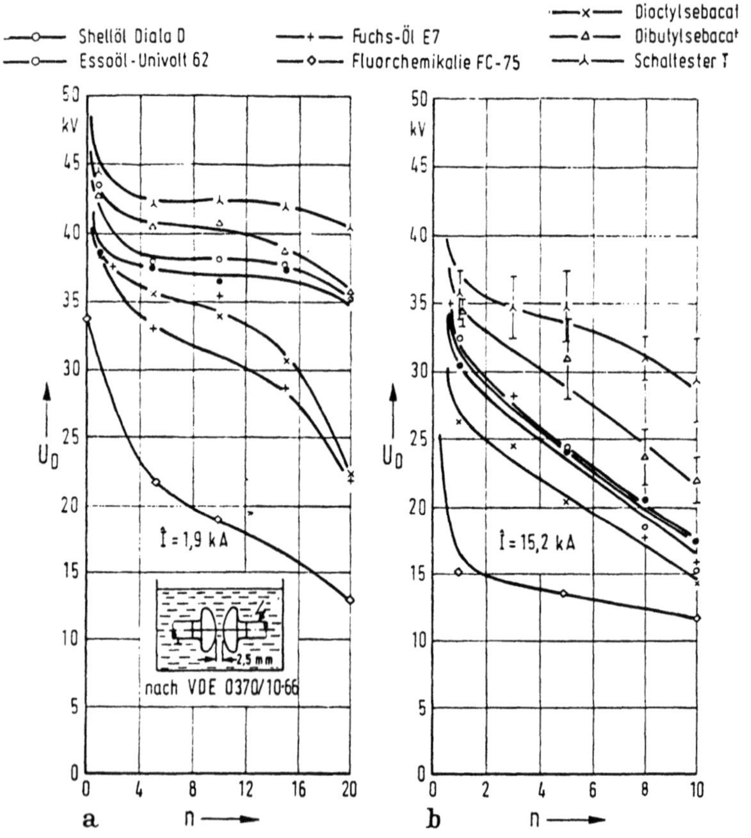

- —○— Shellöl Diala D
- —●— Essoöl-Univolt 62
- —+— Fuchs-Öl E7
- —◇— Fluorchemikalie FC-75
- —×— Dioctylsebacat
- —△— Dibutylsebacat
- —⊥— Schaltester T

Bild 12.25. Veränderung der Durchschlagspannung U_D verschiedener Schaltflüssigkeiten in Abhängigkeit von der Schaltzahl n.

Die Veränderungen der Durchschlagspannung U_D der beanspruchten Schaltflüssigkeiten ergeben sich aus Bild 12.25 und diejenigen des Durchgangswiderstandes R_D aus Bild 12.26. Ausführliche Erläuterungen und Begründungen zu dem unterschiedlichen Verhalten der einzelnen Flüssigkeiten sind in [30] enthalten.

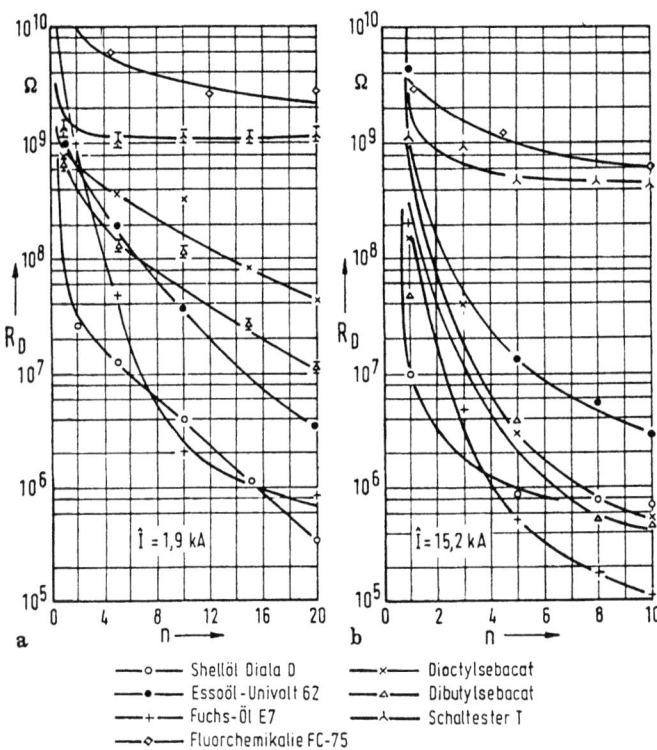

Bild 12.26. Veränderung des Durchgangswiderstandes R_D verschiedener Schaltflüssigkeiten in Abhängigkeit von der Schaltzahl n.

12.4.2. Löscheffekte

Bei Flüssigkeiten unterscheidet man drei Löscheffekte [31, 32]:

a) *Wasserstoffeffekt* (Oberflächenkühlung)

Darunter versteht man die bereits im Kapitel 3.5. erläuterte gute Wärmeabfuhr aus der Lichtbogensäule infolge der hohen Wärmeleitfähigkeit des Wasserstoffes; sie wirkt allerdings auch während der großen Augenblickswerte des Lichtbogenstromes, wodurch die Lichtbogenspannung erhöht und die in der Schaltkammer in Wärme umgesetzte Schaltarbeit vergrößert wird.

b) *Expansionseffekt* (Volumenkühlung)

Infolge der Trägheit der Schaltflüssigkeit steigt beim Ausschaltvorgang der Druck innerhalb der den Lichtbogen umgebenden Gasblase während einer Stromhalbschwingung zunächst an, erreicht ein gegenüber dem Stromscheitelwert etwas phasenverschobenes Maximum und fällt dann wieder ab. Dies beruht darauf, daß mit kleiner werdendem Strom die Gaserzeugung durch den Lichtbogen abnimmt und andererseits die Schaltflüssigkeit zunächst eine Bewegungsrichtung besitzt, die das Bestreben hat, das Volumen der Gasblase zu vergrößern. In der Ölgrenzschicht, die im Druckmaximum gerade auf Siedetemperatur aufgeheizt war, setzt beim Abfall des Druckes eine starke Verdampfung ein; die freiwerdenden Dämpfe und mitgerissenen flüssigen Öltröpfchen kühlen das Lichtbogenplasma intensiv. Der Druck in der Löschkammer darf jedoch nicht so weit absinken, daß es nach dem Stromnullwerden unter dem Einfluß der Einschwingspannung zu Teilentladungen innerhalb der im Öl befindlichen Gasbläschen kommt; es besteht sonst die Gefahr einer Lichtbogenneuzündung.

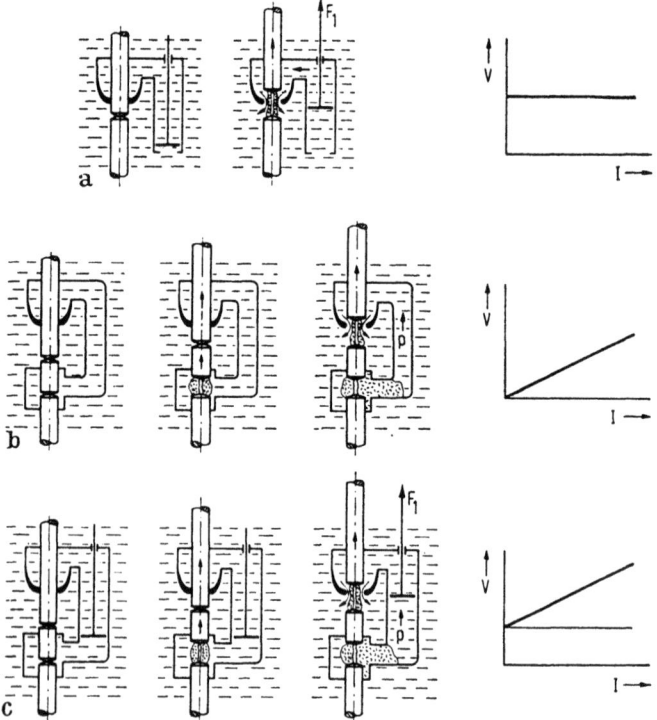

Bild 12.27. Möglichkeiten zur Erzeugung der Löschmittelströmung in Flüssigkeitsschaltern.

c) *Strömungsabbau* (fokussierte Oberflächenkühlung)

Darunter versteht man die intensive Beströmung des Lichtbogens. Dies bewirkt, daß laufend frische Flüssigkeit verdampft und zersetzt werden muß, wodurch der Lichtbogenoberfläche große Wärmemengen entzogen werden. Die Flüssigkeitsströmung kann, wie im Bild 12.27 idealisiert dargestellt, durch einen vom Antrieb des Schalters betätigten Kolben (a) erzeugt werden (stromunabhängige Löschmittelströmung, Strömungsgeschwindigkeit $v =$ const) oder durch den Lichtbogen selbst (b) (stromabhängige Löschmittelströmung $v \sim I$); das mittlere Kontaktglied verbleibt auf einem gewissen Stück des Weges durch ein nicht dargestelltes Federungssystem mit dem beweglichen Hauptschaltstück verbunden. Durch Kombination beider Erzeugungsarten der Löschmittelströmung (c) wird erreicht, daß die Schalter sowohl große als auch kleine Schaltströme sicher ausschalten. Bei reiner stromabhängiger Löschmittelbewegung ergeben sich bei stromschwachen Schaltlichtbögen lange Lichtbogenzeiten; es besteht die Gefahr, daß Umschlagstörungen (s. Abschnitt 2.5.5.) nicht bewältigt werden. Bei reiner stromunabhängiger Strömung dagegen können stromschwache Lichtbögen infolge zu starker Kühlung abreißen (Chopping).

12.4.3. Löschkammerbauarten

Löschkammern werden eingesetzt sowohl bei Ölkesselschaltern, bei denen alle drei Schaltpole in einem gemeinsamen Gefäß untergebracht sind, als auch bei ölarmen Schaltern oder Schaltern mit anderen Löschflüssigkeiten, die drei Einzelpole besitzen. Da Kesselschalter, wie eingangs erwähnt, kaum mehr hergestellt und andere Schaltflüssigkeiten als Öl nur in Sonderfällen Verwendung finden, beziehen sich die nachfolgenden Ausführungen hauptsächlich auf Löschsysteme ölarmer Schalter, wobei nur einige typische Konstruktionen herausgegriffen sind.

Der konstruktive Aufbau wird wesentlich vom beabsichtigten Löscheffekt und dem hohen Druck, der in der Löschkammer auftritt, bestimmt. Der beim Ausschalten auftretende maximale Druck hängt ab von der während der Lichtbogendauer erzeugten Gasmenge, dem Abströmquerschnitt des Dampf-Flüssigkeitsgemisches und dem Strömungswiderstand. Die erzeugte Gasmenge ist proportional der Schaltarbeit. Der Proportionalitätsfaktor, die sogenannte Bauersche Konstante c_0, gibt an, wieviel Kubikzentimeter Gas (bezogen auf 1 bar und 20 °C) durch eine Kilowattsekunde erzeugt werden. c_0 beträgt für Schalteröl 60 cm³/kWs, für Expansin 25 cm³/kWs und für Wasser 5 bis 10 cm³/kWs [27]. Weitere Werte von c_0 sind für eine Vielzahl von Flüssigkeiten durch Heizmann [29] ermittelt worden. Angaben für die modernen Schaltflüssigkeiten, wie Dioctyl- und Dibutylsebacat u. a. fehlen bisher.

Der maximal zulässige Druck in der Kammer hängt im wesentlichen von der Konstruktion der Löschkammer und den verwendeten Werkstoffen ab. Der Strömungswiderstand der Abströmkanäle muß so bemessen sein, daß dieser Druck nicht überschritten wird. Durch Verwendung glasfaserverstärkter Isolierstoffe mit ihrer großen Zerreißfestigkeit konnte der Grenzdruck in den Löschkammern bis etwa 150 bar gesteigert und damit das Schaltvermögen der Schaltkammern wesentlich erhöht werden. Als Isolierstoffe, die in unmittelbare Berührung mit dem Schaltlichtbogen gelangen, sind nur solche verwendbar, die nicht zu stark abbrennen und keine leitenden Rückstände bilden. Bewährt haben sich u. a. Hartpapier, Hartgewebe, Plexiglas, Plexigum, Delrin sowie Spezialwerkstoffe, deren Zusammensetzung von den Herstellerfirmen nicht bekanntgegeben wird. Bei der konstruktiven Ausbildung der Löschkammern ist weiter zu beachten, daß die Beweglichkeit einzelner Bauteile nicht durch Ruß oder durch griesförmige Metallpartikelchen, die infolge des Kontaktabbrandes entstehen, beeinträchtigt wird.

Während bisher für die Ausschaltung von Kurzschlußströmen bei 110 kV zwei und bei 220 kV vier Schaltstrecken in Reihe benötigt wurden, kommen Schalter neuerer Konstruktionen bei 110 kV mit einer und 220 kV mit zwei Schaltstrecken aus. Dieser Fortschritt ist durch einen höheren Druck in der Schaltkammer, eine größere Trenngeschwindigkeit und eine optimale Bemessung der Zu- und Abströmkanäle der Kammer sowie durch eine bessere Potentialsteuerung erzielt worden.

Nicht alle Löschkammerkonstruktionen der Strömungsschalter eignen sich für Kurzunterbrechung (KU). Bei einigen muß durch zusätzliche Pumpeinrichtungen dafür gesorgt werden, daß die Zersetzungsprodukte unmittelbar nach der Schaltung durch frisches Öl rasch ersetzt werden.

Bild 12.28 zeigt als Beispiel eine Löschkammer, deren Löschwirkung hauptsächlich auf dem Wasserstoffeffekt und teilweise auf dem Expansionseffekt beruht. Die Löschkammer *3* ist so aufgebaut, daß sich einzelne Gastaschen ausbilden, ohne daß sich die Ölgrenzschicht zu weit vom Lichtbogen entfernen kann. Bevor der Schaltstift die Kammer verläßt, muß der Lichtbogen gelöscht sein (Ausschaltleistung 3 GVA, 60 kV, 1 Unterbrechungsstelle je Pol).

Ein typisches Beispiel einer Löschkammer [33], bei der der Expansionseffekt zur Löschung des Lichtbogens herangezogen wird, ist im Bild 12.29 dargestellt. Die Löschkammer *3* besteht aus einzelnen zylindrischen Isolierstoffteilen mit taschenförmigen Aussparungen im Innern, die mit einer Feder *4* zusammengedrückt werden. Übersteigt der Druck in der Kammer einen bestimmten Wert, dann heben die Isolierstoffkörper gegen die Federkraft ab und geben einen großen Abströmquerschnitt frei. Dies bewirkt eine starke Druckentlastung in der Gasblase

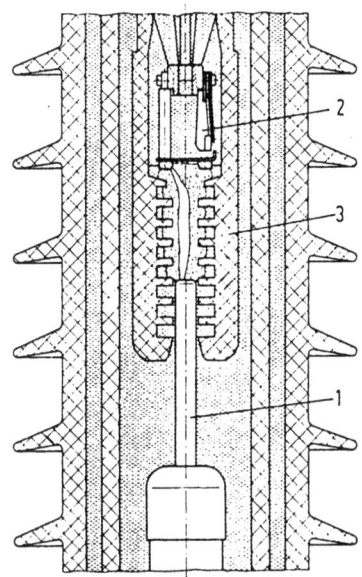
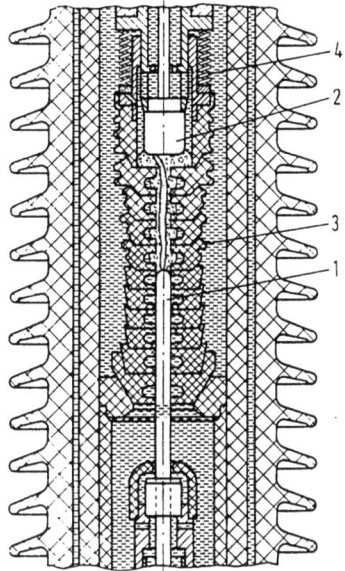

Bild 12.28. Ölarmer Leistungsschalter mit starrer Löschkammer.
1 Beweglicher Schaltstift; *2* feststehende Kontakttulpe; *3* Löschkammer.

Bild 12.29. Expansions-Löschkammer.
1 beweglicher Schaltstift; *2* feststehende Kontakttulpe; *3* Löschkammer; *4* Druckfeder.

und damit einen intensiven Expansionseffekt. Durch eine zusätzliche, nicht dargestellte Pumpe wird Frischöl von oben in die Schaltstrecke gedrückt, was ein sicheres Ausschalten kleiner induktiver und kapazitiver Ströme gestattet (Ausschaltleistung 4 GVA, 110 kV, 1 Unterbrechungsstelle je Pol).

Der Effekt des Strömungsabbaues ist bei den Löschkammern nach Bild 12.28 und 12.29 gering; dagegen ist er bei den im folgenden beschriebenen ölarmen Schaltern von überwiegendem Einfluß.

Die Löschkammer [34] nach Bild 12.30 arbeitet hauptsächlich mit stromabhängiger Löschmittelströmung. Bei geschlossenen Schaltgliedern befindet sich der Differentialkolben *3* unter Einwirkung der Feder *4* in seiner oberen Stellung. Beim Ausschaltvorgang entsteht in dem Kammerraum *5* ein von der Größe des Lichtbogenstromes abhängiger Druck, der durch die Bohrung der Kontakttulpe *2* und die Bohrungen der Halterungsplatte auf den Differentialkolben *3* wirkt. Dieser Druck herrscht über die Kanäle *6* auch in dem Raum *7* unterhalb des Differentialkolbens. Da die obere Fläche des Kolbens größer als seine untere Ringfläche ist, ergibt sich eine Bewegung nach unten, sobald die von oben wirkende Kraft größer ist als die Kräfte (Federkraft + Druck × Fläche) von unten. Das dadurch aus dem Raum *7* verdrängte Öl beströmt den Lichtbogen radial, sobald der Schaltstift die entsprechenden Öffnungen freigibt. Das Ventil *8* überwacht den maximal zulässigen Kammerdruck. Nach der Ausschaltung wird der Differentialkolben durch die Feder in seine obere Stellung gehoben (Ausschaltleistung 600 MVA, 10 kV, 1 Unterbrechungsstelle je Pol).

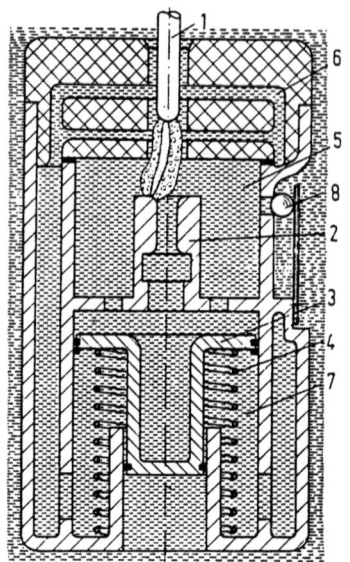

Bild 12.30. Löschkammer mit Differentialkolben.

1 beweglicher Schaltstift; *2* feststehende Kontakttulpe; *3* Differentialkolben; *4* Druckfeder; *5*, *7* Kammerräume; *6* Strömungskanäle; *8* Überdruckventil.

Eine Löschkammerausführung [36] mit kombinierter fremd- und selbsterzeugter Löschmittelströmung veranschaulicht Bild 12.31. Bei der Aufwärtsbewegung des Schaltrohres *1* wird bei Erreichen eines für die Löschung ausreichenden Kontaktabstandes der Ringkolben *3* mit der Löschdüse *4* durch den Mitnehmer des Schaltrohres nach oben bewegt, wodurch das im oberen Kammerteil befindliche Öl durch die untere Isolierdüse gedrückt wird (erzwungene, stromunabhängige Ölströmung). Beim Ausschalten großer Ströme bewirkt die Druckerhöhung in dem Raum zwischen der Schalttulpe *2* und der Düse eine Beschleunigung der Aufwärtsbewegung des Ringkolbens und damit eine noch intensivere, stromabhängige Löschmittelströmung (Ausschaltleistung 1250 MVA, 20 kV, 1 Unterbrechungsstelle je Pol).

Bei den bisher dargestellten Löschanordnungen wird der Lichtbogen beim Löschvorgang einer Längs- oder Radialströmung ausgesetzt, die gleichzeitig verhindert, daß er sich zu einer Schleife aufweitet. In zunehmendem Maße finden bei ölarmen Schaltern Löschkammern Verwendung, bei denen die Flüssigkeit quer zur Lichtbogenachse strömt. Eine zu starke Ablenkung des Lichtbogens wird dabei durch Isolierstoffstege verhindert.

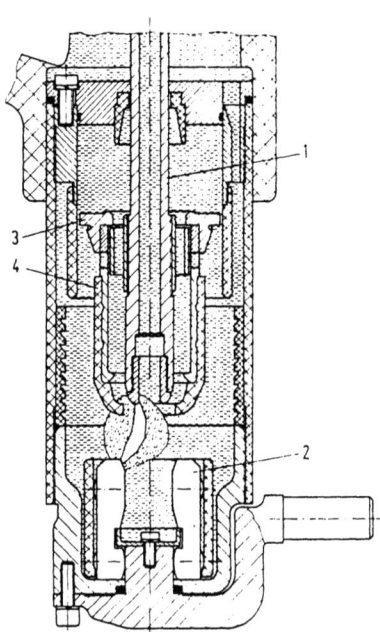

Bild 12.31. Löschkammer mit Isolierstoffdüse und kombinierter stromabhängiger und stromunabhängiger Löschmittelströmung.

1 Bewegliches Schaltrohr; *2* feststehende Kontakttulpe; *3* Ringkolben; *4* Löschdüse.

Bild 12.32a zeigt die Querströmungs-Löschkammer eines Mittelspannungs-Leistungsschalters [37] mit einer stromabhängigen Löschmittelströmung. Die nach Kontakttrennung im Raum *3* durch den Lichtbogen erzeugte Gasdampfblase bewirkt eine Druckerhöhung in den Räumen *3* und *4*. Es entsteht eine Strömung sobald der Schaltstift die Spalte zwischen den Isolierstoffstegen der Löschkammer *5* freigibt, eine Strömung quer zur Lichtbogenachse in den oberen Schalterraum. Bild 12.32b und c zeigt Schnitte durch die Löschkammer (Ausschaltleistung 350 MVA, 20 kV, 1 Unterbrechungsstelle je Pol).

Im Bild 12.33a ist abschließend eine Löschkammer [38] dargestellt mit einer kombinierten fremd- und selbsterzeugten Löschmittelströmung. Bei Ausschaltbewegung wird durch eine mit der Schaltstange festgekuppelten Pumpe Öl über ein Ventil (in Bild 12.33 nicht dargestellt) in die Schaltkammer hineingepreßt und verstärkt den durch den Lichtbogen erzeugten Druck. Das Öl strömt am Lichtbogen vorbei durch die Querspalte der Löschkammer *3*. Die entstehenden Gase gelangen in den Raum oberhalb der Löschkammer und verlassen den Schalter durch ein Überdruckventil. Bild 12.33b und c zeigt Schnitte durch die Löschkammer (Ausschaltleistung 5 GVA, 123 kV, 2 Unterbrechungsstellen je Pol in Reihe geschaltet).

12. Drehstromschalter für Spannungen über 1000 V [Lit. S. 334

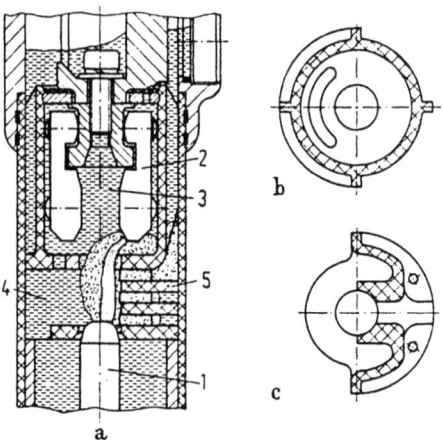

Bild 12.32. Querströmungs-Löschkammer mit stromabhängiger Löschmittelströmung.
1 Beweglicher Schaltstift; *2* feststehende Kontakttulpe; *3, 4* Kammerräume; *5* Löschkammer.

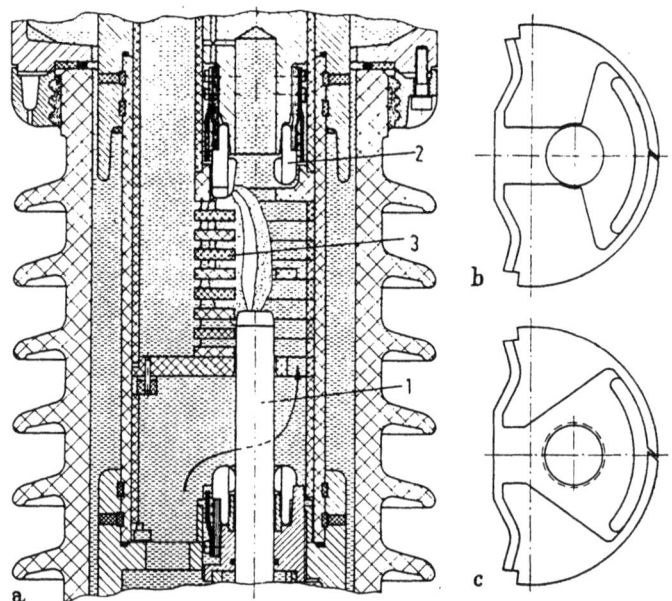

Bild 12.33. Querströmungs-Löschkammer mit kombinierter stromabhängiger und stromunabhängiger Löschmittelströmung.
1 Beweglicher Schaltstift; *2* feststehende Kontakttulpe; *3* Löschkammer.

12.5. Vakuumschalter

Daß Hochvakuum bei einem Druck von 10^{-3} bis 10^{-6} Pa (10^{-8} bis 10^{-11} bar) ein weitgehend ideales Schaltermedium ist, wurde bereits vor einigen Jahrzehnten erkannt; auf Grund langjähriger Erfahrungen bei der Herstellung geeigneter vakuumdichter Gefäße und gasfreier Werkstoffe konnten jedoch erst in den sechziger Jahren die ersten pumpenlosen Vakuumschalter höherer Schaltleistung hergestellt werden. Eine Einführung in die Eigenschaften des Lichtbogens im Hochvakuum wurde im Abschnitt 3.6. gegeben.

Die großen Vorteile des Vakuums gegenüber anderen Löschmedien sind:

a) geringer Übergangswiderstand im geschlossenen Zustand der Kontaktstücke, da die Metalloberflächen frei von Fremdhäuten sind;

b) geringe Lichtbogenspannung und damit niedrige Schaltarbeit, da im wesentlichen nur der Kathodenfall auftritt;

c) rasche Wiederverfestigung der Schaltstrecke nach dem Nullwerden des Bogenstromes bei kleinen Kontaktstückabständen. Deutlich geht dieser Vorteil aus Bild 12.34 hervor. Dies zeigt ein Vergleich der

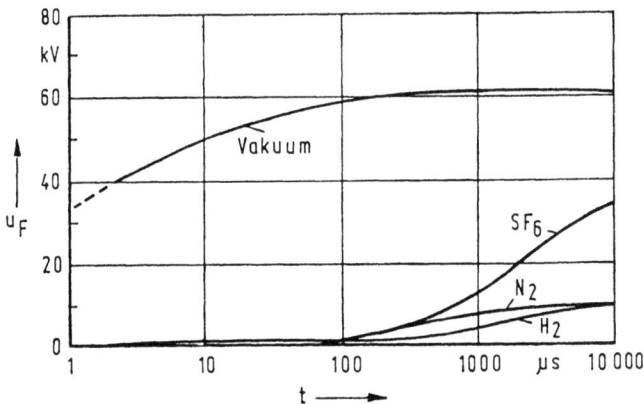

Bild 12.34. Wiederverfestigungsspannung u_F in verschiedenen Schaltmedien abhängig von der Zeit t nach dem Stromnullwerden.

Wiederverfestigungsspannung u_F von Schaltstrecken in unterschiedlichen Medien in Abhängigkeit von der Zeit nach dem Stromnullwerden ($I_{eff} = 1600$ A; Abstand der Kontaktstücke 6 mm) [39].

d) Niedriger Materialverschleiß an den Elektroden (s. Abschnitt 9.2.2.);

e) geringer Kontaktabstand bei geöffneten Schaltgliedern infolge hoher Durchschlagfestigkeit; sie beträgt bei 10^{-5} Pa $\doteq 10^{-10}$ bar und einem Elektrodenabstand von 0,1 mm ca. $3 \cdot 10^6$ V/cm und bei 10 mm Abstand ca. $3 \cdot 10^5$ V/cm.

Im konstruktiven Aufbau der Pole von Vakuumschaltern bestehen keine prinzipiellen Unterschiede. Abweichungen liegen vor in den äußeren Abmessungen, der Elektrodenform, der Gestaltung und Befestigung der Schirme und in der Wahl des Materials des Isolierrohres. Bild 12.35 zeigt als Beispiel den prinzipiellen Aufbau eines Vakuumschalterpoles. Er besteht aus einem dickwandigen Isolierzylinder *1* aus Glas oder Keramik mit metallischen Deckeln *2* und *3*. Die feststehende Elektrode *4* ist mit dem unteren Deckel verschweißt. Mit dem oberen Deckel verbunden ist die bewegliche Elektrode *5* über einen vakuumdichten Faltenbalg *6* aus Edelstahl. Zum Schutz des Isolierrohres gegen niederschlagende Metalldämfpe dient der metallische, rohrförmige Schirm *7*.

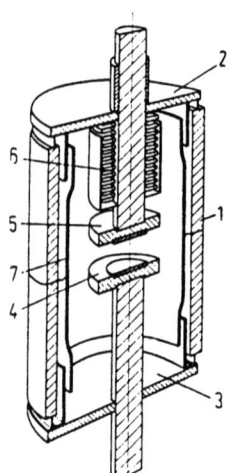

Bild 12.35. Pol eines Vakuum-Leistungsschalters.
1 Isolierzylinder; *2, 3* Metalldeckel; *4* feststehende Elektrode; *5* bewegliche Elektrode; *6* Federbalg; *7* Metallschirm.

Trotz des sehr einfachen Aufbaues der Vakuumschaltstrecken treten Probleme auf, deren Lösung hohe Kosten verursachen und die Anwendbarkeit einschränken:

a) Das Hochvakuum stellt außergewöhnlich hohe Anforderungen an die Dichtigkeit der Gefäße und der Glas- bzw. Keramik-Metallverschmelzungen und an die Gasfreiheit der Werkstoffe; dies bedingt sehr hohe Material- und Fertigungskosten.

b) Bei langer Lagerung steigt auch bei dichten Gefäßen der Druck, weil Gase mit kleinen Molekülen, wie Helium und Wasserstoff, durch die dicken Wände diffundieren. Schaltvorgänge wirken diesem Druckanstieg jedoch entgegen, weil die kondensierenden Metalldämpfe eine Getterwirkung ausüben; es kann dadurch sogar eine Verbesserung des Vakuums gegenüber dem Ausgangszustand eintreten.

c) An das Kontaktmaterial sind ganz besonders hohe und verschiedenartige Anforderungen zu stellen. Nach Kurzschlußabschaltungen können die Kontaktstücke der Vakuumschalter nicht wie bei anderen Schaltmedien ausgewechselt werden und müssen daher so bemessen werden, daß sie während der gesamten Lebensdauer des Schalters nicht versagen. Weiterhin muß der Kontaktwerkstoff extrem gasfrei sein, um die Vakuumhaltung sicherzustellen. Schließlich ist zu fordern, daß die fremdschichtfreien Kontaktstücke in geschlossenem Zustand und beim Schliessen nur mit geringer Festigkeit verschweißen; dies wird durch Beimengungen von Wismut erreicht, wodurch gleichzeitig auch die Neigung zum Abreißen des Lichtbogenstromes beim Ausschalten kleiner Ströme (Chopping, s. Abschnitt 3.6. und 12.1.) herabgesetzt wird.

d) Durch die mit zunehmendem Elektrodenabstand abnehmende Spannungsfestigkeit der Vakuumschaltstrecken lassen sich bisher Vakuumschalter mit einer Unterbrechungsstelle je Pol nur für den Mittelspannungsbereich bis ca. 20 kV (Ausschaltströme 30 kA) herstellen.

e) Die Abstände zwischen den Vakuumschalterpolen können nicht beliebig klein gemacht werden, da sonst infolge gegenseitiger magnetischer Beeinflussung die Wiederverfestigungsspannung der Schaltstrecke verringert wird.

f) Um ein Abheben der Kontaktstücke durch elektrodynamische Kräfte im Kurzschlußfall auszuschließen, sind sehr hohe Kontaktkräfte erforderlich, so daß größere Antriebe benötigt werden als ursprünglich erwartet.

Infolge der genannten hohen Anforderungen sind die Kosten der Vakuumschalter z. Z. noch höher als die der ölarmen Schalter. Es ist jedoch zu erwarten, daß sich diese mit fortschreitender Entwicklung verringern, so daß die Vakuumschalter zumindest im Mittelspannungsbereich gegenüber anderen Schalterarten konkurrenzfähig werden.

In den vorangegangenen Abschnitten wurde im wesentlichen die prinzipielle Wirkungsweise der verschiedenen Schaltertypen erläutert und nur einige charakteristische Beispiele näher dargestellt. Eine sehr umfangreiche Zusammenstellung von Konstruktionen in- und ausländischer Mittel- und Hochspannungsschalter liegt von Schulze [40] vor, die für ein weitergehendes Studium empfohlen wird.

Schrifttum

1. Rieder, W., Passaquin, J.: On the decrease of the current to zero and the residual current in circuit breakers. CIGRE-Ber. Nr. 105 (1960).
2. Grütz, A., Hochrainer, A.: Rechnerische Untersuchung von Leistungsschaltern mit Hilfe einer verallgemeinerten Lichtbogentheorie. ETZ-A 92 (1971) 185—191.
3. Cassie, A. M.: A new theory of rupture and circuit severity. CIGRE-Ber. Nr. 102 (1939).
4. Mayr, O.: Beiträge zur Theorie des statischen und des dynamischen Lichtbogens. Arch. Elektrotechn. Bd. 37 (1943) 589—608.
5. Slamecka, E.: Prüfung von Hochspannungs-Leistungsschaltern. Berlin—Heidelberg—New York: Springer 1966.
6. Cassie, A. M., Mason, F. D.: Post arc conductivity in gasblast circuit-breakers. CIGRE-Ber. Nr. 103 (1956).
7. Schmidt, E.: Ein Beitrag zum dynamischen Lichtbogenverhalten im Stromnulldurchgang von Wechselstromschaltern. VDE-Buchreihe Bd. 3 S. 64—76. Berlin: VDE-Verlag 1956.
8. Rieder, W., Urbanek, J.: New aspects of current zero research on circuit-breaker reignition. A theory of thermal non-equilibrium arc conditions. CIGRE-Ber. Nr. 107 (1966).
9. Browne, T. E. jr.: An approach to mathematical analysis of a—c arc extinction in circuit breakers. Trans. AIEE. Power App. & Syst. Bd. 77 (1959) 1508—1516.
10. Hochrainer, A.: Einige Bemerkungen zum Stromnulldurchgang in Wechselstromschaltern. Elektrotechn. u. Masch.-Bau Bd. 87 (1970) 15—19.
11. Czylok, J. G., Nesse, A.: Mittelspannungs-Schaltanlagen mit Lasttrennschaltern in Kompaktbauweise. Brown Boveri Mitt. Bd. 54 (1967) 801—810.
12. Yoon, K. H., Spindle, H. E.: A study of the dynamic response of arc in various gases. Trans. AIEE Power App. & Syst. Bd. 77 (1958/59) 1634—1642.
13. Habermann, W., Lindmayer, M.: Untersuchungen über die Beständigkeit von Isolierstoffen in durch Lichtbogenentladungen zersetztem Schwefelhexafluorid. Calor-Emag-Mitt. 1969, H. 1/2, 30—34.
14. Heise, W.: Isolationsprobleme in mit Schwefelhexafluorid isolierten Anlagen. ETZ-A 92 (1971) 702—707.
15. Hartig, A.: Vollisolierte gekapselte Schaltanlagen für Reihe 110 N; Schwefelhexafluorid — ein Schwergas mit besonderer Eignung für Hochspannungsisolierungen. Calor-Emag-Mitt. 1966, H. 2/3, 22—29.
16. Körner, G.: Schaltprobleme in SF_6-isolierten Anlagen. ETZ-A 92 (1971) 709—713.
17. Pratl, J.: Zum Problem der Grenzstromstärke des Düsenschalters. Diss. TH Wien 1968.
18. Ruppel, S.: Schalter mit Lichtbogenlöschung durch Druckgas. DRP Nr. 607703 vom 4. 2. 1927.
19. Leber, R.: Die Technik der Druckgas-Leistungsschalter. AEG-Mitt. Bd. 57 (1967) 362—367.
20. Beier, H., Marin, H. u. Noack, D.: Siemens-BK-Schalter, eine neue SF_6-Schalter-Generation. Siemens-Z. Bd. 47 (1973) 239—243.
21. Eidinger, A.: Freiluft-Druckluftschalter bis zu höchsten Ausschaltleistungen, Typ DMF. Brown Boveri Mitt. Bd. 54 (1967) 741—748.
22. Kriechbaum, K.: Der Hochleistungs-Freistrahlschalter. ETZ-A 88 (1967) 213—217.
23. Kriechbaum, K.: Das System des Hochleistungs-Freistrahlschalters. Techn. Mitt. AEG-Telefunken Bd. 61 (1971) 5—8.

24. Beier, H.: Der Siemens-F-Schalter H 912. Siemens-Z. Bd. 42 (1968) 579—583.
25. Schmitz, W.: Vollgekapselte Hochspannungsschaltanlage für 110 kV mit SF_6 als Lösch- und Isoliermittel. Elektrie Bd. 23 (1969) 512—515).
26. Gekapselte Generatorschalter für große Kraftwerke. Druckschrift 3799 D-XI 1. (7.70—1000) der Firma Brown, Boveri & Cie, Baden, Schweiz.
27. Bauer, B.: Die Untersuchungen an Ölschaltern. Bull. schweiz. elektrotechn. Ver. Bd. 8 (1915) 141—212 u. Bd. 9 (1916) 226—239.
28. Engel, A. v.: Elektrische und gasanalytische Untersuchungen von Lichtbögen in Öl. Wiss. Veröff. Siemens-Konzern Bd. 9 (1930) 7—41.
29. Heizmann, R.: Abschaltversuche mit verschiedenen Löschflüssigkeiten und die Zusammensetzung der entstehenden Schaltergase. Diss. ETH Zürich 1957.
30. Abdel-Asis, A. M.: Auswirkung des Schaltlichtbogens auf Kupfer-Kontaktstücke und Schalterflüssigkeiten beim Ausschalten von Wechselströmen von 1 bis 18 kA. Diss. TU Braunschweig 1972.
31. Rziha, E. v.: Starkstromtechnik. Taschenbuch für Elektrotechniker Bd. 2. Berlin: W. Ernst und Sohn 1960.
32. Kesselring, F.: Das Schaltproblem der Hochspannungstechnik. Arch. f. Elektrotechn. Bd. 35 (1941) 155—184.
33. Einsele, A.: Ein neuer Expansionsschalter 110 kV, 4000 MVA. Konstruktiver Aufbau. Siemens-Z. Bd. 35 (1961) 803—808.
34. König, E.: Aus der Entwicklung der Differentialkolben-Löschkammer. Conti-Elektro-Ber. Bd. 5 (1959) 91—99.
35. Hohm, H., Maass, E.: Die Strömungslöschkammer und ihre Anwendung im ölarmen Druckausgleichschalter. ETZ 72 (1951) 263—266.
36. Flöth, H.: Die neuen Ölströmungsschalter OD 3 und OK 3. Calor-Emag-Mitt. H. 1/2 (1970) 3—19.
37. Ölarme Leistungsschalter Typenreihen OD 2 und OK 2. Druckschrift BA 174/7—2 der Firma Calor-Emag Elektrizitäts-AG, Ratingen.
38. Manz, H.: Das Schaltsystem Typ F. Bull. Oerlikon Nr. 367, April 1966, 2—9.
39. Cobine, J. D.: Research and development leading to the high power vacuum interrupter a historical review. Trans. AIEE Power App. & Syst. Bd. 82 (1963) 201—208.
40. Schulze, H.: Technik der Wechselstrom-Hochspannungsschalter. Berlin: VEB-Verlag Technik 1961.
41. Ann, H.: Untersuchung über die Erzeugung sehr hoher Lichtbogenspannungen unter Isolierflüssigkeiten. Diss. TU Braunschweig 1965.
42. Schwarz, J.: Berechnung von Schaltvorgängen mit einer zweifach modifizierten Mayr-Gleichung. Diss. TU Darmstadt 1973.
43. Markusch, D.: Untersuchungen am rotierenden Schaltlichtbogen in Schwefelhexafluorid. Elektrie Bd. 21 (1967) 364—366.

13. Last- und Leistungstrenner über 1000 V

Lasttrenner werden in elektrischen Energieanlagen eingesetzt zum Schalten der Leerlauf- und Betriebsströme von Leitungen und Transformatoren sowie zum Schalten von Kondensatoren. Verschiedentlich finden sie in Anlagen mit Leistungsschaltern anstelle von Trennschaltern Verwendung. Einen Kurzschlußschutz gewährleisten Hochspannungs-Hochleistungssicherungen in Verbindung mit Lasttrennschaltern. Leistungstrenner werden für ähnliche Aufgaben verwendet. Sie können jedoch zusätzlich als Schutzschalter zum Schalten von Über- und Kurzschlußströmen, insbesondere in kleineren Anlagen dienen; ihre Ausschaltleistung von ca. 10 bis 20 MVA bei Spannungen bis 20 kV ist allerdings im Vergleich zu Leistungsschaltern gering. Leistungstrennschalter besitzen keine wesentliche Bedeutung mehr. Neuere Konstruktionen liegen nicht vor, so daß sich die Ausführungsbeispiele im nachfolgenden ausschließlich auf Lasttrenner beziehen.

Das wesentlichste Anwendungsgebiet der Lasttrenner liegt im Bereich der Mittelspannungsanlagen. Die wachsende Bedeutung der 110-kV-Ebene zur Verteilung elektrischer Energie in Ballungszentren hat jedoch auch in diesem Bereich zu einem verstärkten Einsatz, insbesondere in Verbindung mit SF_6-isolierten, gekapselten Anlagen, geführt.

Entsprechend dem konstruktiven Aufbau können folgende Bauarten unterschieden werden:

a) Lasttrenner mit gesonderten Trenn- und Lastschaltgliedern,
a1) Schaltystem parallel zum Messertrenner
a2) Schaltsystem parallel zum Schubtrenner;
b) Last- oder Leistungstrenner mit beim Öffnen eine Trennstrecke erzeugenden Lastschaltgliedern.

Im folgenden werden die unterschiedlichen Bauarten anhand von teilweise schematischen Darstellungen erläutert.

13.1. Lasttrenner mit gesonderten Trenn- und Lastschaltgliedern

Bei diesen Konstruktionen übernehmen sowohl das Einschalten als auch die Stromführung im geschlossenen Zustand die Kontaktglieder der Trenner; sie müssen dafür thermisch und dynamisch bemessen werden. Erst beim Ausschaltvorgang treten die Lastschalterstrecken in Funktion. Nach Kontakttrennung kommutiert der Strom von den Trennerkontaktstücken auf die noch geschlossenen Kontaktglieder der Lastschalterstrecke. Diese öffnen erst, nachdem sich die Trennerkontaktstücke weit genug entfernt haben; der dann entstehende Schaltlichtbogen wird in der Löschkammer der Lastschaltelemente gelöscht. Beim weiteren Öffnungsvorgang werden die Lastschaltereinheiten durch Freigabe einer mechanischen oder magnetischen Sperre aus der Trennstrecke herausgeschwenkt oder herausgezogen und dadurch die Trennstrecke mit erhöhtem Isoliervermögen erzeugt.

Die Schaltglieder der Lastschaltereinheiten führen nur während des Ausschaltvorganges den vollen Betriebsstrom; sie sind daher nur für einen Bruchteil der Stromtragfähigkeit der Trennschaltglieder zu bemessen. Beim Öffnen ihrer sprungbetätigten Schaltglieder werden die Schaltlichtbögen unmittelbar in engen, ebenen oder ringförmigen Spalten oder Bohrungen von Isolierstoffkörpern gezogen und unter Einwirkung der freiwerdenden Gase gelöscht (s. Abschnitt 12.2).

13.1.1. Schaltsystem parallel zum Messertrenner

Im Bild 13.1 sind vier häufig vorkommende Konstruktionen der Lasttrenner in Messer- oder Hebeltrennerbauweise dargestellt, und zwar mit Flachkammer (sogenannte Scheuklappe) (a), mit aufgesetzter Rohr- oder Ringspaltkammer (b), mit federnd im Stützer versenkter Rohrkammer (c) und mit einer Ringspaltkammer in einem Kipprohr (d). Die beim Übergang vom eingeschalteten Zustand (a1—d1) in den Ausschaltzustand (a4—d4) durchlaufenen Phasen mit dem Öffnen der Trennschalter (a2—d2) sowie der Lastschaltglieder (a3—d3) sind in Bild 13.1 erkennbar. Bei dem Kipprohrschalter (d) wird der Lichtbogen gegen Ende der im Bild 13.1 d2 angedeuteten Schaltstellung gezogen und gelöscht, bevor die obere Trennstelle des Schaltrohres öffnet. Bei den Lasttrennern nach Bild 13.1 erfolgt die Ein- und Ausschaltung in der Regel dreipolig mit Sprungbetätigung durch ein nicht dargestelltes Federsystem.

Bild 13.2a zeigt als Beispiel die Flachkammer eines Lastschalters [1]; sie besteht aus zwei Isolierstoffwänden aus Plexigum mit 6% Borsäureanhydrid, die so geformt sind, daß sich bei geringem Materialaufwand eine große Steifigkeit ergibt. Die Spaltweite beträgt 3,5 mm. Zur Verstärkung des selbsterregten magnetischen Feldes dient das U-förmige Eisenblech. Der Schaltlichtbogen weitet sich während des Ausschaltvorganges zu einer Schleife aus. Bild 13.2b zeigt die Mittelwerte der Lichtbogenspannung bei einer Flachkammer eines Schalters (400 A, 10 kV) beim Ausschalten unterschiedlicher Ströme [2]. Mit wachsender

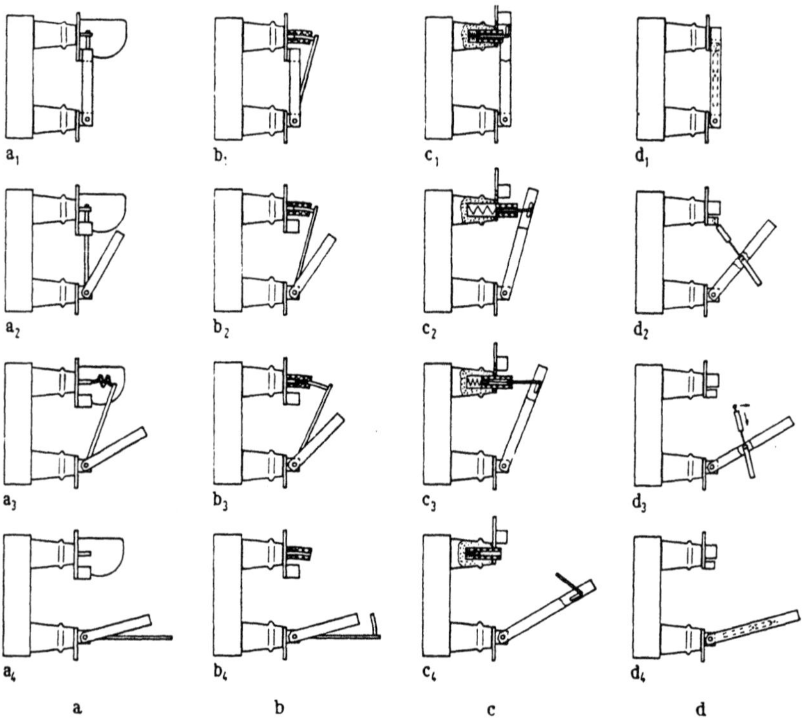

Bild 13.1. Konstruktionen von Lasttrennschaltern mit parallel zu einem Messertrenner liegenden Schaltsystem.

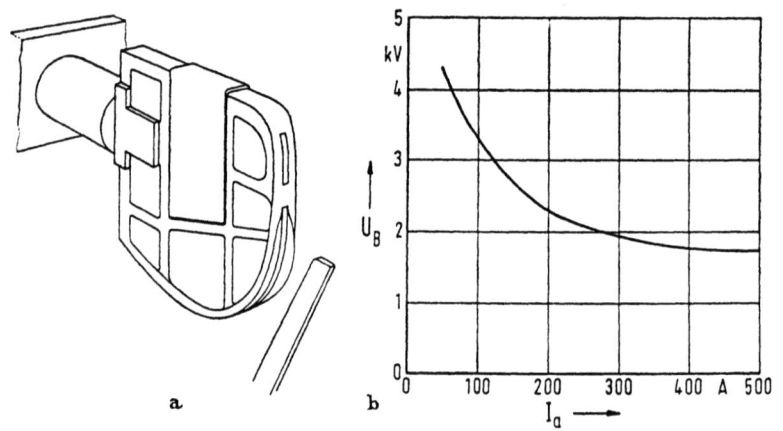

Bild 13.2. Lichtbogenspannung U_B in einer Flachkammer in Abhängigkeit von der Ausschaltstromstärke I_a.

13.1. Lasttrenner mit gesonderten Trenn- und Lastschaltgliedern

Stromstärke nimmt die Lichtbogenspannung infolge Aufheizung des sich nur mit geringer Geschwindigkeit im Spalt bewegenden Lichtbogens stark ab.

Den Schnitt durch die Rohrkammer eines Lasttrennschalters [2] zeigt vereinfacht Bild 13.3a. Im geschlossenen Zustand fließt der Strom (s. ergänzend Bild 13.1c) von dem mit dem oberen Anschluß verbundenen feststehenden Trennerkontaktstück *1* über das Trennmesser *2* zum

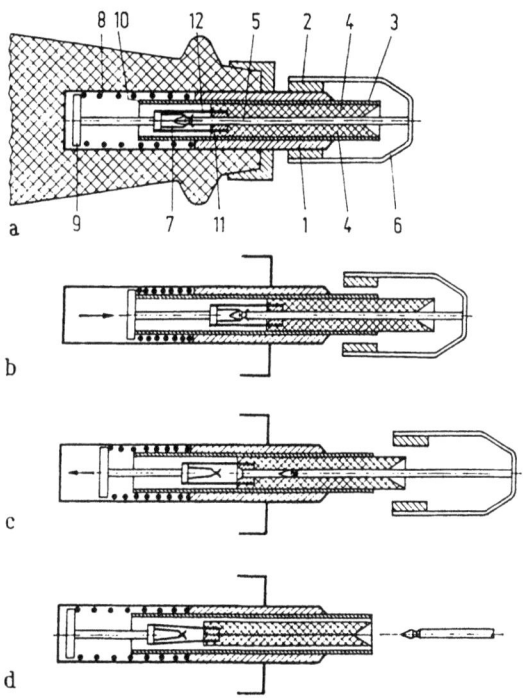

Bild 13.3. Rohrlöschkammer eines Mittelspannungs-Lasttrenners.
1 Gegenkontaktstück; *2* Trennmesser; *3* Rohr; *4* Löschbacken; *5* Abreißmesser; *6* Bügel; *7* Abreißkontaktstück; *8* Feder; *9* Federteller; *10* Anschlag; *11* Abbrandkontaktstück; *12* Feder.

unteren Anschluß. Fest mit dem Trenner verbunden ist das Rohr *3*, innerhalb dem sich die Abreißkontaktglieder *5*, *7*, die Abbrandkontaktstücke *11* und die durch Federn *12* zusammengedrückten Löschbacken *4* befinden. Das Abreißkontaktstück *7* ist über nicht dargestellte Schleifkontakte mit dem feststehenden Trennerkontaktstück *1* verbunden, während zwischen dem Abreißmesser *5* und dem Trennmesser *2* eine galvanische Verbindung über den Bügel *6* besteht. Beim Ausschaltvorgang öffnen zunächst die Trennerkontaktstücke. Der Strom kommutiert voll auf die Abreißkontaktstücke, die miteinander mechanisch verrastet sind und somit zusammen mit den Löschbacken der Ausschaltbewegung bei gleichzeitigem Spannen der Feder *8* folgen (Bild 13.3b). Erreicht der Federteller *9* den Anschlag *10*, öffnet die Abreißkontaktstelle; unter dem Federeinfluß schnellt das Abreißkontaktstück *7* und die damit verbundenen Löschbacken in die Ausgangsstellung zurück (Bild 13.3c). Der eingeleitete Lichtbogen, der auf die Abbrandkontaktstücke *11* kommutiert, wird dabei rasch verlängert und in dem engen Isolierstoffspalt intensiv gekühlt. Aussparungen in den Löschbacken ermöglichen eine Druckentlastung und gleichzeitig eine Beblasung des Lichtbogens, die zur Löschung führt, noch ehe das Abreißmesser die Kammern verlassen hat (Bild 13.3d).

Den konstruktiven Aufbau einer Ringspaltkammer [3], wie sie im Kipprohr-Lasttrenner nach Bild 13.1d verwendet wird, zeigt Bild 13.4. Das Schaltrohr ist im ausgeschalteten Zustand dargestellt. Nach Öffnung

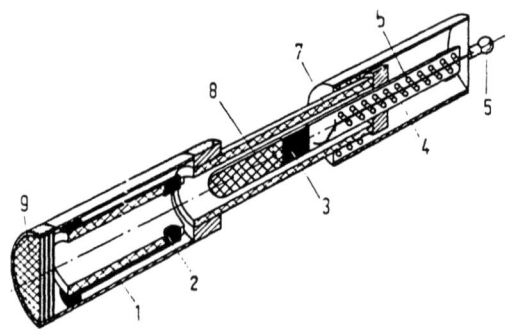

Bild 13.4. Ringspalt-Löschkammer eines Mittelspannungs-Lasttrenners.
1 Metallhülse; *2* Kontakttulpe; *3* bewegliches Schaltstück; *4* Rohr; *5* Kugelanschluß; *6* Feder; *7* Isolierrohr; *8* Isolierstift; *9* Kühlsieb.

der Kontaktstücke des Trennmessers kommutiert der Betriebsstrom auf das Schaltrohr und fließt über die Hülse *1*, die Tulpenkontaktfinger *2*, das Schaltstück *3*, das sich bei geschlossenem Schaltrohr in der Tulpe *2* befindet, und das Rohr *4* zum Kugelanschluß *5*. Infolge der Drehbewegung des Trennmessers wird das bewegliche Schaltstück *3* unter Einwirkung der Feder *6* sprungartig geöffnet. (Die Sprungeinrichtung ist in Bild 13.4 aus Gründen der Übersichtlichkeit nicht dargestellt.) Der entstehende Lichtbogen wird durch die Schaltbewegung verlängert und brennt in dem sehr engen Ringspalt zwischen dem Isolierrohr *7* und dem Isolierstift *8* aus gasabgebendem Material. Die Abgase treten durch das Kühlsieb *9* ins Freie.

13.1.2. Schaltsystem parallel zum Schubtrenner

Den grundsätzlichen Aufbau von Lastschaltern in Schubtrennerbauweise mit Einfachunterbrechung des Strompfades je Pol zeigt Bild 13.5. Das bewegliche Trennerschaltstück ist bei den meisten Konstruktionen als Schaltrohr ausgeführt, über das im geschlossenen Zustand (a) im wesentlichen der Betriebsstrom von der oberen Kontakttulpe zu den unteren Gleitkontaktstücken fließt. Im Innern dieses Rohres befindet sich die Lastschaltstelle, auf die beim Ausschaltvorgang nach Trennen der Schubtrennerkontakte der Strom kommutiert und nach deren

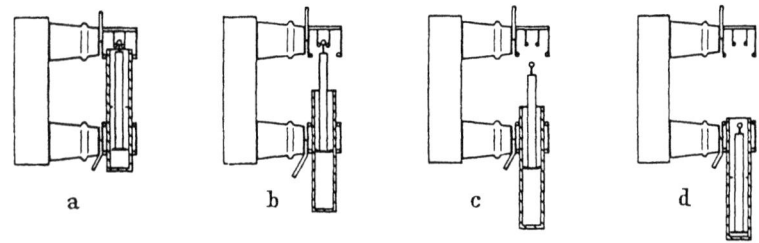

Bild 13.5. Lasttrennschalter mit parallel zu einem Schubtrenner liegenden Schaltsystem.

Öffnen der Lichtbogen eingeleitet und gelöscht wird (b). Nach Verlöschen des Lichtbogens trennt sich das Löschrohr von der oberen Sperre (c) und wird zur Herstellung der Trennstrecke wiederum in das Trennrohr zurückgezogen (d). Den Einschaltvorgang übernimmt stets das Schaltrohr. Den Ein- und Ausschaltvorgang bewirken Federkraftantriebe mit Sprungbetätigung. Die Lichtbogenlöschung erfolgt durch Gase, die unter Lichtbogeneinwirkung aus Isolierstoffen austreten, oder aber durch eine mittels Kolben selbsterzeugte Luft- oder SF_6-Strömung; teilweise wird die Löschung auch durch eine Kombination von Isolierstoffgas und Luftströmung bewirkt.

Schaltsysteme parallel zum Schubtrenner werden sowohl dreipolig als auch einpolig schaltend ausgeführt; Konstruktionsbeispiele werden im folgenden besprochen:

a) Dreiphasig schaltende Lasttrenner

Bild 13.6 zeigt den Pol eines Lasttrenners mit Ringspaltkammer, bei dem die Lichtbogenlöschung unter Einwirkung von vergasendem Isolierstoff erfolgt, in verschiedenen Schaltstellungen. Im eingeschalteten Zustand (Bild 13.6a) fließt der Strom im wesentlichen vom oberen festen Hauptkontaktstück 1 über die zylindrische Hauptstrombahn 3 zum

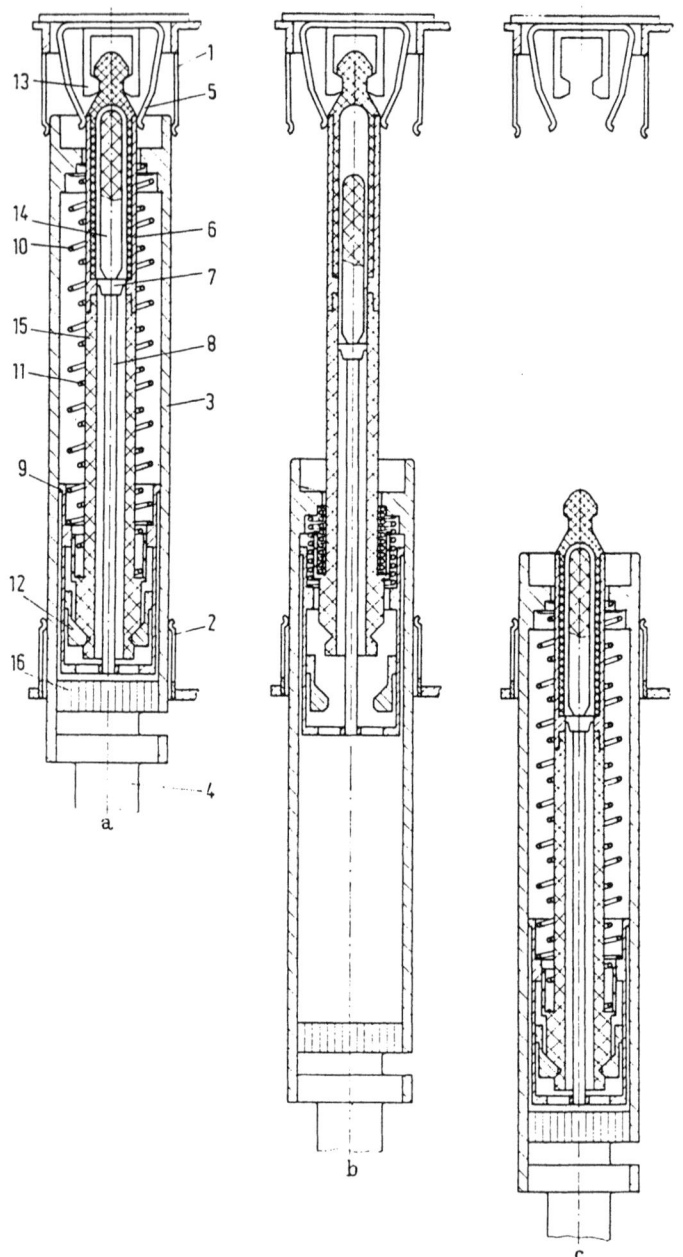

Bild 13.6. Mittelspannungs-Lasttrenner mit Ringspalt-Löschkammer.

1 Oberes Hauptkontaktstück; *2* unteres Hauptkontaktstück; *3* Hauptstrombahn; *4* Antriebsstange; *5* Hilfskontakt; *6* festes Hilfsschaltstück; *7* bewegliches Hilfsschaltstück; *8* Metallstift; *9* Schleifkontaktstück; *10* Ausschaltfeder; *11* Rückholfeder; *12* untere Verrastung; *13* obere Verrastung; *14* Isolierstift; *15* Isolierrohr; *16* Kühlgitter.

13.1. Lasttrenner mit gesonderten Trenn- und Lastschaltgliedern

unteren Hauptkontaktstück *2*. Parallel dazu verläuft eine Nebenstrombahn über die Hilfsschaltstücke *5*, *6* und *7*, den Metallstift *8* und das Schleifkontaktstück *9*. Beim Ausschalten öffnet zunächst die Hauptstrombahn, so daß der gesamte Strom auf die durch Verrastungen *12* und *13* noch geschlossen gehaltene Nebenstrombahn übergeht. Im weiteren Verlauf löst sich dann die untere Verrastung *12*; die Ausschaltfeder *10* bewegt den Metallstift *8* sowie den Isolierstift *14* nach unten (Bild 13.6 b). Der zwischen den Hilfsschaltstücken *6* und *7* entstehende Lichtbogen wird in dem Ringspalt zwischen Isolierstift und Isolierrohr *15* rasch verlängert und intensiv gekühlt. Die unter Lichtbogeneinwirkung freiwerdenden Schaltgase werden durch das Kühlgitter *16* ausgestoßen. Nach erfolgter Lichtbogenlöschung löst sich auch die obere Verrastung *13*; die Feder *11* zieht die Lastschalteinrichtung in das Rohr der Hauptstrombahn zurück (Bild 13.6 c). Haupt- und Nebenstrombahn sind so angeordnet, daß beim Einschalten der Vorzündlichtbogen im Zuge der Hauptstrombahn eingeleitet wird.

Eine Ausführung mit Ringspaltkammer (bis Reihe 20), bei der der Ausschaltlichtbogen durch Öffnen der Hauptstrombahn eingeleitet wird, zeigt Bild 13.7 im geschlossenen (a) und geöffneten Zustand (b). Bei diesem Schalter ist das Schaltrohr *1* außen mit einem, bei hoher Temperatur gasabgebenden Isolierstoffmantel *2* versehen. Im Einschalt-

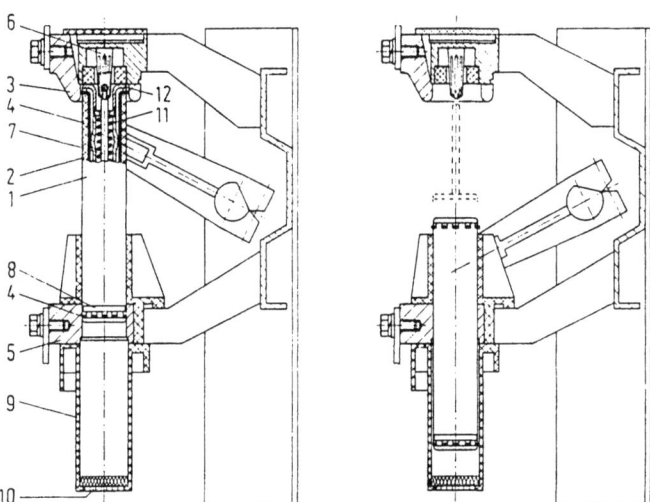

Bild 13.7. Mittelspannungs-Lasttrenner mit kombinierter Lichtbogenlöschung durch Isolierstoffgase und eine selbsterzeugte Luftströmung.

1 Schaltrohr; *2* Löschmantel; *3* Trennschaltstück; *4* Stromstäbe; *5* Gleitschaltstück; *6* Hilfsschaltstück; *7* Hilfsschaltstift; *8* Abbrennring; *9* Löschtopf; *10* Ausströmöffnung; *11* Metallkappe; *12* Feder.

zustand fließt der Hauptstrom von dem Trennschaltstück *3* über mehrere parallele, innerhalb des Schaltrohres angeordnete Stromstäbe *4*, zum Gleitschaltstück *5*. Beim Ausschalten trennen zunächst die Hauptschaltstücke *3* und *4*. Der Strom kommutiert dadurch vollständig auf die parallele Hilfsstrombahn mit dem feststehenden Hilfsschaltstück *6* sowie dem darin verrasteten beweglichen Hilfsschaltstift *7* und fließt von dort über nicht dargestellte Schleifkontakte und die zunächst noch kontaktgebenden unteren Kontaktstellen der Stromstäbe *4* zu dem Gleitkontaktstück *5*. Erst im weiteren Verlauf des Ausschaltvorganges öffnet die Hauptkontaktstelle. Der eingeleitete Lichtbogen, der zwischen der unteren Kante des Gleitschaltstückes *5* und dem mit den Stromstäben galvanisch verbundenen Abbrennring *8* brennt, wird in dem engen ringförmigen Spalt zwischen dem Löschtopf *9* und dem Löschmantel *2* rasch verlängert und intensiv gekühlt. Die durch den Lichtbogen frei werdenden Gase verlassen den Löschtopf über die mit Kühlgittern versehene Ausströmöffnung *10*. Nach erfolgter Lichtbogenlöschung wird der Hilfsschaltstift *7* gegen Ende der Ausschaltbewegung über einen Anschlag (nicht dargestellt) stromlos aus seiner Verrastung gelöst und unter Einwirkung der Feder *11* in das Schaltrohr zurückgezogen. Beim Einschalten übernimmt die Metallkappe *12* den durch Vordurchschlag entstehenden Lichtbogen, so daß die in das Trennschaltstück einlaufenden Stromstäbe lichtbogenfrei zur Kontaktberührung kommen.

Der Pol eines Lasttrenners (Reihe 10), bei dem zur Lichtbogenlöschung nur eine durch Kolbenbewegung selbsterzeugte Luftströmung (Kompressionsprinzip) dient, ist im Bild 13.8 geschlossen (a) und geöffnet (b) dargestellt [7]. Im geschlossenen Zustand führt die Hauptstrombahn von dem oberen Anschluß über die Kontakttulpe *3*, das rohrförmige Schaltstück *10* und die Rollenkontaktstücke *8* zu dem unteren Anschluß. Parallel dazu verläuft eine Nebenstrombahn von dem Abreißstift *1* über das bewegliche Abreißschaltstück *4* und das Gleitkontaktstück *6* wiederum auf das Schaltrohr *7*. Beim Ausschalten öffnet zunächst die Hauptstrombahn, und der Strom kommutiert auf die Nebenstrombahn, da das Abreißschaltstück *4* noch unter Federeinwirkung gegen den festen Abreißstift *1* gedrückt wird. Die Abreißkontaktstücke öffnen, und es entsteht ein Lichtbogen, sobald das Schaltrohr *7* auf den Kolbenanschlag auftrifft und den Kolben *8* mitnimmt. Infolge der Kolbenbewegung strömt Luft aus dem Kompressionszylinder durch den Ringspalt zwischen Löschdüse *3* und Abreißschaltstück *4*, wodurch der Lichtbogen gekühlt und gelöscht wird. Beim Einschalten entsteht hinter dem Kolben ein Unterdruck, der seine Aufwärtsbewegung behindert; dadurch wird das Abreißschaltstück *4* während des Einschaltvorganges im Innern des Schaltrohres gehalten, und die Hauptschaltstücke übernehmen den

13.1. Lasttrenner mit gesonderten Trenn- und Lastschaltgliedern

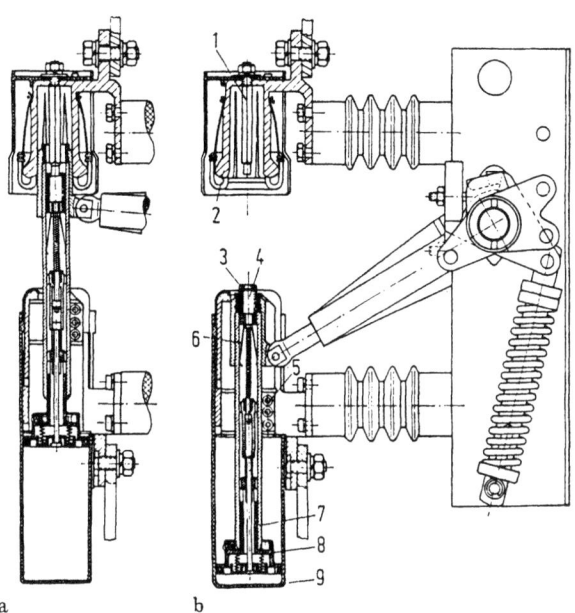

Bild 13.8. Mittelspannungs-Lasttrenner mit durch Druckkolben erzeugter Luftströmung zur Lichtbogenlöschung.

1 Abreißstift; *2* Tulpenschaltstück; *3* Löschdüse; *4* Abreißschaltstück; *5* Rollenkontaktstück; *6* Gleitkontaktstück; *7* Schaltrohr; *8* Kolben; *9* Kompressionszylinder.

Einschaltstrom. Die im Kolben *8* eingebauten Federn haben die Aufgabe, den Schlag auf den Kolben beim Erreichen der Endstellung zu dämpfen.

In ähnlicher Weise, ebenfalls nach dem Kompressionsprinzip, jedoch mit SF_6 als Löschmittel und zwei Kompressionszylindern, arbeitet der Lasttrenner (Reihe 110) [14] nach Bild 13.9, der in einer SF_6-isolierten, gekapselten Schaltanlage eingebaut ist. Bild 13.9a zeigt den Schalter im geöffneten Zustand, Bild 13.9b stellt einen Ausschnitt der geschlossenen Kontaktstücke dar. Beim Ausschalten öffnen zunächst die Hauptschaltstücke *3, 4*, während die Abreißkontaktstücke unter Einwirkung der Federn *8* noch geschlossen bleiben. Erst im weiteren Verlauf der Ausschaltbewegung öffnen die Abreißkontaktstücke. Der entstehende Lichtbogen wird unter Einwirkung der infolge der Kolbenbewegung einsetzenden SF_6-Strömung gelöscht.

Die bisher beschriebenen Geräte besitzen einfachunterbrechende Schaltstrecken. Bild 13.10 zeigt eine Konstruktion mit Doppelunterbrechung (Reihe 20) [10]. Die Lichtbogenlöschung erfolgt in Ringspaltkammern. Trenner- und Lastschaltstrecken sind nebeneinander angeordnet. Beim Ausschaltvorgang öffnen zunächst die Trennerkontaktstücke

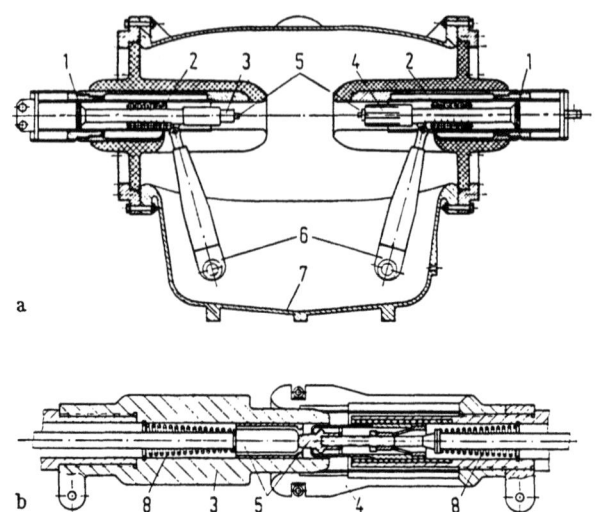

Bild 13.9. Hochspannungs-Lasttrenner mit durch Druckkolben erzeugter SF$_6$-Strömung zur Lichtbogenlöschung.

1 Druckkolben; *2* Kontaktrollen; *3* Schaltrohr; *4* Kontakttulpe; *5* Abreißkontaktstücke; *6* Isolierstoffschwinge; *7* Metallgehäuse; *8* Federn.

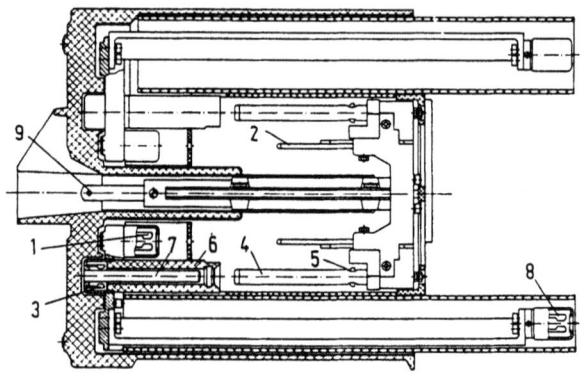

Bild 13.10. Mittelspannungs-Lasttrenner mit Ringspalt-Löschkammer und Doppelunterbrechung.

1 Trennerkontaktstück; *2* Trennerschaltstift; *3* festes Lastschaltstück; *4* Schaltrohr; *5* Verklinkung; *6* Isolierstoffrohr; *7* Isolierstoffstift; *8* Einfahrkontaktstücke; *9* Betätigungsstange.

1, *2*. Die Lastschaltstücke *3*, *4* werden zunächst durch eine Verklinkung *5* geschlossen gehalten; sie öffnen verzögert, sobald die Kraft einer im Innern des Schaltrohres *4* befindlichen Feder, die beim Ausschaltvorgang gespannt wird, ausreicht, dieses aus der Verankerung im Isolierstoffrohr *6* zu lösen. Beim Einschaltvorgang sind die beiden Schaltrohre von der Hauptstrombrücke getrennt (in Bild 13.10 nicht eingezeichnet), um eine Vorzündung über die Lastschaltstrecke bei verschmutzten Löschkammern zu verhindern. Durch geeignete Formgebung der Strombahnen wird erreicht, daß beim Einschalten auf Kurzschlußströme keine nennenswerten elektrodynamischen Abhebekräfte auf die Hauptstrombrücke wirken.

b) Einpolig schaltende Lasttrenner

Die folgenden zwei Bilder zeigen in prinzipieller Darstellung Lasttrenner-Schaltstellen von gießharzisolierten Kleinschaltanlagen, wie sie bis zur Reihenspannung 10 kV in Ein- und Doppelunterbrechung der Strompfade gebaut werden. Bei diesen wird in der Regel jede Phase eines Drehstromsystems getrennt geschaltet. Durch zusätzliche Einrichtungen kann jedoch auch eine dreipolige Ausschaltung erreicht werden. In allen Fällen wird der Lichtbogen in rohr- bzw. ringförmigen Isolierstoffspalten unter Einwirkung freiwerdender Isolierstoffgase gelöscht.

Die Wirkungsweise der Schalteinrichtung eines Lasttrenners (Reihe 10) mit einfachunterbrechender Trennstrecke und doppelunterbrechender Lastschaltstrecke [8] geht aus Bild 13.11 hervor. Im geschlossenen Zustand (Bild 13.11 a) stellt der metallische Teil des Schaltrohres *7* die galvanische Verbindung zwischen Sammelschienenkontaktstück *6* und dem Kontaktstück *10* der Abgangsleitung her. (Der Schalteinsatz ist herausgezogen.) Zum Ausschalten (Bild 13.11 b) wird der Schalteinsatz *2* mittels Isolierstoffgriff in die Bohrung des Trenners eingeführt und das Isolierrohr *5* durch eine Art Bajonettverschluß an den Griff befestigt. Beim Herausziehen des Schalteinsatzes wird zunächst die Trennstelle zwischen Kontaktrohr *7* und Kontaktstück *10* geöffnet. Der Strom kommutiert auf die Kontaktglieder des Schalteinsatzes, die bei Freigabe der mechanischen Rastung *3* öffnen. Die entstehenden Lichtbögen (Bild 13.11 c) werden in rohr- bzw. ringförmigen Isolierstoffspalten des Schalteinsatzes gekühlt und gelöscht. Bei weiterer Aus-Betätigung des Einsatzes geben die Abreißkontaktglieder *12* den Schalteinsatz frei. Bild 13.11 d zeigt die Trennstrecke in ausgeschaltetem Zustand.

Es genügt bei solchen Anlagen praktisch ein einziger Schalteinsatz, um alle Lasttrennstellen nacheinander zu öffnen oder zu schließen.

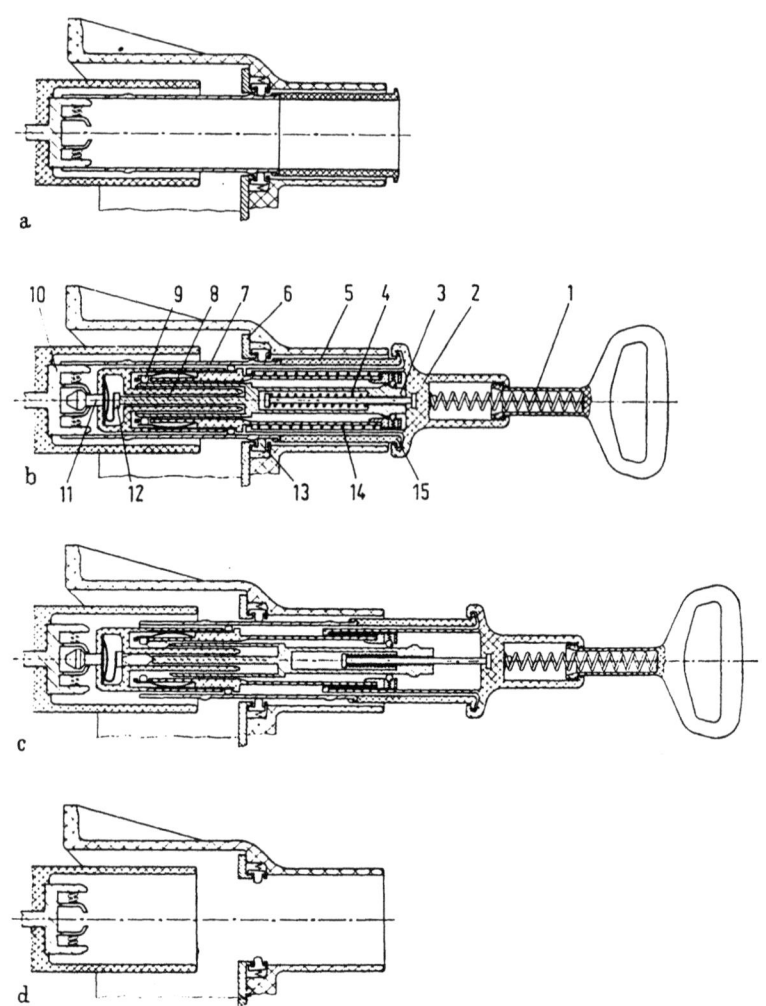

Bild 13.11. Einpolig schaltender Mittelspannungs-Lasttrennschalter mit Rohr- und Ringspaltlöschkammern.

1 Druckfeder; *2* Schalteinsatz; *3* Rastung; *4* Druckfeder; *5* Isolierzylinder; *6* Sammelschiene; *7* Kontaktrohr; *8* Schaltstift; *9* Abreißkontaktglied; *10* festes Kontaktstück; *11* Kontaktglied mit Rastung; *12* Abreißkontaktglied; *13* Druckkontaktstück; *14* Druckfeder; *15* Kupplung.

Bild 13.12 zeigt als Beispiel eine Lasttrenner-Schaltanordnung (Reihe 10) einer gießharzisolierten Schaltanlage [9] mit Doppelunterbrechung der Strompfade im geöffneten (a) und geschlossenen Zustand (b). Beim Ausschaltvorgang wird mittels eines Isolierstoffgriffes die Isolierstoffkappe *12* herausgezogen. Es öffnen zunächst die Trennerkontaktstellen *2*, *7*. Der Strom kommutiert auf die Abbrandkontaktstücke *4* und die Schaltstifte *8*. Diese Schaltkontakte öffnen erst, wenn die Ausschaltkraft die Haltekraft des Magneten *6* übersteigt; im Gegensatz zu bisher beschriebenen Schaltern wird hier eine magnetische Kraft zur Verrastung verwendet. Der Ausschaltlichtbogen wird in der Bohrung der Isolierstofflöschkammer gezogen und gelöscht.

Alle hier beschriebenen modernen Lasttrennschalter besitzen für das Ein- und Ausschalten eine Sprungbetätigung. Die hierzu vorgesehenen Federn wurden in den Bildern vielfach nicht dargestellt.

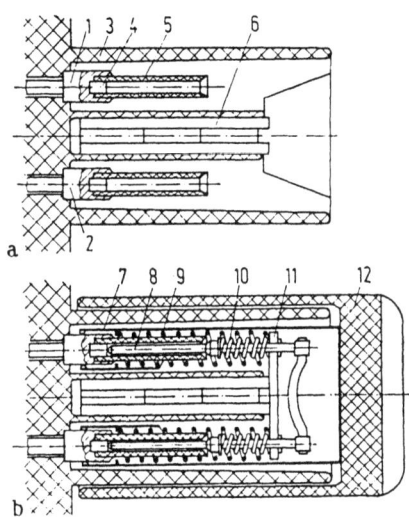

Bild 13.12. Einpolig schaltender Mittelspannungs-Lasttrenner mit Ringspalt-Löschkammer und Doppelunterbrechung.

1 Sammelschienenkontaktstück; *2* Kontaktstück der Abgangsleitung; *3* Isolierstoffgehäuse; *4* festes Abbrandkontaktstück; *5* Löschkammer; *6* Dauer-Magnet; *7* Kontaktrohr; *8* Schaltstift; *9* Ausschaltfeder; *10* Kontaktdruckfeder; *11* Magnetanker; *12* Isolierstoffkappe.

13.2. Lasttrenner mit beim Öffnen eine Trennstrecke erzeugenden Lastschaltgliedern

Konstruktionen, bei denen zum Ausschalten des Belastungsstromes und zum Herstellen der Trennstrecke nur eine einzige Kontaktanordnung vorgesehen ist, findet man im Mittelspannungsbereich, mit Ausnahme der Vakuumschalter (s. Kap. 12.), praktisch nur noch bei Leistungstrennern älterer Bauart; sie besitzen in der Regel als festes Schaltglied eine Kontakttulpe, die innerhalb einer Löschkammer angeordnet ist, und einen beweglichen Schaltstift. In der ersten Phase der Ausschaltbewegung, während der sich die Schaltstiftspitze innerhalb der Kammer befindet, erfolgt die Lichtbogenlöschung. Im weiteren Bewegungsablauf verläßt der Schaltstift die Löscheinrichtung und stellt den für die Trennstrecke erforderlichen Abstand her. Die Lichtbogenlöschung kann erfolgen in engen Isolierstoffspalten durch Längs- oder Querbeblasung des Schaltlichtbogens mit einer beim Ausschaltvorgang selbsterzeugten Luftströmung sowie in Schaltflüssigkeiten, insbesondere Öl.

Zunehmende Bedeutung gewinnen Lasttrennschalter mit kombinierten Last- und Trennschaltstücken im Hochspannungsbereich (bis 220 kV). Die Lichtbogenlöschung wird erreicht durch rasche Lichtbogenverlängerung infolge hoher Ausschaltgeschwindigkeit, durch Beblasung mit in Kesseln gespeicherter Druckluft sowie in gekapselten SF_6-isolierten Anlagen durch eine beim Ausschaltvorgang selbsterzeugte SF_6-Strömung.

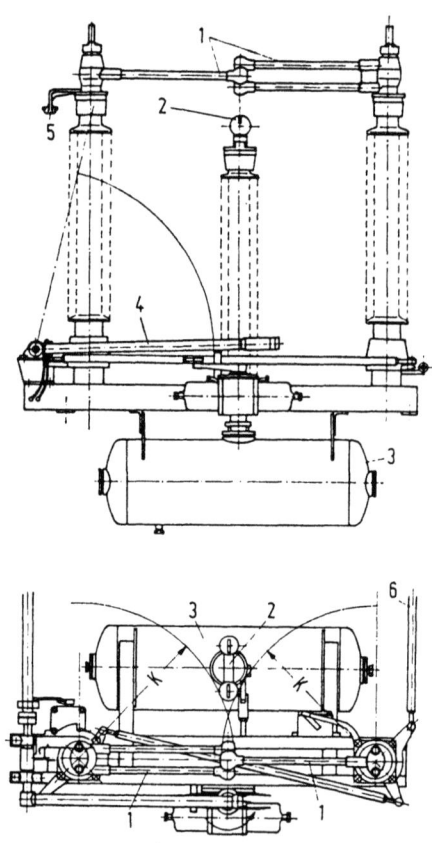

Bild 13.13. Hochspannungs-Lasttrenner mit Druckluft-Querbeblasung zur Lichtbogenlöschung.
1 Dreh-Kontaktstücke; *2* Kugeldüsen; *3* Druckbehälter; *4* Erdungskontaktstück; *5* Gegenkontaktstück; *6* Antriebsgestänge.

13.2. Lasttrenner mit Lastschaltgliedern

Als Grundelement des Lasttrenners nach Bild 13.13 (bis Reihe 220) [11] dient ein Zweistützer-Drehtrenner, der durch eine Einrichtung zur Querbeblasung mit Druckluft über zwei Kugeldüsen *2* erweitert wurde. Die Düsen sind seitlich angeordnet; die Beblasung (ca. 900 l je Ausschaltung) setzt erst nach der Trennung der Kontaktstücke *1* ein und hält so lange an, bis eine ausreichende Schlagweite erreicht ist. Der Lasttrenner besitzt zusätzlich noch einen Erdungsschalter *4, 5*.

Bei SF_6-Lasttrennern wird die Gasströmung mittels Druck- oder Saugkolben erzeugt. Ein Schalter nach dem Druckkolben- oder Kompressionsprinzip wurde bereits an Hand des Bildes 13.9 erläutert. Der im Bild 13.14 dargestellte Typ (Reihe 110) [12] arbeitet nach dem Saugkolbenprinzip.

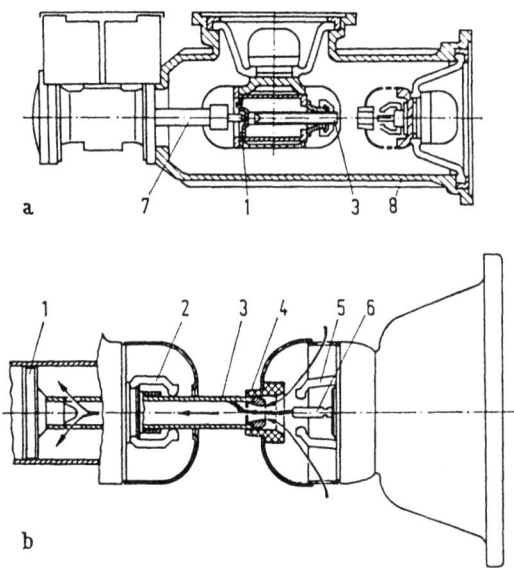

Bild 13.14. Hochspannungs-Lasttrenner mit durch Saugkolben erzeugter SF_6-Strömung zur Lichtbogenlöschung.
1 Saugkolben; *2* Gleitschaltstück; *3* Schaltrohr; *4* Isolierstoffdüse; *5* Kontakttulpe; *6* Abbrandstift; *7* Isolierstoff-Antriebsstange; *8* Metallgehäuse.

Die gesamte Schaltanordnung befindet sich in einem allseitig geschlossenen, mit SF_6 gefüllten Metallgehäuse. Der mit dem hohlen, als Düse ausgebildeten Schaltrohr *3* starr gekoppelte Saugkolben *1* wird über eine Isolierstoffstange *7* angetrieben. Vor der feststehenden Kontakttulpe *5* mit Abbrandstift *6* befindet sich eine Isolierstoffdüse *4* zur Lenkung der Gasströmung. Beim Ausschalten entsteht durch die Saugkolbenbewegung ein Unterdruck im Schaltrohr, wodurch nach der Düsenöffnung sofort die zur Lichtbogenlöschung erforderliche SF_6-Strömung eingeleitet wird.

Ähnlich aufgebaut ist der SF$_6$-Lasttrenner (Reihe 110) [13] nach Bild 13.15. Der Schalter besitzt ebenfalls einen mit dem Schaltrohr *4* und der Antriebsstange *1* fest verbundenen Saugkolben *2*, der beim Ausschaltvorgang eine intensive SF$_6$-Strömung bewirkt.

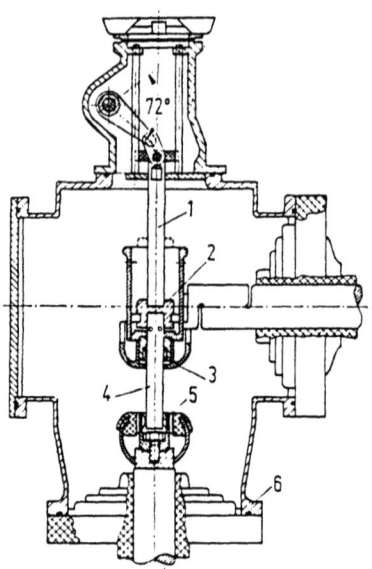

Bild 13.15. Hochspannungs-Lasttrenner mit durch Saugkolben erzeugter SF$_6$-Strömung zur Lichtbogenlöschung.
1 Isolierstoff-Antriebsstange; *2* Saugkolben; *3* Gleitschaltstück; *4* Schaltrohr; *5* Kontakttulpe; *6* Metallgehäuse.

Schrifttum

1. Brockhaus, G.: Lasttrennschalter mit Flachlöschkammern für Reihe 10 bis 30. Calor-Emag-Mitt. H. I/II (1962) 32—37.
2. Kindler, H.: Lasttrennschalter. AEG-Mitt. Bd. 49 (1959) 73—79.
3. Kipprohr-Lasttrennschalter. Druckschrift Nr. L. 2.1.10 der Firma Felten u. Guilleaume Schaltanlagen GmbH, Krefeld.
4. Drubig, H., Prohl, R.: Kleinstschaltfelder mit allseitiger Isolierstoffumkleidung der unter Spannung stehenden Teile, Bauform KWK und KWJ. Conti-Elektro-Ber. Bd. 14 (1968) 22—30.
5. Schramm, H.-H.: Lasttrennschalter für Mittelspannungs-Schaltanlagen. Siemens-Z. Bd. 42 (1968) 321—323.
6. Troyke, U.: Mittelspannungs-Lasttrennschalter 3 CA. Siemens-Z. Bd. 43 (1969) 300—302.
7. Plathner, D.: Ein neuer Schub-Lasttrennschalter — Kompressionsschalter Typ C 2. Calor-Emag-Mitt. H. I (1967) 15—21.
8. Flöth, H.: Raumsparende Mittelspannungs-Kleinstschaltanlage. ETZ-B 17 (1965) 350—354.

9. Magnefix Type MD. Druckschrift UL 38122 der Firma Hazemeyer, Hengelo, Holland.
10. Krone Hochspannungs-Schalteinheiten VDE R 20. Druckschrift der Firma Krone GmbH, Berlin.
11. Hochspannungslasttrenner. Druckschrift der Firma Ruhrtal-Elektrizitätsgesellschaft Hartig u. Co., Essen.
12. Körner, G.: Schaltprobleme in SF_6-isolierten Anlagen. ETZ-A 92 (1971) 709—714.
13. Beer, H., Richter, F.: Lasttrennschalter für SF_6-isolierte 110-kV-Anlagen. Siemens-Z. Bd. 46 (1972) 767—770.
14. Flöth, H.: Variationsmöglichkeiten in der Anwendung gasisolierter gekapselter 110-kV-Schaltanlagen. STZ Bd. 24/25 (1971) 533—546.

Sachverzeichnis

Abbrand 201, 206, 211, 214
Abbrandstücke 42, 103
Abstandskurzschluß 35
Anodenmechanismus 67
Ausschalten induktiver Stromkreise 15
— kapazitiver Stromkreise 16
— ohmscher Stromkreise 16
Ausschaltleistung 8
Ausschaltvermögen 8
Ausschaltvorgang, Zeitbegriffe 7, 8
Austrittsarbeit 61
Ayrton, Gleichung von 74

Bemessungsrichtlinien für Kontaktstücke 180, 242
Betriebsarten 4
Blasmagnete 105

Cassie, Theorie von 81
Chopping 34, 53, 58, 299, 333

Deion-Kammer 262
Dibutylsebacat 53, 320
Dioctylsebacat 53, 320
Dissoziation 48
Di-Tetraisooctylsilikat 53, 320
Druckgasschalter 304
Durchgangswiderstand 136

Eigenwiderstand 137
Einschalten ohmsch-induktiver Stromkreise 11
Einschalten kapazitiver Stromkreise 12
Einschaltvermögen 6
Einschaltvorgang, Zeitbegriffe 5, 6
Einschwingspannung 8, 15, 35
Elektronenemission 61
Ellipsenmodell 139
Engewiderstand 137
Expansin 53
Expansionseffekt 324

Feldemission 61, 63
Feldemissionsgleichung 63

Feldionisierung 68
Fermi-Niveau 62
Flüssigkeitsschalter 320
Fremdschichtbildung 122
Fremdschichtwachstumsgesetze 123
Fremdschichtwiderstand 137, 148
Frittung 154

Gasströmung, Erzeugung 312
Gebrauchskategorie 27
Geräteklassen 25
Gleichstromschalter 275

Halbleiterschalter 21
Hauptschaltstücke 42
Hochdrucklichtbogen 10
Hochspannungsschalter 296, 336
Hochstromstecker 225
Hybridschalter 21

I_s-Begrenzer 293
Ionisierungsarbeit 46
Ionisierungsgrad 46
Ionisierungsspannung 46
Isolierstoffkammer 257

Kanalmodell 46, 70, 75
Kathodenfalltheorie 65
Kathodenfleck 56
Kathodenmechanismus 61
Kontaktarten 40
Kontaktglieder 42
Kontaktfläche, scheinbare 129
—, tragende 131
—, wirksame 131
Kontakthärte 133
Kontaktmodelle 138
Kontaktstücke, Abbrand 201
—, Bemessungsrichtlinien 180, 242
—, konstruktive Gestaltung 164, 221
—, Öffnen 194
—, Schließen 187
Kontaktverhalten bei Betriebsströmen 156

Sachverzeichnis

Kontaktverhalten bei Überströmen 159
Kontaktwiderstand 136
Kontaktwerkstoffe 246
Konturfläche 131
Kraftspeicher 279
Kugelmodell 138
Kühlkammer 262

Lastschalter 28, 37, 336
Lasttrenner 336
Lebensdauer 25
Leerschalter 28
Leistungsbilanz, Elektroden 60
Leistungsbilanz, Lichtbogen 45
Leistungsschalter 28, 39, 273, 288, 296
Leistungstrenner 336
Lichtbogenabriß 34, 53, 58, 299, 333
Lichtbogenentwicklungszeit 7
Lichtbogen, Gleichungssystem 44
Lichtbogenfeldstärke 111
Lichtbogenfußpunkt 106
Lichtbogen im Hochvakuum 55
— in Gasen 48
— in Isolierflüssigkeiten 53
—, nichtthermischer 10
—, nichtstationärer 10
—, plasmaloser 89
—, stationärer 10, 44
—, thermischer 10, 44
Lichtbogenkennlinien, statische 72
Lichtbogenkennlinien, dynamische 78
Lichtbogenlöschung in Wechselstromschaltern 248
Lichtbogenlöschung in Gleichstromschaltern 285
Lichtbogenzeitkonstante 79, 82, 85, 305
Löschblechformen 269
Löschblechkammer 261
Löschdüsen 307
Löscheffekte 323
Löschflüssigkeiten 320
Löschkammern aus Isolierstoffen 269, 301
— für Druckgasschalter 304
— für Flüssigkeitsschalter 325

Materialwanderung 196
Mayr, Theorie von 83
Messertrenner 337
Mindestlichtbogenlänge 88
Minimumprinzip 48, 76
Motorschalter 28

Neuzündung 16
Nullpunktslöscher 13, 21, 248

Phi-theta-Beziehung 149
Pincheffekt 56, 70
Plasmaströmung 69
Prellvorgang 188
Pol, erstlöschender 29
Potentialnapf 62

Rastschalter 37
Richardson-Gleichung 62
Rückzündung 16, 33

Saha-Gleichung 45
short arc 89
Sicherungen 39
Sofortverfestigung 249
Sofortverfestigungsspannung 252
Schalterbestandteile 39
Schalter, Einteilung 37
Schalterflüssigkeiten 53, 320
Schalterprüfung 24
Schalterzubehör 39
Schaltester 53, 320
Schalthäufigkeit 4
Schaltstellen der Niederspannungsschalter 238
— der Last- und Leistungsschalter über 1000 V 232
— der Trenner 228
Schlösser 279
Schloßschalter 37
Schnellauslöser 277
Schottkysche $\sqrt{E}$-Korrektur 64
Schubtrenner 341
Schütze 269
Schwefelhexafluorid 49, 305
Schweißgrenzstromstärke 163, 194
Stückprüfung 24
Stabilitätsbedingungen für statische Lichtbögen 76
Stecker 223
Steckerhülsen 223
Strombegrenzungsfaktor 19
Strom-Spannungskennlinie 72
Strömungsabbau 325

Thermoemission 61
Thermoemissionsstromdichte 62
Thermo-Feldemission 56, 61
Thermoionisierung 68

Thyristor 21
Trenngeschwindigkeit 17
Trennschalter 39
Tunneleffekt 63
Typenprüfung 24

Umschlagstörung 35

Vakuumschalter 331
Verharrungsdauer 89

Wasserstoffeffekt 323

Wechselstromlöschprinzip 13, 20, 248, 298
Wechselstromschalter, strombegrenzende 275
Wiederverfestigungsspannung 254, 331
Wiederzündung 16, 249, 266

Zeitbegriffe, Ausschaltvorgang 7, 8
Zeitbegriffe, Einschaltvorgang 5, 6
Zeitkonstante, Gleichstromkreise 9, 19, 286
Zeitkonstante, Lichtbogen 79, 82, 85, 305